고급영양학

Advanced Nutrition

대표저자 이양자

공동저자 김수연 · 김은경 · 김혜경 · 김혜영 · 박영심
박태선 · 안홍석 · 염경진 · 오경원 · 이기완
이종호 · 정은정 · 정혜연 · 황진아 · 황혜진

신광출판사
SHINKWANG

머리말

본 수정판에서는 보건복지부와 한국영양학회가 발표한 2020년 한국인 영양소 섭취기준에 준하여 내용을 수정하였으며, 한국인의 영양섭취 실태 및 만성질환 추이를 최근 자료로 수정, 집필하였습니다.

앞으로 보다 이해하기 쉽고 적절한 내용으로 수정 보완하도록 힘쓰겠습니다. 계속적으로 애용해 주시고, 내용과 편집에 대한 건설적 의견 주시기를 부탁드립니다.

수정과 재편집 작업에 수고해 준 오경원, 정혜연, 황혜진, 김수연, 황진아 박사에게 감사드리며, 새 출판에 성의껏 임해 준 신광출판사 관계자 여러분께 사의를 표합니다.

2022년 8월

이 양 자

우리나라 사람의 수명이 길어지고 선진사회로 들어서면서 '건강'이란 말이 우리 모두의 큰 관심사가 되었습니다. 본 개정판을 통하여, 식품영양학을 전공하는 학생들은 물론 다른 분야의 생명과학도들에게 영양학의 전문지식을 습득케 하여, 궁극적으로 국민영양개선과 국민건강증진에 도움이 되기를 희망합니다.

저출산과 고령화의 가속화 시대를 맞아, 영양학 지식의 보급과 실천이 국가발전의 초석이 되어, 모자의 건강을 보장하고, 기존 인구의 건강을 유지, 보존, 개선하여, 질병을 최소화하는 것은, 매우 인간적이고, 생산적이고, 경제적인 국가발전 방책이라 할 수 있습니다.

영양학에서 강조하는 key words는, 균형(均衡, balance), 조화(調和, harmony), 중용(中庸, moderation), 그리고 예방(豫防, prevention)입니다. 즉 동양철학의 가치가 기본철칙입니다. '질병의 예방'은 각 개인의 건강과 삶의 질 향상 즉 행복의 조건이 됨은 물론, 의료비 절감에도 필수불가결의 길임이 확실합니다.

단일 영양소나 특정 물질 또는 양양소의 과잉섭취는 불균형을 초래하므로 바람직하지 못합니다. 인간은 하나의 통합된 개체이며, 여러 영양소들의 공존을 통한 절묘한 조화를 통해 생명이 유지된다고 볼 때, 영양균형의 개념은 불변의 법칙이며, 영양 균형에 육체의 운동과 마음의 평정이 또 하나의 균형을 이루게 됩니다.

생명과학의 눈부신 발달로, '영양과 유전'에 대한 연구도 급증하고 있습니다. 이 분야에서도 영양학의 기본 지식 습득이 우선되어야 할 것입니다. 영양환경이 유전환경의 영향을 능가할 수 있음도 언급하고자 합니다.

각 대학교의 교과과정에 따라 필요한 내용의 가감은 담당교수의 재량에 맡기고자 합니다. 일반화학, 생화학, 영양생화학, 영양소대사의 기본 과목을 이수한 학생들에게 적절할 것으로 판단됩니다. 호르몬과 영양, 영양과 유전, 항산화 영양소, 뇌와 영양, 물, 전해질 및 산 염기 평형 등의 항목은 일반영양학에서는 흔히 다루지 않는 과제들임을 첨언합니다.

금번 재판에서는 지난번의 정오표 내용을 수정하였고, 한국영양학회 2015 영양섭취기준에 따라 내용과 숫자를 바꾸었으며, 18장 '한국인의 영양섭취 실태 및 만성질환 추이'를 최근 것으로 바꾸어 다시 작성하였습니다.

18장의 재작성에 수고한 오경원 박사에게 감사하며, 전반적 정리와 수정에 수고한 정혜연, 김수연, 정은정 교수에게 고마움을 전합니다.

다음 개정판에서는 보다 광범위한 개정을 하기로 다짐하며, 교정작업에 애써 주신 신광출판사 관계자 여러분께 감사드립니다.

무엇보다 먼저 저희의 고급영양학 책을 애용해주신 여러분께 깊이 감사드립니다.

2017년 2월

이 양 자

차 례

08 Chapter 수용성 비타민

09 Chapter 다량 무기질

10 Chapter 미량 무기질

18 Chapter 한국인의 영양소 섭취 및 만성질환 추이

부록

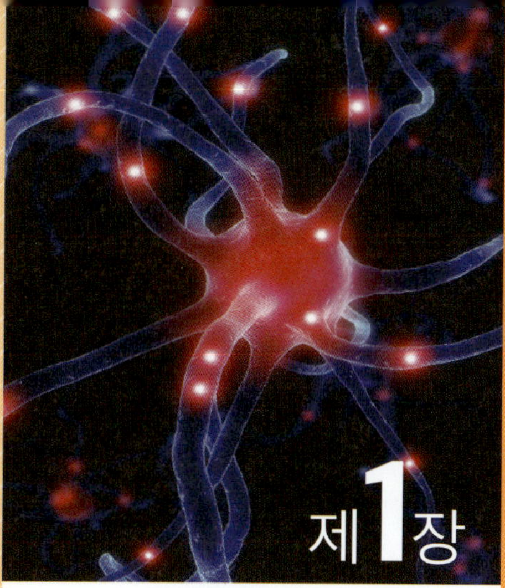

제 1 장
세포와 영양

1. 세포의 구조와 기능
2. 세포막을 통한 물질의 이동

제1장 세포와 영양

세포란 적당한 환경 하에서 독립적으로 살 수 있는 가장 작은 생명 단위로 인체를 구성하는 기능적, 구조적 기본 단위이다. 체내에는 약 200여 종의 세포가 있으며 모양, 화학적 조성, 기능은 다르지만 기본적으로 비슷한 구조를 가지고 있다.

1 세포의 구조와 기능

일반적인 동물세포의 구조는 그림 1-1과 같다. 동물세포는 세포막으로 둘러

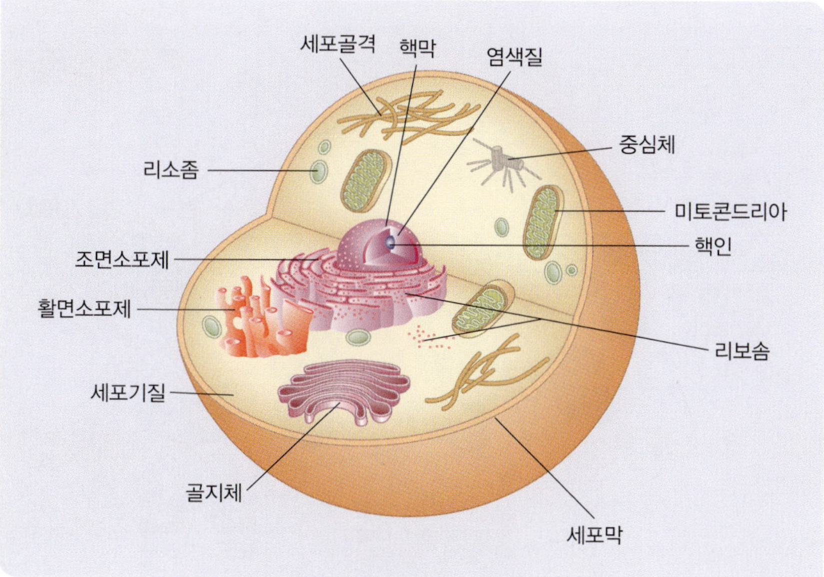

그림 1-1 동물세포의 구조

싸여 있으며 세포 내부는 핵과 세포질로 구분할 수 있다. 세포질은 핵과 세포막을 제외한 나머지 부분으로 소포체, 골지체, 미토콘드리아, 리소좀, 리보솜 등의 세포소기관, 세포골격 및 세포기질(세포원형질)을 포함한다.

1.1 세포막

세포막(cell membrane) 또는 원형질막(plasma membrane)은 세포의 가장 바깥쪽에 있는 막으로 세포를 외부환경과 분리시키고 세포 내외의 물질이동을 선택적으로 조절하여 세포를 보호하며 세포의 형태를 유지시킨다.

세포막은 지질(인지질, 당지질, 콜레스테롤), 단백질, 소량의 탄수화물로 이루어져 있으며 세포의 특성에 따라 이들 성분의 조성은 매우 다르다. 예를 들어, 신경세포에 있는 수초는 지질 75%, 단백질 20%로 지질 함량이 높은 반면, 대사적으로 활성이 높아 많은 효소를 갖고 있는 미토콘드리아 내막은 지질 23%, 단백질 75% 정도로 단백질함량이 높다.

1) 세포막의 구조

세포막의 구조는 1972년에 Singer와 Nicholson이 제안한 '유동모자이크 모

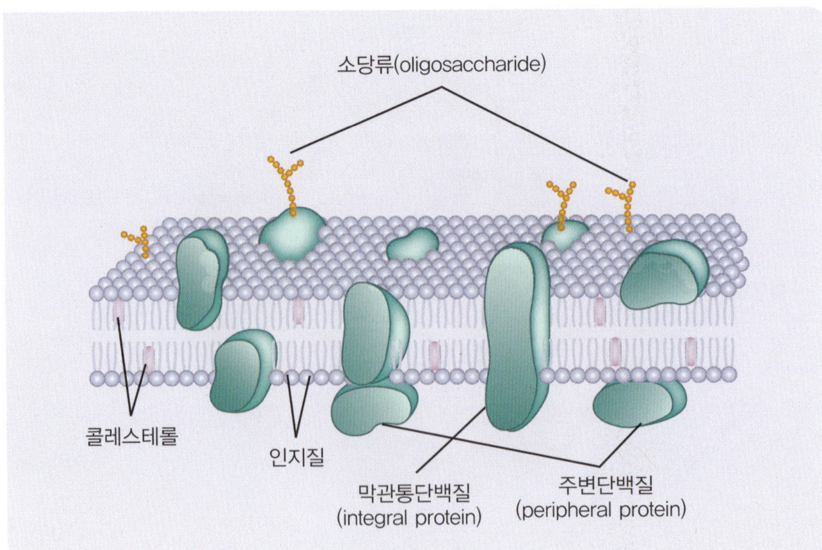

그림 1-2 세포막

델(fluid mosaic model)'로 설명할 수 있다(그림 1-2). 지질 이중층(lipid bilayer)에 단백질이 박혀 있어 마치 타일 조각을 붙여 만든 모자이크처럼 보이며 지질과 단백질은 고정되어 있지 않고 유동성이 있어 같은 지질층에서 옆으로 자유롭게 움직일 수 있다. 두 겹의 지질층은 지질, 단백질 및 탄수화물 조성이 서로 달라 비대칭(asymmetry)이다.

막단백질은 막을 통과해 양쪽 표면에 걸쳐 있거나 막에 깊게 박혀 있는 막관통단백질(integral protein)과 막에 약간 박혀 있거나 표면에 붙어 있는 주변단백질(peripheral protein)로 구분한다. 막관통단백질에는 이온이나 포도당과 같은 수용성 기질을 운반해주는 수송단백질이 있고 주변단백질에는 호르몬 수용체나 효소들이 있다.

2) 세포막의 유동성과 선택적 투과성

세포막은 유동성과 선택적 투과성이 있다. 예를 들면 적혈구는 세포막의 유동성으로 인해 구부러질 수 있어 자신의 직경보다 좁은 모세혈관을 통과할 수 있다. 세포막의 선택적 투과성이란 세포 내외의 유기 및 무기 분자들이 세포막을 경계로 세포 내외로 운반될 때 자유자재로 세포막을 투과하는 것이 아니라 세포막의 선택에 의해서 특정 물질만 투과할 수 있는 것을 말한다. 이 기능으로 인해 세포는 외부환경의 변화로부터 보호를 받는다.

세포막의 유동성과 투과성은 막을 구성하는 성분에 따라 달라진다. 세포막의 인지질을 구성하는 불포화지방산은 막의 유동성과 투과성을 증가시키며, 반대로 포화지방산은 막의 유동성과 투과성을 감소시킨다. 콜레스테롤은 지질 이중층에서 인지질 분자들 사이에 위치하여 막의 유동성을 조절한다.

1.2 핵

핵(nucleus)은 핵막(nuclear membrane, nuclear envelope), 핵인(핵소체, nucleolus), 염색질(chromatin), 그리고 핵질(nucleoplasm, karyoplasm)로 이루어져 있다. 핵은 세포의 집행부서로 모든 단백질을 합성하는 유전정보인 DNA가 있다. 핵에서 DNA는 RNA로 전사(transcription)되고 RNA는 세포질

에서 단백질로 번역(translation)된다. 세포의 기능은 단백질인 효소에 의존하므로, 세포의 생명은 단백질 합성 정보를 갖고 있는 핵에 달려있다.

DNA는 세포분열을 하지 않을 때에는 단백질과 결합되어 염색질이라 부르는 긴 실 모양으로 분산되어 있다. 염색질은 세포가 분열할 때 코일 모양으로 감기며 고도로 응축되는데 이를 염색체(chromosome)라 한다. DNA의 양은 염색체 수에 관계되므로 종(species)마다 세포 내 DNA 함량은 일정하다. 따라서 DNA의 양을 측정하여 핵이나 세포 수를 계산하는 데 이용할 수 있다. DNA와 달리 RNA의 양은 영양상태에 따라 달라질 수 있다.

핵막은 두 겹의 막으로 되어 있으며 바깥쪽 막은 소포체와 직접 연결되어 있다. 핵막에는 핵과 세포질 사이의 통로 역할을 하는 수많은 핵공(nuclear pore)이 있어 핵과 세포질 사이의 물질교환이 이루어진다.

핵인은 염색질에 인접해 있고 여기에서 리보솜 RNA(ribosomal RNA)가 합성되며, 세포질에서 합성되어 핵공을 통해 핵으로 들어온 단백질과 함께 리보솜을 만든다. 핵질은 핵인과 염색질을 제외한 반유동성 기질로 핵에 영양분을 공급한다.

1.3 세포질

세포질(cytoplasm)은 겔 상태의 액체인 세포기질(cytosol)과 여기에 떠있는 세포소기관으로 이루어져 있다. 세포소기관에는 소포체, 골지체, 미토콘드리아, 리소좀, 퍼옥시좀과 같이 막으로 둘러싸인 막성 소기관과 리보솜, 중심체 등과 같이 막으로 싸여있지 않은 비막성 소기관이 있다.

1) 소포체

소포체(endoplasmic reticulum, ER)는 조면소포체(rough ER, RER)와 활면소포체(smooth ER, SER)의 두 가지 형태가 있다. 이 둘은 모양과 기능은 다르지만 생체분자를 합성, 저장, 수송하는 기능이 있으며 세포질을 구획하여 세포를 물리적으로 지지해준다.

(1) 조면소포체

서로 연결된 납작한 주머니 모양의 막조직으로 핵의 바깥쪽 막과 연결되어 있으며 막 표면에 리보솜이 붙어 있다. 조면소포체의 주요 기능은 소포체 막을 만드는 것과 리보솜에서 합성한 단백질을 다른 소기관이나 세포 밖으로 운반하는 일이다. 즉, 조면소포체에 붙어 있는 리보솜에서 합성된 폴리펩티드는 조면소포체의 내부로 들어간 후 접힘 과정을 통해 3차 구조를 갖는 단백질로 변화되고 당화(glycosylation)를 거친다. 생성된 당단백질은 소포체 막에 싸여 소포(vesicle)의 형태로 골지체로 이동한 후 세포 밖으로 분비된다. 단백질 합성이 활발한 세포에는 조면소포체가 잘 발달되어 있는데 소화효소를 분비하는 세포를 예로 들 수 있다. 조면소포체에 결합되어 있지 않고 세포기질에 분산되어 있는 유리 리보솜은 세포 내에서 사용하는 단백질을 합성한다.

(2) 활면소포체

관 모양의 막조직이 나뭇가지처럼 연결되어 있는 관상구조로 되어 있다. 활면소포체는 조면소포체에 이어서 연결되어 있으며 리보솜이 결합되어 있지 않아 표면이 매끈하다. 활면소포체는 지질과 스테로이드 합성이 일어나는 곳이다. 또한 간세포의 활면소포체는 약물과 유해물질 분해, 난소와 정소세포에서는 성호르몬 합성, 위벽세포에서는 염산(HCl) 분비 조절, 그리고 근육세포에서는 칼슘이온 저장 및 근육수축 시 칼슘방출에 관여한다.

2) 골지체

골지체(Golgi apparatus)는 조(cisternae)라고 부르는 납작한 주머니 모양의 막조직이 약간 구부러져서 여러 층으로 포개져 있는 모양을 하고 있으며 표면이 매끈하다. 골지체는 보통 6개 정도의 조로 되어 있고 소포체와는 달리 조끼리 서로 연결되어 있지 않다. 골지체의 한 면은 소포체 쪽에, 다른 면은 세포막 쪽에 접해 있으며 조 주위에는 작은 소포들이 있다.

골지체의 주요 기능은 세포 밖으로 나가는 분자들과 세포 내에서 쓰이는 분자들을 변형, 분류, 포장하는 것이다. 골지체는 소포체에서 단백질을 전달받아 당이나 인산을 첨가하여 단백질이 자신의 목적지로 잘 이동되도록 표시 및 분류하여 저장한다. 골지체에 보관되어 있던 단백질은 필요할 때 골지체에서 분비소포의 형태로 떨어져 나와 세포막으로 이동한 후 세포막과 융합되어 세포외로 분비되거나 세포막으로 이동하여 세포막을 만드는 데 사용된다. 골지체는 호르몬, 효소, 점액 등을 분비하는 분비세포에서 잘 발달되어 있다.

3) 미토콘드리아

미토콘드리아(mitochondria)는 발전소 역할을 하는 세포 내의 소기관으로 영양소의 화학적 결합 에너지를 ATP로 전환시켜 생물체에 에너지를 공급한다. 세균을 제외하고 산소를 호흡하는 모든 세포는 미토콘드리아를 갖고 있다. 세포 내에서 미토콘드리아의 위치는 그 기능과 관련되어 있는데, 굶은 쥐의 간세포에서는 지방입자 근처에 모여 있고 근육세포에서는 ATP를 필요로 하는 근원섬유(myofibril) 근처에 많이 배열되어 있다.

미토콘드리아는 외막(outer membrane)과 내막(inner membrane)의 두 겹의 막으로 구성되어 있는데, 외막과 내막 사이를 막간공간(intermembrane space), 내막의 안쪽 공간을 기질(matrix)이라 한다. 외막과 내막은 구조와 생화학적·물리적 성질이 크게 다르다(그림 1-3). 매끈하게 생긴 외막은 보통의 세포막처럼 인지질과 단백질이 비슷한 비율로 구성되어 있으며 물, 전해질, 분자량 5,000 이하의 물질들을 투과시킬 수 있다. 내막은 주름져서 선반 모양을 하고 있는데, 이를 크리스테(cristae)라 한다. 내막은 여러 종류의 단백질이 많아 3/4 정도를 단백질이 차지하며 물, 요소, 글리세롤, 탄소수가 적은 지방산만을 투과시킬 뿐 분자량 100~150 이상이고 지질에 녹지 않는 비전해질과 이온들은 투과할 수 없다. 따라서 미토콘드리아 막을 투과하지 못하는 물질을 이동시키기 위한 다른 수단이 필요한데, 기질 특이 운반체 시스템(substrate specific carrier system)과 셔틀 시스템(shuttle system)이 있다. 기질 특이 운반체에는 ATP-ADP 운반체와 Ca^{2+} 운반체가 잘 알려져 있고, 셔틀 시스템에는 알파-글리세로인산 셔틀(α-glycerophosphate shuttle), 말산 셔틀(malate shuttle), 아실카르니틴 전이효소계(acylcarnitine transferase system) 등이 있다.

미토콘드리아의 외막, 막간공간, 내막, 기질에는 각기 다른 효소들이 분포되어 있다. 내막에는 전자전달계(electron transport chain)를 구성하는 단백

아실카르니틴 전이효소계
지방산의 β-산화를 위해서 활성화된 지방산 아실 CoA를 세포기질에서 미토콘드리아로 운반하는 효소들로 구성. 세포질의 지방산 아실 CoA를 미토콘드리아 외막에 있는 운반체인 카르니틴과 결합시켜 미토콘드리아 기질로 운반시킴

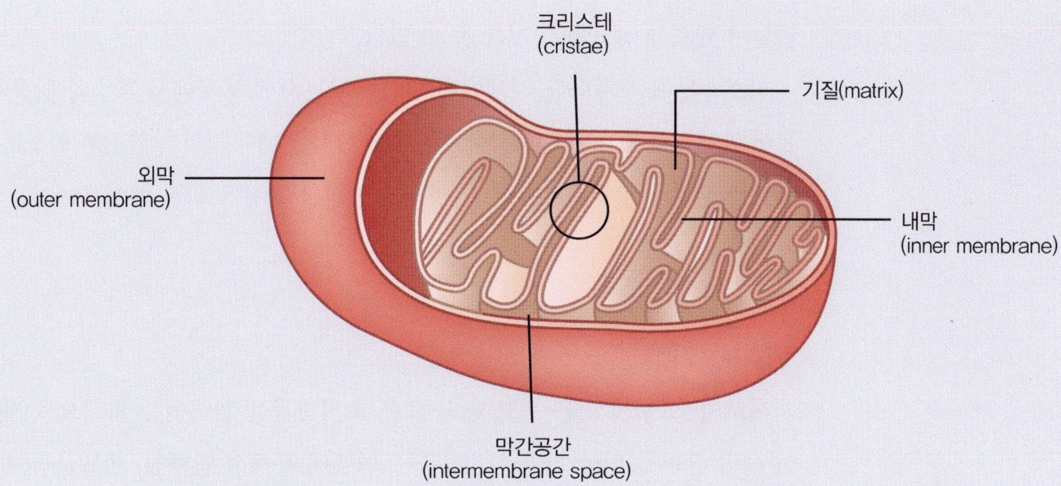

그림 1-3 미토콘드리아

질과 ATP 생성효소가 있어 산화적 인산화(oxidative phosphorylation)를 통해 현금 에너지라 부르는 ATP와 대사수(metabolic water)가 생성된다. 크리스테가 많을수록 막의 표면적이 넓어 ATP를 생성할 수 있는 능력이 커진다. 기질에는 피루브산 탈수소효소 복합체와 TCA 회로, 지방산 β-산화에 필요한 효소들이 있다.

피루브산 탈수소효소 복합체(pyruvate dehydrogenase complex)
피루브산을 아세틸 CoA로 산화시키는 효소복합체

미토콘드리아에서 필요한 단백질들에 대한 정보는 대부분 핵에 있는 DNA에 있다. 그러나 미토콘드리아 기질에는 DNA와 리보솜이 있어 미토콘드리아 내에서 필요한 단백질의 일부를 자체적으로 만들 수 있다.

4) 리소좀

리소좀(lysosome)은 한 겹의 막으로 싸여 있으며 많은 가수분해효소(hydrolase)를 갖고 있는 일종의 소화기계(digestive system)이다. 리소좀 내부에 있는 50여 종의 가수분해효소는 pH 5 부근인 산성에서 활성이 있으며, 단백질, 핵산, 탄수화물, 인지질 등을 분해시킨다.

리소좀의 기능은 식작용에 의해 세포 내로 들어온 이물질을 소화시켜 제거하며, 세포질 조각이나 마모된 소기관을 분해하고 비상 시에는 세포의 생존을 위해 없어도 되는 세포물질을 소화시켜 필수영양소를 세포에 제공해 주는 것이다. 그 예로 기아 상태에서 근육이나 간의 단백질을 소화시켜 아미노산으로 만들어 세포에 공급하는 것을 들 수 있다.

리소좀은 소포체와 골지체에서 만들어지는데 소포체에서 효소와 막을 만들어 골지체로 보내면 골지체에서는 효소합성을 마무리하여 완성된 리소좀을 방출한 세포마다 리소좀의 수와 형태가 달라 식작용을 하는 백혈구에서는 수가 많고 크기도 크다.

5) 세포기질

세포기질(cytosol)은 세포 내의 모든 소기관들을 둘러싸는 환경으로 세포의 생명 유지를 위한 최적 환경을 만들어주며 용해성 단백질, 세포골격(미세소관과 미세섬유), 세포 내의 환경 유지에 필요한 작은 분자와 이온들이 분산되어 있다. 미세소관은 세포의 특징적인 모양을 유지시켜 주며, 세포의 운동과 세포 내에서 입자의 이동을 용이하게 해준다. 세포기질에서는 해당과정, 글리코겐 합성과 분해, 오탄당 인산경로, 지방산 합성 등이 일어난다.

2 세포막을 통한 물질의 이동

세포는 세포 밖에서 물질을 공급받고 세포 내의 물질을 세포 밖으로 내보내야만 하는데, 이는 세포를 둘러싸고 있는 세포막을 통한 다양한 운반기전에 의해 이루어진다. 운반기전은 에너지 사용여부에 따라 에너지를 필요로 하지 않는 수동기전과 에너지가 필요한 능동기전으로 구분한다(그림 1-4).

2.1 수동기전

수동기전은 에너지를 사용하지 않고 농도차, 압력차, 전위차에 의해 물질이 이동하는 기전으로 확산, 삼투, 여과 등이 있다.

1) 확산

확산(diffusion)은 물질의 농도가 높은 곳에서 낮은 곳으로 농도 차에 의해

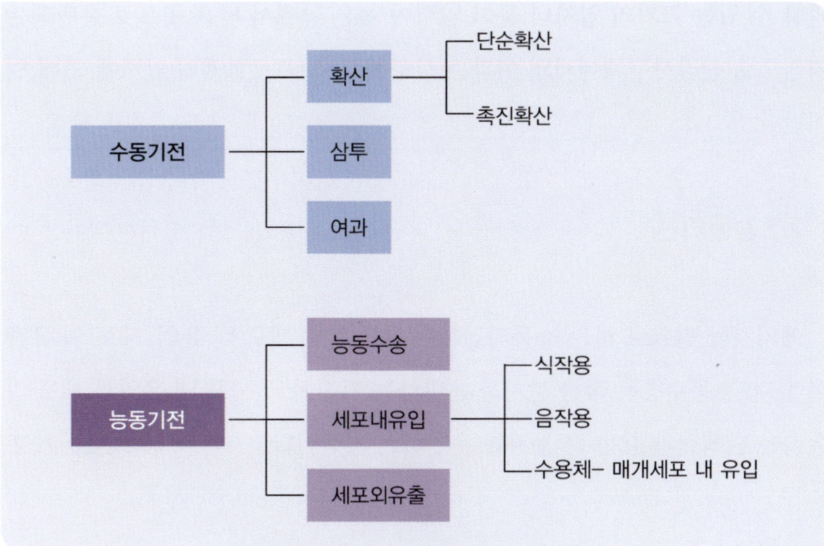

그림 1-4 세포막을 통한 물질 이동 기전

물질이 이동하는 기전이다. 확산에는 수송단백질(transport protein)을 필요로 하지 않는 단순확산(simple diffusion)과 수송단백질을 필요로 하는 촉진확산(facilitated diffusion)이 있다. 세포막을 통해 확산이 일어날 때에는 농도차가 클수록, 지질에 대한 용해도가 높을수록, 분자량이 작을수록 확산이 잘 일어난다. 지질에 잘 용해되지 않는 분자들은 세포막의 지질 이중층을 통과하기 어려우므로 수송단백질을 필요로 한다. 소장 상피세포에서 과당 흡수와 적혈구로의 포도당 유입은 촉진확산에 의해서 이루어지며, 물, 지방산, 지용성 비타민 및 일부 무기질은 단순확산에 의해 소장 상피세포로 흡수된다. 폐포에서 산소와 이산화탄소는 기체의 분압 차에 의한 확산에 의해 교환된다.

2) 삼투

삼투(osmosis)란 반투막을 통해 용질의 농도가 낮은(삼투압이 낮은) 곳에서 높은 곳으로 용매인 물 분자가 이동(확산)되는 현상으로 체내에서 수분 이동에 관여하는 중요한 기전이다.

3) 여과

여과(filtration)는 막을 사이에 두고 양쪽의 압력차에 의해 막의 구멍을 통과할 수 있는 크기의 입자나 물이 압력이 높은 곳에서 낮은 곳으로 운반되는 기전으로 신장사구체에서의 여과는 사구체를 흐르는 혈액의 압력에 의해 일어난다.

2.2 능동기전

에너지를 필요로 하는 능동기전에는 능동수송, 세포 내 유입, 세포 외 유출이 있다. 능동수송은 작은 분자를 운반하는 기전이고, 세포 내 유입과 세포 외 유출은 단백질과 같은 큰 분자를 운반하는 기전이다.

1) 능동수동

능동수송(active transport)은 농도가 낮은 곳에서 높은 곳으로 농도 차를 역행해서 물질을 운반하는 기전으로 에너지와 수송체를 모두 필요로 한다. 능동수송에는 1차 능동수송과 2차 능동수송이 있다.

1차 능동수송은 물질운반을 위해 ATP 형태의 에너지가 필요하며 이 기전에 의해 Na^+, K^+, H^+, Ca^{2+} 등이 막을 통과하여 농도경사를 형성한다. 2차 능동수송은 ATP를 직접 사용하지는 않지만 1차 능동수송에서 형성된 세포막 내외의 Na^+ 농도경사를 원동력으로 하여 특정 물질을 농도경사에 역행해서 운반한다. 그러나 2차 능동수송의 원동력인 Na^+의 농도경사는 ATP를 사용하는 Na^+, K^+-펌프(1차 능동수송)에 의해 유지되므로 2차 능동수송도 간접적으로 ATP를 사용한다.

2차 능동수송의 예로 소장 상피세포에서 포도당 흡수를 들 수 있다(그림 1-5). 소장 내강에 접해있는 상피세포 세포막에는 Na^+와 포도당을 함께 수송하는 Na^+-포도당 동반 수송체가 있다. 이 수송체를 통해 Na^+이 농도경사를 따라 세포 내로 들어가는 것을 원동력으로 포도당은 농도경사를 역행해서 세포 내로 들어간다(2차 능동수송). 소장 상피세포 기저면에는 포도당 수송체와 Na^+, K^+-펌프가 있어서 흡수된 포도당은 농도경사에 따라 포도당 수송체의 도움으로 모세혈관으로 이동하고(촉진확산), Na^+은 Na^+, K^+-펌프에 의해 세포 외로 배출되어(1차 능동수송) 포도당 동반수송을 위한 Na^+ 농도경사를 유지한다.

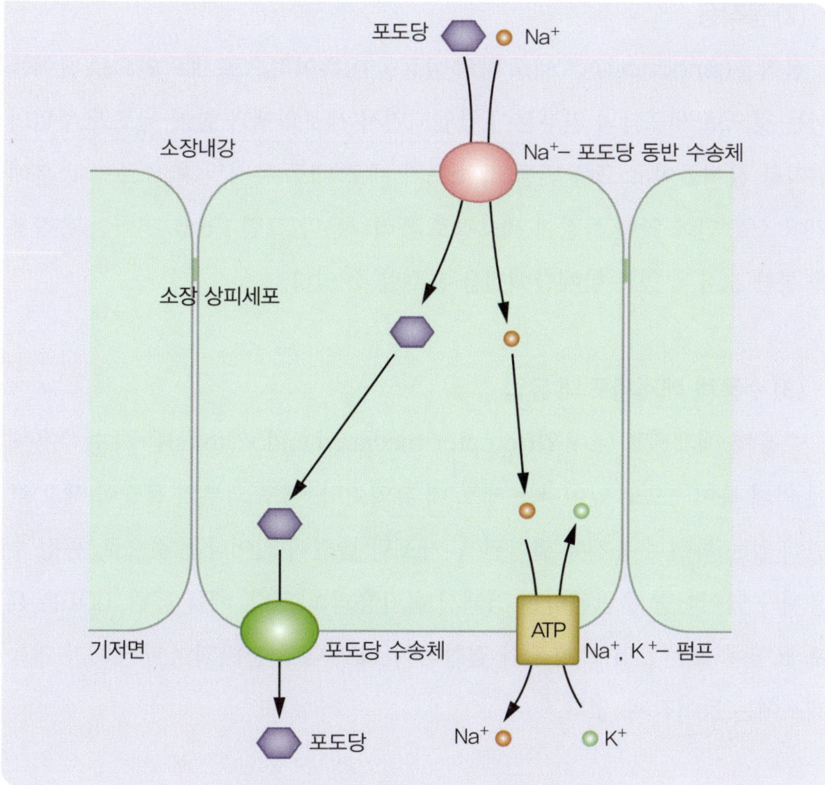

그림 1-5 소장 상피세포에서 포도당의 능동수송

포도당 운반기전

포도당은 세포 내외의 포도당의 농도 차에 따라 능동수송이나 촉진환산에 의해 막을 통과한다. 즉 포도당이 소장 내강에서 소장 상피세포로 흡수될 때와 세뇨관 내강에서 세뇨관 상피세포로 재흡수될 때는 농도경사에 역행하여 2차 능동수송에 의해서 운반된다. 그러나 소장 상피세포와 세뇨관 상피세포 기저막에서 모세혈관으로 들어갈 때는 농도경사에 따라 촉진확산에 의해서 운반된다.

2) 세포 내 유입

세포 내 유입(endocytosis)은 큰 분자를 세포 내로 운반하는 기전으로 식작용, 음작용, 그리고 수용체-매개세포 내 유입이 있다.

(1) 식작용

식작용(phagocytosis)은 대식세포나 과립백혈구가 세균, 바이러스, 세포 및 세포조각과 같은 큰 입자를 섭취하는 것이다.

(2) 음작용

음작용(pinocytosis)은 세포 밖의 물질을 비특이적으로 세포 안으로 끌어들이는 것으로 세포막의 일부분이 함입되면서 세포외액과 함께 세포막 주위의 입자를 끌어들여 소포를 만들고, 소포가 세포 내로 유리된 후 소포막이 분해되어 소포 안에 있던 물질이 세포질로 흘러나온다(그림 1-6A). 영아는 음작용을 통해 모유에 있는 항체단백질을 흡수할 수 있다.

(3) 수용체-매개세포 내 유입

수용체-매개세포 내 유입(receptor-mediated endocytosis)은 특수 수용체에 의해 특이적으로 일어나는 세포 내 유입이다. 세포 외부의 물질이 세포 표면에 있는 특정 수용체에 결합된 후 세포막 함입이 일어나는 것으로, 특정 수용체가 있어야만 운반된다는 점에서 음작용과 다르다. 예를 들면, LDL은 세포 표면에 있는 LDL 수용체와 결합하여 세포 내로 운반되며 수용체가 없는 세포에는 들어갈 수 없다.

3) 세포 외 유출

세포 외 유출(exocytosis)은 세포에서 합성된 호르몬, 효소, 항체 등과 같이 큰 분자를 세포 밖으로 분비하는 기전으로 세포 내 유입과 반대의 경로로 일어난다(그림 1-6B). 예를 들면, 소화관에서 소화효소 분비, 췌장에서 인슐린 분비, 신경 세포말단에서 신경전달물질 분비가 있다.

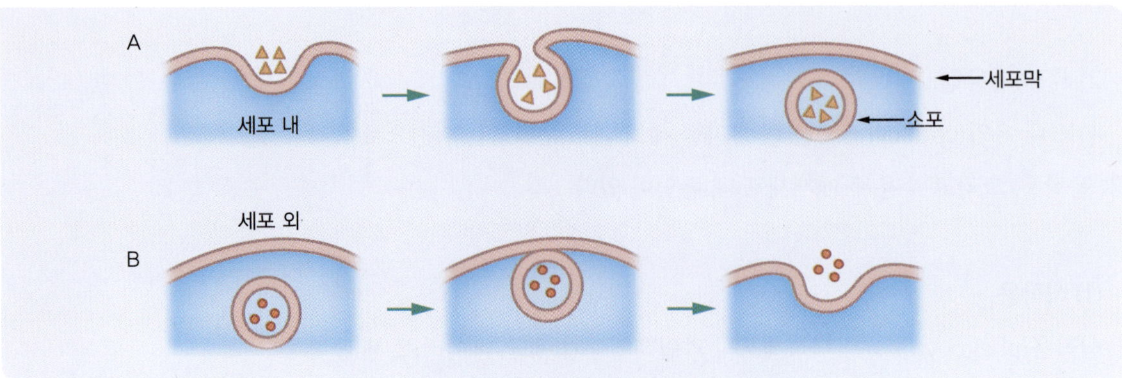

그림 1-6 세포 내 유입-음작용(A)와 세포 외 유출(B)

요약

1. 세포란 적당한 환경 하에서 독립적으로 살 수 있는 가장 작은 생명 단위로 모든 생물의 기능적, 구조적 기본 단위이다.

2. 동물세포는 핵과 세포질로 구분할 수 있다. 세포를 둘러싸는 세포막은 지질(인지질, 당지질, 콜레스테롤), 단백질, 소량의 탄수화물로 이루어져 있으며, 세포를 외부 환경과 분리시키고 세포 내외의 물질이동을 선택적으로 조절하여 세포를 보호하며 세포의 형태를 유지시킨다.

3. 핵은 세포의 집행부서로 모든 단백질을 합성하는 유전정보인 DNA가 있고 핵인은 리보솜을 만든다.

4. 세포질은 겔 상태의 액체인 세포기질과 여기에 떠 있는 세포소기관으로 이루어져 있다. 세포기질은 세포 내의 모든 소기관들을 둘러싸는 환경으로 세포의 생명 유지를 위한 최적 환경을 만들어준다.

5. 세포소기관에는 소포체, 골지체 , 미토콘드리아, 리소좀, 퍼옥시좀과 같이 막으로 둘러싸인 막성 소기관과 리보솜, 중심체 등과 같이 막으로 싸여 있지 않은 비막성 소기관이 있다.

6. 조면소포체는 단백질 합성에, 활면소포체는 지질과 스테로이드 합성에 관련되어 있다. 조면소포체에 붙어 있는 리보솜은 세포 밖으로 분비되는 단백질을 합성하고 세포기질에 분산되어 있는 유리 리보솜은 세포 내에서 사용하는 단백질을 합성한다.

7. 골지체는 소포체에서 단백질을 전달받아 변형, 분류, 포장하여 단백질이 목적지로 잘 이동하도록 한다.

8. 미토콘드리아는 산화적 인산화 반응을 통해 ATP를 생성하므로 세포 내 발전소라 하며 TCA 회로, 지방산, 산화가 일어난다.

9. 리소좀은 산성 가수분해효소를 많이 갖고 있는 일종의 소화기계로 세포 내로 들어온 이물질, 세포질 조각, 마모된 소기관을 분해한다.

10. 세포 내외로의 물질 이동은 세포막을 통해 이루어지며 수동기전과 능동기전이 있다. 수동기전은 에너지를 사용하지 않으며 단순확산, 촉진확산, 삼투, 여과 등이 있고 능동기전은 에너지를 사용하며 능동수송, 세포 내 유입, 세포 외 유출이 있다.

참고문헌

- 강영숙 외 옮김. 인체생리학 제7판. 라이프사이언스, 2011
- 고영규 외 옮김. 인체생리학 제5판. 라이프사이언스, 2011
- Gennis RB. Biomembranes, Molecular Structure and Function. Springer-Verlag Inc, New York, 1989
- Murray RK, Granner DK. Membranes: Structure and Function. In: Murray RK, Bender DA, Botham KM, Kennelly PJ, Rodwell VW, Weil PA, eds. Harper's Illustrated Biochemistry. 28th ed, pp.406-424, McGraw Hill Companies, 2009
- Sylvia SM, Biology, 9th ed. McGraw Hill, 2007
- Tzagoloff A. Mitochondria. Plenum, New York, 1982

제2장 탄수화물 영양

1. 탄수화물의 종류
2. 탄수화물의 소화와 흡수
3. 탄수화물의 기능
4. 탄수화물 대사
5. 탄수화물 영양과 건강문제
6. 탄수화물의 영양섭취기준 및 섭취실태

제2장 탄수화물 영양

탄수화물은 동·식물체의 생명을 유지하는 데 필요한 에너지를 공급해준다. 탄수화물은 녹색 식물의 엽록체에서 공기 중의 이산화탄소, 토양 중의 물, 그리고 태양 에너지를 이용하여 광합성작용에 의해 합성된다.

탄수화물의 화학구조[$(CH_2O)_6$]가 마치 탄소(C)와 물(H_2O)이 결합된 상태와 같다 하여 '탄수화물' 또는 '함수탄소'라 하였다. 그러나 반드시 이러한 화학구조를 가진 물질만을 탄수화물이라 하지 않으므로 당질이라고도 한다.

탄수화물은 우리의 식사 중 총 섭취 에너지의 60% 이상을 차지하는 주된 에너지 영양소이다. 우리 몸에 저장될 수 있는 탄수화물의 양은 매우 적어, 필요 이상 섭취한 탄수화물은 지질로 전환되어 저장되므로, 탄수화물과 지질 대사는 밀접하게 연관된다.

1 탄수화물의 종류

탄수화물은 크게 단당류, 이당류, 올리고당류, 다당류로 분류하며, 단당류와 이당류를 단순당질, 다당류를 복합당질로 분류하기도 한다.

1.1 단당류

단당류(monosaccharide)는 소장에서 바로 흡수될 수 있는 형태이며, 그 종류에는 포도당(glucose), 과당(fructose), 갈락토오스(galactose)가 있다. 포도당은 가장 중요한 단당류로 혈액 중에 70~100 mg/dL 수준을 유지하고 있다.

과당은 과일에 풍부하며 단맛이 가장 강한 천연당으로 설탕과 함께 주요 감미료로 사용되고 있다. 갈락토오스는 젖당의 성분으로 영아의 뇌 발달에 중요한 성분이다.

1.2 이당류

이당류(disaccharide)는 단당류 2개가 결합된 형태로, 맥아당(포도당+포도당), 자당(포도당+과당), 젖당(포도당+갈락토오스)이 이에 속한다. 맥아당은 자연계의 식품 속에는 존재하지 않으며, 전분의 가수분해로 생성된다.

1.3 올리고당류

올리고당류(oligosaccharide)는 단당류가 3~10개 정도 결합되어 있는 당류로, 소장에서 효소에 의해 가수분해되지 않거나 극히 일부분만 가수분해된다. 따라서 분해되지 않은 채로 장에 도달하여 이곳에 서식하는 세균에 의해 발효된다. 올리고당은 설탕보다 감미도는 적으나 에너지를 적게 생산하고, 인슐린 분비에 영향을 주지 않아 당뇨 환자에게 도움이 된다. 충치를 예방하며, 장내 균총의 성장을 촉진하여 변비뿐 아니라 장내 유해 독소의 생성을 억제하여 암도 예방한다. 또한 비만을 방지하고 콜레스테롤 축적 방지 및 콜레스테롤의 흡수를 감소시키는 등의 특성이 있어 기능성식품의 소재로 다양하게 활용되고 있다. 올리고당이 많이 함유된 식품은 콩, 돼지감자, 치커리뿌리, 양파, 마늘, 꿀 등이다.

1.4 다당류

다당류(polysaccharide)는 단당류가 수천 개까지 연결된 형태로 전분, 글리코겐, 섬유소가 대표적인 예이다. 전분은 포도당이 α-1, 4 결합으로만 중합된 아밀로오스와 α-1, 6 결합이 함께 구성된 아밀로펙틴으로 구성되어 있으며, 글리코겐은 동물체내에 저장되는 다당류로, 아밀로펙틴처럼 포도당이 α-1, 4 결합과 α-1, 6 결합으로 중합된 다당류이다. 섬유소는 포도당이 β-1, 4 결합에 의해 이루어진 다당류로 인체 내에는β-1, 4 결합을 분해시킬 효소가 없으므로, 소화 흡수되지 않는다.

2 탄수화물의 소화와 흡수

2.1 소화

탄수화물의 소화는 입에서 타액 아밀라아제(amylase)에 의해 일부 전분이 덱스트린과 맥아당으로 가수분해되는 것으로 시작한다. 타액 중의 아밀라아제는 산성 환경에서는 작용하지 못하므로 위에 도달하면 타액 아밀라아제의 작용은 멈추게 된다. 탄수화물의 본격적인 소화는 소장 상부에서 시작되는데, 전분은 췌장 아밀라아제에 의해 이당류인 맥아당으로 분해된 후 소장(공장)벽 미세융모에 있는 말타아제(maltase)에 의해 단당류인 포도당으로 분해되어 흡수되며 문맥을 통해 간으로 운반된다. 이당류인 자당이나 젖당은 각각 수크라아제(sucrase)와 락타아제(lactase)에 의해 포도당, 과당, 갈락토오스로 분해된다.

덱스트린(dextrin)
전분이 부분적으로 가수분해되어 형성된 다당류

문맥(portal vein)
위, 장 및 비장에서 간으로 보내지는 정맥

2.2 흡수

소장에서 단당류인 포도당과 갈락토오스의 흡수는 에너지 의존과정인 Na^+, K^+ 펌프 기전에 의해 일어난다. 포도당과 갈락토오스는 같은 운반경로를 이용하여 흡수되므로 그 과정에서 서로 경쟁하지만 갈락토오스가 포도당보다 더 빨리 흡수된다. 과당의 흡수는 운반체에 의한 촉진확산으로 일어난다. 단당류의 흡수 속도는 갈락토오스, 포도당, 과당의 순서이다.

전분이 풍부한 식품을 섭취한 후에는 당류를 섭취했을 때보다 혈당 농도가 빠르게 증가되지는 않는데 전분은 아말라아제에 의한 분해과정을 거쳐야 하기 때문이다. 따라서 당뇨 환자의 경우 단순당질보다 복합당질을 섭취하는 것이 혈당 조절을 위해 바람직하다.

포도당 운반과 Na^+ 펌프 기전

소장에서 포도당이 흡수될 때 포도당은 소장 점막세포의 운반체에 Na^+과 함께 결합하여 세포 내로 운반된다. 그런데 세포 내외의 Na^+ 및 K^+의 농도는 항상 일정하게 유지되어야 하므로 세포 내로 이동된 Na^+는 세포막에 존재하는 능동적 운반기전(active transport mechanism)에 의하여 다시 세포 외로 운반되고, 마찬가지로 세포 외로 확산된 K^+는 세포 내로 운반된다. 이 이동과정은 각각의 농도 차에 역행해서 이루어지므로 ATP라는 화학적 에너지가 필요하다.

3 탄수화물의 기능

3.1 에너지 공급과 단백질 절약작용

광합성에 의해 만들어진 전분이나 그 밖의 탄수화물은 동·식물의 궁극적인 에너지원이 된다. 탄수화물 1 g은 4 kcal의 에너지를 내며 다른 에너지영양소에 비해 가장 경제적인 영양소이다.

포도당은 뇌신경세포와 적혈구의 주요 에너지원이므로, 이들 세포의 원활한 기능 유지를 위해 혈당을 일정하게 유지하려는 신체의 적응현상이 일어난다. 탄수화물 섭취가 부족한 경우, 탄수화물이 아닌 물질(아미노산, 젖산, 글리세롤)로부터 포도당을 합성하는 포도당 신생과정이 활발하게 일어나므로 신체구성 및 보수에 사용되어야 할 단백질이 포도당으로 전환되어 혈당 유지 및 에너지원으로 쓰이게 된다. 따라서 탄수화물을 충분히 섭취하면, 체내 단백질이 에너지원이나 포도당 합성에 사용되는 것을 막아주므로 단백질을 절약할 수 있다.

3.2 케토시스 예방

탄수화물을 충분히 섭취하지 못하면 지질대사에 이상을 초래할 수 있다. 즉 지방산이 완전히 산화되지 못하고 중간 대사산물인 케톤체(ketone bodies)가 생성되는데, 산성 물질인 케톤체가 많이 생성되면 신체는 정상적인 산-염기 균형을 잃게 된다. 따라서 케토시스(ketosis)를 예방하기 위해서는 적어도 하루 50~100 g의 탄수화물을 섭취해야 한다.

케톤체의 생성

당뇨병이나 탄수화물 섭취가 적은 경우, 신체는 옥살로아세트산으로부터 포도당을 합성하여 뇌의 에너지원으로 사용한다. 또한 에너지 생산을 위해 체내에 저장되어 있던 지질이 산화되는데, 이때 생성된 아세틸 CoA는 오살로아세트산의 급격한 감소로 인하여 TCA 회로를 통해 완전히 산화되지 못하고 산성물질인 케톤체를 생성한다.
케톤체에는 아세톤(acetone), 아세토아세트산(acetoacetate), 베타-히드록시부티르산(-hydroxy butyrate)이 있다.

3.3 신체의 구성성분

탄수화물은 신체의 구성성분으로 작용하는데, 오탄당인 리보오스(ribose)는 핵산 성분으로서, 갈락토오스와 만노오스 등은 당지질 및 당단백질 성분으로서, 그리고 갈락토오스는 젖당의 성분으로서 특수한 역할을 담당하기도 한다.

핵산
리보오스 또는 디옥시리보오스, 인산, 염기로 구성된 뉴클레오티드의 중합체

당단백질(glycoproteins)의 역할

당단백질은 당을 함유하는 단백질로, 조직 항원 및 분비물질의 주요 성분이다. 세포 내에서 합성된 어떤 단백질은 소포체에서 당화과정(glycosylation)을 거치게 되는데, 탄수화물 부분은 단백질에 다양한 역할을 부여한다. 즉, 단백질의 행선지를 결정해주거나, 생체막에 부착되는 인식부위 또는 수용체와 항원의 인식부위로 작용하며, 세포 접착 시에도 주요한 역할을 한다.

표 2-1 탄수화물 및 대체 감미료의 감미도

탄수화물 및 대체 감미료	상대적인 감미도*	탄수화물 및 대체 감미료	상대적인 감미도*
탄수화물		당 알코올	
젖당	0.2	솔비톨(sorbitol)	0.6
맥아당	0.4	자일리톨(xylitol)	0.9
포도당	0.7	대체 감미료	
설탕	1.0	아스파탐(aspartame)	200
전화당	1.3	사카린(saccharin)	300
과당	1.2-1.8		

*설탕의 감미도를 1.0으로 하였을 때

3.4 천연 감미료

설탕, 포도당, 과당 등은 단맛이 있어(표 2-1) 식욕을 증진시키고 음식의 맛을 돋우어줌으로써 식생활에 즐거움을 준다.

4 탄수화물 대사

단당류인 과당이나 갈락토오스는 간에서 쉽게 포도당으로 전환되므로 체내 탄수화물 대사의 중심은 포도당 대사이다. 그림 2-1은 소화 흡수된 탄수화물의 대략적인 대사경로로, 포도당은 간과 근육에서는 글리코겐(glycogen)으로 저장되거나 에너지를 생성하고, 지방조직에서는 중성지방(triglyceride, TG)으로 저장된다.

4.1 포도당 대사

포도당의 주요 대사에는 해당과정(glycolysis), 글리코겐 합성(glycogenesis) 및 분해(glycogenolysis), 포도당 신생(gluconeogenesis), 오탄당 인산경로(pentose phosphate pathway) 등이 있다.

1) 해당과정

포도당이 피루브산(pyruvic acid)이나 젖산(lactic acid)으로 전환되는 과정으로, 세포질에서 일어난다. 포도당 1분자가 해당과정에 의해 피루브산으로 산화될 때 2분자의 ATP, 2분자의 NADH가 생성된다. 이때 생성된 피루브산은 산소가 충분한 호기적인(aerobic) 조건에서는 미토콘드리아로 들어가 TCA 회로(tricarboxylic acid cycle)에서 산화되어 많은 에너지를 생산한다. 하지만 혐기적인(anaerobic) 조건에서는 TCA 회로를 통한 대사가 원활하지

$$1\text{포도당}\,(C_6) + 2NAD^+ + 2ADP + 2Pi \rightarrow 2\text{피루브산}\,(C_3) + 2NADH + 2H^+ + 2ATP + 2H_2O$$

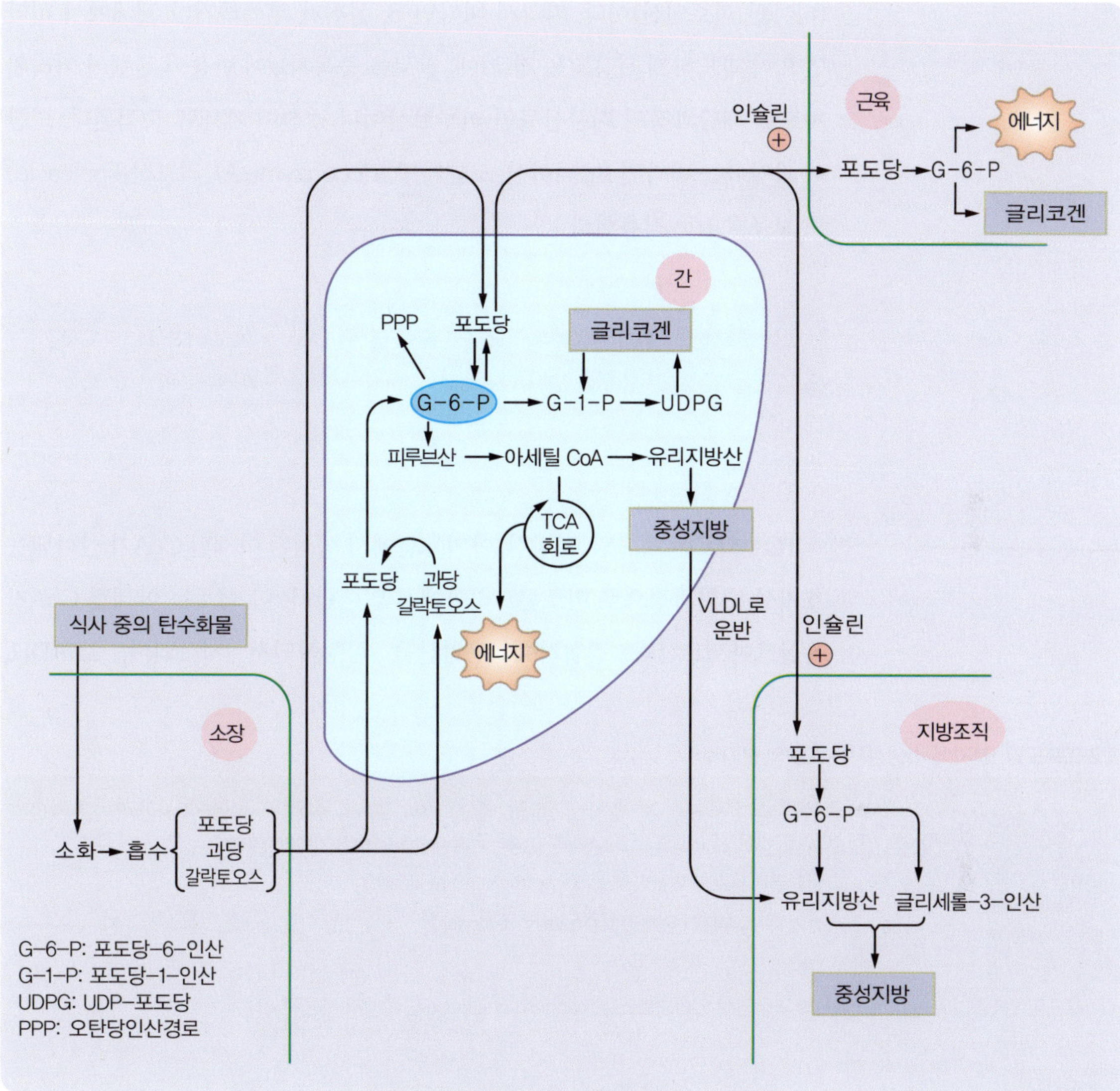

그림 2-1 식사 후 흡수된 탄수화물의 대사경로

않아 피루브산이 젖산으로 환원된다(부록 참조).

2) 피루브산의 아세틸 CoA로의 산화

해당과정에서 생성된 피루브산은 TCA 회로로 들어가기에 앞서 아세틸 CoA로 산화된다. 즉, 세포질의 피루브산이 미토콘드리아 내로 이동되고, 카복실기(-COOH) 제거반응을 거쳐 아세틸 CoA를 형성한다.

이 과정에 작용하는 피루브산 탈수소효소 복합체의 보조효소는 비타민 B_1

(티아민 피로인산)이다. 따라서 비타민 B_1 섭취가 부족하거나 체내에서 비타민 B_1이 과도하게 사용되는 경우(예: 알코올 중독자), 이 반응의 진행이 어려워지므로 해당과정의 대사산물인 피루브산이나 젖산이 체내에 축적된다. 또한 이 과정에는 비타민 B_2, 니아신, 코엔자임 A(coenzyme A), 리포산(lipoicacid)도 보조효소로 작용한다.

$$\underset{(C_3)}{\text{피루브산}} + NAD^+ + CoA\text{–}SH \longrightarrow \underset{(C_2)}{\text{아세틸 CoA}} + NADH + H^+ + CO_2$$

3) TCA 회로

TCA 회로는 포도당, 지방산, 아미노산에서 생성된 아세틸 CoA가 산화되는 호기성 순환과정으로 미토콘드리아에서 일어난다. 이 회로는 아세틸 CoA가 옥살로아세트산과 결합하여 구연산을 합성하면서 시작되며, 3NADH,

표 2-2 포도당 1분자에서 생성되는 ATP의 분자수

경로	반응 효소	생선된 ATP 분자수
해당과정	글리세르알데히드- 3-인산 탈수소효소(glyceraldehyde-3-phosphate dehydrogenase)	5(3)*
	인산글리세르산 인산화효소(phosphoglycerate kinase)	2
	피부르산 인산화효소(pyruvate kinase)	2
		9(7)
포도당 인산화효소(glucokinase)와 과당인산 인산화효소(phosphofructokinase)단계에서 사용된 ATP		-2
		총 7(5)
피루브산→ 아세틸 CoA	피부르산 탈수소효소(pyruvate dehydrogenase)	총 5
TCA 회로	이소시트르산 탈수소효소(isocitrate dehydrogense)	5
	알파-케토글루타르산 탈수소효소(-ketoglutarate dehydrogenase)	5
	석신산 티오키나아제(succinate thiokinase)	2
	석신산 탈수소효소(succinate dehydrogenase)	3
	말산 탈수소효소(malate dehydrogenase)	5
		총 20
호기적인 조건에서 생산된 총 ATP 분자수		총 32(30)
혐기적인 조건에서 생산된 총 ATP 분자수		총 2

* 세포질에서 생성된 NADH 1분자가 미토콘드리아로 운반될 때 glycerophosphate shuttle을 거치면 1,5ATP를 생성한다.

$1FADH_2$, 1ATP, $2CO_2$를 생성하고 다시 옥살로아세트산이 재생되는 것으로 끝난다. 생성된 NADH, $FADH_2$는 전자전달계에서 산화되어, 각각 2.5ATP, 1.5ATP를 생성하므로, 1분자의 아세틸 CoA가 TCA 회로에서 산화되면 10분자의 ATP를 생성한다. 이 회로는 탄수화물 이외에 지질과 단백질이 산화될 때에도 거치게 되는 에너지 영양소의 공통의 최종 회로이다(그림 2-2). 또한 TCA 회로는 포도당, 지방산, 아미노산을 분해하는 경로인 동시에 포도당 신생, 지

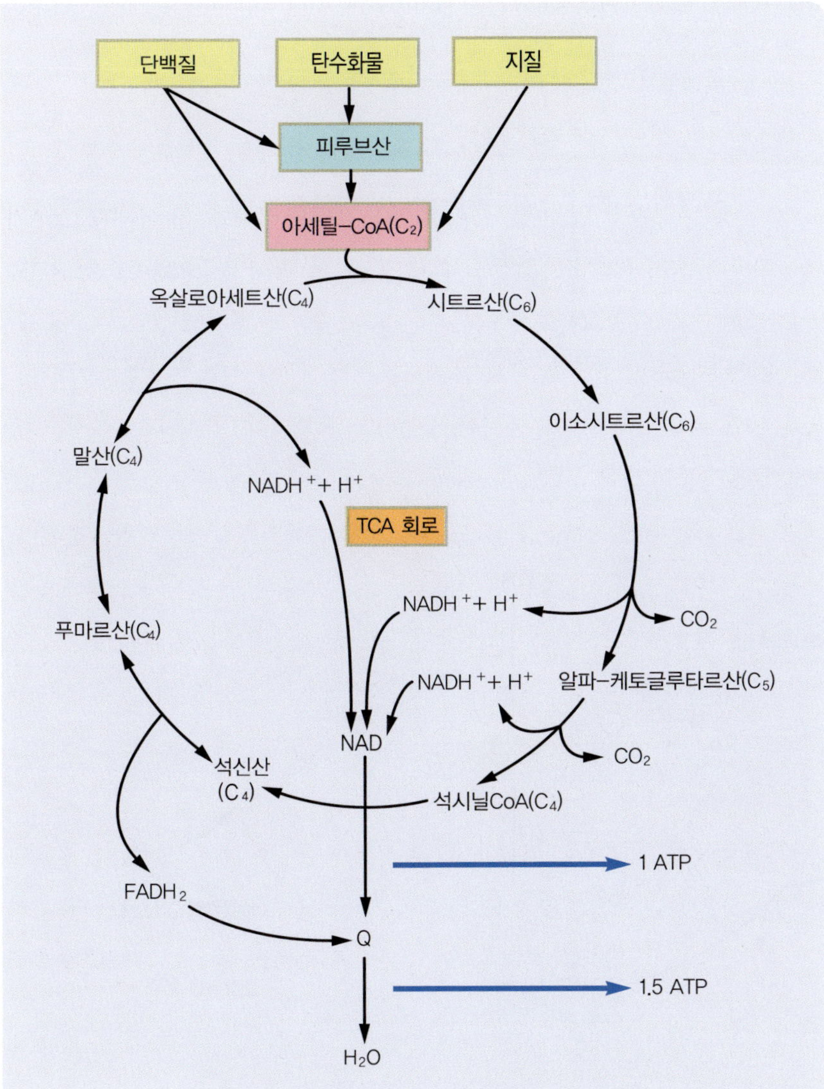

그림 2-2 TCA 회로와 전자전달계를 통한 ATP 생성

방산 합성, 아미노산 합성에 필요한 기질을 제공하는 경로로도 작용한다.

표 2-2와 그림 2-2에는 1분자의 포도당이 세포질의 해당과정, 미토콘드리아의 TCA 회로 및 전자전달계를 거치면서 32(30)분자의 ATP가 생성되는 단계를 표시하였다.

4) 글리코겐 합성

포도당으로부터 글리코겐이 합성되는 과정으로 세포질에서 일어나며, 간과 근육에서 왕성하다. 포도당은 UTP(uridine triphosphate)를 에너지원으로

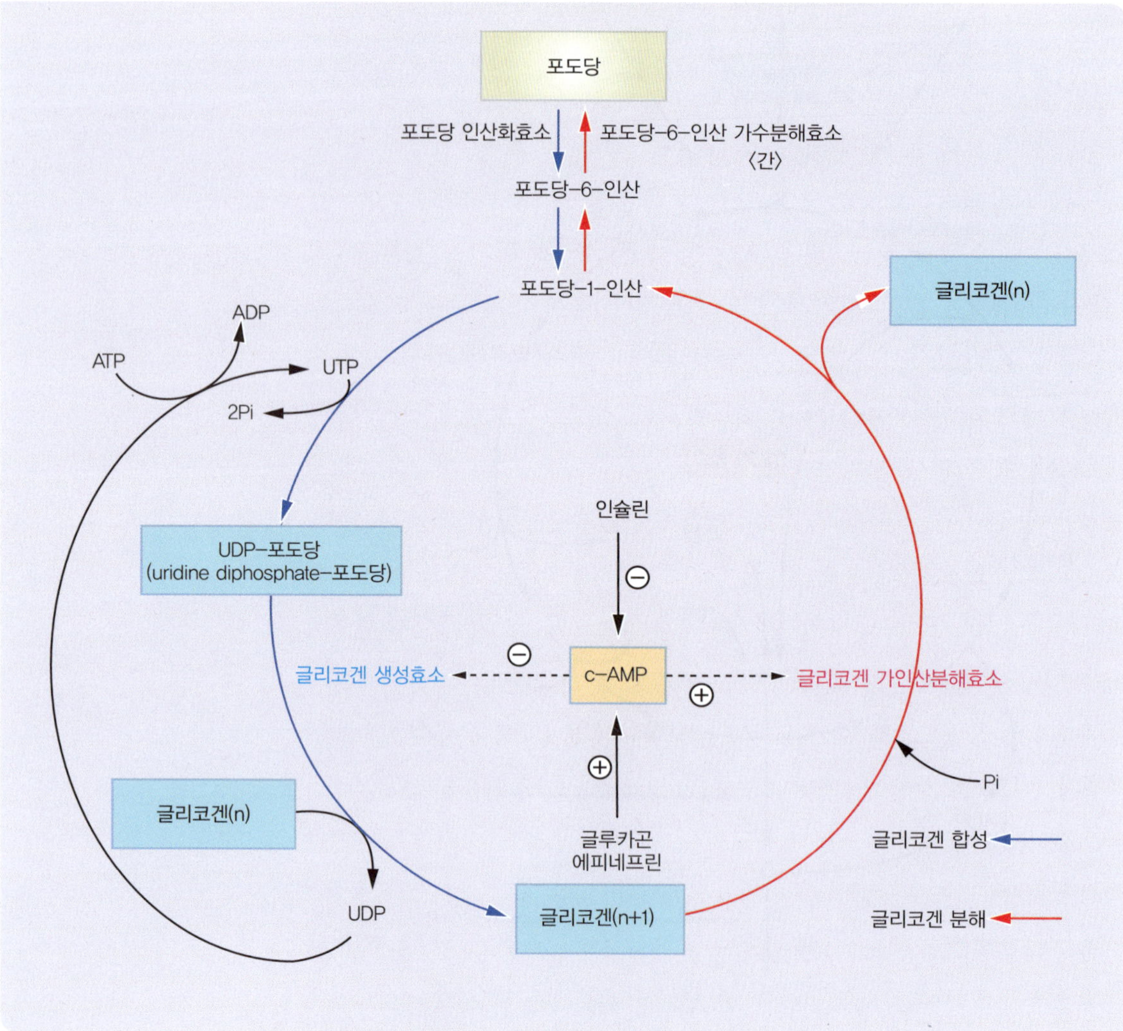

그림 2-3 글리코겐 합성과 분해

사용하여 UDP-포도당(활성 포도당)이 되고 이미 있던 글리코겐 분자(n)에 결합되어 포도당 1분자가 더 많아진 글리코겐(n+1)을 형성한다. 글리코겐 생성효소(glycogen synthase)는 글리코겐 합성과정의 조절효소로서 호르몬의 제2차 전령인 c-AMP에 의해 활성이 억제된다. 인슐린 분비가 촉진되면 c-AMP 합성이 감소되고 글리코겐 생성효소는 활성이 촉진되어 글리코겐 합성이 증가하게 된다(그림 2-3).

c-AMP

세포막을 통과할 수 없는 펩티드계 호르몬은 제2차 전령을 통해 그 기능을 수행하는데, c-AMP(cyclic-AMP)는 호르몬의 제2차 전령의 일종이다.

5) 글리코겐 분해

글리코겐이 분해되어 포도당이 생성되는 과정이다. 이 과정을 거쳐 간의 글리코겐은 혈당원으로 사용되지만, 근육에는 포도당-6-인산 가수분해효소(glucose-6-phosphatase)가 없어 포도당을 만들 수 없으므로 근육 글리코겐은 근육 자체의 에너지원으로만 쓰인다. 글리코겐 분해속도를 조절하는 효소는 글리코겐 가인산분해효소(phosphorylase)로 그림 2-3에서와 같이 포도당 간의 α-1, 4 결합을 분해하여 포도당-1인산을 유리시킨다. 이 효소의 활성은 c-AMP에 의해 촉진되는데, c-AMP의 합성은 글루카곤이나 에피네프린에 의해 촉진된다. 즉 포도당이 부족하면 글루카곤이나 에피네프린에 의해 c-AMP의 합성이 증가되어 글리코겐 분해가 촉진된다.

글루카곤
췌장, 랑게르한스섬의 세포에서 분비되는 호르몬

글리코겐 합성과 분해과정은 서로 다른 대사 경로를 통해 일어나며 호르몬에 의한 조절과정을 통해 글리코겐 합성과 분해과정이 동시에 촉진되지는 않는다.

6) 오탄당 인산경로(Pentose phosphate pathway)

육탄당 일인산경로(hexose monophosphate shunt, HMP shunt)라고도 불리는 오탄당 인산경로는 해당과정과 구분되는 포도당의 또다른 산화경로이며, 세포질에서 일어난다. 이 경로를 통해 지방산 및 스테로이드 합성에 필요한 NADPH와 핵산의 구성성분인 리보오스(리보오스-5-인산)가 합성된다. 이 과정은 지방조직, 간, 부신피질, 적혈구, 고환, 유선조직, 갑상샘 등에서 활발하게 일어난다(부록 참조).

7) 포도당 신생

탄수화물이 아닌 물질로부터 포도당을 생성하는 반응이다. 포도당은 세포의 중요한 에너지원으로 특히 신경세포와 적혈구에서 필수적인 에너지원으로 쓰인다. 따라서 체내에 탄수화물이 부족할 경우, 예를 들면 장기간 식사를 하지 못하게 된 경우나 당뇨병에 걸려 포도당의 이용이 원활하지 못한 경우에는 포도당 신생과정을 거쳐 포도당을 만들게 된다.

포도당 신생의 주요 과정은 기본적으로는 해당과정과 TCA 회로의 역방향으로 진행되지만, 일부는 해당과정과는 다른 효소체계를 통해 이루어진다. 포도당을 합성할 수 있는 기질은 아미노산, 젖산, 글리세롤이며, 홀수 지방산의 산화와 프로피온산 일부 아미노산의 이화과정에서 생성된 프로피온산(propionate)도 포도당을 합성할 수 있다(그림 2-4).

프로피온산
탄소수가 3개인 카복시산

말초조직에서 완전히 산화되지 못한 대사물질은 간으로 이동하여 포도당 신생에 참여한다. 예를 들어 근육과 적혈구에서 해당과정으로 생성된 젖산은 혈액을 통해 간과 신장으로 운반되어 포도당 신생과정을 거쳐 포도당을 생산하고, 생성된 포도당은 다시 조직으로 이동되어 사용된다. 이를 코리 회로(Cori cycle) 또는 젖산 회로(lactic acid cycle)라 한다(그림 2-5). 근육 내의 알라닌은 간으로 이동되어 아미노기전이반응과 포도당 신생과정을 거쳐 포도당으로 전환되고, 이 포도당은 다시 조직으로 이 같은 과정을 포도당-알라닌 회로(glucose-alanine cycle)라 한다(그림 2-5).

4.2 과당 대사

흡수된 과당은 간에서 인산화된 후 해당과정의 중간대사물인 2분자의 3탄당(디히드록시아세톤 인산과 글리세르알데히드-3-인산)으로 전환된다. 과당

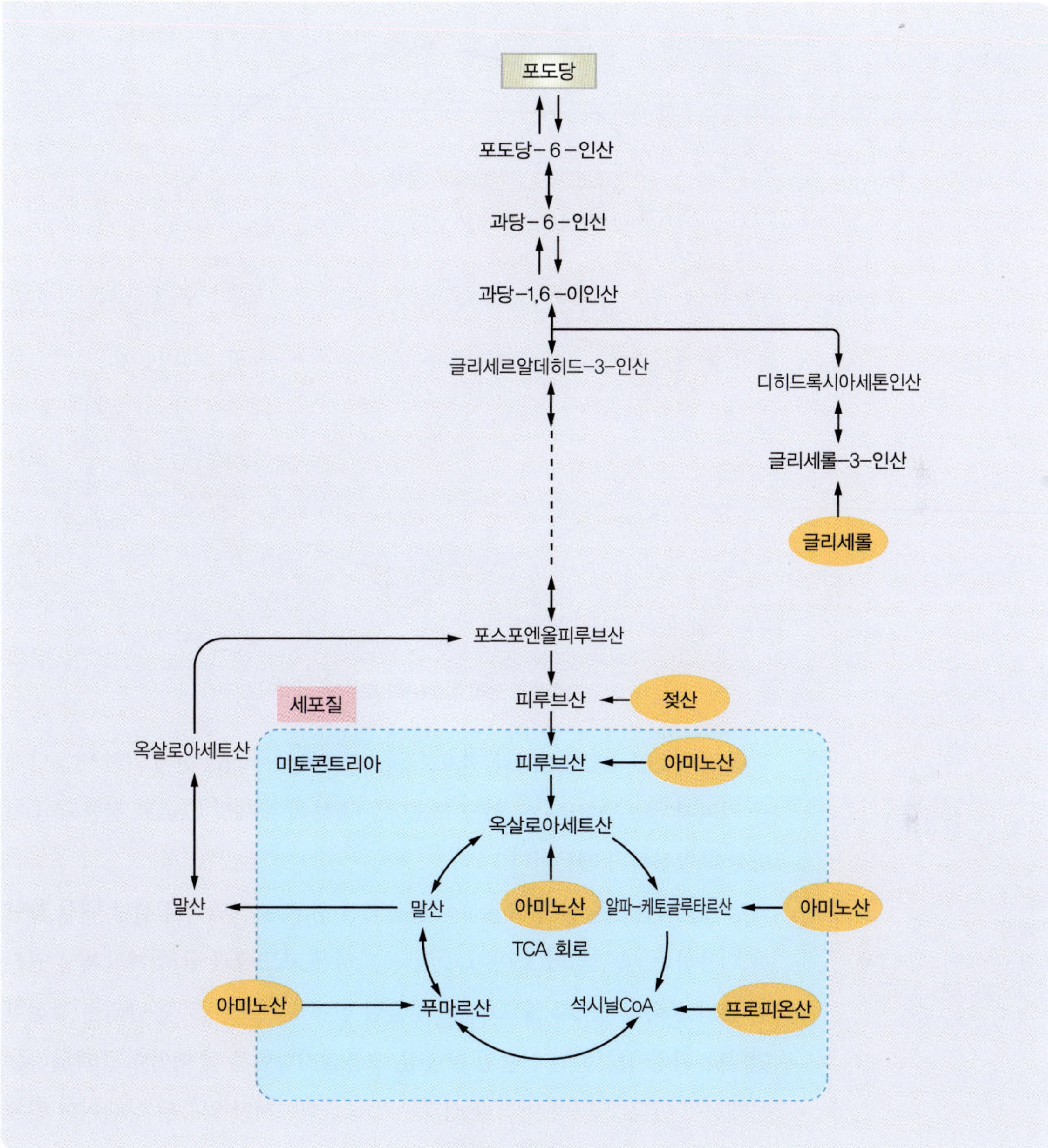

그림 2-4 포도당 신생

이 유일한 탄수화물의 급원이거나 포도당이 부족할 때에는 해당과정을 역방향으로 진행시켜 포도당을 합성한다.

과당은 포도당과 함께 간으로 들어 왔을 때 포도당으로 전환되기보다는 지방산이나 중성지방을 합성한다. 이는 과당이 포도당 해당과정에서 중요한 속

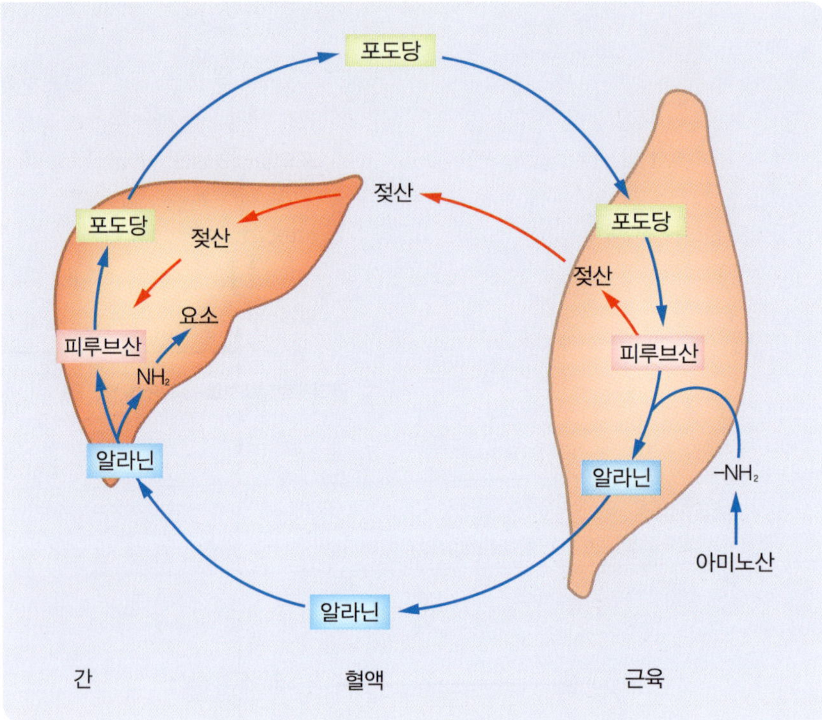

그림 2-5 코리 회로(-)와 포도당-알라닌 회로(-)

도 조절효소인 과당인산 인산화효소(phosphofructokinase)에 의한 반응단계를 거치지 않으므로(부록 참조) 포도당보다 빨리 아세틸 CoA로 전환되어 지방산을 합성하기 때문이다.

> **인슐린**
> 췌장 랑게르한스섬의 β세포에서 분비되는 호르몬

당뇨병처럼 인슐린의 작용이 비정상적인 경우, 포도당이나 설탕 대신 과당을 이용하는 데 관심이 모아지고 있다. 과당은 포도당과 달리 췌장에서 인슐린 분비를 촉진시키지 않으며, 또 인슐린 없이도 세포 내로 운반되는 장점이 있지만, 과량 섭취하면 인슐린 저항성, 고중성지방혈증 및 혈압이 증가된다는 문제점이 있다. 그러나 이러한 결과는 동물실험에서만 입증된 상태이며 인체실험에서는 그 결과가 명확하지 않으므로, 과일과 채소에 있는 천연과당의 섭취까지 제한할 필요는 없다.

4.3 갈락토오스 대사

사람은 유즙을 통해 갈락토오스를 섭취하며, 혈액으로 흡수된 갈락토오스는 인슐린 없이도 세포 내로 운반된다. 간으로 운반된 갈락토오스는 UDP-포도당으로 전환되어 글리코겐으로 저장되거나, 해당과정으로 들어가 산화된다.

갈락토오스혈증(galactosemia)은 선천성대사이상으로 갈락토오스가 포도당으로 전환되는 과정에 관여하는 효소(갈락토오스-1-인산 우리딜전이효소, galactose-1-phosphate -uridyltransferase)의 결핍에 의한 것이다. 이 효소가 부족하면 갈락토오스가 혈액에 축적되어 백내장이나 신경조직의 손상을 초래한다.

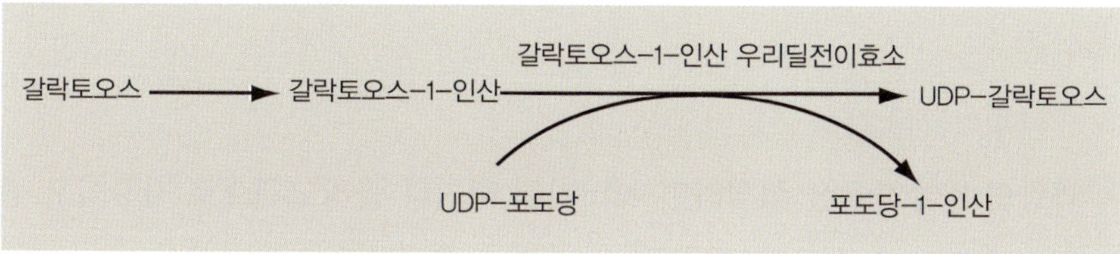

4.4 혈당 유지

식사 전, 후의 혈당은 어느 정도 변화가 있으나 건강한 사람이라면 70~100 mg/dL 범위에서 일정하게 혈당이 유지된다. 이와 같이 공복에 혈당이 크게 떨어지지 않고, 또 식사 후에 크게 증가하지 않는 것은 혈당이 호르몬에 의해 세밀히 조절되고 있음을 뜻한다.

췌장에서 분비되는 인슐린은 체내에서 탄수화물이 저장되거나 이용될 때

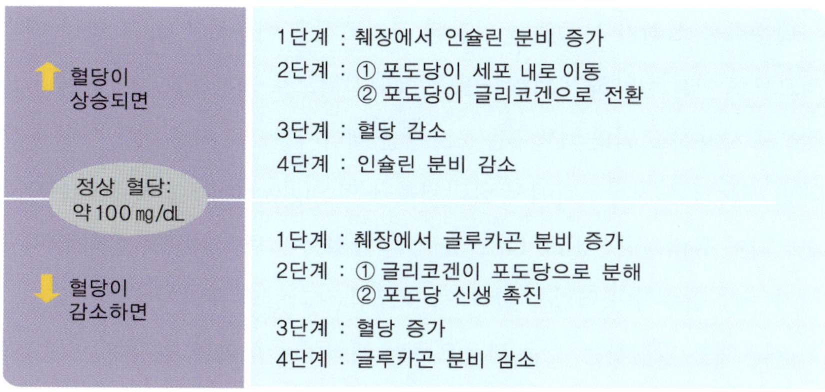

그림 2-6 혈당조절 기전

매우 중요한 역할을 한다. 즉 인슐린은 식사 후 증가된 혈액 중의 포도당이 세포로 유입되거나, 에너지를 생성하거나, 글리코겐으로의 저장을 촉진하여 혈당을 정상화시킨다. 한편, 식사와 식사 사이에 혈당이 정상 이하로 감소하면 췌장에서 분비되는 글루카곤이나 부신에서 분비되는 에피네프린(포도당 신생도 촉진함)이 간에 저장되어 있던 글리코겐을 포도당으로 분해하는 과정을 촉진시켜 혈당을 정상화시킨다(그림 2-6).

4.5 탄수화물과 지질 대사의 상호작용

1) 탄수화물을 과량 섭취한 경우

과량의 탄수화물을 섭취하면 에너지를 내거나 글리코겐으로 저장되고 남은 탄수화물은 중성지방(triglyceride, TG)으로 전환되어 체내에 저장된다. 체내에 저장할 수 있는 글리코겐의 양은 매우 적을 뿐만 아니라 글리코겐보다는 중성지방으로 저장하는 것이 훨씬 많은 양의 에너지를 저장하는 효율적인 방법이다.

여분의 탄수화물(포도당)은 아세틸 CoA로 산화된 후 주로 간과 지방조직에서 지방산으로 합성되고, 다시 중성지방으로 전환된다. 간에서 합성된 중성지방은 초저밀도지단백질(very low density lipoprotein, VLDL)을 통해 혈액으로 방출되며, 지방조직으로 이동·저장된다(그림 2-7).

2) 탄수화물 섭취가 부족한 경우

탄수화물 섭취가 부족하면 저장된 글리코겐을 이용하는데, 그 양이 매우 적으므로 이를 절약하기 위해 근육은 에너지원으로 케톤체와 지방산을 우선적으로 사용하고 뇌와 적혈구는 포도당을 에너지원으로 사용한다. 이렇게 절약된 포도당은 지방조직에서 글리세롤-3-인산(glycerol-3-phosphate)으로 전환되어 유리지방산(free fatty acid)을 안정적인 중성지방의 형태로 저장시키는 데 필수적인 역할을 한다. 즉 포도당은 과량의 유리지방산이 유출되어 케톤체를 합성하는 것을 막음으로써 체액의 산성화를 방지해준다(그림 2-7).

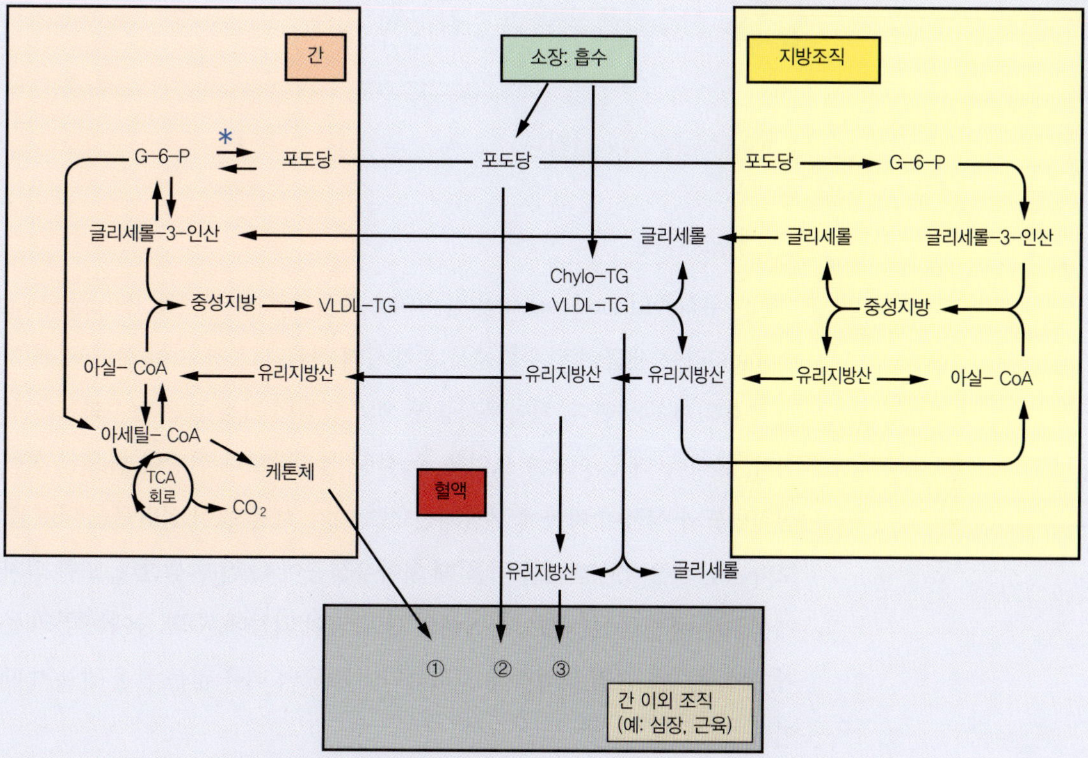

①, ②, ③ : 당질 부족 시 간 이외의 다른 조직에서 에너지원으로 쓰이는 순서
* : 간에는 포도당-6-인산 가수분해효소가 있어 포도당-6-인산으로부터 포도당 공급이 가능
G-6-P : 포도당-6-인산

그림 2-7 간조직, 지방조직, 간 이외의 조직에서 탄수화물과 지질 대사의 상호관계
자료: Murray RK et al. Harper's Biochesmistry, 25th ed. p.301. 2000

한편 포도당에서 지방산의 합성은 가능하지만, 지방산에서 포도당의 합성은 불가능하므로, 규칙적인 식사로 탄수화물을 섭취하여 혈당을 유지하는 것은 매우 중요하다.

탄수화물과 지질 대사의 상호작용

포도당 ⟷ 피루브산 ⇄ 아세틸 CoA ⟷ 지방산 (피루브산 → 아세틸 CoA: ○, 아세틸 CoA → 피루브산: ×)

사람의 경우 포도당에서 지방산 합성은 가능하지만 지방산에서 포도당 합성은 불가능하다. 그 이유는 포도당의 해당과정에서 생성된 피루브산은 피루브산 탈수소효소(pyruvarte dehydrogenase)에 의해 아세틸 CoA로 전환되어 지방산을 합성하지만 지방산의 산화로 생성된 아세틸 CoA를 피루브산으로 전환시키는 효소가 없기 때문이다.

5 탄수화물 영양과 건강문제

5.1 단순당질과 건강

1) 치아우식증

치아우식증(dental caries)은 입 속의 스트렙토코커스 뮤탄스(Streptococcus mutans)라는 세균이 탄수화물을 분해시켜 산을 생성하고 이 산에 의해 치아가 부식되어 발생한다. 치아우식증 발생의 위험이 가장 높은 탄수화물은 설탕이다. 그러나 더욱 중요한 요인은 총 설탕 섭취량보다 설탕이 함유된 식품의 섭취빈도와 식품이 치아에 부착되는 정도이다. 예를 들어 설탕물을 마셨을 때보다는 끈적끈적한 캔디를 먹을 때 치아우식증이 더 잘 발생한다. 또한 잠자리에서 섭취하는 간식은 치아우식증의 큰 원인이 되는데, 수면 중에는 침의 분비가 감소하므로 침의 세척작용이 저하되어 세균이 더욱 많은 산을 만들기 때문이다.

2) 당뇨병

당뇨병(diabetes mellitus)은 신체의 당 이용 능력이 저하되어 고혈당이 나타나는 대사성 질병이다. 당뇨병은 인슐린 합성장애로 인한 제1형 당뇨병(인슐린 의존성 당뇨병)과 근육이나 지방조직의 인슐린 수용체 수의 감소 또는 수용체의 민감성의 감소 등으로 인한 제2형 당뇨병(인슐린 비의존성 당뇨병)으로 분류된다.

제1형 당뇨병(IDDM)
insulin dependent diabetes mellitus

과당이나 설탕 등의 단순당질의 과잉 섭취로 인해 인슐린저항성 증가와 같은 신체의 당 이용 능력이 직접 저하되지는 않지만 단순당질의 과잉 섭취로 인한 비만은 당뇨병의 주요 위험 요인이다. 미국 당뇨병학회의 당뇨병의 예방 및 개선지침에 의하면 탄수화물로부터 얻는 에너지가 과하지 않아야 하며, 혈당지수가 낮은 식품을 섭취할 것을 권장하지만, 단순당질에 대해서는 특별한 언급은 없다.

제2형당뇨병 (NIDDM)
non-insulin dependent diabetes mellitus

3) 주의력결핍 과다행동장애

1975년 페링골드(Feingold) 박사는 다량의 당 섭취가 주의력결핍 과다행동장애(attention deficit hyperactivity disorder, ADHD)를 유발한다고 제안하였다.

혈당지수

탄수화물의 혈당 상승 정도를 나타내는 척도인 '혈당지수(glycemic index, GI)'는 표준식품인 포도당 50 g을 섭취한 후의 혈당반응에 대한 특정 탄수화물 식품의 혈당반응의 상대적 수치(%)로 정의되며, 탄수화물 식품의 소화 흡수 속도를 고려한 수치이다. 예를 들면 감자, 쌀밥, 흰 빵 및 현미밥의 4가지 식품의 혈당지수를 비교하면(표 1), 현미밥이 혈당지수가 가장 낮으며, 이는 식후 혈당 상승효과가 가장 낮은 식품임을 뜻한다. 따라서 당뇨환자는 같은 복합당질식품이라도 현미밥과 같이 혈당지수가 낮은 식품을 섭취하면 혈당조절이 훨씬 쉬워진다.

표 1 간일상 식품의 혈당지수

식품	혈당지수	식품	혈당지수
식빵	75 ± 2	사과 주스	41 ± 2
통밀/통밀빵	74 ± 2	오렌지 주스	50 ± 2
흰쌀밥	73 ± 4	삶은 달걀	78 ± 4
현미밥	68 ± 4	삶은 당근	39 ± 4
보리	28 ± 2	전지 우유	39 ± 3
쌀국수	53 ± 7	탈지 우유	37 ± 4
사과	36 ± 2	강낭콩	24 ± 4
오렌지	43 ± 3	대두콩	16 ± 1

자료: 김인주. 당뇨병 33:261-266, 2009

저혈당지수 식품을 섭취하면 포도당 흡수속도가 감소되어 식후 인슐린 농도가 서서히 증가한다. 고혈당지수 식품은 혈당을 더 많이, 그리고 급격하게 높일 뿐 아니라, 저혈당의 위험도 더 높다(그림 1). 고혈당 상태는 인슐린 분비를 계속 자극하여 결국 췌장 β-세포가 손상되어 혈당 조절을 점점 더 어렵게 만든다. 또한 인슐린과 혈당 농도가 계속 높게 유지되면 혈중 HDL-콜레스테롤 수준은 감소하고 산화적 스트레스가 증가하므로, 저혈당지수 식품은 당뇨병은 물론 여러 만성질환을 예방해준다.

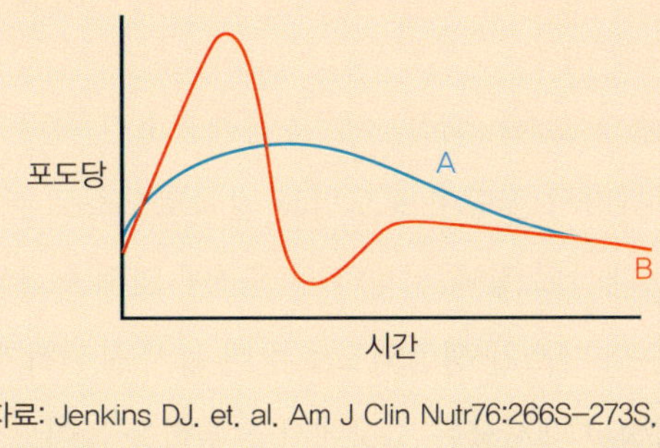

자료: Jenkins DJ. et. al. Am J Clin Nutr76:266S–273S, 2002

저혈당지수 식품(A)과 고혈당지수식품(B)의 혈당반응곡선

혈당 상승은 탄수화물의 종류 이외에도 식사의 속도와 양, 조리방법, 식사중의 성분(단백질, 지질 및 섬유소), 전분의 특징 등의 영향을 받으므로 혈당지수를 결정하는 것은 쉽지 않다. 아밀로펙틴보다 아밀로오스가 많을수록, 그리고 섬유소가 많을수록 천천히 흡수되므로, 혈당지수가 낮다. 콩은 아밀로오스와 수용성 섬유질이 풍부하여 혈당지수가 낮은 대표식품이다.

또한 식품마다 1회 섭취 분량이나, 1회 분량에 함유된 탄수화물의 양이 동일하지 않으므로, 통상적인 식품의 1회 분량을 섭취하였을 때 혈당증가 정도를 나타내는 혈당부하지수(glycemic load, GL)도 사용되고 있다. 즉 혈당부하지수는 흡수속도를 감안한 혈당지수에 탄수화물의 섭취량까지 고려하여 혈당반응 정도를 나타낸 값이다.

설탕을 과잉 섭취하면 갑작스럽게 혈당이 상승하게 되고, 이로 인해 인슐린 분비가 촉진되어 곧 저혈당 상태에 이른다. 저혈당 상태에서는 포도당을 주 에너지원으로 사용하는 뇌신경계에 영향을 미치므로 이론적으로 설탕을 과잉 섭취하는 어린이에서 ADHD 현상을 나타낼 수 있다. 그러나 최근 메타분석 결과, 설탕 등의 단순당질의 섭취와 ADHD는 관련이 없는 것으로 나타났다.

이상과 같이 설탕 등의 단순당질의 과잉 섭취는 여러 질병과 관련이 있는 것으로 나타났지만, 대부분 설탕이 직접적인 요인이라기보다는 간접적인 요인인 경우가 많다. 그러나 empty-calorie food인 설탕을 많이 섭취할수록 에너지 이외의 필수 영양소 섭취가 부족되기 쉽다. 미국의 의학연구소에서도 설탕의 과량 섭취로 인해 당뇨병, 심혈관질환, 비만 및 주의력결핍 과다행동장애가 발생하는지에 대해서는 그 증거가 확실하지 않으나, 영양 희석(nutrient dilution)의 문제는 근본적으로 존재한다고 하였다. 따라서 세계 각국의 식사지침에서는 질병 예방과 건강 유지를 위해 설탕 섭취를 줄일 것을 권장하고 있다.

empty-calorie food (빈 열량식품)
열량만 있고 다른 영양소는 거의 없는 식품

5.2 젖당 불내성

젖당 불내성(lactose intolerance)은 젖당 분해효소인 락타아제(lactase)가 결핍되어 나타난다. 따라서 젖당이 포도당과 갈락토오스로 분해되지 못하므로 흡수되지 못하고, 대신 소장에 서식하는 세균에 의해 이용되어 많은 양의 메탄, 탄산 가스 및 수소 가스가 생성되므로 장이 몹시 불편하게 된다. 또한 젖당과 세균에 의해 생성된 대사물은 소장에서 삼투력을 높이므로 수분을 끌어들여 경련과 설사를 유발한다. 젖당 불내성은 주로 유색 인종에 많으며, 장기간 젖당(우유)을 섭취하지 않으면 락타아제가 결핍되는데, 이는 기질부족으로 인해 효소의 유도(enzyme induction)가 일어나지 않기 때문이다.

우유는 인체가 필요로 하는 필수 영양소를 풍부하게 함유하고 있을 뿐 아니라, 우리나라 사람들에게 부족한 칼슘의 좋은 급원이다. 젖당 불내성이 있는 사람들에게 부족하기 쉬운 칼슘을 섭취하기 위해 시도해 볼 수 있는 방법들은 다음과 같다.

① 소량의 우유를 따뜻하게 데워서 천천히 마신다. 마시는 분량을 조금씩 늘려가면서 효소의 생성을 유도하도록 한다.

② 요구르트나 치즈 같은 유제품을 먹는다. 요구르트나 치즈는 만드는 과정에서 젖당이 분해되기 때문에 소화의 문제가 없다.

③ 젖당이 제거된 우유를 마신다.

④ 이상의 방법 중 어떤 것도 사용할 수 없는 사람은 칼슘이 풍부한 다른 대체 식품(뼈째 먹는 생선, 두부, 녹색 채소 등)을 섭취한다.

6 탄수화물의 영양섭취기준 및 섭취실태

6.1 섭취기준

1) 탄수화물

두뇌가 케톤을 에너지원으로 사용하지 않고 포도당으로부터 충분한 에너지를 공급받을 수 있는 양을 평균필요량으로 설정하였다. 즉, 케토시스를 방지하고 두뇌에 필요한 포도당을 공급하는 100 g이 평균필요량이며 권장섭취량은 변이계수를 15%로 하여 130 g/일로 설정하였다.

탄수화물 에너지 적정비율은 2010년까지 55~70%였으나 탄수화물로부터 섭취하는 에너지 비율이 70% 이상이면 당뇨병, 저 HDL-콜레스테롤혈증 등 질병의 위험이 증가하므로 2015년부터는 상한 비율을 65%로 하향조정하였다. 따라서 탄수화물의 에너지 섭취 구성비는 55~65%로 하되 전곡, 채소, 콩 및 과일 등의 섭취를 통하여 혈당지수가 낮은 복합당질을 많이 섭취하도록 권장하였다.

2) 총 당류

당류 섭취가 많을수록 비만, 당뇨병, 심혈관질환의 위험이 증가하므로 총 당류의 섭취기준은 섭취에너지의 10~20%로 하되, 식품조리·가공 시 첨가되는 첨가당의 섭취는 총에너지 섭취의 10%를 넘지 않도록 권고하였다. 참고로, 미국/캐나다 영양섭취기준에서는 첨가당 섭취량이 총 섭취에너지의 10%가 넘지 않도록 섭취기준을 설정하였으며, WHO 역시 첨가당이 섭취 에너지의 10% 이상을 넘지 않도록 제안하고 있다.

총 당류와 첨가당

총 당류(total sugar)는 우유, 과일, 채소 등의 자연식품 내에 존재하거나 식품의 가공, 조리 시에 첨가하는 단당류(포도당, 과당, 갈락토오스)와 이당류(맥아당, 젖당, 자당) 함량의 총합이다.(FAO/WHO, 1998). 즉 당류는 자연당과 첨가당을 합한 값이다.

첨가당(added sugars)은 식품의 가공, 조리 시에 첨가되는 백설탕, 흑설탕, 시럽(옥수수 시럽, 고농도의 과당 시럽, 맥아 시럽 등), 꿀 물엿, 덱스트로오스 등을 포함하며, 아스파탐, 자일리톨과 같은 당알코올, 올리고당은 포함되지 않는다.

<자료: 한국영양학회, 한국인 영양섭취기준, 2010>

6.2 섭취실태

1) 탄수화물

우리나라 국민의 탄수화물 섭취량은 1974년 405 g/일이었던 것이 매년 조금씩 감소하여 2001년 296.9 g/일, 2015년 310.6 g/일, 2019년 275.6 g/일 수준으로 나타났다. 탄수화물의 주요 공급식품은 멥쌀, 국수, 빵, 라면, 떡 사과, 커피, 당·프림 등 첨가, 과자, 고구마, 밀가루의 순으로 조사되었다(2019년). 2019년 국민건강영양조사 결과, 대도시, 중소도시, 읍/면지역의 탄수화물 섭취량은 각각 273.6 g/일, 274.5 g/일, 284.0 g/일로 읍/면 지역의 섭취량이 다소 많은 경향을 보였다. 탄수화물의 에너지 섭취 구성비를 보면 1980년에는 77.3%로 상당히 높았으나, 점차 감소하여 1987년에는 67.8%로 처음으로 60%대로 낮아졌으며, 그 이후 1998년 67.2%, 2015년 63.7%, 2020년 60.1%로 점차 낮아지고 있다. 우리나라 사람들은 서구에 비해 고콜레스테롤혈증보다는 고중성지방혈증이 더 많으므로 지나친 탄수화물 위주의 식사는 바람직하지 않다.

2) 총 당류

제7기 ('16~'18) 국민건강영양조사 자료에 따르면 총 당류는 58.9 g/일이고, 이는 미국 106 g/일, 캐나다 110 g/일, 영국 75.1~107.1 g/일 등 외국과 비교하면 적은 수준이다.

전체 총 당류 섭취 중 가공식품을 통한 당류 섭취가 61.8%를 차지하였고 그 다음으로는 과일, 원재료성 식품, 우유의 순서로 나타났다. 가공식품을 통한 당류 섭취량은 36.4 g로 총열량 섭취의 7.4%에 달해 섭취기준인 10%보다 낮았다. 다만, 3~5세와 12~18세의 가공식품을 통한 당류 섭취가 열량 섭취의 각각 10.1%, 10.3%로 권고기준을 초과하였다.

가공식품을 통한 당류 섭취의 주공급원은 음료류였고 과자·빵·떡류, 시럽 등 당류 순으로 조사되었다. 음료류 중 6~49세는 탄산음료, 50세 이상은 커피를 통해 당을 많이 섭취하였다.

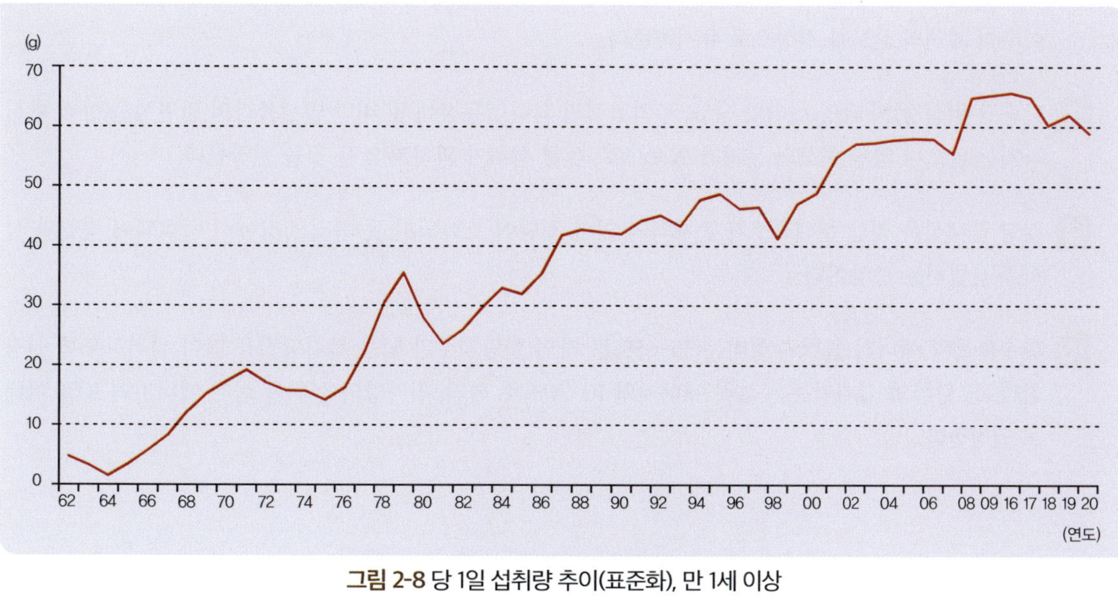

그림 2-8 당 1일 섭취량 추이(표준화), 만 1세 이상
출처 「국민건강영양조사」, 질병관리청
자료다운일자 2022.05.24 13:25

요약

1 탄수화물은 단당류, 이당류, 올리고당류, 다당류로 분류하며, 다시 단당류와 이당류를 단순당질, 다당류를 복합당질로 분류한다.

2 전분은 소장 상부에서 췌장 아밀라아제에 의해 맥아당으로 끊어지고 다시 말타아제에 의해 포도당으로 가수분해된다. 복합당질은 소화과정을 거치므로, 단순당질보다 혈당을 천천히 증가시킨다.

3 탄수화물은 1 g에 4 kcal의 열량을 내는 에너지원이며, 충분한 탄수화물 섭취는 단백질을 절약해주고, 케토시스를 예방한다. 또한 단맛을 부여하며 체내 구성성분의 기능을 수행한다.

4 탄수화물 대사의 중심은 포도당이며, 포도당 1분자는 호기적 조건에서 해당과정, TCA 회로와 전자전달계를 통해 32(30)분자의 ATP를 생성한다. 글리코겐의 합성과 분해는 간과 근육에서 일어나며, 아미노산, 젖산, 글리세롤 등으로부터 포도당이 합성되는 과정을 포도당 신생이라 한다. 포도당은 오탄당 인산경로를 통해 지방합성에 필요한 NADPH와 핵산의 구성성분인 리보오스를 합성한다.

5 과당은 인슐린과 상관없이 대사되지만, 지방합성을 촉진한다는 문제점이 있다. 그러나 인체실험에서는 그 결과가 아직 명확하지 않다.

6 건강인이라면 혈당은 인슐린과 글루카곤(에피네프린)에 의해 항상 70~100 mg/dL 내외에서 잘 조절되어진다.

7 여분의 탄수화물은 중성지방으로 저장되며, 탄수화물 섭취가 부족하면 포도당을 절약하기 위해, 근육은 케톤체와 지방산을 에너지원으로 사용한다. 절약된 포도당은 지방조직에서 과량의 지방산 유출을 막아주어 체액의 산도를 정상으로 유지해준다.

8 단순당질(설탕)의 과잉 섭취와 당뇨, 주의력결핍 과다행동장애 및 비만 발생률과의 관련성은 아직 확실하지는 않으나 영양 희석의 문제가 있으므로, 설탕 섭취가 과하지 않을 것을 권장한다.

9 젖당 불내성은 젖당 분해효소가 존재하지 않아 젖당이 소화되지 못하고, 소장에서 발효되어 경련과 설사를 유발하는 증상이다

10 탄수화물의 에너지 섭취 구성비는 55~65%로 하되 혈당지수가 낮은 복합당질을 많이 섭취하도록 권장한다. 총 당류의 섭취기준은 섭취 에너지의 10~20%로 하되, 첨가당의 섭취를 섭취 에너지의 10% 이내로 권장한다.

참고문헌

- 김인주. 혈당지수의 재조명. 당뇨병 33:261-266, 2009
- 보건복지부, 질병관리본부. 국민건강영양조사 제6기 결과보고서, 2020
- 신현경. 올리고당의 종류와 효능. 한국작물학회지 42:33-45, 1997
- 양철학. 생화학. 자유아카데미. pp.205-215, 2009
- 조성희, 정진은, 김선희, 정혜경. 한국인 총당류 섭취기준. 한국영양학회지 40(Suppl):3-8, 2007
- 한국농촌경제연구원. 2014 식품수급표, 2015
- 한국영양학회. 한국인 영양섭취기준 개정판, 2015
- Bantle JP. Clinical aspects of sucrose and fructose metabolism. Diabetes Care 12(1):56-61, 1989
- Elliott SS, Keim NL, Stern JS, Teff K, Havel PJ. Fructose, weight gain, and the insulin resistance syndrome. Am J Clin Nutr 76:911-922, 2002
- Frary CD, Johnson RK, Wang MQ. Children and adolescents' choices of foods and beverages high in added sugars are associated with intakes of key nutrients and food groups. J Adolescent Health 34:56-63, 2004
- Jenkins DA, Jenkins AL, Wlovers TM, Thompson LH, Rao AV. Simple and complex carbohydrates. Nutr Rev 44:44-49, 1986
- Jenkins DJ, Kendall CW, Augustin LS, Franceschi S, Hamidi M, Marchie A, Jenkins AL, Axelsen M. Glycemic index: overview of implications in health and disease. Am J Clin Nutr 76(suppl):266S-273S, 2002
- Kimber L Stanhope and Peter J Havel. Endocrine and metabolic effects of consuming beverages sweetened with fructose, glucose, sucrose, or high-fructose corn syrup. Am J Clin Nutr 88(suppl):1733S-1737S, 2008
- Linder MC, Nutrition and metabolism of carbohydrates, In Nutritional Biochemistry and Metabolism. 2nd ed, Elsevier science publishing Co. Inc, NY, 1991
- Mayes PA. Harper's Biochemistry 25th ed., Prentice-Hall International Inc, 2000
- Murphy SP, Johnson RK. The scientific basis of recent US guidance on sugar intake. Am J Clin Nutr 78(Suppl):827S-833S, 2003
- Ziegler EE, Filer LJ Jr. IL Present Knowledge in Nutrition. 7th ed. SI. 1996

제3장 단백질 영양

제3장 단백질 영양

단백질(protein)은 "가장 중요한"이란 뜻의 그리스어인 'prota'로부터 유래된 단어로 생명현상의 유지를 위해 필수적인 기능을 담당한다. 단백질은 탄수화물이나 지질과는 달리 탄소, 수소, 산소 이외에 질소와 황을 함유하고 있으며 인체를 구성하는 유기물 중에 가장 많은 양을 차지한다.

1 아미노산의 종류

1.1 아미노산의 종류

단백질의 크기는 구성 아미노산의 수에 의해 결정되며 수십~수천 개의 아미노산으로 구성된 다양한 크기의 단백질들이 존재한다. 대부분의 단백질은 중간 정도의 크기로 약 250~300개의 아미노산으로 구성되어 있다. 따라서 인체에 필요한 새로운 단백질 합성을 위해서 식사를 통한 충분한 양의 양질의 단백질 섭취가 매우 중요하다.

아미노산이란 탄소(α-탄소)가 가진 네 개의 결합 가능한 연결고리에 각기 아미노기(-NH_2), 카복실기(-COOH), 수소가 연결되어 있고, 나머지 연결고리에는 다양한 종류의'R'기가 붙어 있는 화합물을 일컫는다. 자연계에는 약 300여종의 아미노산이 있는데, 체내 단백질에서 발견되는 20종의 아미노산은 α-탄소원자에 아미노기와 카복실기가 결합되어 있는 α-아미노산이며, 모두 L형으로 존재한다. 체내에는 약 40여종의 아미노산이 발견되고, 이 중 단백질 합성에 이용되지 않는 약 20여종의 아미노산들은 유리상태 또는 다른 물질에

아미노산 구조

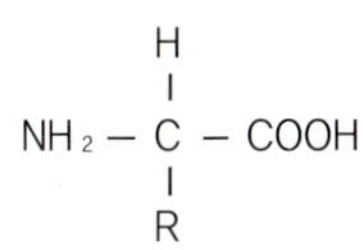

결합된 상태로 존재하면서 중요한 생리기능을 담당하고 있다. 단백질을 구성하는 20개 아미노산에 포함된 R기는 그 아미노산의 특성을 결정지으며 나아가 단백질의 특성을 결정짓는 역할을 한다. 아미노산은 R기의 성질에 따라 중성, 산성, 염기성, 방향족, 측쇄아미노산 등으로 분류할 수 있다.

1.2 필수아미노산의 개념

체내에서 생합성될 수 없어 반드시 식사를 통해 섭취해야 하는 아미노산을 필수아미노산이라 하고 체내에서 합성이 가능한 아미노산을 비필수아미노산이라고 정의한다. 최근에는 비필수아미노산을 다시 체내 합성이 쉬운 불필수

표 3-1 아미노산의 종류

필수아미노산	불필수아미노산	필수아미노산
히스티딘(histidine)	알라닌(alanine)	아르기닌(arginine)
이소루신(isoleucine)	아스파트산(aspartic acid)	시스테인(cysteine)
루신(leucine)	아스파라긴(asparagine)	티로신(tyrosine)
리신(lysine)	글루탐산(glutamic acid)	글루타민(glutamine)
메티오닌(methionine)	세린(serine)	글리신(glycine)
페닐알라닌(phenylalanine)		프롤린(proline)
트레오닌(threonine)		시트룰린(citrulline)
트립토판(tryptophan)		오르니틴(ornithine)
발린(valine)		타우린(taurine)

요독증(uremia)
혈액 중에 단백질의 대사물이 과도하게 축적되어 초래되는 중독 상태로 구역질, 구토, 두통, 현기증, 시력저하, 의식소실, 경련, 고질소혈증 등의 증상이 나타남

혈장 아미노그램(plasma aminogram)

체내 대부분의 아미노산은 단백질을 구성하며, 총 아미노산의 0.5~1.0%만이 혈장 유리아미노산으로 존재한다. 혈장과 조직에서 가장 고농도로 존재하는 아미노산은 비필수아미노산인 글루타민, 글리신, 알라닌, 타우린이며, 필수아미노산 중에서는 리신, 트레오닌 및 측쇄아미노산 등이 비교적 고농도로 존재한다. 유리아미노산 풀(pool)의 크기의 수 배에서 수십 배에 해당된다. 인체의 경우에 총 유리아미노산 풀이 하루에 약 6번 정도 교체된다고 알려졌다. 일반적으로 적절한 수준의 단백질을 섭취하는 건강한 사람에서 공복 시 혈장 아미노그램은 일정한 형태를 보인다.

혈장 아미노산 농도의 항상성을 유지하기 위해 각 조직은 아미노산을 받아들여 축적시키고 필요 시 혈장으로 유리아미노산을 내보낸다. 간 질환, 암, 외상 및 요독증(uremia) 등이 있을 때에는 체내 아미노산 대사에 변화가 일어나고 그 결과 혈장 아미노그램에 특징적인 변화가 나타난다.

아미노산과 정상상태에서는 체내 합성으로 충분하지만 특정한 생리적 상태(예; 저체중아)에서는 합성되는 양이 부족하여 식사로 섭취해야 하는 조건적 필수아미노산으로 분류하였다(표 3-1).

2 단백질의 소화와 흡수

2.1 소화

식사로부터 섭취된 단백질의 소화는 위에서 분비된 펩신(pepsin)에 의해 시작되고, 췌장과 소장에서 분비된 다양한 단백질 소화효소에 의해 완료된다.

대부분의 단백질 소화효소는 전구체의 형태로 합성되어 분비되는데 위에서 분비되는 펩시노겐(pepsinogen)은 위액에 함유된 염산에 의해 활성형인 펩신으로 전환된 후 단백질 분해과정을 촉매한다. 췌장에서 분비되는 단백질 소화효소에는 트립신(trypsin), 키모트립신(chymotrypsin), 엘라스타아제(elastase)와 카복시펩티다아제(carboxypeptidase)가 있으며, 트립신은 트립시노겐의 형태로 분비된 후 소장 상피세포에서 분비되는 엔테로키나아제(enterokinase) 또는 췌장에서 분비된 트립신에 의해 펩티드의 일부가 잘려지면서 활성형으로 전환된다.

위에서 분비되는 펩신은 비교적 특이성이 낮으며, 루신 또는 방향족 아미노산에 인접한 펩티드 결합을 우선적으로 가수분해한다. 이에 비해 췌장에서 분비되는 단백질 소화효소들은 특이성이 높은 편이어서 종류에 따라 인식할 수 있는 펩티드 결합 부위가 서로 다르다. 트립신의 경우 리신 또는 아르기닌에 인접한 펩티드 결합을, 키모트립신의 경우 방향족 아미노산, 그리고 엘라스타아제의 경우 중성아미노산에 인접한 펩티드 결합을 우선적으로 가수분해한다. 췌장에서 분비되는 카복시펩티다아제는 말단 카복실기에 인접한 펩티드 결합에 작용하여 아미노산을 유리시키는 한편, 소장에서 분비되는 아미노펩티다아제(aminopeptidase)는 말단 아미노기에 인접한 펩티드 결합에 작용한다. 췌장에서의 단백질 분해효소 분비량은 섭취한 단백질의 양에 따라 조절된다.

2.2 흡수

단백질 소화의 최종산물은 거의 대부분 소장 상부에서 흡수된다. 소장 상피세포에는 중성·염기성·산성 등 아미노산의 종류에 따라 특이성을 지니는 에너지 의존성 아미노산 운반체들이 존재하고, 이들에 의해 아미노산이 능동적으로 장점막세포 내로 이동될 수 있다.

장점막세포에서는 디펩티드와 트리펩티드도 흡수되는데 그 기전은 유리아미노산의 흡수기전과는 다르며, 따라서 장점막 상피세포에서 아미노산과 펩티드가 흡수될 때 이들 간에 상호경쟁은 일어나지 않는다. 장점막세포의 세포질에는 펩티드 분해효소(peptidase)가 있어 세포 내로 들어온 펩티드를 유리아미노산으로 분해시키고 이들은 문맥을 통해 간으로 유입된다.

3 단백질의 기능

3.1 신체의 구성 성분

체조직을 구성하는 단백질은 근육의 수축단백질과 결체조직, 피부, 머리카락, 손톱 등의 조직에서 발견되는 섬유상 단백질을 들 수 있다. 근육의 수축 단백질로 가장 중요한 것은 액틴(actin)과 미오신(myosin)이며, 주된 섬유상 단백질로는 콜라겐(collagen), 엘라스틴(elastin) 및 케라틴(keratine) 등이 있다. 단백질은 체조직 구성에 중요한 역할을 하기 때문에 특히 성장·발육기의 유아, 아동 및 청소년과 임신·수유부에서 필요량이 더욱 증가한다.

3.2 생체반응의 조절

체내에서 진행되는 각종 생화학반응들(예; 소화, 에너지 생성, 혈액 응고, 신경근육 조직의 흥분 및 수축 작용)이 진행되기 위해서는 촉매 역할을 담당하는 효소가 필요하고 이들 효소의 본체는 단백질이다. 효소 단백질은 3차 구조를 통해 특정 입체구조를 가지므로 기질에 대한 특이성을 나타낼 수 있다.

체내에서 펩티드 호르몬은 효소의 합성 또는 활성을 조절함으로써 신체기능을 조절하는 역할을 한다. 인체의 대사 및 영양에 있어서 주요하게 작용하는 대표적인 펩티드 호르몬으로는 인슐린, 글루카곤, 부갑상선호르몬(parathyroid hormone, PTH), 성장호르몬(growth hormone, GH)과 항이뇨호르몬(antidiuretichormone, ADH) 등을 들 수 있으며, 세포막에서 이들 호르몬을 인식하는 수용체(receptor)도 단백질이다.

3.3 영양소 운반

특정 영양소가 조직으로 운반되기 위해서는 혈액에서 종종 운반 단백질과 결합된 상태로 존재하며, 혈액에 존재하는 대표적인 운반 단백질로는 알부민, 프리알부민, 헤모글로빈, 세룰로플라스민(ceruloplasmin), 트랜스페린(transferrin), 레티놀 결합단백질(retinol binding protein, RBP) 등을 들 수 있다. 특정 영양소의 능동적 흡수 또는 방출에 관여하는 운반체 역시 단백질로 구성되어 있으며 다양한 아미노산 운반체, 포도당 운반체, 미량원소 운반체 등이 세포막에 존재한다.

3.4 면역

면역단백질은 면역글로불린(immunoglobulin, Ig) 또는 항체(antibody)로도 불린다. Ig은 백혈구의 일종인 B 림프구로부터 유래된 세포에 의해 합성되며, 외부에서 들어온 세균 및 바이러스와 같은 항원과 결합하여 이들을 불활성화시키는 작용을 한다.

3.5 산-염기 평형 조절

단백질은 체액이 일정한 범위 내에서 적정 pH를 유지할 수 있도록 완충제 작용을 한다. 헤모글로빈과 같은 혈액 내 단백질들은 아미노기와 카복실기를 갖고 있어서 수소이온을 쉽게 받아들이거나 내어줌으로써 생리적인 산-염기 평형 조절요구에 따라 체액의 pH를 조절해준다. 따라서 심각한 단백질 결핍 상태에는 pH의 항상성을 유지하지 못하여 대사적인 산-염기 불균형이 초래될 수 있다.

3.6 체액 균형 조절

체액은 크게 세포 내외에 나뉘어 분포하고 세포외액은 혈액, 림프액, 세포간질액으로 구성된다. 세포간질액의 양은 단백질을 비롯한 다양한 방법에 의해서 엄격히 조절되어진다. 예를 들어 혈액이 순환할 때 압력이 높아지는 부위에서 모세혈관을 통해 일부 체액이 세포간질로 빠져나오면 혈관 내의 삼투압이 증가되는데 이때 혈장 알부민은 세포간질로부터 체액을 다시 혈관 내로 끌어들여 체액 분포 균형을 유지하고 혈관 내 삼투압을 조절해 준다. 심한 단백질 결핍으로 혈장 알부민 합성이 저하되면 세포간질액이 증가되면서 손, 발, 복부의 부종이 초래된다.

4 단백질과 아미노산 대사

4.1 단백질 교체

단백질 교체
단백질의 합성과 분해가 반복되면서 동적인 평형 상태를 유지하는 과정

체내에서는 단백질이 끊임없이 분해되고 재합성되는 단백질 교체(protein turnover)가 진행되고 있으며, 단백질 합성 및 분해 과정을 조절하는 것은 세포의 성장과 유지를 위해서 매우 중요한 과정이다.

그림 3-1에는 70 kg 성인 남자의 신체 구성과 하루 단백질 섭취, 분배, 배설량 등이 요약되어 있다. 하루 단백질 섭취량이 약 100 g이고 장점막세포와 효소 등 내인성 단백질이 약 70 g 정도일 때, 변으로 배설되는 10 g 정도를 제외하면 약 160 g의 단백질이 흡수된다. 체내 단백질 교체는 약 250 g으로 근육, 간조직 및 혈액 등에서 아미노산의 재이용이 활발히 진행되고 있음을 알 수 있다.

기초 에너지 소비량(basal energy expenditure)의 최소 20%는 신체의 단

백질 합성을 유지하는 데 사용된다. 각 조직은 나름대로의 단백질 교체율을 가지고 있으며, 같은 조직 내에서도 단백질 종류에 따라 교체율이 서로 달라 수 분에서부터 수개월에 이르는 것도 있다.

세포 내 단백질 양은 전적으로 단백질 합성과 분해의 상대적 비율에 의해 결정되며, 이 과정은 단백질 및 에너지 영양 상태, 그리고 인슐린, 성장인자들, 성장호르몬, 글루코코티코이드(glucocorticoid) 등의 호르몬에 의해 영향을 받는다. 단백질 교체율을 결정하는 데 있어서 간에서는 단백질 분해율이 중요한 조절 요인이 되는 반면, 근육 등 다른 조직에서는 단백질 합성률이 더 중요하게 작용한다.

체내 단백질 합성률은 생리적 상태에 따라 변화하는데 미숙아가 가장 높고 영아에서 성인으로 갈수록 점차 감소한다. 스트레스를 받을 때에도 단백질 교체율이 증가되는데, 이와 같은 현상은 가벼운 스트레스의 경우 단백질 합성률이 감소하기 때문이고 심한 스트레스의 경우에는 단백질 분해율이 증가하기

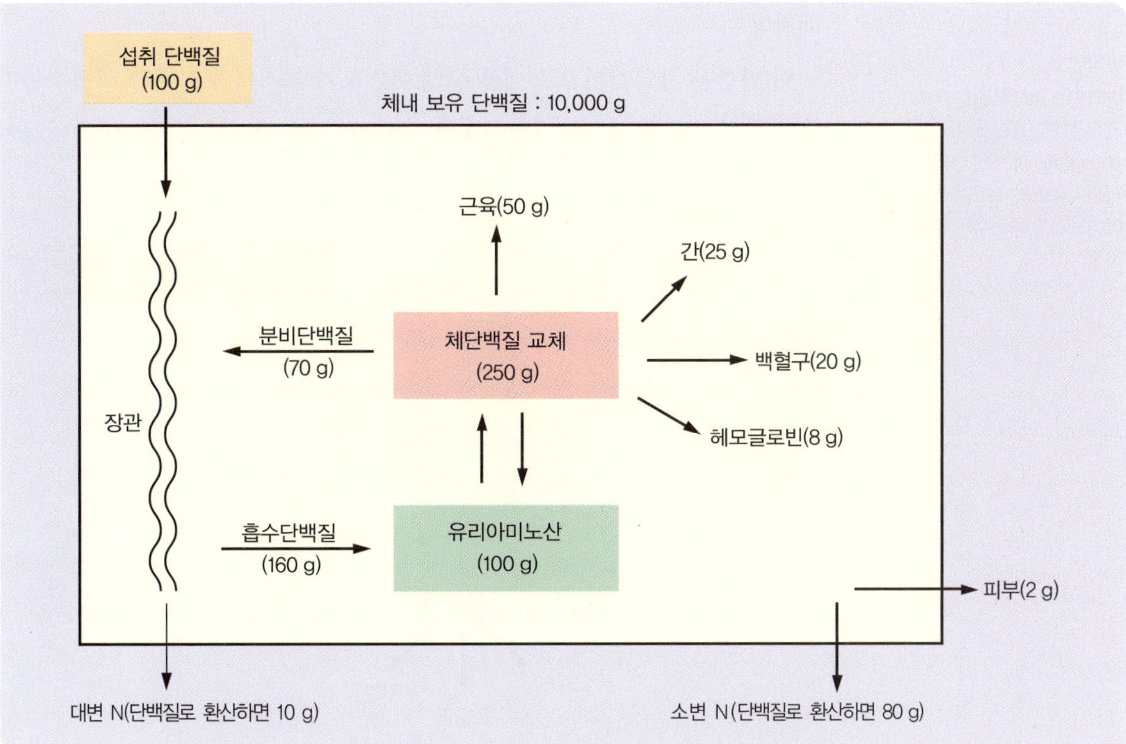

그림 3-1 체내 단백질 교체 추정치 (70 kg 남자 기준)

때문이다. 모유영양아는 인공영양아보다 단백질 교체율이 증가하고 조직의 발달과 성숙이 더 빠르게 나타난다.

4.2 아미노산 대사

탈아미노반응
아미노산의 아미노기가 암모니아의 형태로 제거되는 과정으로 주로 간과 신장에서 진행됨

아미노기전이반응
생체 내 아미노산 대사의 주요 반응 가운데 하나로, 한 아미노산의 아미노기를 탄소골격에 전달하여 새로운 아미노산을 형성하는 반응

비타민 B_6
비타민 B_6로부터 전환된 피리독살인산(pyridoxal phosphate, PLP)은 아미노기전이효소의 보조효소로 아미노기를 옮겨주는 역할을 함

1) 아미노기전이반응과 탈아미노반응

체내로 유입된 아미노산의 대사경로가 그림 3-2에 제시되어 있다. 체내에서 단백질 합성에 이용되지 않은 여분의 아미노산은 아미노기가 제거되는 이화작용을 거치게 되는데, 아미노기 제거 경로에는 다음의 두 가지가 있다.

하나는 아미노기전이반응(transamination)과 산화적 탈아미노반응(oxidative deamination)이 연속적으로 일어나 아미노기를 제거하는 경로이다. 아미노기전이반응은 아미노산의 아미노기가α-케토산(α-keto acid)에 전이되어 제2의 아미노산을 만들고 자신은 α-케토산이 되는 반응이다. 아미노기전이는 비타민 B_6를 보조효소로 하는 아미노기전이효소(transaminase)에 의해 촉매된다.

이 반응은 가역적이므로 이를 통해 아미노기 제거뿐만 아니라 비필수아미노산이 합성된다. 아미노기전이효소는 한 쌍의 아미노산 및 케토산에 대하여

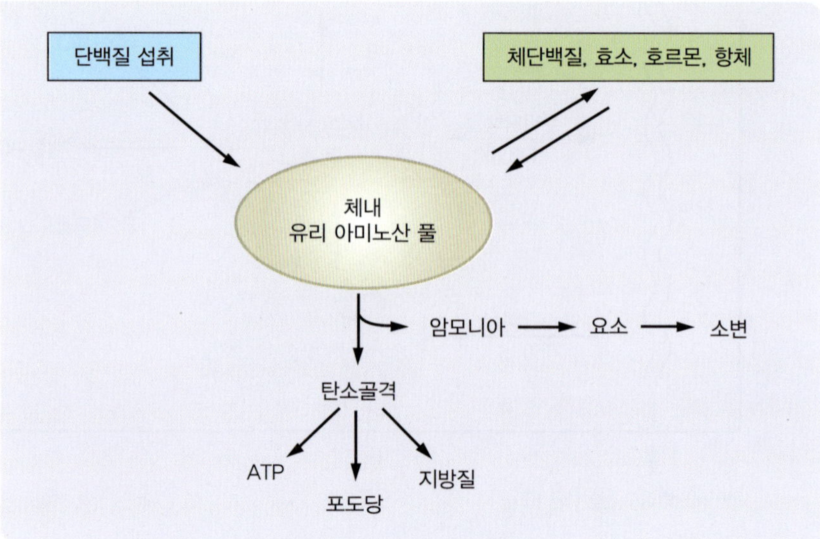

그림 3-2 아미노산의 대사경로

특이성을 지니며, 다른 쌍에는 어떠한 기질이 오더라도 반응이 진행될 수 있다. 대부분의 아미노산의 아미노기는 α-케토글루타르산(α-ketoglutarate)에 전달되어 결국 아미노산의 아미노기는 일차적으로 글루탐산으로 모이게 된다. 산화적 탈아미노반응은 글루탐산에 글루탐산 탈수소효소(glutamate dehydrogenase)가 작용하여 아미노기를 암모니아(NH_3) 형태로 유리시키는 과정이다(그림 3-3). 이 두 반응을 통해 아미노산의 아미노기가 제거된다.

또 다른 경로는 직접적인 탈아미노반응(deamination)으로 아미노산의 α-아미노기가 암모니아 형태로 직접 제거되고 나머지 비질소성분은 α-케토산이 되는 것이다.

이렇게 제거된 암모니아는 아미노산 합성에 다시 쓰이지 않는 경우 간에서 요소로 합성되어 신장을 통해 체외로 배설된다. 한편 아미노기가 제거되어 생성된 탄소골격인 α-케토산은 포도당과 지방산 합성에 쓰이거나 TCA 회로를 통해 산화되어 ATP를 생성한다.

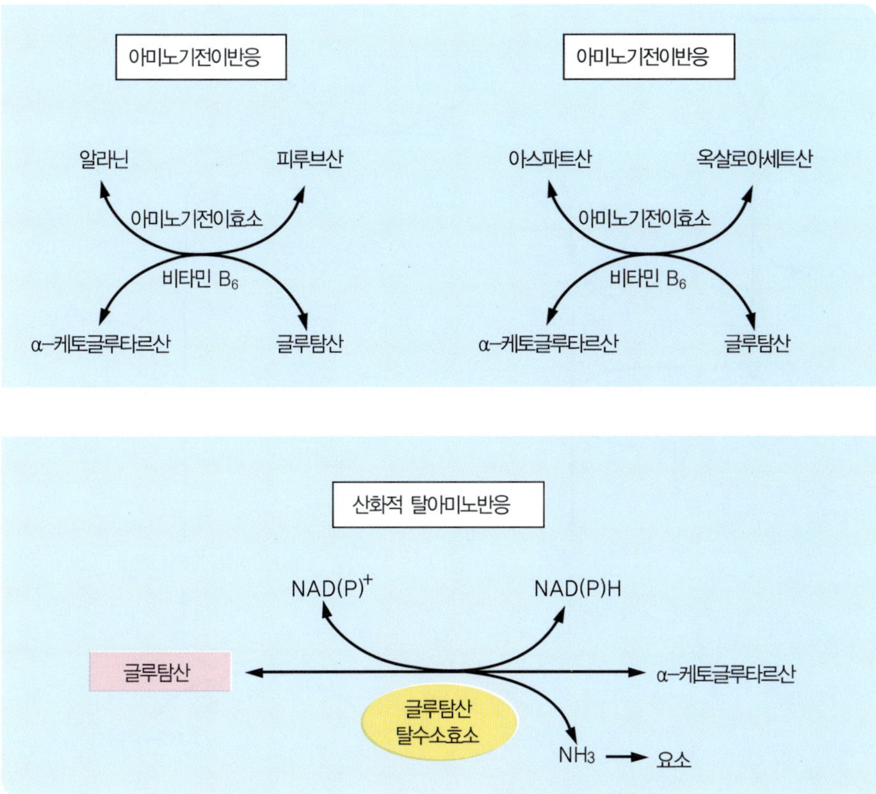

그림 3-3 아미노기전이반응과 산화적 탈아미노반응

2) 요소회로

요소회로 (urea cycle)
아미노산 이화로 생성된 암모니아를 요소로 합성하는 경로로 간에서 일어남

탈아미노반응으로 아미노산의 α-아미노기가 제거되면 암모니아를 형성하는 데 암모니아는 독성이 강하여 특히 중추신경계 기능을 저하시킬 수 있으나, 다행히 신체는 간에서 요소회로(urea cycle)에 의해 암모니아를 독성이 적은 요소로 전환시켜, 신장을 통해 소변으로 배설시킨다(그림 3-4).

요소회로에 관여하는 효소들은 식사에 함유된 단백질의 양과 질, 그리고 글루카곤 및 글루코코티코이드 등의 호르몬의 영향을 받는다. 간은 효과적으로 암모니아를 대사시킬 수 있기 때문에 간정맥을 통해 나오는 혈액에는 암모니아가 거의 존재하지 않으나 간기능에 이상이 있는 경우에는 암모니아 처리기능이 감소해 혈중 암모니아 농도가 증가되고, 이것이 뇌에 유입되면 다양한 신경증세를 나타내는 간성뇌증(hepatic encephalopathy)을 유발하며 심하면

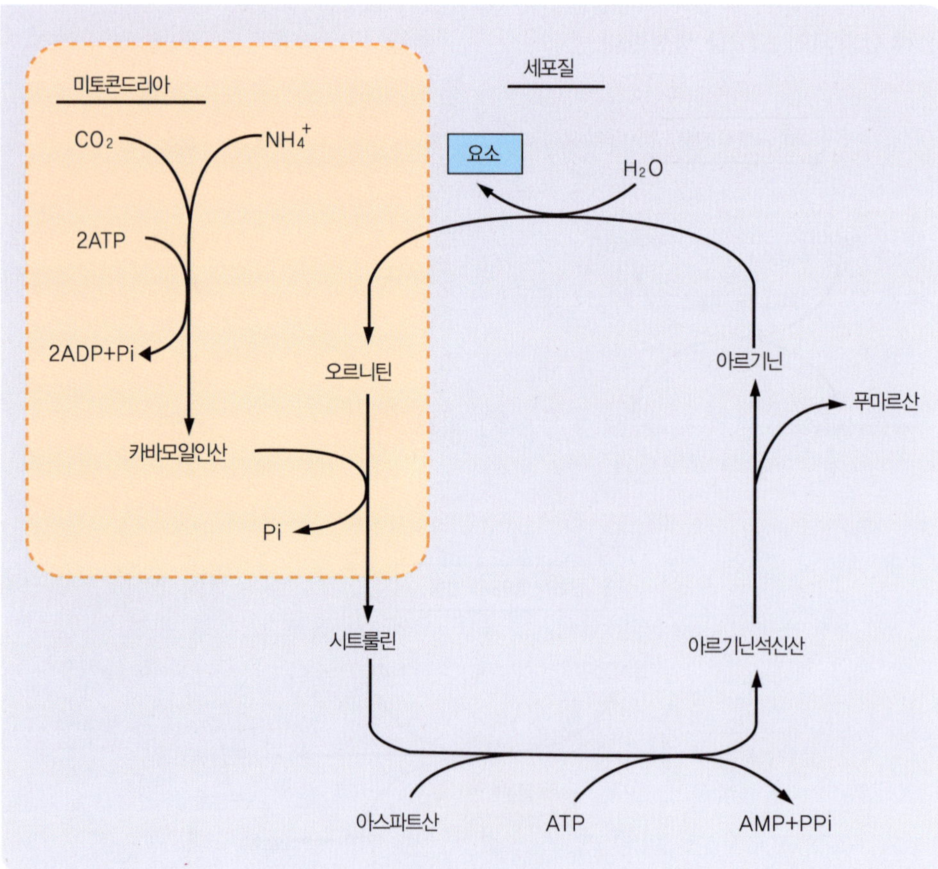

그림 3-4 요소회로

간성혼수에 이르러 사망할 수 있다.

한편, 요소로 합성되지 않은 암모니아의 일부는 여러 가지 생합성반응에 이용되거나 글루타민, 아스파라긴과 같은 아미드(amide) 형태의 질소로 저장되어 단백질 합성 및 아미노기 제공을 위하여 쓰인다.

아미드(amide) 질소
카보닐기에 결합된 질소 ($-CO-NH_2$)

3) 아미노산 탄소골격의 분해

아미노기가 제거된 아미노산의 탄소골격은 포도당 합성에 이용되거나 아세틸 CoA로 전환되어 지방산이나 케톤체 형성에 쓰일 수 있다(그림 3-5).

아스파트산, 글루탐산, 프롤린, 아르기닌, 히스티딘, 글리신, 알라닌, 시스테인, 세린, 트레오닌, 발린과 메티오닌의 탄소골격은 이화과정에서 TCA 회로의 중간 대사물로 전환되어 포도당 합성에 이용될 수 있으므로 당 생성 아미

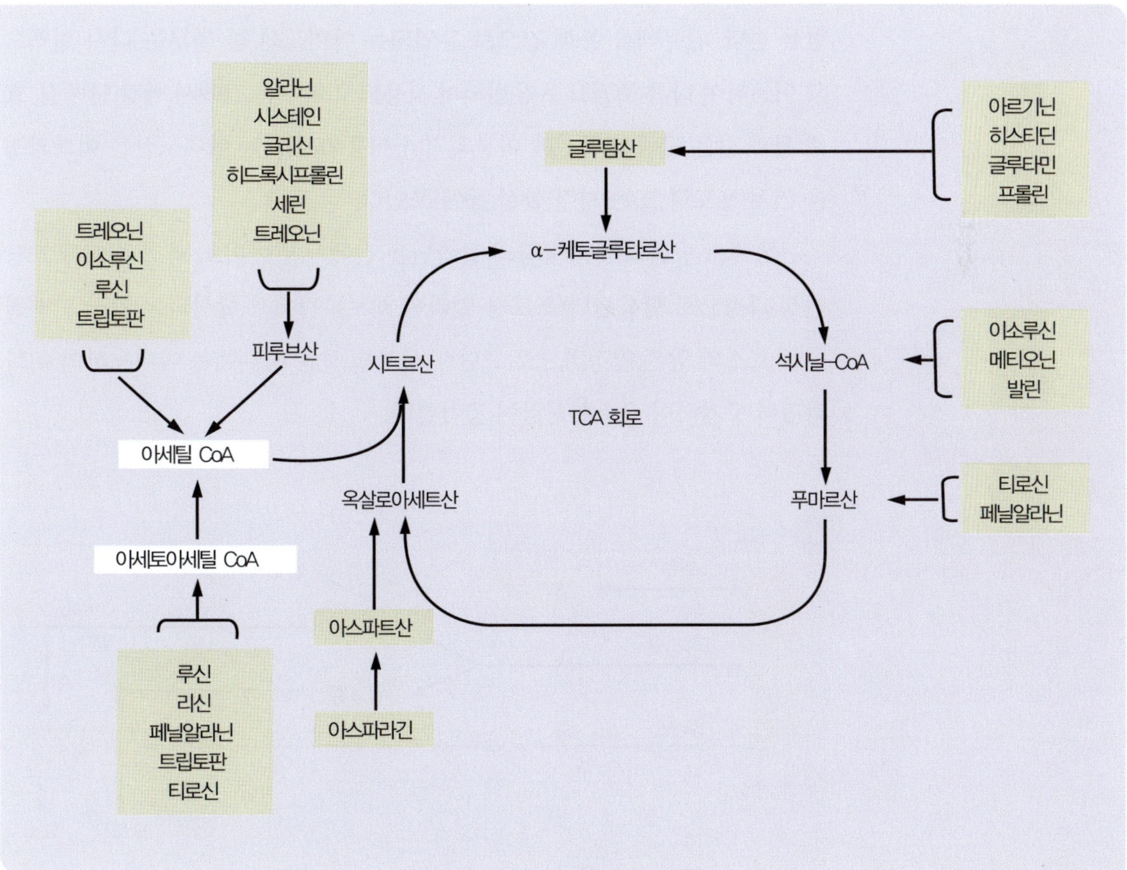

그림 3-5 아미노산 탄소골격의 대사

노산(glucogenic amino acid)이라고 한다. 티로신, 페닐알라닌, 이소루신과 트립토판의 탄소골격은 부분적으로 포도당 합성에 이용되기도 하고, 부분적으로 아세틸 CoA로 전환된다. 한편, 루신과 리신의 탄소골격은 이화과정에서 아세틸 CoA나 아세토아세틸 CoA(acetoacetyl CoA)를 합성하는 데 쓰이므로 케톤 생성 아미노산(ketogenic amino acid)이라고 한다.

4) 아미노산 대사의 조직 특이성

아미노산의 이화작용은 소장, 간, 근육, 신장 등에서 일어나며, 기관마다 특이적인 아미노산 대사작용이 일어난다(그림 3-6).

(1) 간

간은 소장에서 흡수되는 아미노산들을 신체의 여러 조직으로 분배하는 역할을 한다. 간문맥을 통해 간으로 유입되는 아미노산 중 일부는 다시 혈액으로 이동하여 다른 조직으로 운반되어 사용되고 일부는 간에서 혈장 단백질, 효소 등과 같은 단백질 합성에 이용되거나 이용되지 않는 아미노산은 이화과정을 거쳐 포도당 또는 지질 합성 등에 쓰인다.

근육에서 방출되는 상당량의 알라닌은 간에서 탈아미노 과정 후에 포도당 신생 과정으로 합류된다(포도당-알라닌 회로). 간에서 합성되는 혈장 단백질이나 효소의 양은 일정하므로 고단백 식사를 하는 경우에는 아미노산의 이화과정이 증가하여 요소합성량이 증가한다.

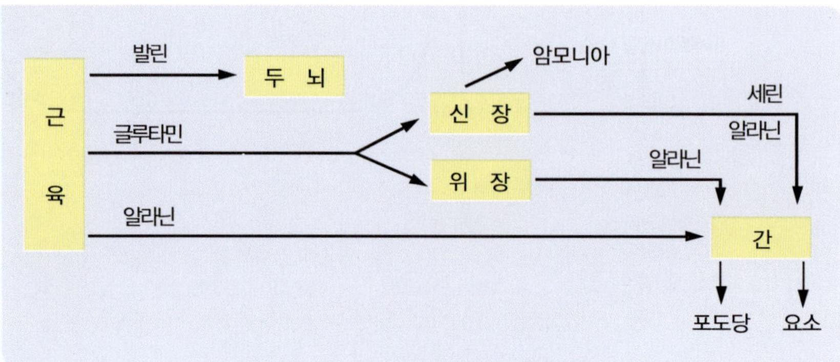

그림 3-6 아미노산 대사의 조직 특이성

(2) 골격근육

근육은 신체에서 가장 많은 부분을 차지하는 조직이다. 소장에서 흡수되어 간으로 유입된 아미노산 중 대부분의 측쇄아미노산(branched chain amino acid, BCAA)은 근육으로 운반된다. 근육조직에서는 이들 아미노산의 이화작용이 활발히 진행되고 그 결과 유리된 질소는 글루타민과 알라닌의 형태로 방출된다. 측쇄아미노산의 탄소골격은 TCA 회로에서 산화된다.

근육조직에서 방출되는 아미노산의 50% 이상은 알라닌과 글루타민이다. 그러나 근육조직의 알라닌 함량은 7~10%를 넘지 않으므로 근육에서 유리되는 알라닌은 모두 근육 단백질의 알라닌에서 유래된 것이 아니라 아미노기전이반응에 의해 알라닌으로 전환된 것이다. 근육으로부터 질소를 운반하는 또 다른 아미노산인 글루타민은 아미노기가 글루탐산에 전달되어 형성된다. 이와 같은 특수한 과정을 통해 근육은 질소와 탄소를 간으로 이동시킬 수 있다.

(3) 신장

간과 함께 신장은 글루타민을 글루탐산으로 전환시켜 산-염기 평형을 유지하며, 글리신을 세린으로 전환시켜 말초조직에 공급한다. 신장은 또한 D-아미노산의 탈아미노반응이일어나는 주요 장소이기도 하다.

(4) 뇌

뇌조직은 암모니아에 대단히 예민하므로 뇌에서 생성된 암모니아는 독성이 없는 형태로 신속히 전환되어야 한다. 뇌조직에 많이 존재하는 글루타민 합성효소(glutamine synthetase)는 글루탐산이 암모니아를 받아 글루타민을

근육 생성과 단백질

단백질은 인체의 근육조직을 구성하는 주요 성분이다. 그렇다면 단백질 섭취를 늘림으로써 근육 생성을 증가시킬 수 있을까? 근육세포는 과잉으로 섭취된 단백질에 대해서는 반응하지 않는다. 대신 근육 대사를 조절하는 호르몬 작용에 대해서 반응하면서 운동으로 인한 생체의 요구가 있을 때만 근육 생성을 증가하게 된다. 따라서 근육 세포가 성장하기 위해서는 단순히 단백질 섭취만을 늘릴 것이 아니고 적절한 근육 운동이 병행되어야 한다. 특히 글루타민, 알라닌, 측쇄아미노산(루신, 이소루신, 발린) 등은 근육의 에너지 대사에 깊이 관여하므로 근육 운동 시에 섭취하는 아미노산 보충제의 필수 성분이다.

합성하는 과정을 촉매하고 이 과정을 통해 뇌조직의 암모니아는 안전하게 제거된다.

$$\text{글루탐산} + ATP + NH_3 \xrightarrow[\text{글루타민 합성효소}]{} \text{글루타민} + ADP + Pi$$

뇌에서 생성된 글루타민은 간이나 신장으로 운반되어 처리되는데 간으로 운반된 글루타민은 글루타민 분해효소(glutaminase)에 의해 암모니아를 유리하고 유리된 암모니아는 요소 합성에 쓰인다. 신장으로 운반된 글루타민도 암모니아를 유리하며 이는 체내의 산-염기균형에 매우 중요하다.

$$\text{글루타민} + H_2O \xrightarrow[\text{글루타민 분해효소}]{} \text{글루탐산} + NH_3$$

5 단백질의 질적 평가

단백질의 질은 그 단백질을 구성하는 아미노산의 조성에 의해 결정된다. 체내에서 생명현상에 필수적인 단백질을 합성하기 위해서는 20가지 아미노산이 모두 충분한 양 존재해야 하며, 어느 한 가지라도 부족한 경우에는 그 제한된 아미노산으로 인해 단백질 합성이 제한된다. 단백질 영양상태를 평가하기 위해서는 단백질 섭취량뿐만 아니라 각 아미노산의 필요량이 충족되었는지를 고려해야 한다. 따라서 이상적인 단백질이란 체단백질 합성에 필요한 모든 아미노산을 충분히 함유한 단백질을 의미하며 단백질 영양상태를 양호하게 유지하기 위해서는 전체 단백질량의 1/3을 동물성 단백질로 섭취함이 바람직하다.

일반적으로 질소 수치를 단백질로 환산할 때 단백질 중 질소 함량을 16%로 간주하고 질소계수 6.25를 곱하여 단백질 양으로 나타낸다. 그러나 식품 단백질의 질소 함량은 식품의 종류에 따라 다르므로(15~18%), 엄격한 의미에서 질소계수는 식품 종류에 따라 다르게 적용되어야 한다(표 3-2). 또한 식품 중의

표 3-2 몇 가지 식품의 질소계수

식품	질소계수	식품	질소계수
쌀	5.95	아몬드	5.18
밀	5.83	코코넛	5.30
밀 배아	6.31	참깨, 해바라기씨	5.30
보리	5.83	우유와 치즈	6.38
대두	5.71	기타 식품	6.25

퓨린, 피리미딘, 유리아미노산, 비타민, 크레아틴, 크레아티닌, 아미노당 등에 함유된 질소도 식품의 질소 함량에 영향을 줄 수 있으므로, 단순히 질소 함량에 질소계수를 곱하여 계산된 단백질 양은 실제보다 많을 수 있다.

5.1 생물학적 방법

식품 단백질의 질을 생물학적으로 평가하는 방법에는 성장기 동물의 체중 변화에 근거한 방법과 체내 질소 보유에 근거한 방법이 있다. 이 때 단백질 함량을 실험동물의 단백질 필요량에 약간 미달되는 수준으로 제공하여 섭취 단백질이 에너지원으로 사용되지 않고 체단백질 합성을 위해 최대한 사용되도록 조절한다.

생물학적인 방법은 널리 이용되나 다음과 같은 제한점들이 있다.

① 생물학적 방법들 간에 차이가 나타날 수 있다.

② 동물실험의 결과를 사람에게 적용하는 문제가 남아 있다.

③ 표준화된 방법으로 실험을 진행하지만 실제 상황과 차이가 있을 수 있다.

④ 시험단백질 이외에 식품 전체의 아미노산 조성에 의해 영향을 받을 수 있다.

⑤ 보통 한 가지 지표만을 측정하게 되는데, 실제로는 체내 여러 기능에서 단백질의 역할이 다를 수 있으며, 성장과 유지에 요구되는 단백질 패턴이 다를 수 있다.

⑥ 아미노산의 함량에 대한 정보를 제공할 수 없다.

1) 단백질 효율비

단백질 효율비(protein efficiency ratio, PER)는 실험동물의 성장에 기초를 둔 측정법으로서 단백질 섭취량(g)에 대한 체중 증가량(g)의 비율을 나타낸다. PER을 측정하기 위한 표준화된 실험 방법에서는 식이 단백질 함량을 10%로 규정하며, 실험 단백질을 함유한 식이를 성장기의 동물에게 4주간 섭취시키도록 규정하고 있다.

PER은 간편하고 널리 사용되는 생물학적 측정법이지만 체중 증가량, 즉 성장만을 평가할 수 있고 체중 증가분의 조성을 고려하지 못할 뿐 아니라 체조직 유지를 위해 사용된 정도도 알 수 없다. 또한 소화율을 고려하지 않은 단점이 있다. 실험에 따른 오차를 보정해주기 위해 10% 카세인의 PER을 2.5로 간주하여 실험에서 얻어진 수치와 비교하기도 한다.

$$\text{PER}=\frac{\text{체중증가량(g)}}{\text{단백질섭취량(g)}}$$

2) 생물가

생물가(biological value, BV)는 흡수된 질소량에 대한 체내 질소 보유량의 백분율로 표시한 것으로 흡수된 질소가 얼마나 효율적으로 체단백질 합성에 이용되었는지를 나타낸다. 보유된 질소량은 실험동물에 각각 무단백식이와 실험단백질식이를 섭취시킴으로써 측정한다.

$$\text{BV}=\frac{\text{보유된 질소량}}{\text{흡수된 질소량}}\times 100=\frac{\text{섭취한 질소량}-(\text{소변내 질소량}+\text{대변내 질소량})}{\text{섭취한 질소량}-\text{대변내 질소량}}\times 100$$

3) 단백질 실이용률

단백질 실이용률(net protein utilization, NPU)은 섭취한 질소량에 대한 체내 보유된 질소량의 백분율로 나타내며 섭취된 질소가 얼마나 효율적으로 체단백질 합성에 이용되었는가를 의미한다.

BV와 NPU 는 모두 체내에 보유된 질소량을 측정하지만, BV는 소화율이 고려되지 않았고 NPU는 소화율이 고려된 것이라는 점에서 차이가 있다. 따라서 NPU는 BV에 소화흡수율을 곱한 값과 같다.

$$\text{NPU} = \frac{\text{보유된질소량}}{\text{섭취한질소량}} \times 100 = \text{BV} \times \text{소화흡수율}$$

5.2 화학적 방법

특정 식품 단백질의 영양적 가치는 그 단백질에 함유된 각 필수아미노산의 함량을 참조단백질의 아미노산량과 비교함으로써 파악할 수 있다.

화학적 방법에는 화학가(chemical score)와 아미노산가(amino acid score)가 있는데, 화학가는 참조단백질로 달걀 단백질의 아미노산 함량을 사용하며 아미노산가는 1973년 FAO/WHO에서 발표한 잠정적 아미노산 패턴을 사용한다. 식품 중의 아미노산 함량을 참조단백질의 각 아미노산 기준치와 비교하여 백분율을 구한 후 백분율 값이 가장 작은 아미노산을 그 식품의 제1제한 아미노산이라 하고 그 값을 아미노산가라 한다.

제한 아미노산
특정한 아미노산 서열을 갖는 단백질을 합성하는 데 있어서, 한 가지 아미노산이라도 부족하면 더 이상 그 단백질의 합성이 이루어지지 않고 중단되는데 이때 그 부족한 아미노산을 '제한 아미노산(limiting amino acid)'이라 함

$$\text{아미노산가} = \frac{\text{식품단백질1 g당아미노산함량 (mg)}}{\text{참조단백질1 g당위와같은아미노산함량 (mg)}} \times 100$$

표 3-3에는 FAO/WHO의 잠정적 아미노산 패턴을 기준으로 하여 쌀의 아미노산가를 계산하였다. 쌀의 아미노산 중 가장 낮은 값을 보이는 것은 리신이다. 즉 쌀의 제1제한 아미노산은 리신이며 아미노산가는 77이다.

표 3-4에는 다양한 식품의 제한아미노산이 제시되어 있다.

화학적 방법에 의해 단백질의 질을 평가하는 방법은 간편하고, 식품 단백질의 제1 및 제2제한 아미노산의 산정이 가능하며 전체 아미노산의 조성을 알고 있을 경우 보완효과를 예측할 수 있다.

반면, 단점으로는 소화율 및 체내 이용률이 고려되지 못한다는 것이다. 이러한 단점을 보완하여 1993년 FAO/WHO에서는 소화율이 고려된 아미노산

표 3-3 식품 단백질의 아미노산가

		이소루신	루신	리신	메티오닌+시스테인	페닐알라닌+티로신	트레오닌	트립토판	발린
FAO/WHO WHO 잠정적 아미노산 패턴		250	440	340	220	380	250	60	310
쌀 (밀양 30호)	아미노산 함량	277	521	263	213	510	236	72	350
	기존 아미노산에 대한 백분율(%)	111	118	77	97	134	94	120	113

표 3-4 식품의 제한 아미노산

식품	제한 아미노산	식품	제한 아미노산
계란	-	밀가루	리신
우유	메티오닌+시스테인	콩가루	메티오닌+시스테인
소고기	메티오닌+시스테인	참깨	리신
돼지고기	메티오닌+시스테인	감자	메티오닌+시스테인
생선	트립토판	고구마	메티오닌+시스테인
쌀	리신	콩	메티오닌+시스테인
옥수수	트립토판	시금치	메티오닌+시스테인

* 제한 아미노산은 계란 단백질을 기준으로 하여 제시된 것임

가(protein digestibility corrected amino acid score, PDCAAS)를 제시하였다. PDCAAS는 단백질의 아미노산가를 100으로 나누고 소화율을 곱한 값으로 최대치는 1이다(1 이상이면 1로 함).

5.3 단백질의 혼합에 따른 질적 상승효과

곡류를 주식으로 섭취해 온 우리나라의 식생활 패턴으로 인해 아미노산의 영양 불균형이 초래되었었다. 이에 1970년부터는 새로운 단백질 급원식품의 발굴 및 다양한 곡류 제품의 혼합 또는 강화에 의한 단백질 영양가의 상승효과를 판정하는 연구들과 더 나아가 한국 식단의 식품배합을 통한 단백질의 질적 상승효과에 관한 연구들이 진행되었다.

단백질의 질 보강은 세 가지로 요약할 수 있다. 즉, ① 곡류의 제1제한 아미노산 보강, ② 곡류와 동물성 식품을 함께 섭취, ③ 곡류끼리의 혼합을 들 수 있다. 곡류식품에서 주로 제한되는 아미노산은 리신, 트레오닌, 메티오닌 및 트립토판이다.

표 3-5 식품의 배합을 통한 단백질의 질적 상승효과

기본 단백질 급원	PER
옥수수	1.61
옥수수 + 콩	1.91 ↑
옥수수박	0.32
옥수수박 + 생선가루	1.31 ↑
옥수수박 + 대두가루	1.66 ↑
옥수수박 + 탈지분유	1.84 ↑
쌀	1.54
쌀 + 생선가루	2.50 ↑
밀가루	0.71
밀가루 + 생선가루	2.12 ↑
밀가루 + 대두가루	1.86 ↑
밀가루 + 탈지분유	2.16 ↑
종실류	
대두박	1.73
참깨박	1.72
대두박 + 참깨박	2.12 ↑

자료: Swaminathan M. Essential of Food and Nutrition. Fundamental Aspects, Vol 1, p.95, 1974

동물성 식품의 단백질은 식물성 식품에 결여된 리신과 트레오닌의 좋은 공급원이 된다. 그러나 동물성 단백질 섭취에는 비용이 많이 들 뿐만 아니라 포화지방 섭취 증가로 인해 또 다른 영양문제가 야기되기도 한다. 또한 리신 섭취가 너무 많아지면 트립토판 요구량을 증가시키며, 역으로 트립토판 섭취가 너무 많으신 결핍을 초래하는 역효과, 즉 넓게는 아미노산 불균형이 생길 수 있으므로 아미노산 보강문제는 주의 깊게 다루어져야 한다.

여러 종류의 단백질을 섞었을 때 단백질의 질이 향상되는 예를 표 3-5에 나타내었다. 곡류 단백질에 아미노산을 적절히 보강해주거나 식물성 단백질끼리 혼합함으로써, 동물성 단백질 못지 않은 질적 향상을 얻을 수 있다.

6 단백질 필요량

6.1 불가피 질소 손실량에 의한 필요량 설정

질소의 최종 대사산물은 소변으로 배설되며, 식사 또는 장관벽에서 분비된 단백질 중 흡수되지 않은 것은 대변으로 배설된다. 이 외에도 질소화합물은 땀

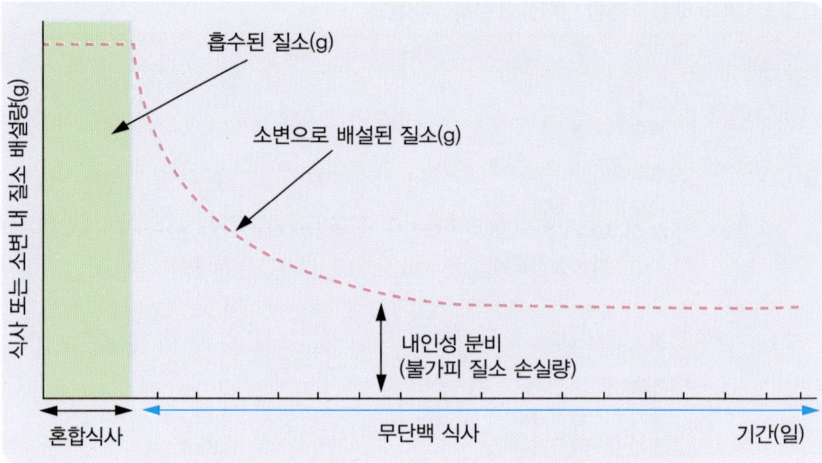

그림 3-7 무단백 식이 섭취가 소변 내 질소 배설량에 미치는 영향

또는 피부의 탈피 등으로 손실되며, 콧물, 머리카락, 월경혈, 정액의 형태로 소량의 질소가 손실된다. 소변에 배설되는 주요 질소화합물은 요소, 암모니아, 요산과 크레아티닌 등이며, 크레아티닌을 제외한 배설량은 단백질 섭취량이 변화함에 따라 달라진다. 적정수준의 단백질을 섭취하는 경우 소변으로 배설되는 질소의 80% 이상이 요소이지만, 저단백식사를 하는 경우에는 요소질소의 비율이 더 낮아진다. 단식을 하는 동안에는 암모니아 형태로 배설되는 질소의 절대량 및 구성 비율이 증가하므로, 산성증(acidosis)을 나타낼 수 있다.

실험동물에게 무단백 사료를 주었을 때 소변을 통한 질소 배설량이 처음 며칠 동안은 급격히 감소하나 차츰 일정한 수준에 도달하게 된다(그림 3-7). 이처럼 일정해진 소변 내 질소 배설량을 '불가피 질소 손실량(obligatory nitrogen loss)'이라 하며, 단백질 최소 필요량은 불가피 질소 손실량에 질소계수 6.25를 곱하여 구한다.

6.2 질소평형에 의한 필요량 설정

질소평형
(nitrogen balance)
섭취된 단백질 중의 질소량과 배설된 질소량이 같은 상태

단백질의 최소 필요량은 주로 질소평형 연구를 통해 산정된다. 즉, 정상인에서 하루 동안 소변, 대변, 피부, 땀, 머리카락 등을 통해 손실되는 질소량과 질소 섭취량을 비교하여 구한다. 식사 중의 단백질량을 점차 증가시켜 가면서

섭취하면 어느 시점에는 손실된 체단백질(질소 양)을 보충하기 위해 더 이상의 질소를 요구하지 않게 되며, 단백질 손실량과 섭취량이 같게 되는 즉 질소 평형이 이루어지는 점이 나타나는데 이때의 단백질 섭취량이 단백질의 최소 필요량이다.

성장기, 임신기, 질병으로부터 회복기, 근육증가를 위한 훈련기의 성인은 양(+)의 질소 평형을 나타낸다. 반면 기아, 화상, 상처, 감염, 열병 등의 질환이 있을 경우, 그리고 심각한 심리적 스트레스를 받는 상황에서는 음(-)의 질소 평형이 나타난다. 동물실험에 의하면 식이에 하나 또는 그 이상의 필수아미노산이 부족한 경우에도 음(-)의 질소 평형이 나타나는데, 이는 한 가지 아미노산이 부족하면 흡수된 다른 아미노산들도 아미노산 불균형으로 인해 단백질 합성에 효율적으로 쓰일 수 없게 되어, 체단백질로부터 필수아미노산의 분해가 일어나기 때문이다.

7 단백질의 영양섭취기준 및 섭취실태

7.1 단백질 영양섭취기준

단백질 영양섭취기준은 6개월 이상 연령층에서는 평균필요량과 권장섭취량을 설정하였고, 영아 전반기는 충분섭취량만 설정하였다. 단백질의 상한섭취량은 근거부족으로 설정하지 않았다.

단백질의 평균필요량은 국제적으로 통용되는 질소평형 자료에 근거하여 소화율을 반영하여 산출하였다. 성인 남녀의 경우 질소평형 실험 결과 얻은 0.66 g/kg/일을 평균필요량으로 설정하였고, 권장섭취량은 평균필요량에 변이계수 12.5%를 적용하여 구하였다. 2020년 한국인 영양섭취기준에 의하면 19세 이상 성인의 단백질 권장섭취량은 남자 60~65 g/일, 여자 50~55 g/일이다. 임신기는 3분기로 나뉘어 각 분기마다 0 g/일, 15 g/일, 30 g/일을 추가 권장하였고 수유기에는 분기에 상관없이 25 g/일을 추가로 권장한다. 적절한 단백질 에너지 섭취비율은 7~20%이다.

필수 아미노산 영양섭취기준의 경우, 한국인을 대상으로 한 아미노산 권장

섭취량에 대한 연구가 부족하기 때문에 미국/캐나다의 영양섭취기준을 기초로 하여 우리나라 사람들의 필수 아미노산 영양섭취기준을 산출하였다. 2020년 아미노산 섭취기준은 2015년 섭취기준을 기본으로 2020년 한국인 체위기준에 맞춰 설정하였다.

7.2 단백질의 섭취실태

2020년 국민건강영양조사자료에 의하면 1세 이상 국민의 섭취 에너지에 대한 단백질의 비율은 15.6%로 1985년 이후 계속 15% 내외를 유지하고 있다. 1세 이상 국민의 단백질 섭취량은 전체 71.5 g/일(남자 83.6 g/일, 여자 58.7 g/일)으로 권장섭취량의 143%(남자 154.9%, 여자 130.3%) 수준이다.

2017년 국민건강영양통계에 따르면 식품군별 단백질 섭취분율은 육류가 29.7%로 가장 높았고 곡류와 어패류가 각각 27.1%, 13.6%로 나타났다. 단백질의 주요 급원식품의 순위를 살펴보면 백미, 돼지고기, 닭고기, 소고기, 달걀 순으로 나타났다.

요약

1 필수아미노산은 체내에서 합성되지 않으므로 반드시 식사를 통해 섭취해야 한다. 아미노산은 중성, 산성, 염기성, 방향족, 측쇄아미노산 등으로 분류된다.

2 단백질의 소화는 위에서 분비된 펩신에 의해 시작되고, 췌장과 소장에서 분비된 다양한 단백질소화효소에 의해 완료된다. 최종산물인 아미노산은 소장상피세포에서 각각의 에너지 의존성 아미노산 운반체들에 의해 능동적으로 흡수된다.

3 단백질은 신체조직을 구성하고, 효소, 호르몬 및 항체의 구성성분으로서 생체반응을 조절 또는 촉매하는 역할을 담당하고 있다.

4 체단백질은 분해와 합성이 반복되며 단백질 교체가 일어난다. 따라서 체내에서 아미노산의 재이용이 활발히 진행되고 있으며, 나이, 스트레스, 호르몬, 조직 및 단백질의 종류에 따라 단백질 교체율은 다르다.

5 아미노기전이반응을 통해 비필수아미노산이 합성되며 이때 보조효소로 비타민 B_6를 필요로 한다. 탈아미노반응을 통해 유리된 아미노기는 간에서 요소회로를 통해 무독성의 요소로 전환되어 소변으로 배설된다.

6 아미노기가 제거된 아미노산의 탄소골격은 아미노산의 종류에 따라 포도당 합성에 이용되거나, 아세틸 CoA로 전환되어 지방산이나 케톤체 형성에 쓰일 수 있다.

7 아미노산의 이화작용은 소장, 간, 근육, 신장 등에서 일어나며, 기관마다 특이적인 아미노산 대사작용이 일어난다.

8 단백질의 질적 평가는 생물학적인 방법과 화학적인 방법이 있고 혼합식사를 통해서 단백질의 질적 상승효과를 얻을 수 있다.

9 성장기, 임신기, 회복기, 근육증가를 위한 훈련기의 성인은 양(+)의 질소 평형을 기아, 화상, 상처, 감염, 열병 등의 질환이 있을 경우, 그리고 심각한 심리적 스트레스를 받는 상황에서는 음(-)의 질소 평형이 나타난다.

참고문헌

- 보건복지부, 질병관리본부. 국민건강영양조사 제6기 결과보고서, 2020
- 이기열, 김영구, 김상옥, 성낙응. 혼합비율에 따르는 각종 곡류의 영양가에 대하여. 한국영양학회지 5:135~140, 1972
- 한국영양학회. 한국인 영양섭취기준 개정판, 2015
- Garza C, Scrimshaw NS, Young VR. Human protein requirements. J Nutr 108:90-96, 1978
- Goldspink DF, Kelly FJ. Protein and turnover and growth in the whole-body, liver and kidney of the rat from foetus to senility. Biochem J 217:507-516, 1984
- Harper's Illustrated Biochemistry, 28th ed, 2009. Chapter 16. Overview of metabolism and the provision of metabolic fuel, p 137.
- Jackson AA. Amino acids: Essential and non-essential. Lancet 1:1034-1037, 1983
- Laidlaw SA, Kopple JD. Newer concepts of the indispensable amino acids. Am J Clin Nutr 46:593-605, 1987
- Matthews DE. Proteins and amino acids. in Morden Nutrition in Health and Disease. Shils M, Olson JA, Shike M, Ross AC. eds, Williams & Wilkins, Baltimore, MD. 9th ed., pp. 11-48, 1998
- Reeds PJ, Beckeff PR. Protein and amino acids. In Present Knowledge in Nutrition, Ziegler EE, Filer LJ. Jr, eds. ILSI Press, Washington, DC, pp.67-86, 1996
- Waterlow JC, Jackson AA. Nutritional value of mixed proteins. Br J Nutr 37:289-309, 1977
- Waterlow JC. Protein turnover with special reference to man. J Exp Physiol 69:429-438, 1984
- WHO, Energy and Protein Requirements. Report of a Joint FAO/WHO/UNU Expert Consultation, WHO Technical Report Series No 724, Geneva, WHO, 1985

제4장 지질 영양

1. 지질의 종류와 기능
2. 지질의 소화와 흡수
3. 지질 대사
4. 지질 영양과 건강문제
5. 지질의 영양섭취기준 및 섭취실태

제4장 지질 영양

지질은 탄소, 수소, 산소로 구성되어 있으며 극성 용매에는 녹지 않고 비극성 용매에 녹는 물질이다. 지질에는 지방산, 중성지방, 인지질, 스테롤 등이 있다. 우리 몸과 식품에 가장 많은 지질은 중성지방으로 에너지 생산과 저장 면에서 주된 영양소이며 필수지방산을 공급한다. 필수지방산은 세포막을 구성하는 인지질과 당지질의 성분이며, 세포막을 통한 신호전달에 관여하고 생리활성물질인 아이코사노이드를 합성한다. 동물성 스테롤인 콜레스테롤은 세포막의 중요한 성분이며 담즙산, 비타민 D, 스테로이드 호르몬의 전구체이다. 이와 같이 생명 유지를 위해 필수적인 지질이지만 과잉 섭취하면 비만, 동맥경화, 암과 같은 질환의 발병을 증가시키므로 섭취하는 지방산의 양과 균형의 조절이 매우 중요하다.

1 지질의 종류와 기능

1.1 지방산

지방산은 말단에 하나의 카복실기를 갖고 있는 탄화수소사슬로 자연계의 지방산은 대부분 짝수의 탄소수를 갖는다.

1) 지방산의 분류

지방산은 탄소 수에 따라 짧은사슬지방산(탄소수 6개 미만), 중간사슬지방산(탄소수 6~12개), 긴사슬지방산(탄소수 14개 이상)으로 나뉜다. 또한 이중결합의 유무에 따라 탄소와 탄소 사이에 이중결합이 없는 포화지방산(saturated fatty acid, S), 이중결합이 하나 이상 있는 불포화지방산(unsaturated fatty acid)으로 구분한다.

불포화지방산은 그 특성에 따라 여러 가지로 분류하는데, 이중결합이 하나 있으면 단일불포화지방산(monounsaturated fatty acid, MUFA, M), 둘 이상이면 다중불포화지방산(polyunsaturated fatty acid, PUFA, P)이라 한다(그림 4-1). 또한 카복실기에서 가장 멀리 있는 이중결합의 위치에 따라 ω3(n-3)계, ω6(n6)계, ω9(n-9)계 지방산으로 분류하며, 이중결합 탄소에 결합된 수소의 공간 배열에 따라 이중결합을 사이에 두고 수소가 같은 편에 있으면 시스(cis) 지방산, 반대편에 있으면 트랜스(trans)지방산이라 한다(표 4-1). 시스지방산은 이중결합을 중심으로 탄소사슬이 꺾인 구조를, 트랜스지방산은 포화지방산과 마찬가지로 일직선상의 구조를 갖고 있다. 자연계의 불포화지방산은 대

표 4-1 지방산의 분류

탄소 수에 따른 분류		
• 짧은사슬지방산	부티르산(4:0)*	
• 중간사슬지방산	카프로산(6:0), 카프릴산(8:0), 카프르산(10:0), 라우르산(12:0)	
• 긴사슬지방산	미리스트산(14:0), 팔미트산(16:0), 스테아르산(18:0), 올레산(18:1), 리놀레산(18:2), 리놀렌산(18:3), 아라키돈산(20:4), EPA(20:5), DHA(22:6)	
이중결합 유무에 따른 분류		
• 포화지방산		팔미트산(16:0), 스테아르산(18:0)
• 불포화지방산	단일불포화지방산	올레산(18:1)
	다중불포화지방산	리놀레산(18:2), 리놀렌산(18:3), 아라키돈산(20:4), EPA(20:5), DHA(22:6)
카복실기에서 가장 멀리 있는 이중결합의 위치에 따른 분류		
• ω9계 지방산	올레산(18:1)	
• ω6계 지방산	리놀레산(18:2), 감마-리놀렌산(18:3), 디호모감마리놀렌산(20:3), 아라키돈산(20:4)	
• ω3계 지방산	알파-리놀렌산(18:3), EPA(20:5), DHA(22:6)	
이중결합의 공간 구조에 따른 분류		
	말산 탈수소효소(malate dehydrogenase)	
• 시스지방산	이중결합을 이룬 탄소에 결합된 수소가 이중결합을 사이에 두고 같은 편에 위치, 자연계에 있는 대부분의 불포화지방산	
• 트랜스지방산	이중결합을 이룬 탄소에 결합된 수소가 이중결합 사이에 두고 반대편에 위치	

* (4:0): 앞에 있는 숫자는 탄소 수, 뒤에 있는 숫자는 이중결합 수를 나타냄
EPA: eicosapentaenoic acid, DHA: docosahexaenoic acid

부분 시스형으로 포화지방산보다 융점이 낮고 탄소 수가 같은 지방산이면 이중결합이 많을수록 융점이 낮다.

표 4-2에는 식용 유지의 주요 지방산 함량을 나타내었다. 식물성 기름도 종류에 따라 지방산 조성과 ω6/ω3 비율에 큰 차이를 보이는데 올리브유는 올레산(ω9) 함량이, 포도씨유, 해바라기씨유, 옥수수유, 대두유는 리놀레산(ω6) 함량이, 들기름, 아마씨유는 리놀렌산(ω3) 함량이 높다. 팜유는 식물성이지만 팔미트산을 비롯한 포화지방산 함량이 50% 정도로 높다.

2) 필수지방산

필수지방산이란 신체의 성장과 유지 및 여러 생리적 기능에 필수적이지만 체내에서 합성되지 않거나 불충분하게 합성되는 지방산을 의미한다. 동물은 스테아르산(18:0)에서 올레산(18:1 ω9)은 합성하지만 올레산에서 리놀레산

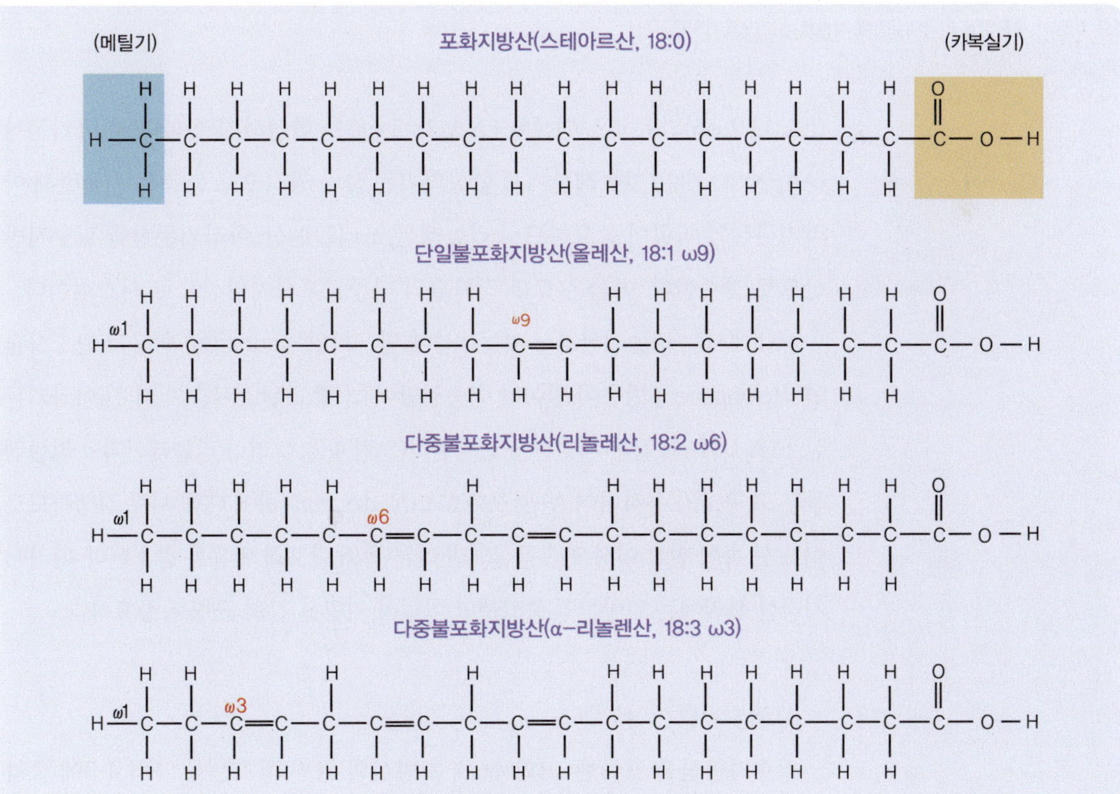

그림 4-1 포화지방산과 불포화지방산

표 4-2 식용 유지의 주요 지방산 조성

지방산 종류 / 유지 종류	포화지방산(%)		불포화지방산(%)			리놀레산(ω6)/ 리놀렌산(ω3)
	팔미트산	스테아르산	단일불포화지방산	다중불포화지방산		
			올레산(ω9)	리놀레산(ω6)	리놀렌산(ω3)	
올리브유	12.1	2.7	71.8	10.2	0.8	12.8
카놀라유	4.3	1.6	59.9	23.0	6.8	3.4
포도씨유	7.0	4.0	16.0	72.0	0.5	144.0
해바라기씨유	6.1	5.6	19.3	67.0	0.1	670.0
옥수수유	9.4	1.9	25.5	55.2	1.6	34.5
대두유	9.5	4.9	21.9	52.6	7.9	6.7
참깨유	9.1	4.9	38.0	45.2	1.2	37.7
잣기름	4.9	1.5	24.5	48.8	14.7	3.3
들 유	7.0	2.0	16.7	16.5	56.6	0.3
아마씨유	7.0	4.0	20.0	15.4	53.6	0.3
팜유	43.7	4.5	39.3	10.1	0.2	50.5
소기름	25.5	21.6	38.7	2.2	0.6	3.7
돼지기름	24.8	12.3	45.1	9.9	0.3	33.0

자료: 이양자. 유지영양. 미국대두협회, 학술총서(12) P.8, 1985 재구성

(LA, 18:2 ω6)과 α-리놀렌산(α-LNA, 18:3 ω3)을 합성하지 못한다. 아라키돈산(AA, 20:4 ω6)은 리놀레산에서 합성되기는 하나 양적으로 불충분한데 반해 아라키돈산의 역할이 중요하므로 리놀레산, α-리놀렌산, 아라키돈산을 필수지방산으로 간주한다. 이들은 모두 긴사슬의 다중불포화지방산으로 시스형이다.

체내에서는 리놀레산과 α-리놀렌산에 탈포화(desaturation) 반응과 탄소사슬 연장(elongation) 반응이 일어나 이중결합이 더 많고 탄소사슬이 더 긴 아라키돈산, EPA, DHA와 같은 지방산을 합성한다(그림 4-2). 그러나 리놀레산과 α-리놀렌산은 그 구조가 유사하여 Δ^6-탈포화효소(Δ^6-desaturase)에 대해 서로 경쟁하므로 어느 한 쪽이 필요 이상으로 공급되면 다른 쪽의 탈포화 반응은 감소된다. 따라서 지방산 섭취에는 지방산의 총량뿐만 아니라 지방산 간의 균형도 중요하다.

3) 필수지방산의 기능

필수지방산을 포함한 ω3와 ω6계 지방산의 급원과 기능을 그림 4-3에 요약하였다.

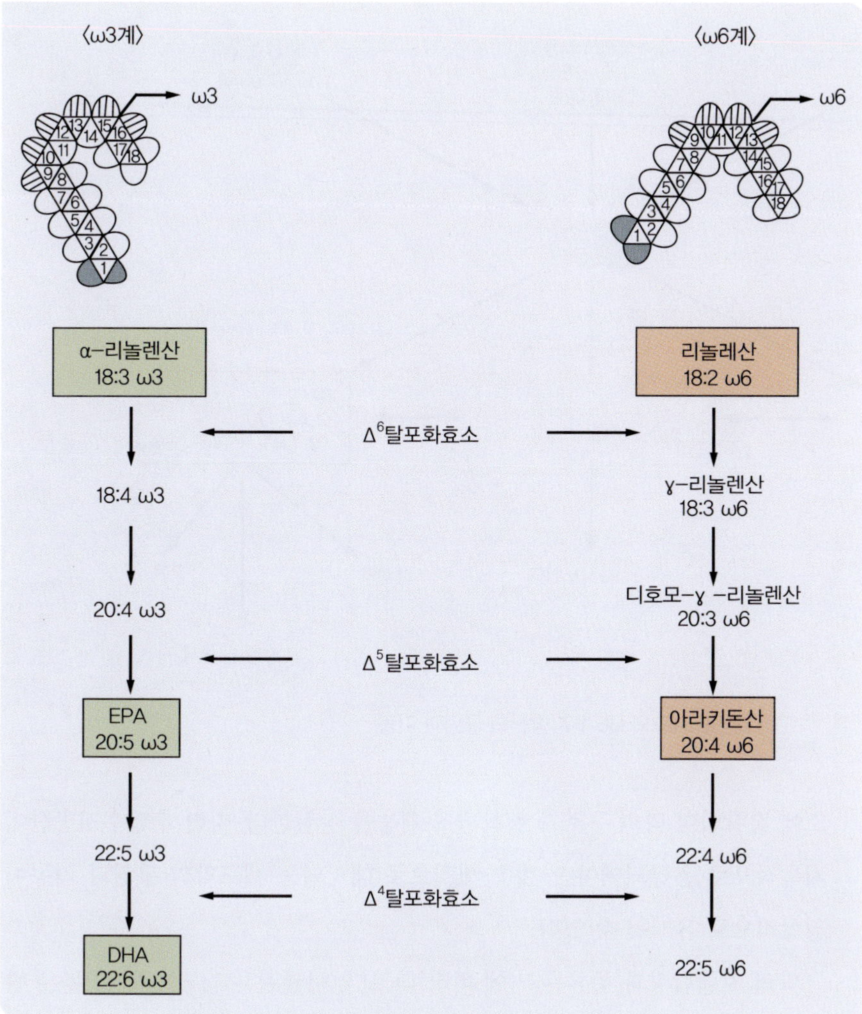

그림 4-2 ω3와 ω6계 지방산의 탈포화와 탄소사슬 연장

(1) 세포막 구성

세포는 막이 완전할 때 정상적인 기능을 수행할 수 있다. 즉, 세포막, 핵막, 미토콘드리아막 등과 같은 막이 완전해야 이들 막을 경계로 막의 내부와 외부에서 모든 물질이 동적 평형상태를 이루게 되고 결과적으로 항상성(homeostasis)을 유지할 수 있게 된다.

이러한 막 조직은 인지질 이중층으로 되어 있는데, 인지질의 β탄소(2번 탄소)에는 PUFA인 필수지방산이 결합되어 있다. 필수지방산이 결핍되면, 올레산(18:1 ω9)에서 합성된 5,8,11-아이코사트리에노산(20:3 ω9)이 인지질의 β탄

인지질 (phospholipid)
막을 구성하는 주성분으로 인산을 함유하며 레시틴, 세팔린, 스핑고미엘린 등이 있음

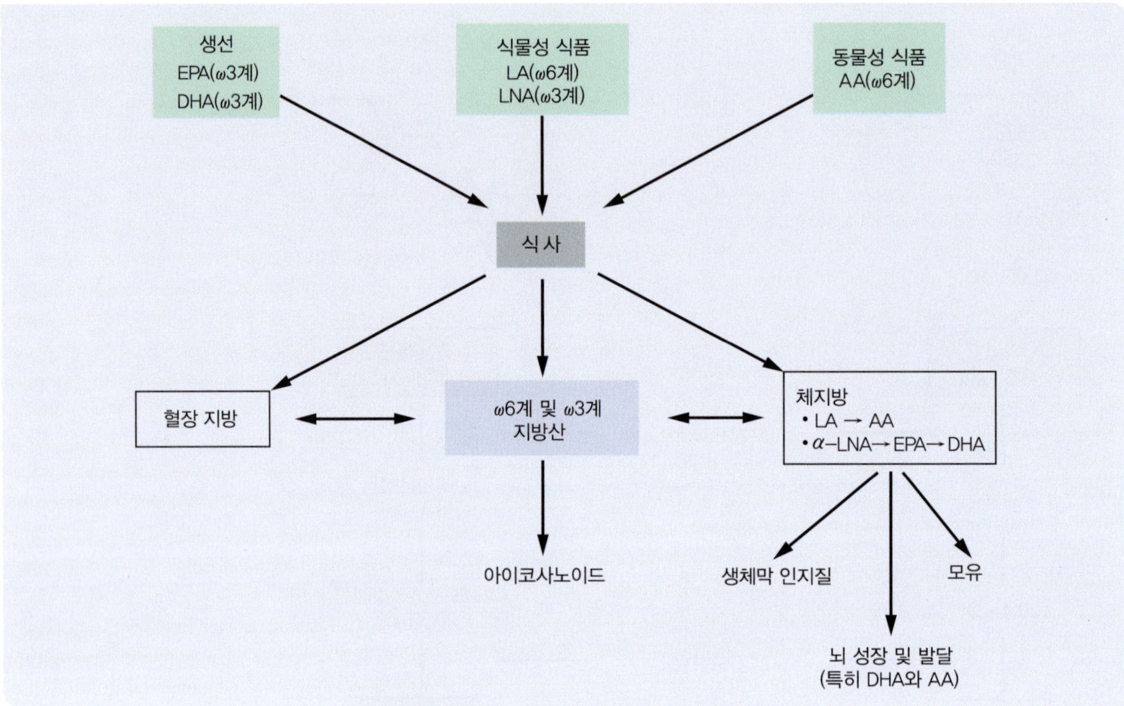

그림 4-3 ω3와 ω6계 지방산의 급원과 기능

소에 결합되어 막의 구조가 변화되고 기능을 상실한다. 따라서 필수지방산이 지속적으로 공급되어야만 계속 새것으로 대치되는 세포막의 구성과 기능이 정상적으로 유지될 수 있다.

막의 지질함량과 종류는 막에 따라 다르다. 미엘린은 지질 함량이 높은 반면, 미토콘드리아 내막은 단백질 함량이 높으며(표 4-3), 미엘린은 당지질의 비율이, 적혈구 막은 인지질의 비율이 높다(표 4-4). 또한 같은 종류의 세포라 할지라도 동물에 따라 인지질 조성은 서로 다르다(표 4-5).

당지질(glycolipid)
막을 구성하는 주성분으로 당(주로 갈락토오스)을 함유하며 세리브로시드, 술파티드, 강글리오시드가 있음

표 4-3 막의 구성성분

막의 종류	성분(%)		
	단백질	지질	탄수화물
미엘린	20	75	5
적혈구 막	49	43	8
간(liver)세포 막	54	39	7
미토콘드리아 외막	50	46	4
미토콘드리아 내막	75	23	2

표 4-4 적혈구 막과 미엘린의 지질 조성

지질의 종류	적혈구 막		미엘린	
	중량(%)	몰비율	중량(%)	몰비율
인지질	69	1.0	43	1.0
당지질	5	0.1	30	0.7
콜레스테롤	26	0.8	27	1.3

표 4-5 포유동물 적혈구 막의 인지질 조성

인지질의 종류	적혈구 막의 인지질 함량(%)						
	사람	쥐	개	고양이	말	토끼	돼지
레시틴	28	48	47	31	42	34	23
스핑고미엘린	25	13	11	26	14	19	27
포스파티딜에탄올아민	26	22	22	22	24	32	30
포스파티딜세린	13	11	15	13	18	12	18
포스파티딜이노시톨	1	4	2	7	-	1	2
포스파티드산	2	-	1	1	-	1	-
기타	5	2	2	-	2	1	-

자료: Montgomery R, et al, Biochemistry: A Case-orien ted Approach, 4th ed, p.408, 1983

(1) 뇌 발달

뇌는 다른 조직에 비해 지질 함량이 높으며 특히 탄소 수가 18개 이상인 긴사슬 다중불포화지방산으로 구성된 인지질이 많다.

뇌는 태아기와 영아기에 활발히 만들어지며 뇌를 구성하는 인지질 함량은 1세경 최대에 달하므로 뇌 발달시기에 필수지방산의 공급은 매우 중요하다(그림 4-4). 뇌에는 특히 DHA(22:6 ω3) 함량이 높은데, 동물실험을 통한 연구에서 어미쥐가 ω3계 지방산 함량이 제한된 식이를 섭취하여도 태아의 뇌 조직은 ω3계 지방산인 DHA를 확보하는 것으로 나타났다. 그러나 영아는 긴사슬 다중불포화지방산 합성 능력이 약하므로, 긴사슬 다중불포화지방산을 함유할 뿐만 아니라 총에너지의 약 10~12%를 필수지방산으로 함유하고 있는 모유를 섭취하는 것이 무엇보다 중요하다.

(2) 혈중 콜레스테롤 저하

필수지방산은 조직에서 방출된 유리 콜레스테롤이 HDL(high density

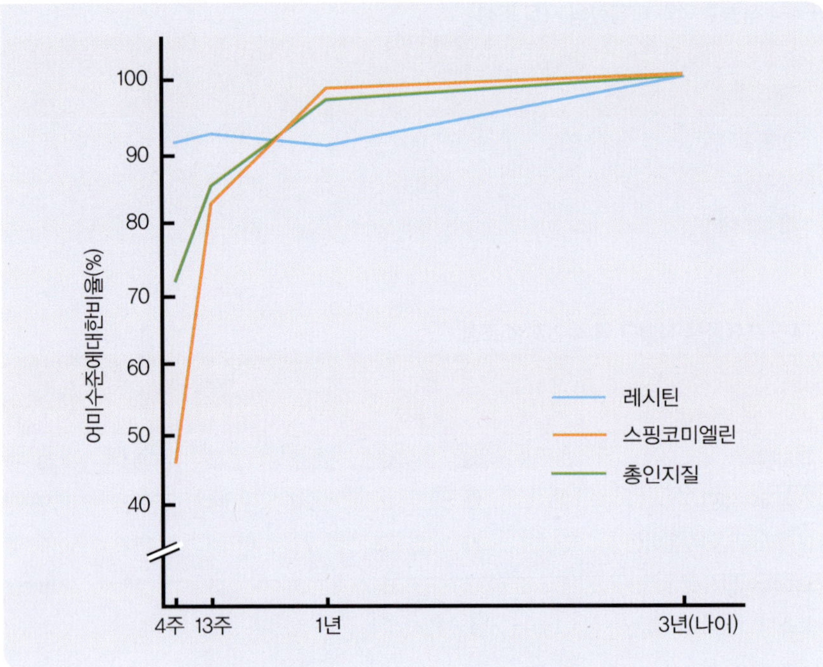

그림 4-4 출생 후 돼지 뇌 조직의 인지질 함량 변화

lipoprotein, 고밀도지단백질)에 의해 간으로 운반되어 처리되는 과정에서 중요한 역할을 한다. 즉, 조직에서 방출된 유리 콜레스테롤은 HDL을 구성하는 인지질인 레시틴의 β위치에 있는 PUFA(주로 필수지방산)와 결합하여 HDL에 의해 간으로 운반된 후 담즙산으로 전환되어 십이지장으로 배설된다. 대부분의 담즙산은 회장에서 재흡수되어 다시 간으로 돌아가지만, 하루에 0.5 g 정도의 담즙산은 체외로 배설되며 이 경로가 콜레스테롤의 주요 배설경로이다.

(3) 아이코사노이드 합성

아이코사노이드(eicosanoids)는 탄소 20개로 구성된 지방산인 아라키돈산(20:4 ω6), 디호모감마리놀렌산(dihomo-γ-linolenic acid, 20:3 ω6) 및 EPA(20:5 ω3)로부터 합성되는 생리활성물질이다.

아이코사노이드의 기질로 쓰이는 지방산들은 대개 세포막 인지질의 β탄소에 결합된 것들로 필요할 때 인지질 분해효소 A_2(phospholipase A_2)에 의해 인지질에서 떨어져 나온 후 고리산소화효소(cyclooxygenase)와 지질산

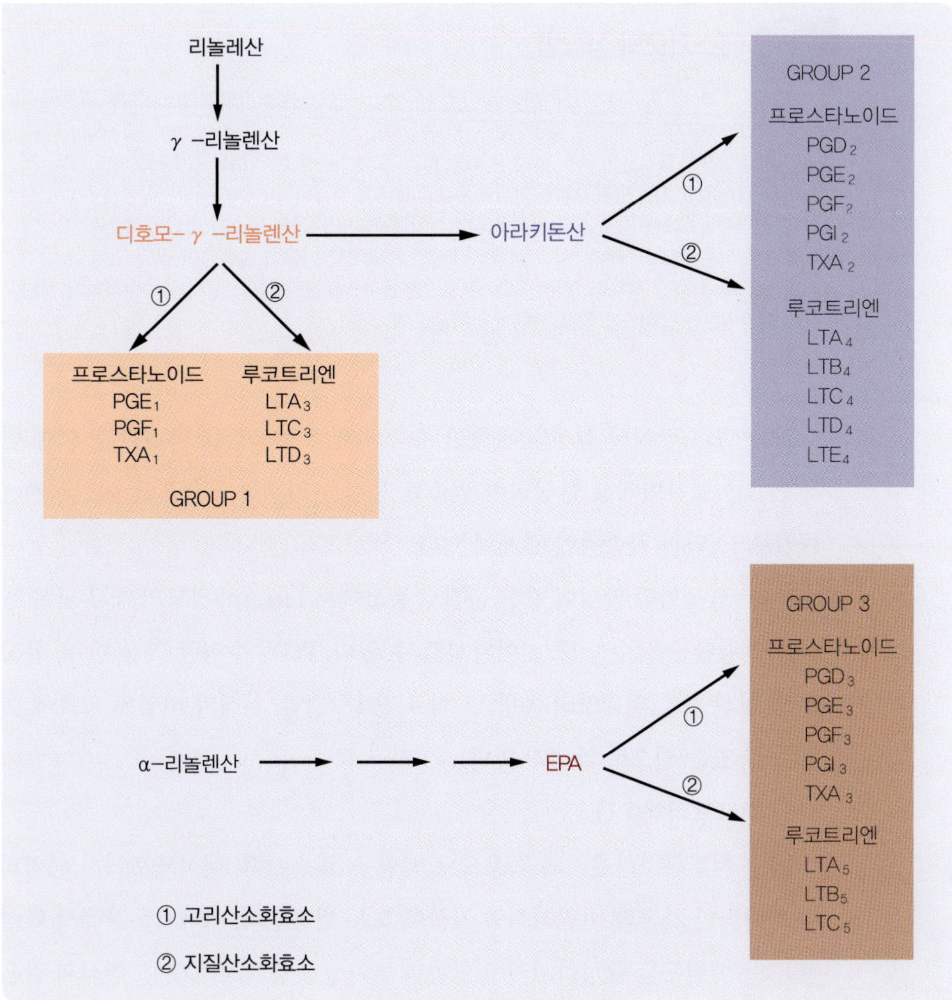

그림 4-5 아이코사노이드 합성

소화효소(lipoxygenase)의 작용으로 각각 프로스타노이드(prostanoids)와 루코트리엔(leukotriene, LT)으로 전환된다. 디호모감마리놀렌산에서는 프로스타노이드 1계열과 LT 3계열, 아라키돈산에서는 프로스타노이드 2계열과 LT 4계열, EPA에 서는 프로스타노이드 3계열과 LT 5계열이 합성된다(그림 4-5).

① 프로스타노이드

프로스타노이드는 필요할 때 신속하게 합성되어 합성된 장소와 가까운 곳에서 국소 호르몬처럼 작용하며 트롬복산(thromboxan, TX), 프로스타사이클린(prostacyclin, PGI) 및 프로스타글란딘(prostaglandin, PG)이 있다.

에스키모와 심장병

EPA(20:5 ω3)를 함유한 생선기름을 많이 섭취하는 그린란드 에스키모에서는 심장병 발생률이 낮다. EPA는 TXA_3와 PGI_3를, 아라키돈산(20:4 ω6)은 TXA_2와 PGI_2를 합성하는데, TXA_3는 TXA_2보다 혈소판 응집작용이 약한 반면, PGI3와 PGI2의 혈소판 응집 억제작용은 서로 비슷하다. 게다가 TXA_3와 PGI_3는 인지질에서 아라키돈산의 유리를 억제하여 TXA_2와 PGI_2 합성을 감소시킨다. 결과적으로 EPA는 혈소판 응집을 감소시키고 아라키돈산은 혈소판 응집을 촉진시키는 방향으로 작용하므로 EPA를 많이 섭취하는 에스키모에서 심장병 발생률이 낮다. 그러나 혈소판 응집과 항응집 작용이 모두 중요하므로 EPA를 지나치게 섭취하는 것은 바람직하지 않으며 아라키돈산 섭취와 균형을 이루는 것이 중요하다.

TX는 혈소판에서 합성되며 혈관 수축과 혈소판 응집을 촉진한다. 이에 반해 PGI는 혈관벽에서 합성되며 혈소판 응집을 억제하고 혈관을 이완시키는 물질로 TX와는 길항적인 관계에 있다.

PG는 생물학적 활성이 강한 물질로 동물에서 1 ng/ml 정도의 매우 낮은 농도로도 평활근을 수축 또는 이완시킬 수 있다. PG는 수정란 착상 방지, 유도분만, 임신중절, 위궤양의 예방 및 치료, 염증, 혈압, 천식과 비염의 치료에 이용될 수 있는 것으로 알려져 있다.

② 루코트리엔(LT)

LT는 지질산소화효소의 작용으로 백혈구, 혈소판 및 대식세포에서 형성되며 면역적인 자극과 비면역적인 자극에 모두 반응한다. 아라키돈산에서 합성된 LT는 백혈구를 활성화시키고 혈관벽 투과성을 증가시켜 염증, 천식과 같은 질병에서 중요한 조절인자로 작용한다.

1.2 중성지방

중성지방(triglyceride, TG)은 글리세롤에 세 분자의 지방산이 에스테르화된 화합물로, 동식물의 저장 지방이며 자연계에 가장 많은 지질이다. 글리세롤에 한 분자의 지방산이 결합된 것은 모노글리세리드(monoglyceride, MG), 두 분자의 지방산이 결합된 것은 디글리세리드(diglyceride, DG)라 한다.

중성지방의 성질은 중성지방을 구성하는 지방산에 따라 달라진다. 대부분

중성지방으로 에너지를 저장하면 얼마나 효율적인가?

5일간 필요한 에너지를 12,000 kcal라 가정할 때, 이것을 글리코겐으로 저장하려면 글리코겐의 무게는 약 3 kg(12,000 kcal÷4 kcal/g)이 된다. 일반적으로 간 무게의 6%를 글리코겐으로 저장하므로 3 kg의 글리코겐을 저장하려면 간의 무게가 무려 50 kg(3 kg×100/6)이 되어야 한다. 반면, 85%가 중성지방인 지방조직에 12,000 kcal를 저장하려면 약 1.6 kg(12,000 kcal÷9 kcal/g×100/85)의 지방조직이 필요하므로 중성지방으로 저장하는 것이 매우 효율적이다. 그러나 지방산은 포도당의 급원이 될 수 없음을 기억하자.

의 동물성 지방은 포화지방산 함량이 높아 상온에서 고체이며, 대부분의 식물성 기름은 불포화지방산 함량이 높아 상온에서 액체 상태로 존재한다. 그러나 식물성 기름 중에도 포화지방산이 많은 야자유, 팜유 같은 고체지방이 있고 동물성 지방 중에도 불포화도가 높은 등푸른생선기름이 있다.

중성지방은 에너지 공급과 저장 면에서 매우 효율적인 영양소이다. 포도당의 경우 한 개의 탄소원자에 수소원자와 수산기가 하나씩 결합되어 있는 반면, 지방산의 경우는 한 개의 탄소원자에 두 개의 수소원자가 결합되어 있어 포도당보다 더 환원되어 있는 상태이므로 산화 에너지를 낼 수 있는 잠재능력이 포도당보다 크다. 또한 중성지방은 소수성 물질이므로 세포 내에 저장될 때 무수 과립을 형성하여 지방조직 1 g당 약 8 kcal의 많은 에너지를 저장할 수 있다.

2 지질의 소화와 흡수

2.1 구강과 위

구강과 위에서는 중성지방을 가수분해하는 리파아제(lipase)를 분비한다. 침샘에서 분비되는 리파아제(lingual lipase)는 짧은사슬과 중간사슬지방산을 갖고 있는 중성지방에 주로 작용하는 효소로 신생아는 췌장 리파아제 활성이 낮은 대신 구강 리파아제 분비량이 많아 유즙 중의 중성지방을 가수분해할 수 있다.

2.2 소장

1) 중화 및 유화

지방의 본격적인 소화는 십이지장에서 시작된다. 위에서 십이지장으로 산성인 유미즙(chyme)이 내려오면 알칼리성인 췌장액과 담즙도 십이지장으로 분비되어 유미즙을 중화시키며 pH가 증가해 췌장 리파아제가 작용할 수 있는 환경이 된다. 담즙산은 큰 지방구를 작은 지방구로 쪼개서 수용액 내에 분산시키므로 리파아제가 작용할 수 있는 표면적이 크게 증가된다.

2) 가수분해

지방구에 결합된 담즙산 때문에 리파아제가 지방구에 쉽게 접근할 수 없으므로 리파아제는 코리파아제(colipase)와 복합체를 이루어 지방구로 접근하여 중성지방을 가수분해한다. 췌장 리파아제는 중성지방의 1차적 에스테르 결합(1번과 3번)만을 가수분해하여 2-모노글리세리드(2-MG)를 만든다. 2-MG가 완전히 가수분해되려면 1차적 에스테르로 전환되어야 하는데, 이 과정은 비교적 서서히 일어나기 때문에 소장에서 중성지방 소화의 주된 생성물은 2-MG와 지방산이고 유리지방산과 글리세롤로 완전히 가수분해되는 것은 섭취한 중성지방의 약 20% 정도에 불과하다.

코리파아제
췌장에서 전구체(procolipase)로 분비되며 트립신에 의해 코리파아제로 활성화됨

2-모노글리셀리드(2-MG)
글리세롤 2번 탄소의 수산기에 지방산이 에스테르 결합된 지질

3) 미셀 형성 및 흡수

지방 분해물들은 담즙산염, 인지질과 함께 미셀(micelle)을 형성하여 소장 상피세포로 이동하고 미셀 중의 지방 분해물들은 소장 상피세포로 흡수된다. 한편, 담즙산염은 회장에서 대부분 재흡수되어 문맥을 통해 간으로 돌아가서 담즙 성분으로 다시 분비되는 장간순환을 한다(그림 4-6).

2.3 소장 상피세포

1) 중성지방 합성

소장 상피세포로 흡수된 글리세롤, 짧은사슬지방산 및 중간사슬지방산은

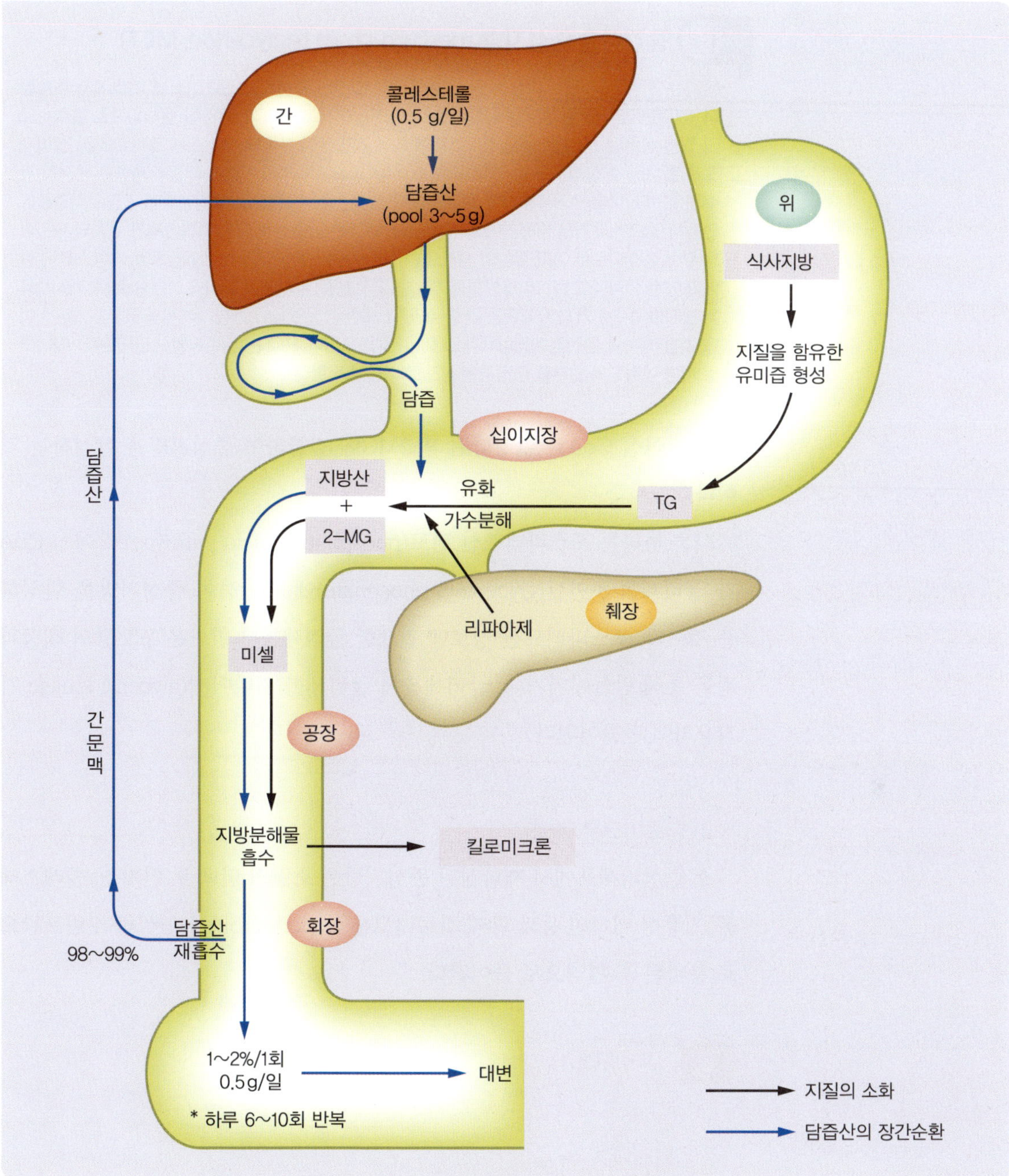

그림 4-6 지질의 소화와 담즙산의 장간순환

간 문맥을 통해 직접 간으로 들어간다. 2-MG와 긴사슬지방산은 중성지방으로 재합성되는데, 그 경로에는 두 가지가 있다.

하나는 모노아실글리세롤 경로(monoacylglycerol pathway)로 흡수된 지

중간사슬 중성지방(medium-chain triglyceride, MCT)

MCT는 지방산의 95% 이상이 탄소 수 8개와 10개인 중성지방으로 코코넛 기름에서 추출한다. MCT는 긴사슬 중성지방에 비해 분자의 크기가 작고 비교적 물에 잘 용해되므로 흡수속도가 훨씬 빠르다. MCT는 췌장 리파아제에 의해 지방산이 분해되거나 또는 그대로 소장 상피세포로 흡수된 후 상피세포의 리파아제(intestinal lipase)에 의해 지방산과 글리세롤로 완전히 가수분해된다. 이렇게 가수분해된 중간사슬지방산은 중성지방으로 재합성되거나 킬로미크론을 만들지 않으며 문맥을 통해 간으로 운반된다. MCT는 담즙산과 췌장 리파아제가 결핍되어도 상당 부분 흡수되므로 여러 질환의 식사요법에서 사용된다. 담낭과 췌장 질환으로 지방소화에 장애가 있는 환자와 고킬로미크론혈증(제 I 형 고지혈증) 환자에서 조리용 기름으로 MCT를 사용하면 지방의 흡수와 대사에 도움을 줄 수 있다. 또한 간질(epilepsy) 환자에게 공급하는 케톤식이(고지방식이)와 완전정맥영양액에도 이용된다. 그러나 MCT는 필수지방산 공급원이 아니므로 지방 섭취량의 일부를 공급하는 정도로 이용해야 한다.

방산이 아실 CoA로 활성화된 후 2MG에 결합하여 중성지방을 합성하는 것이다.

다른 하나는 포스파티드산 경로(phosphatidic acid pathway)로 아실 CoA가 글리세롤-3-인산(glycerol-3-phosphate)에 결합하여 중성지방을 합성하는 것이다. 포스파티드산 경로에 필요한 글리세롤-3-인산은 포도당의 해당과정을 통해 만들어지거나, 글리세롤에 글리세롤 키나아제(glycerol kinase)가 작용하여 만들어진다.

2) 킬로미크론 형성

소장 상피세포에서 재합성된 중성지방은 소량의 단백질, 인지질, 콜레스테롤, 지용성 비타민 등과 함께 킬로미크론(chylomicron)을 형성하여 림프관으로 분비된 후 혈액으로 들어간다.

3 지질 대사

3.1 지단백질의 분류

지질은 림프와 혈액을 통해서 운반될 때 물에 쉽게 섞이지 않는 특성 때문에 지단백질(lipoprotein)에 의해 운반된다. 지단백질은 한 층의 인지질로 이루어진 구형의 구조물로 인지질의 극성부분은 바깥쪽으로, 비극성부분은 안쪽으로 향해 있으며 아포지단백질(apolipoprotein)이 결합되어 있고 인지질 사이에는 유리콜레스테롤이 있다. 중성지방과 콜레스테롤(지방산과 결합하여 콜레스테롤 에스테르 형태로)은 인지질층에 둘러싸여 운반된다(그림 4-7).

임상적으로 중요한 지단백질에는 킬로미크론(chylomicron), 초저밀도지단백질(very low density lipoprotein, VLDL), 저밀도지단백질(low density lipoprotein, LDL), 고밀도지단백질(high density lipoprotein, HDL)이 있으며 VLDL, LDL, HDL은 밀도에 따라 붙여진 명칭이다. 각 지단백질의 특징을 표 4-6에 나타내었다.

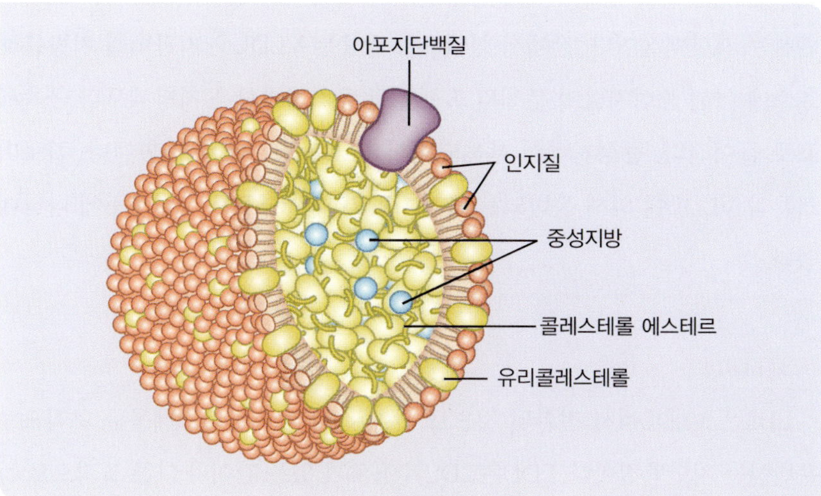

그림 4-7 지단백질의 구조

표 4-6 지단백질의 종류와 특징

종류	밀도	아포지단백질	조성(%)				기능
			단백질	인지질	콜레스테롤	중성지방	
킬로미크론	< 0.95	A, B-48, C, E	2	4	5	89	소장에서 흡수된 외인성 지질 운반
VLDL	0.95~1.006	B-100, C, E	10	16	17	57	간에서 합성된 내인성 지질 운반
LDL	1.019~1.063	B-100	25	23	47	5	간에서 조직으로 콜레스테롤 운반
HDL2 HDL3	1.063~1.21	A, C, E	41 58	35 23	19 16	5 4	조직에서 간으로 콜레스테롤 운반

1) 킬로미크론

킬로미크론은 소장에서 흡수된 중성지방(외인성 중성지방), 콜레스테롤, 지용성 비타민을 운반하는 지단백질이다. 림프관과 흉관을 거쳐 혈액으로 운반된 킬로미크론의 중성지방은 모세혈관벽에 있는 지단백질 지방분해효소(lipoprotein lipase, LPL)에 의해 가수분해된다. 가수분해로 생성된 유리지방산은 지방세포나 근육세포로 들어가고 킬로미크론은 킬로미크론 잔유물(chylomicron remnants)이 되어 소장에서 흡수한 콜레스테롤과 지용성 비타민을 보유한 채 간으로 운반된다.

2) VLDL

VLDL은 간에서 합성된 중성지방(내인성 중성지방)과 콜레스테롤을 운반하는 지단백질이다. 간에서 혈액으로 방출된 VLDL은 지단백질 지방분해효소에 의해 중성지방이 분해되고 생성된 유리지방산은 지방세포나 근육세포로 들어간다. 중성지방이 분해되면서 VLDL은 LDL로 전환된다. 킬로미크론과 VLDL에 의해 운반되는 중성지방의 대사경로를 그림 4-8에 나타내었다.

3) LDL

LDL은 VLDL에서 전환된 것으로 간에서 합성된 콜레스테롤을 조직으로 운반하는 지단백질이다. LDL은 LDL 수용체가 있는 간이나 다른 조직으로 들어가서 대사되며, LDL이 많이 생성되거나 제거 속도가 느려 혈액 중에 많아지면 동맥벽에 축적되어 동맥경화를 일으키는 원인이 된다. 고지방식사는 간세포로 LDL이 유입되는 것을 감소시켜 혈중 LDL 농도를 증가시키므로 심혈관질환의 위험요인이다. 유전적으로 LDL 수용체가 결핍된 경우에는 고콜레스테롤혈증이 나타난다.

레시틴 콜레스테롤 아실 전이효소

간에서 합성되어 혈액으로 분비되며 HDL을 구성하는 레시틴의 β(2번)탄소에 있는 필수지방산을 콜레스테롤로 옮겨 콜레스테롤 에스테르(cholesteryl ester)를 생성하는 효소

4) HDL

HDL은 간과 소장에서 만들어지며 조직에서 콜레스테롤을 제거하는 지단백질로 단백이 많아 밀도가 가장 높다. 간과 소장에서 분비된 HDL은 처음에

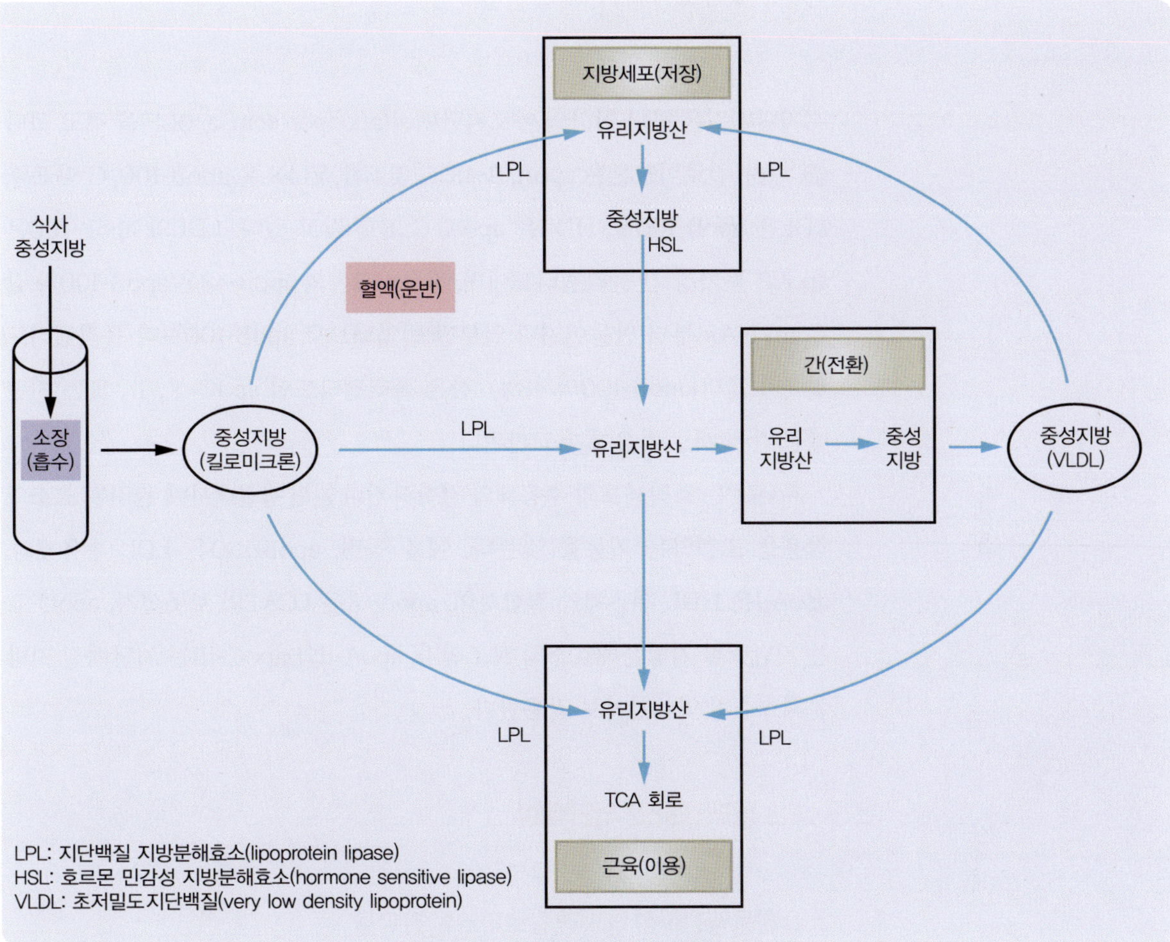

그림 4-8 킬로미크론과 VLDL의 대사 경로

는 납작한 동전 모양이나 조직에서 방출된 콜레스테롤이 레시틴 콜레스테롤 아실전이효소(lecithin cholesterol acyl transferase, LCAT)에 의해 에스테르화된 후 HDL 내부로 들어오면 HDL은 점차 커져 구형의 HDL3, 나아가 HDL2로 전환되어 간으로 운반된다. 이와 같이 HDL은 조직의 콜레스테롤을 간으로 운반하며, 운반된 콜레스테롤은 담즙산으로 전환된다.

혈액의 HDL 농도가 감소하면 혈관을 포함한 조직에서 간으로의 콜레스테롤 운반이 감소할 뿐만 아니라 HDL은 LDL의 산화를 방어하는 기능이 있으므로 혈중 HDL 농도가 낮은 것은 심혈관질환의 위험요소가 된다. 폐경 이전의 여자는 남자에 비해 비교적 HDL 농도가 높아 심혈관질환 발병률이 낮다.

3.2 아포지단백질

지단백질은 하나 이상의 아포지단백질(apoliporotein, apoLP)을 갖고 있다(표 4-6). 킬로미크론은 apoA, B-48, C 및 E를, VLDL은 apoB-100, C 및 E를, LDL은 apoB-100을, HDL은 apoA, C, E를 갖고 있다. LDL의 apoB-100은 apoLP 중 가장 긴 폴리펩티드이며, 킬로미크론의 apoB-48은 apoB-100과 같은 mRNA로부터 만들어지나 일부만 번역되므로 apoB-100보다 폴리펩티드 길이가 짧다(apoB-100의 48%). 작은 폴리펩티드인 apoC-Ⅰ, Ⅱ, Ⅲ는 지단백질 간에 서로 자유롭게 교환된다.

ApoLP는 조직세포의 수용체와 결합하거나 지단백질대사에 관련된 효소의 작용을 조절하는 기능을 갖는다. 예를 들면, apoB-100은 LDL 수용체와, apoA-I은 HDL 수용체와 결합하며, apoA-Ⅰ은 LCAT의 보조인자, apoC-Ⅱ는 지단백질 지방분해효소의 보조인자, apoA-II와 apoC-III는 지단백질 지방분해효소의 억제인자로 작용한다.

3.3 동맥경화와 지단백질

1) 친동맥경화성 LDL과 킬로미크론 잔유물

혈중의 LDL 농도가 높아지면 LDL의 지방산 산화가 촉진되어 산화형 LDL이 증가하며 산화된 LDL은 LDL 수용체에 의해 제거되지 못하고 동맥경화를 유발하게 된다. 항산화 영양소는 혈액의 LDL 산화를 감소시켜 동맥경화를 예방한다.

LDL 뿐만 아니라 식사 후 혈청 지질 농도는 동맥경화증 유발과 관련이 있다. 즉, 킬로미크론에서 전환된 킬로미크론 잔유물에 포함된 콜레스테롤도 동맥경화의 원인이 될 수 있다는 것이다. 킬로미크론 잔유물은 간으로 운반되어 처리되는데 포화지방산을 많이 섭취하면 킬로미크론 잔유물의 처리속도가 느려져 동맥경화증 유발위험이 커질 수 있다.

2) 항동맥경화성 HDL

HDL은 콜레스테롤을 역수송(조직에서 간으로)하며 LDL의 산화를 방지하는 기능이 있어 동맥경화를 예방한다. HDL이 감소할수록 심혈관질환에 의한 사망률이 증가하며 특히 고령의 여자에서 관련성이 더 크다. 따라서 HDL 콜레스테롤 농도를 심혈관질환 발병의 예측인자로 사용하는데, Framingham 연구에 의하면 LDL 콜레스테롤과 HDL 콜레스테롤 두 가지를 모두 이용하는 것이 한 가지만 보는 것보다 심혈관질환을 더 잘 예측할 수 있다고 한다.

3.4 에너지 섭취와 지질 대사

지방조직에 저장된 중성지방은 끊임없이 분해와 재합성을 반복하고 있다. 중성지방이 지방조직에 저장되는 것과 저장된 중성지방이 분해되는 것은 에너지 섭취량과 요구량에 따라 호르몬에 의해 대사 방향이 결정된다. 에너지 섭취량과 체내 에너지 요구량이 동일한 경우라면 중성지방 분해와 합성은 평형상태가 된다.

1) 에너지 섭취가 충분한 경우

에너지 섭취량이 요구량보다 많을 때, 여분의 에너지는 중성지방으로 전환되어 지방조직에 저장된다. 즉, 식이 중성지방은 킬로미크론에 의해 지방조직으로 운반되며, 포도당과 아미노산은 간에서 중성지방으로 전환된 후 VLDL 형태로 혈액을 통해 지방조직으로 운반되어 저장된다. 이러한 과정은 인슐린에 의해 활성화된다. 체내에 저장될 수 있는 지방의 양은 이론적으로는 한계가 없으며, 지방세포는 그 크기가 약 50배까지 커질 수 있다.

2) 에너지 섭취가 부족한 경우

에너지 요구량이 섭취량보다 많을 때는 섭취한 영양소를 산화시켜 에너지를 얻는 것은 물론 저장된 중성지방의 분해속도가 증가한다. 이때에는 에피네프린, 글루카곤 등과 같은 호르몬이 지방세포에 있는 호르몬 민감성 지방분해효소(hormone sensitive lipase, HSL)를 활성화시켜 저장된 중성지방 분해를 촉진시키며 생성된 유리지방산과 글리세롤은 즉시 혈액으로 방출된다. 대부분의 조직(뇌와 적혈구는 제외)에서는 지방산을 받아서 산화시켜 에너지를 얻는다.

에피네프린(epinephrine)
티로신으로부터 합성된 부신수질 호르몬

기아상태나 제1형 당뇨병이 적절하게 조절되지 않을 경우에는 지방조직에서 많은 중성지방이 분해되어 다량의 유리지방산이 조직으로 운반된다. 지방산은 β산화를 거쳐 TCA 회로에서 산화되어야 하지만 포도당 부족으로 옥살로아세트산(oxaloacetate) 생성이 감소하면 TCA 회로에서 산화되지 못하고 간에서 케톤체로 전환된다(제2장 탄수화물 영양 참조).

생성된 케톤체는 심장, 골격근, 뇌, 신장 등의 간외 조직에서 산화되어 에너지 급원으로 이용된다. 단식이나 탄수화물 부족이 오래 지속되면 뇌세포는 에너지 요구량 중 절반가량을 케톤체로 충족시킨다. 하지만 나머지는 반드시 포도당이 하는데, 간은 지방조직에서 중성지방의 분해로 유리된 글리세롤을 받아 포도당을 합성(포도당 신생)하여 뇌에 공급한다.

4 지질 영양과 건강문제

4.1 다중불포화지방산의 필수성과 독성

다중불포화지방산은 필수지방산의 급원이고 동맥경화증의 예방이나 치료에도 이용되는 등 사람에게 필수적이다. 그러나 여러 실험동물에서 과량의 다중불포화지방산을 섭취했을 때 독성을 나타내는 문제가 지적되었다. 과량의 다중불포화지방산을 섭취하면 산화 방지를 위해 비타민 E 요구량이 증가하여 노화과정을 촉진시키며 유방암과 대장암 등의 암 발생과 관련이 있는 것으로 알려졌는데, 이는 다중불포화지방산이 직접적인 발암요인이라기 보다 암세포의 성장에 적합한 환경을 제공하기 때문으로 생각하고 있다.

기름의 보관이나 가열과정에서 불포화지방산의 산화로 생성된 과산화물 및 지방산의 중합체는 세포를 파괴시키므로 다중불포화지방산을 많이 함유한 기름일수록 산화되지 않도록 보관에 주의해야 한다.

4.2 트랜스지방산

1) 트랜스지방산이란

트랜스지방산은 마가린이나 쇼트닝과 같은 경화유를 제조하는 과정에서 시스형의 이중결합이 트랜스형으로 이성질화된 불포화지방산이다. 트랜스지방산은 혈중 LDL 콜레스테롤 농도를 높이고 HDL 콜레스테롤을 낮추어 관상동맥질환을 유발하며 암을 비롯한 여러 질병의 발생과 관련이 있는 것으로 알려져 있다. 또한 트랜스지방산이 생체막 조직의 인지질에 들어가면 막의 구조와 효소작용에 영향을 주어 생체막의 기능 변화를 초래하거나 아라키돈산 합성에 필요한 효소 작용을 방해하며, 필수지방산 요구량을 증가시킬 수도 있다.

반추동물의 유즙, 유제품 및 고기에는 소량의 트랜스지방산이 함유되어 있으나 경화유에 있는 트랜스지방산과는 달리 혈액 중의 콜레스테롤과 중성지방을 낮추는 것으로 알려졌다.

2) 트랜스지방산 섭취기준

덴마크에서는 2003년부터 트랜스지방산 함량이 2% 이상인 유지는 가공식품에 사용할 수 없도록 제한하였으며, 캐나다와 미국은 각각 2005년 12월과 2006년 1월부터 가공식품의 영양표시에 트랜스지방산 함량 명시를 의무화하였다. 세계보건기구(WHO)에서는 트랜스지방산 섭취량을 하루 섭취에너지의 1% 이내(2,000 kcal 기준으로 2.2 g 이하)로 권장하고 있다. 우리나라는 2007년 12월부터 가공식품 중의 트랜스지방 함량 표시를 의무화하였고 2020년에 발표된 영양 섭취기준에는 WHO와 마찬가지로 트랜스지방산 섭취기준을 1일 총 에너지 섭취량의 1% 미만으로 제시하였다.

가공식품의 트랜스지방산 함량표시기준

우리나라는 1회 제공량(예: 과자류 30 g)당 트랜스지방산 함량 0.5 g 미만은 "0.5 g 미만"으로 0.2 g 미만은 "0"으로 표시할 수 있으므로 식품성분표에 트랜스지방산 함량이 "0"이라고 표시되어 있더라도 실제로는 0~0.199 g일 수 있다..

4.3 이상지질혈증

심혈관질환 위험 요인으로 가장 잘 알려진 것은 이상지질혈증, 고혈압, 흡연, 고혈당이다. 이상지질혈증에서 고콜레스테롤혈증은 물론이고 고중성지방혈증도 심혈관질환의 위험 요인으로 알려져 있다. 우리나라의 경우 포화지방과 콜레스테롤 섭취량이 점차 증가하고 있을 뿐만 아니라 탄수화물 섭취비율이 여전히 높으므로 고콜레스테롤혈증 외에 고중성지방혈증에도 관심을 가져야 한다.

1) 이상지질혈증의 원인

내장지방은 고지혈증과 밀접한 관계가 있으며, 에너지 과잉 섭취, 운동부족, 음주, 흡연, 스트레스 등으로 인해 증가된다. 내장지방은 쉽게 분해되어 유리지방산이 문맥을 통해 간으로 운반되므로 간에서 중성지방 합성을 증가시켜 고지혈증을 유발하고 인슐린 저항성을 증가시키며 당뇨병과 더불어 심혈관질환을 일으키기 쉽다(그림 4-9). 허리둘레가 비슷하더라도 피하지방보다 내장지방이 더 많은 사람에서 여러 가지 만성질환 발병 위험도가 커진다.

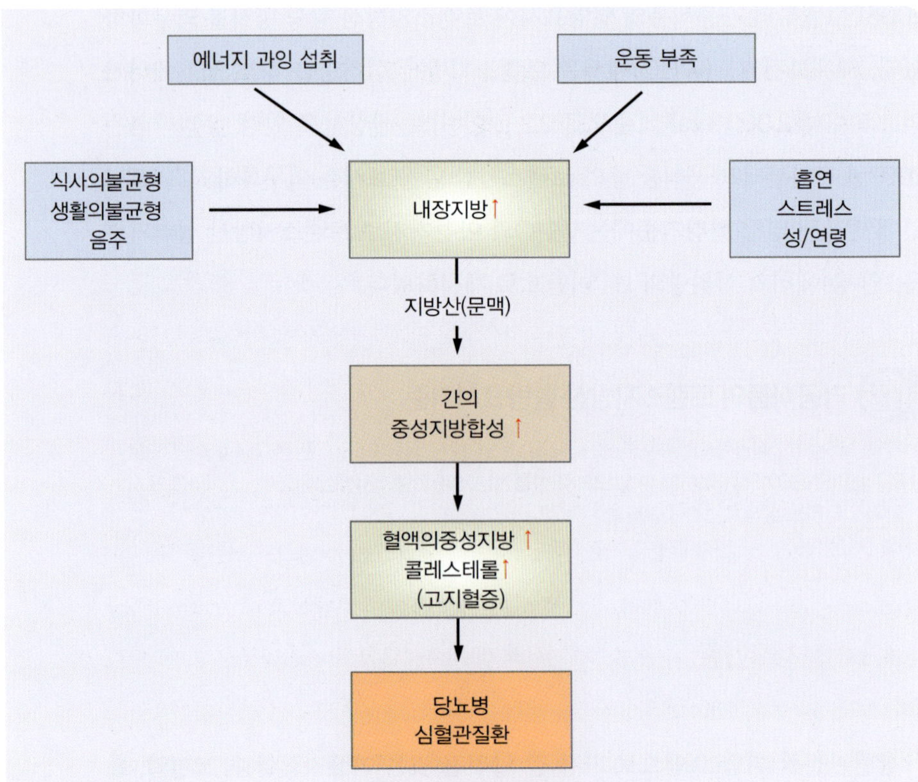

그림 4-9 내장지방과 고지혈증

표 4-7 혈청 중성지방 농도 증가 요인

남자	여자	
	패경 전	패경 후
BMI	BMI	연령
WHR	WHR	BMI
혈당	혈당	WHR
흡연(현재)		혈당
음주		탄수화물 섭취량

BMI: 체질량지수(body mass index)
WHR: 허리-엉덩이둘레 비율(waist-hip ratio)
자료: 오경원 등. 한국영양학회지 37(6):448-454, 2004

고탄수화물 식사는 혈청 중성지방을 증가시킬 뿐만 아니라 혈당도 증가시켜 고인슐린혈증을 유발하며, 혈청 HDL을 감소시킬 수 있다. 폐경 후의 여자는 고지혈증이 쉽게 유발되어 고령의 여자에서 뇌혈관질환에 의한 사망률이 높다.

혈청 중성지방 농도 증가와 관련성이 높은 요인은 남자와 폐경 전 여자에서 체질량지수(BMI), 허리-엉덩이 둘레 비율(WHR), 혈당이었고 폐경 후 여자에서는 연령이 가장 큰 요인이었으며 탄수화물 섭취도 하나의 요인으로 나타났다(표 4-7).

2) 한국인의 혈청 지질 농도

2020년도 국민건강영양조사 결과를 보면 고콜레스테롤혈증 유병률(혈청 콜레스테롤 수치가 240 mg/dL이거나 콜레스테롤 강하제를 복용한 분율)은 남자의 경우 30대 12.7%에서 40대에 28.2%로 증가하였고, 여자는 40대의 13.8%에서 50대에 31.7%로 대폭 증가하였다(그림 4-10(a)) 50대 여자에서 혈청 콜레스테롤 농도가 크게 증가하는 이유는 폐경으로 인한 호르몬 변화 때문이다.

고중성지방혈증 유병률(혈청 중성지방 수치가 200 mg/dL 이상)은 남자의 경우 40대에 34.2%로 가장 높았으며 연령이 증가하면서 감소되었고, 여자의 경우는 50대에 12.1%로 가장 높았다(그림 4-10(b)). 남자에서 혈청 중성지방이 높은 이유는 일반적으로 불규칙한 식생활, 과식, 과음, 운동부족으로 인한 비만이다.

이상지질혈증 환자를 위한 식사 지침

- 지방섭취는 총 에너지 섭취량의 15~20%(고콜레스테롤혈증) 또는 20~25%(고중성지방혈증)로 하는 것이 바람직하다.
- P/M/S와 ω6/ω3계 지방산 비율의 균형을 맞춘다.
- 트랜스지방산은 총 에너지 섭취량의 1% 미만으로 한다.
- 포화지방산과 트랜스지방산은 LDL 콜레스테롤을 증가시키므로 포화지방산 대신 불포화지방산을 섭취한다.
- 콜레스테롤은 하루에 200 mg 미만으로 섭취한다.
- ω3계 지방산인 EPA와 DHA를 함유한 등푸른생선을 규칙적으로 섭취한다.
- 식이섬유를 충분히 섭취하기 위해 채소, 전곡, 콩, 해조, 과일을 섭취한다.
- 정상체중을 유지하며 음주, 흡연을 삼가고 적당한 운동을 한다.

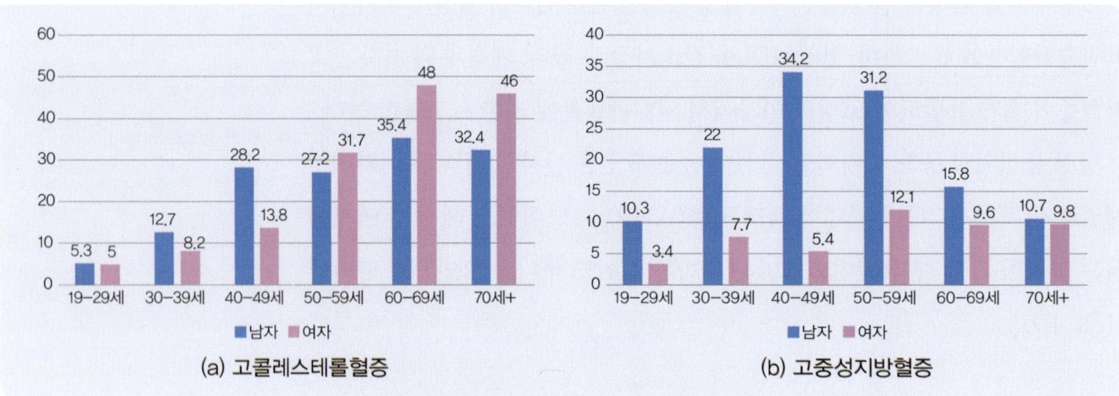

그림 4-10 연령별 한국인 이상지질혈증 분포

자료: 국민건강영양조사, 2020

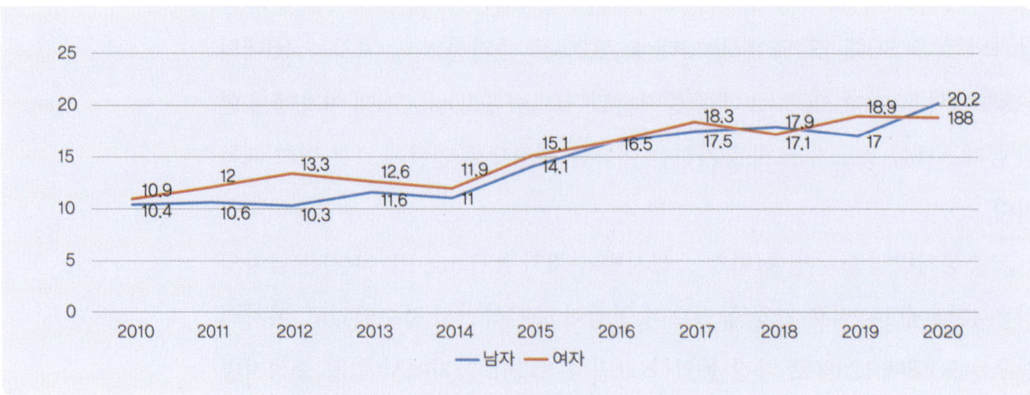

그림 4-11 한국인 고콜레스테롤증 추이 (2010-2020)

자료: 국민건강영양조사, 2020

※ 고콜레스테롤혈증 유병률: 8시간 이상 공복자 중 총콜레스테롤이 240 mg/dl 이상이거나 콜레스테롤 강하제를 복용한 분율, 만 19세 이상

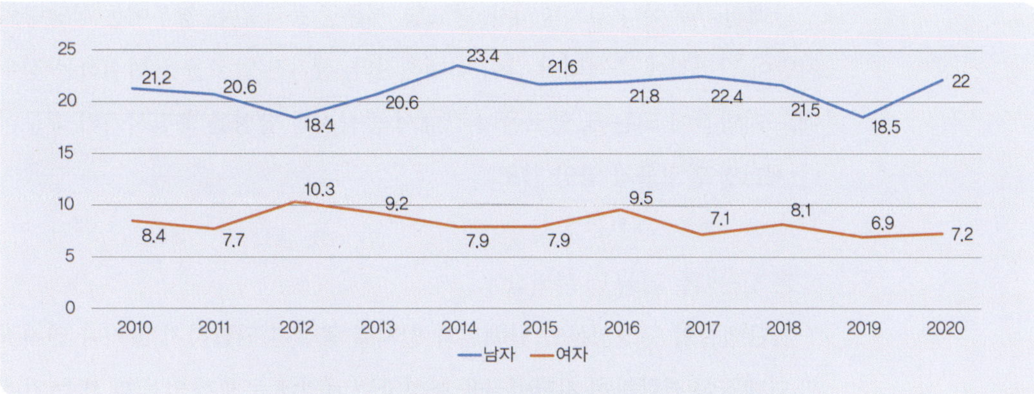

그림 4-12 한국인 고중성지방혈증 추이(2010-2020)

자료: 국민건강영양조사, 2020

※ 고중성지방혈증유병률: 중성지방이 200 mg/dL 이상인 분율, 만 19세 이상

2010년 이후 만 19세 이상 표준화된 한국인 고콜레스테롤혈증 유병률 추이를 보면 2010년에 남자의 10,4%, 여자 10.9%에서 2020년 남자 20.2%, 여자 18.8%로 점차 증가하는 추세를 보였고(그림 4-11), 고중성지방혈증은 2010년 만 19세 이상의 남자 21.2%, 여자 8.4%. 2020년에는 남자 22.0%, 여자 7.2%의 유병률을 나타내었다(그림 4-12).

4.4 지방간

지방간(fatty liver)은 간 조직에 중성지방이 정상 이상으로 축적된 것으로 만성화되면 섬유화가 진행되어 간경화증으로 발전되고 간기능장애를 초래한다. 지방간 유도기전에는 크게 두 가지가 있는데, 첫째는 혈장 유리지방산 농도 증가이고 둘째는 간에서 지단백질 합성장애이다.

1) 혈장 유리지방산 농도 증가

혈장 유리지방산은 지방조직에 저장된 중성지방이나 혈장 지단백질의 중성지방이 가수분해되어 생성된다. 혈장 유리지방산이 증가하면 많은 유리지방산이 간으로 유입되어 중성지방으로 전환되는데, 중성지방합성속도가 지단백질을 만들어 처리하는 속도를 초과하면 간조직에 지방이 축적되어 지방간이 된다.

단백질 부족이나 고지방식사, 당뇨병, 케톤증 등과 같은 경우에는 상당량의 지방이 간조직에 축적되어 간이 비대해진다. 장기간 알코올을 섭취하는 경우에도 지방간이 되는데, 알코올이 간에서 중성지방 합성을 촉진시키기 때문이다(제14장 알코올과 영양 참조).

2) 지단백질 합성 및 분비장애

지단백질의 구성성분인 단백질과 인지질 공급이 원활하지 않거나 인지질과 단백질이 결합하여 지단백질을 형성하는 과정에 문제가 있을 때 또는 간에서의 지단백질 분비기전에 이상이 있는 경우에 지방간이 올 수 있다.

결핍되었을 때 지단백질 합성과 분비에 장애를 초래하여 지방간을 유발하는 물질을 지방친화성 인자(lipotropic factor, 항지방간 인자)라 하며 콜린, 메티오닌, 레시틴 등이 있다. 이외에 비타민 B6, 판토텐산, 비타민 E, 셀레늄, 필수지방산이 결핍된 경우에도 지방간이 올 수 있다.

5 지질의 영양섭취기준 및 섭취실태

5.1 섭취기준

2020년 한국인 영양섭취기준에서는 총지질 섭취기준을 1~2세는 총에너지 섭취량의 20~35%, 3세 이상은 15~30%로 정하였다. 포화지방산 섭취비율은

표 4-8 지질의 영양섭취기준

섭취권장량(에너지 %)	1~2세	3~18세	19세 이상
총지방	20~35%	15~30%	15~30%
6계 지방산	4~10%	4~10%	4~10%
3계 지방산	1% 내외	1% 내외	1% 내외
포화지방산[1)]	-	8% 내외	7%
트랜스지방산[1)]	-	1% 미만	1% 미만
콜레스테롤[1)]	-	-	300 mg/일 미만 (목표섭취량)

[1)]1~2세, 3~18세 섭취기준을 설정할 과학적 근거가 부족함

자료: 한국영양학회. 한국인 영양섭취기준. 2020

남녀 모두 18세 미만은 총에너지 섭취량의 8% 미만, 19세 이상은 7% 미만으로 정하였고, 트랜스지방산 섭취기준은 총에너지 섭취량의 1% 미만, 그리고 콜레스테롤 목표섭취량을 300 mg/일 미만으로 권장하였다. ω6와 ω3계 다중불포화지방산 섭취기준은 각각 총에너지 섭취량의 4~10%와 1% 내외로 하였다(표4-8).

5.2 섭취실태

2020년 국민건강영양조사자료에 의하면 만 19세 이상 국민의 지질 섭취는 총에너지 섭취량의 24.1%(남자 24.3%, 여자 23.8%)이며, 만 1세 이상 인구 중 지질 섭취기준(지방에너지적정비율의 하한선) 미만 섭취자 비율은 17.4%(남자 16.4%, 여자 18.4%)로 나타났다.

에너지/지방과잉 섭취자 비율(에너지 섭취량이 필요추정량의 125% 이상이면서 지방 섭취량이 지방에너지적정비율의 상한선을 초과한 분율)은 남녀 모두 30~39세에서 가장 높았다(남자 16.9%, 여자 8.5%).

요약

1 지질은 극성 용매에는 녹지 않고 비극성 용매에 녹는 물질로 지방산, 중성지방, 인지질, 스테롤 등이 있으며 에너지 및 필수지방산 공급뿐만 아니라 세포의 구조와 기능에 중요한 역할을 담당한다.

2 리놀레산, α-리놀렌산, 아라키돈산은 필수지방산으로 시스형의 긴사슬 다중불포화지방산이다. 필수지방산은 세포막의 구성성분, 아이코사노이드의 전구체이며 뇌 발달, 혈청 콜레스테롤 저하 기능이 있다.

3 중성지방은 동식물의 저장 지방이며 자연계에 가장 많은 지질로 에너지 공급과 저장 면에서 매우 효율적인 영양소이다.

4 중성지방의 본격적인 소화는 담즙산의 도움으로 췌장 리파아제에 의해 소장에서 이루어지며 모노글리세리드, 지방산, 글리세롤로 분해되어 소장 상피세포로 흡수된다.

5 지질은 물에 녹지 않는 특성 때문에 지단백질에 의해 혈액에서 운반된다. 지단백질에는 소장에서 흡수된 외인성 지질을 운반하는 킬로미크론, 간에서 합성된 내인성 지질을 운반하는 초저밀도지단백질(VLDL), 간에서 조직으로 콜레스테롤을 운반하는 저밀도지단백질(LDL), 조직의 콜레스테롤을 간으로 운반하는 고밀도지단백질(HDL)이 있다.

6 에너지 섭취량이 요구량보다 많을 때, 여분의 에너지는 중성지방으로 전환되어 지방조직에 저장되며, 에너지 섭취가 부족한 경우에는 에피네프린, 글루카곤 등과 같은 호르몬이 지방세포의 호르몬 민감성 지방분해효소를 자극하여 중성지방 분해를 촉진시켜 에너지를 공급한다.

7 2020년 한국인 영양섭취기준에 따른 총지질 섭취기준을 보면 1~2세는 총에너지 섭취량의 20~35%, 3세 이상은 15~30%이며, 포화지방산 섭취비율은 남녀 모두 18세 미만은 총에너지 섭취량의 8% 미만, 19세 이상은 7% 미만으로 정하였다. 트랜스지방산 섭취기준은 총에너지 섭취량의 1% 미만 콜레스테롤 목표 섭취량은 300 mg/일 미만으로 권장하였다. 2020년 국민건강영양조사 결과 지질 섭취는 총에너지 섭취량의 24.1%(남자 24.3%, 여자 23.8%)이다.

8 다중불포화지방산은 필수지방산의 공급원이나 과량 섭취하면 비타민 E 요구량이 증가되고 노화를 촉진시키며 암 발생과도 관련이 있다

9 트랜스지방산은 혈중 LDL 콜레스테롤 농도를 높이고 HDL 콜레스테롤을 낮추어 관상동맥질환을 유발하며 암을 비롯한 여러 질병 발생과 관련이 있다고 알려지면서 여러 나라에서 트랜스지방산 섭취에 대한 기준이 제시되고 있다. 우리나라는 가공식품 중의 트랜스지방 함량 표시를 의무화하였고 한국인 영양섭취기준(2010)에서 트랜스지방산 섭취기준을 1일 총에너지 섭취량의 1% 미만으로 제시하였다.

10 고지혈증은 심혈관질환의 위험 요인으로 우리나라의 경우 포화지방과 콜레스테롤 섭취량이 점차 증가하고 있을 뿐만 아니라 탄수화물 섭취비율이 여전히 높으므로 고콜레스테롤혈증 외에 고중성지방혈증에도 관심을 가져야 한다.

11 혈장 유리지방산 농도가 증가하거나 간에서의 지단백질 합성에 장애가 있으면 지방간을 초래할 수 있다.

참고문헌

- 김미경, 이원철, 박유경, 박태선, 김정선, 남병호, 박용문, 성미경. 한국인 트랜스지방 섭취량 조사. 식품의약품안전청 연구보고서. 제10권, p.951, 2006
- 김소희, 노경희, 문정원. 송영선. Trans 지방산이 인체에 미치는 영향. 식품산업과 영양 6(2):45-52, 2001
- 박연희, 이종순, 이양자. 한국 성인의 연령에 따른 혈청지질 분포형태와 비만도 및 혈압과의 관계. 한국지질학회지 3(2):165-180, 1993
- 보건복지부, 질병관리본부. 국민건강영양조사 제6기 결과보고서, 2020
- 오경원, 남정모, 김초일, 이양자. 우리나라 성인의 당질섭취가 혈청 중성지방수준에 미치는 영향. 한국영양학회지 37(6):448-454, 2004
- 윤능기, 서석권. 일부 대구 지역의 건강한 공무원 및 사립학교 교원을 대상으로 한 집단 건강진단 결과 조사. 예방의학회지 20:147-157, 1987
- 이양자, 김수연. 고트리글리세라이드혈증과 영양. 제14차 한국지질학회 추계학술대회, 1997
- 이양자. 유지영양. 미국대두협회, 학술총서(12) p.8, 1985
- 이양자. 한국인의 고콜레스테롤혈증과 영양. 한국지질학회지 11:111-122, 1991
- 조홍근. HDL과 죽상동맥경화증. 제30차 한국지질동맥경화학회 추계학술대회. pp.28-31, 2005
- 질병관리본부, 한국보건산업진흥원. 2005 국민건강영양조사 제3기(2005), 2007
- 한국영양학회. 한국인 영양섭취기준 개정판, 2015
- Bach AC, Babayan VK. Medium-chain triglycerides: an update. Am J Clin Nutr 36:950-962, 1982.
- Botham KM, Mayes PA. Biosynthesis of fatty acids & eicosanoids. In: Murray RK, Bender DA, Botham KM, Kennelly PJ, Rodwell VW, Weil PA, eds. Harper's Illustrated Biochemistry, 28th ed. pp.193-204, McGraw Hill, 2009
- Botham KM. Oxidation of chylomicron remnants and vascular dysfunction. Atherosclerosis Supplements 9(2):57-61, 2008
- Bourre JM, Pascal G, Durand G. Essential fatty acids and brain development and function. Proc 14th Intern Congr Nutr, pp.97-101, 1989.

- Castelli WP. Epidemiology of triglycerides: review from Framingham. Am J Cardiol 70:3H-9H, 1992
- Crawford MA, Hassen AG, Stevens PA. Essential fatty acid requirements in pregnancy & lactation with special reference to brain development. Prog Lipid Res 20:31-40, 1981
- Darignon J, Cohn JS. Triglycerides : A risk factor for coronary heart disease. Athero 124(suppl):57S-64S, 1996.
- Grundy SM, Denke MA. Dietary influences on serum lipids and lipoproteins. J Lipid Res 31:1149-1172, 1990
- Haynes SG. The relationship of psychosocial factors to coronary heart disease in the Framingham study Ⅲ. Eight-year incidence of coronary heart disease. Am J Epidemiol 111:37, 1980
- Katan MB, Zocker PL, Mensink RPM. Effects of fats and fatty acids on blood lipids in humans: A review. Am J Clin Nutr 60(suppl):1071S-1022S, 1994
- Mensink RPM, Katan MB. Effect of dietary trans fatty acid on high-density and low-density lipoprotein cholesterol levels in healthy subjects. N Engl J Med 323:439-445, 1990
- Montgomery R, Dryer RL, Conway TW, Spector AA. Lipid metabolism. In: Biochemistry. A Case-oriented Approach, 4th ed, Mosby Company. p.408, 1983
- Schaefer EJ, Rees DG, Siguel EN. Nutrition, lipoproteins and atherosclerosis. Clin Nutr 5:99-111, 1986
- Simopoulos AP. ω-3 fatty acids in growth and development and in health and disease, part Ⅰ. The role of ω-3 fatty acids in growth and development. Nutrition Today 23(2):10-19, 1988
- Sundram K, Ismail A, Hayes KC, Jeyamalar R, Pathmanthan R. Trans(elaidic) fatty acids adversely affect the lipoprotein profile relative to specific saturated fatty acids in humans. J Nutr 127: 514S-520S, 1997
- Vega GL. Influence of polyunsaturated fats on composition of plasma lipoproteins and apolipoproteins. J Lipid Res 23:811-822, 1982
- Wardlaw, GM, Smith, AM. Lipids. In:Contemporary Nutrition. 7th ed, pp.160-201, McGraw Hill, New York, 2009

• Weber PC, Fisher SC, von Schacky, et al. Dietary omega 3 polyunsaturated fatty acids and eicosanoid formation in man. In: Simopoulos AP, Kifer RP, Martin RE, eds. Health Effects of Polyunsaturated Fatty Acids in Seafoods. Proceedings from the conference. June 1985. pp.49-60, Academic Press, 1986

• Zilversmith DB. Athergenesis-A postprandial phenomenon. Circulation 60:473-483, 1979

제5장 식이섬유

1. 식이섬유의 종류
2. 식이섬유의 물리적 특징
3. 식이섬유의 기능
4. 식이섬유의 영양섭취기준 및 섭취실태

제5장 식이섬유

과거에는 식이섬유가 사람에게 영양학적으로 가치 없는 물질이라고 여겨졌으나 수십 년 간 소화기의 정상적인 기능 유지 및 고혈압, 고지혈증, 당뇨병 등의 다양한 질병의 예방 및 치료에 효과가 있는 것으로 알려지면서 식이섬유의 섭취가 필수적인 것이 되었다. 이에 전 세계적으로 국민들의 식이섬유 섭취량을 추정하여 국민식사지침을 통하여 식이섬유 섭취를 증가시키기에 이르렀으며, 이와 더불어 식품제조, 가공업계에서도 식이섬유가 풍부한 다양한 제품 개발에 힘쓰고 있다.

1 식이섬유의 종류

식이섬유란 '인간의 소화효소에 의해 소화되지 않는 다당류를 기본으로 한 고분자 물질의 총체로서 비전분질 다당류(nonstarch polysaccharide)'로 정의된다.

식이섬유의 종류에는 다당류인 셀룰로오스, 헤미셀룰로오스, 펙틴, β-글루칸(β-glucan), 다양한 검(gum)류 및 해조 다당류가 있고, 다당류가 아닌 물질로는 리그닌이 있다. 모든 식물성 식품은 다양한 종류의 식이섬유를 포함하고 있으며, 식물의 종류와 성숙도에 따라 함량과 종류가 매우 다양하다. 식이섬유는 수용성 식이섬유와 불용성 식이섬유로 구분되며, 이들의 생리적 기능도 서로 다르다(표 5-1). 일반적으로 수용성 식이섬유는 불용성 식이섬유의 기능을 함께 가지고 있으며, 불용성 식이섬유에 비해 만성질환의 예방 및 치료에 더욱 효과적이다.

표 5-1 식이섬유의 분류

	특성	종류	생리적 기능	급원식품
불용성 식이섬유	세포벽의 구조물질	셀룰로오스, 헤미셀룰로스, 리그닌, 키틴, 키토산	대변량 증대, 소화관내 체류시간 단축, 담즙산/금속과 결합 (특히 리그닌)	채소, 밀, 현미, 보리, 콩, 샐러리, 사과, 당근, 아욱, 양배추, 무청
수용성 식이섬유	비구조물질	펙틴, 검(gum), 알긴산, 한천	만복감 부여, 포도당 흡수 지연, 혈중 콜레스테롤 저하	과일(감귤류, 사과, 딸기, 바나나), 감자, 청대콩, 두류, 보리, 귀리, 해조류

1.1 불용성 식이섬유

1) 셀룰로오스

셀룰로오스(cellulose)는 β-1,4-D-글루칸으로 식물세포벽의 기본조직을 형성한다. 사람에서는 이를 분해하는 효소가 분비되지 않고 동물의 대장 또는 반추동물의 제1위에 서식하는 미생물이 분비하는 셀룰라아제에 의해서 분해된다.

2) 헤미셀룰로오스

헤미셀룰로오스(hemicellulose)는 셀룰로오스와 함께 식물의 잎, 종자에 포함되어 있으며, 과채류의 독특한 질감을 나타내는 복합다당류이다. 포도당, 만

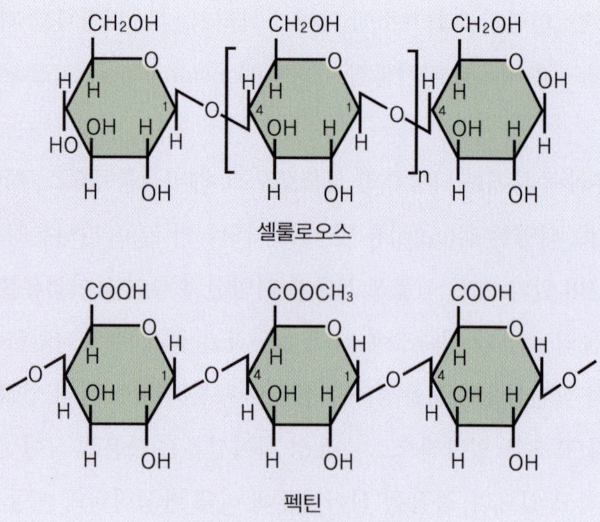

그림 5-1 셀룰로오스와 펙틴의 구조

노오스(mannose), 아라비노오스(arabinose), 갈락토오스(galactose), 자일로오스(xylose) 등으로 구성되어 있다. 셀룰로오스가 섬유상인데 비해 이는 무정형 물질로 존재하며 비섬유상 구조를 이룬다. 헤미셀룰로오스를 효소처리하여 얻은 아라비노자일란(arabinoxylan)은 면역력을 증가시키는 작용을 한다.

3) 리그닌

리그닌(lignin)은 셀룰로오스나 헤미셀룰로오스와 함께 세포벽의 구성물질로서 존재하며, 장내세균에 의해서 분해되지 않는다. 이는 페닐계의 중합체로 본질적으로는 비탄수화물 성분이다.

4) 키틴과 키토산

키틴(chitin)은 새우, 게 등의 갑각류, 연체동물의 기관, 곰팡이, 버섯 등의 세포벽에 널리 존재하는 다당류로 물에 용해되지 않으며, β-1,4 결합으로 이루어진 고분자화합물이다. 키토산(chitosan)은 키틴의 탈아세틸화된 형태로, 이들은 혈중 콜레스테롤 저하작용, 혈압 상승 억제작용, 면역활성작용을 나타낸다.

1.2 수용성 식이섬유

1) 펙틴

펙틴(pectin)은 과일이나 채소류 등 여러 식물 중에 존재하는 천연물질로 세포와 세포 사이의 접착제 역할을 한다. α-1,4 결합을 한 D-갈락투론산(D-galacturonic acid)이 주축을 이루며 물에 용해되면 겔을 형성하고, 보수성, 점성, 양이온 결합 등의 특성을 갖는다. 펙틴은 잼, 젤리, 마아말레이드 등의 겔화제, 제과·제빵의 노화방지나 품질개량제, 마요네즈, 아이스크림의 유화제 등으로 식품공업에서 널리 이용되고 있다(그림 5-2).

2) 구아검

구아검(guar gum)은 갈락토만난(galactomannan) 다당류로 갈락토오스와 만노오스의 구성비는 1:2이며 냉수에 녹아 높은 점성을 띤다. 젤리, 면류, 수프 등에 이용되어 유화안정제, 증점제로 작용하며, 콜레스테롤 저하기능, 혈당을 감소시키는 기능을 나타낸다.

3) 알긴산

알긴산(alginic acid)은 미역, 다시마 등의 갈조류로부터 얻어지는 다당류이며 유기용매에 대하여 거의 불용성이다. 점성이 높은 성질을 이용하여 식품가공 시 증점제로 사용되고 염색, 방직, 의약, 화장품 등에 사용되고 있다.

4) 한천

한천(agar)은 홍조류에서 추출한 다당류로 아가로오스(agarose)와 아가로펙틴(agaropectin) 성분으로 되어 있다. 겔을 형성하는 능력이 강하며 고온에서 잘 견디는 성질이 있으므로 제과, 제빵, 유제품 안정제로 사용된다.

2 식이섬유의 물리적 특징

1) 보수력

보수력이란 기질 내에 수분을 보유하는 능력을 말하는데, 보수력은 식이섬유의 종류와 구조에 따라 달라서 펙틴과 검 같은 수용성 식이섬유는 셀룰로오스, 밀기울보다 더 크며, 채소의 식이섬유는 중간 정도의 보수력을 가진다. 식이섬유는 보수력에 의해 부피가 증가되고 장에서 영양소 흡수속도를 느리게 한다.

2) 점성

펙틴, 검, 알긴산 같은 수용성 식이섬유는 보수성을 가지므로 물과 결합되어 겔을 형성하여 점성을 증가시킨다. 소장 내에서 형성되는 점도는 식이섬유 농도와 수화율, 그리고 위내용물의 배출속도에 의해 영향을 받는다.

3) 담즙산 결합능력

식이섬유, 특히 리그닌은 다량의 담즙산과 결합하는데 담즙산 결합은 산성에 이루어지므로pH가 증가할수록 감소된다.

4) 양이온 교환능력

식이섬유의 극성분자가 장내의 양이온과 교환되는 것을 의미하며 이온성 흡착작용이라고도 한다. 불용성의 셀룰로오스와 헤미셀룰로오스는 양이온 결합능이 있어서 무기질과 결합하여 무기질의 체내 흡수를 저해한다.

5) 발효성

식이섬유는 대장 내 미생물에 의해 쉽게 발효되는데, 발효속도와 정도는 식이섬유의 물리적 형태에 의해서 영향을 받는다. 펙틴과 구아검 등 보수력이 큰 식이섬유는 셀룰로오스보다 발효성이 크다.

3 식이섬유의 기능

3.1 식이섬유의 생리적 기능

1) 혈중 콜레스테롤 저하효과

펙틴과 구아검과 같이 점성을 가진 대부분의 섬유들은 체내에서 혈청 콜레스테롤을 저하시키는 효과가 있다. 식이섬유가 혈청 콜레스테롤을 낮추는 작용은 크게 세 가지로 설명될 수 있다.

첫째, 식이섬유는 소장에서 담즙산과 결합하여 담즙산의 재흡수를 억제하는 효과가 있고 이로 인해 결과적으로 간으로 재흡수되는 담즙산이 감소하게 되어, 간에서는 이를 보충하기 위해 콜레스테롤로부터 부족분의 담즙산을 합성한다.

둘째, 수용성 식이섬유가 소장에서 겔 구조를 형성하여 식이 콜레스테롤을 둘러싸서 흡수되는 것을 억제한다.

셋째, 식이섬유는 대장에서 일부 발효되어 아세트산, 프로피온산, 부티르산 등과 같은 탄소수가 적은 짧은사슬지방산을 형성하는데 이러한 지방산은 대장에서 흡수되어 간에서 콜레스테롤 합성을 저해한다.

식이섬유의 역사

제2차 세계대전 당시 아프리카에서 의료사업을 하던 영국인 의사 Burkitt은 서구인에게 많은 질병인 심장병, 당뇨병, 대장암, 장 게실증, 변비 등이 아프리카 원주민에서는 발병률이 낮다는 것을 알게 되었다. 역학조사 결과 이들 원주민의 식사에 식이섬유가 많이 함유되어 있음을 관찰하였고 고섬유식이가 이들 질병을 예방하는 것으로 추론하였다.

일반적으로 수용성 식이섬유가 불용성 식이섬유보다 혈청 콜레스테롤 저하효과가 큰 것으로 알려져 있으나, 많은 역학연구 결과에 의하면 불용성 식이섬유도 수용성 식이섬유 못지않게 심혈관질환의 발병률을 낮추는 효과가 있는 것으로 나타났다(그림 5-2).

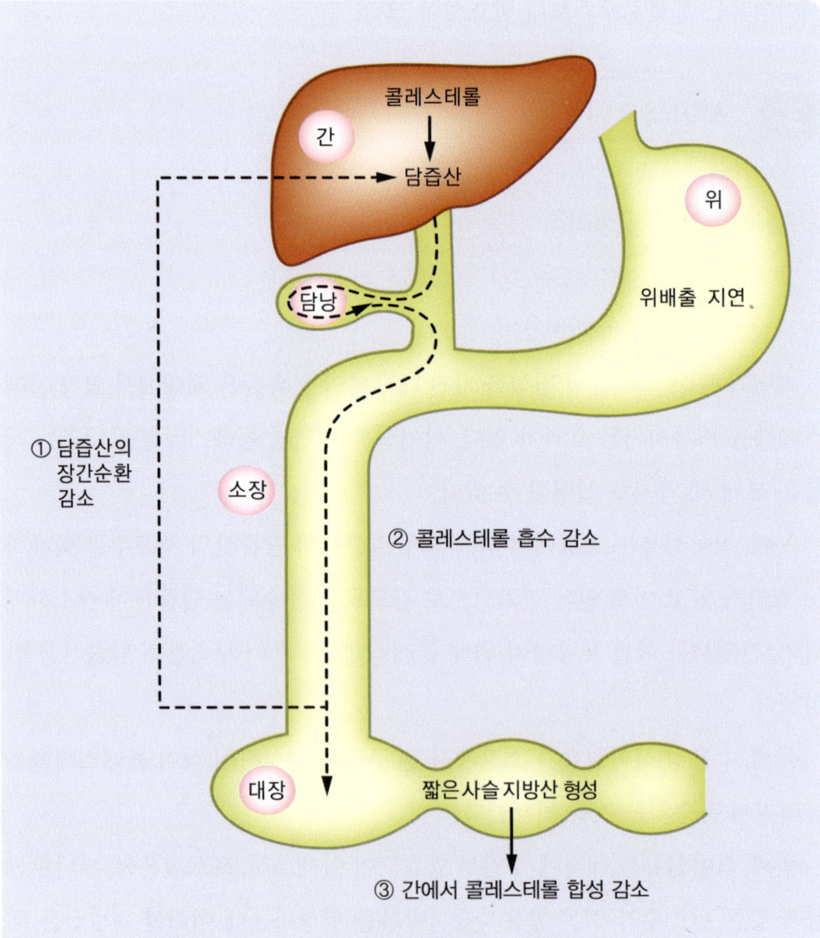

그림 5-2 식이섬유가 혈중 콜레스테롤 수준을 낮추는 기전

담즙산의 장간순환 (enterohepatic circulation)

담즙산은 간에서 콜레스테롤로부터 직접 합성되며 담즙산염으로 존재하는데, 담즙을 통해 십이지장으로 배출된 담즙산의 대부분은 회장에서 재흡수되어 간으로 되돌아감

2) 당뇨병 개선효과

식이섬유가 함유된 식품을 섭취하면 식이섬유의 점성으로 인해 위에서 음식물의 배출시간을 늦추고, 또한 소장에서 당의 흡수가 지연되어 급격한 혈당 상승을 막을 수 있고 이로 인해 과도한 인슐린의 분비를 방지할 수 있다. 따라서 세포에서의 인슐린 민감성이 증가하여 당뇨 환자들에게 효과적이다.

3) 항암효과

여러 역학조사에서 식이섬유의 섭취량이 증가할수록 암의 발생빈도가 낮다는 것이 보고되었고 특히 대장암과 유방암의 억제효과에 대한 관심이 높아지고 있다. 불용성 식이섬유는 발암물질을 흡착하고, 변의 양을 증가시켜 발암물질을 희석하며, 변의 장내 체류시간을 단축하여 발암물질과 대장 점막의 접촉시간을 줄임으로써 대장암 예방효과를 갖는다. 특히, 과일과 채소의 식이섬유가 대장암의 예방에 좋은 효과를 보이는 것으로 알려졌는데, 이는 식이섬유의 단독 역할이기 보다는 과일과 채소의 비타민 C와 카로티노이드와 같은 항산화 영양소의 섭취 증가와 상대적인 지질 섭취 감소 등의 여러 요인에 의한 복합적인 작용으로 보인다. 또한 여러 임상연구에서 식이섬유를 충분히 섭취하면 에스트로겐 수준을 낮춤으로써유방암 발병률을 낮출 수 있음이 제시되었다.

4) 비만 개선효과

고식이섬유 식사는 상대적으로 열량이 적고 위의 만복감을 증가시키므로 식사량을 줄일 수 있게 되어 열량 섭취를 감소시키는 효과가 있다. 또한 소화물이 장을 통과하는 속도를 빠르게 함으로써 영양소 흡수율을 낮추어 체중조절에 도움을 준다.

5) 변비 개선, 게실염의 예방

식이섬유는 수분을 흡수하여 보유하므로 변의 양을 증가시키고 부드럽게 하여 변의 흐름을 좋게 하며, 증가된 변이 대장운동을 촉진시켜주기 때문에 변비 증상을 완화시켜준다. 식이섬유의 섭취부족으로 변의 양이 적고 단단해지는 경우 변의 배설을 위해 압력을 가하게 되고 이에 따라 대장 외벽에 주머니 형태로

게실염
대장의 벽에 생긴 게실 내에 장의 내용물이 고여 발생하는 염증

담석
담즙 내 구성성분이 담낭이나 담관 내에서 응결 및 침착되어 형성된 결정체

표 5-2 식이섬유와 건강과의 관계

질병	작용
심혈관계 질환	나트륨 흡수 억제, 담즙산의 장간순환 방해 혈중 중성지방과 콜레스테롤의 감소
당뇨병	혈당 상승 억제, 인슐린의 과잉 분비 억제, 인슐린의 예민도 증가
비만	영양소 흡수 지연, 포만감 증가, 소장 통과시간 단축
대장암	장내 세균총의 개선, 장내세균에 의한 발효로 짧은사슬지방간 생성, 대장 내 수분 보유, 배변촉진, 장내 유용세균의 증식
게실염	보수성으로 인하여 분변을 부드럽게 해줌, 분변의 대장 통과시간 단축

돌출된 게실(diverticula)을 만들게 되며 게실염(diverticulitis)을 일으킬 수 있다.

이외에도 식이섬유는 고혈압 및 담석의 예방에도 효과가 있다. 한편, 채소, 과일, 전곡 등을 섭취하면 식이섬유 이외에 항산화 영양소를 함께 섭취하게 되므로, 식이섬유만 섭취했을 때보다 건강증진 효과가 더 크다. 식이섬유와 건강과의 관계를 표 5-2에 제시하였다.

3.2 과량 섭취에 따른 생리적 부작용

1) 무기질의 흡수저해

식이섬유 함량이 높은 식이를 섭취할 경우 무기질 대사를 변화시킬 수 있는데, 이는 식이섬유가 양이온교환능력이 있어 무기질과 결합할 수 있기 때문이다. 또한 식이섬유가 풍부한 식이에는 피트산이나 수산도 많이 들어 있기 때문에 칼슘, 아연, 철 같은 무기질의 생체이용률을 저하시킬 수 있다.

2) 위장관 장애

식이섬유를 과량 섭취할 경우 과민성 대장증후군을 가진 사람에서 위장통증을 일으키는 원인이 될 수 있다. 이는 대장에서 난소화성 식이섬유 잔재물이 많이 생기면 세균에 의해서 메탄, 이산화탄소, 수소 등의 가스를 생성하기 때문이다. 식이섬유는 종종 위장에 섬유소 덩어리를 만드는데, 이는 고섬유소 식사를 당뇨환자나 노인에게서 발생된다.

4 식이섬유의 영양섭취기준 및 섭취실태

4.1 영양섭취기준

한국인 영양섭취기준에서 제시한 식이섬유 섭취기준을 보면 열량 1,000 kcal당 식이섬유 12 g 섭취를 기준으로 하여 연령별, 성별 식이섬유 충분 섭취량을 설정하였다. 19세 이상의 성인은 남성과 연령별 차이를 두지 않고 책정하여 성인 남자는 25 g/일, 성인 여자는 20 g/일을 충분섭취량으로 산출하였다. 65 세 이상의 노인들의 경우도 에너지 섭취량이 성인기에 비해 낮으나, 노인기는 만성질환과 변비증이 흔하게 발생하므로 성인과 동일하게 섭취할 것을 권장하고 있다. 한편 우리나라 국민을 대상으로 한 고용량 식이섬유 섭취 시 임상 및 생화학적 평가가 수행되어 있지 않아 2020년 한국인 영양섭취기준에서 상한섭취량은 설정되지 않았다.

4.2 섭취실태

2020년 국민건강영양조사자료에 의하면 만 19세 이상 성인의 식이섬유 섭취량은 23.3 g/일(남자 25.7 g/일, 여자 20.9 g/일)이었고, 충분섭취량에 대한 섭취비율은 103.5%(남자 103.0%, 여자 103.9%)로 조사되었다.

2013년부터 2020년까지 조사된 19세 이상 성인의 연도별 식이섬유 섭취 현황을 보면 23.1 g/일~25.3 g/일으로 조사되었으며, 연도에 따른 식이섬유 섭취의 증가나 감소 추세는 보이지 않았다.

4.3 급원식품

식이섬유는 콩류, 해조, 버섯류, 채소 과일, 등에 많이 함유되어 있고 동물성 식품에는 거의 포함되어 있지 않다. 현대인의 식생활에서 식이섬유 섭취가 부족하기 쉽고 식품으로 섭취할 경우에는 다소 과하게 섭취하여도 별다른 부작용이 없으므로, 도정이 덜 된 쌀의 보급과 혼식 비율을 높이고 과일류, 채소류, 콩류, 해조류 등의 섭취를 권장한다.

요약

1 식이섬유란 '인간의 소화효소에 의해 소화지 않는 다당류를 기본으로 한 고분자 물질의 총체로서 비전분질 다당류'로 정의된다.

2 식이섬유의 종류로는 불용성 식이섬유와 수용성 식이섬유가 있다. 불용성 식이섬유로는 식물세포벽의 기본조직을 형성하는 셀룰로오스, 식물의 잎, 종자에 포함되어 있는 헤미셀룰로오스, 새우, 게 등의 갑각류, 연체동물의 기관, 곰팡이, 버섯 등의 세포벽에 널리 존재하는 키틴, 키토산 등이 있다.

3 수용성 식이섬유의 종류로는 잎이나 채소류 등 여러 식물 중에 존재하는 천연물질로 세포와 세포 사이의 접착제 역할을 하는 펙틴, 갈락토만난, 다당류인 구아검, 미역, 다시마 등의 갈조류로부터 얻어지는 다당류인 알긴산, 홍조류에서 추출한 다당류인 한천 등이 있다.

4 식이섬유는 기질 내에 수분을 보유하는 능력인 보수성을 갖고 있으며, 점성을 함유하여 겔을 형성한다. 또한 식이섬유는 대장 내 미생물에 의해 쉽게 발효되며, 장내의 양이온과 교환되는 성질을 갖고 있다.

5 식이섬유의 생리적 기능으로는 소장에서 담즙산과 결합하여 담즙산의 재흡수를 억제하고 음식물 중의 콜레스테롤이 흡수되는 것을 억제할 뿐만 아니라 대장에서 일부 발효되어 탄소수가 적은 지방산을 형성하는데 이러한 지방산은 대장에서 흡수되어 간에서 콜레스테롤 합성을 저해한다.

6 식이섬유는 식후 혈당 상승 및 인슐린 분비를 억제하는 작용을 갖고 있으며 대장암 및 유방암 등의 예방에 효과적이다.

7 고식이섬유 식사는 상대적으로 에너지가 적고 위의 만복감을 증가시키므로 식사량을 줄일 수 있게 되어 에너지 섭취를 감소시키는 효과가 있다. 식이섬유는 수분을 흡수하고 보유하므로, 변의 양을 증가시키고 부드럽게 하며 대장운동을 촉진시켜주기 때문에 변비 증상을 완화시키는 효과가 있다.

8 식이섬유를 과량 섭취하면 대장에서 난소화성 식이섬유 잔재물이 박테리아에 의해서 메탄, 이산화탄소 등의 가스를 생성하고 이로 인해 위장관 통증을 유발할 수 있다. 또한 식이섬유는 양이온 교환능력이 있기 때문에 칼슘, 아연, 철 등의 무기질 흡수를 억제할 수 있다.

9 식이섬유는 콩류, 해조, 버섯류, 과일, 채소 등에 많이 함유되어 있고 동물성 식품에는 거의 포함되어 있지 않다.

참고문헌

- 김일분, 이연경, 이혜성. 일부 농어촌과 도시청소년의 영양소와 식이섬유 섭취상태, 지역사회영양학회지 2(3):281-293, 1997
- 농촌진흥청 농촌생활연구소. 식품성분표 제7개정판, 2006
- 유경혜, 정진은, 조성수, 이선영. 식이섬유 D/B 구축과 2001년 국민건강영양조사 식이섬유 섭취량 재평가-20세 이상 성인대상-한국영양학회지 41(1):100-110, 2008
- 이혜성, 이연경. Chen SC. 대학생의 식이섭취에 관한 연구, 한국영양학회지 24: 534-546, 1991
- 한국영양학회. 한국인 영양섭취기준 개정판, 2020
- 후생노동성, 평성 21년. 일본인의 식사섭취기준, 2010
- Aldoori W, Giovannucci E, Rockett H, Sampson L, Rimm E, Wilett W. A prospective study of dietary fiber types and symptomatic diverticular disease in men. J Nutr 128:714-719, 1998
- Anderson J, Tietyen-Clark J. Dietary fiber: hyperlipidemia, hypertension, and coronary heart disease. Am J Gastroenterol 81:907-919, 1986
- Brown L, Rosner B, Willett W, Sacks F. Cholesterol-lowering effects of dietary fiber: a metaanalysis. Am J Clin Nutr 69:30-42, 1999
- Cummings JH. Nutritional management of diseases of the gut. In: Garrow JS, James WPT, Ralph A eds. Human Nutrition and Dietetics, 10th ed. Edinburgh: Churchill Livingston. pp.547-573, 2000
- Gropper SS, Smith JL, Groff JL. Advanced nutrition and human metabolism. Wadsworth pp.108-122, 2005
- Guerciolini R, Radu-Radulescu L, Boldrin M, Dallas J, Moore R. Comparative evaluation of fecal fat excretion induced by orlistat and chitosan. Obes Res 9:364-367, 2001
- Juntunen K, Niskanen L, Liukkonen K, Poutanen K, Holst J, Mykkunen H. Postprandial glucose, insulin, and incretin responses to grain products in healthy subjects. Am J Clin Nutr 75:254-262, 2002
- Keenan JM, Goulson M, Shamliyan T, Knutson N, Kolberg L, Curry L. The effects of concentrated barley beta-clucan on blood lipids in population of hypercholesterolaemic men and women. British J Nutr 97:1162-1168, 2007

• Krishman S, Rosenberg L, Siger M, Hu FB, Djousse L, Cupples LA, Palmer JR. Glycemic index, glycemic load and cereal fiber intake and risk of type 2 diabetes in US black women. Arch Intern Med 167(21):2304-2309, 2007

• Landin K, Holm G, Tengborn L, Smith U. Guar gum improves insulin sensitivity, blood lipids, blood pressure and fibinolysis in healthy men. Am J Clin Nutr 56:1061-1065, 1992

• Position of the American Dietetic Association: Health implications of dietary fiber, J Am Diet Asso 97:1157-1159, 1997

• Rigaud D, Paycha F, Meulemans A, Merrouche M, Mognon M. Effect of psyllium on gastric emptying, hunger feeling and food intake in normal volunteers: a double blind study. Eur J Clin Nutr 52:239-245, 1998

• Schneeman BO, Tietyen J. Dietary fiber In: Modern Nutrition in Health and Disease, Shils ME. Olson JA. Sharke E. eds. Lea & Febiger, pp.89-100, 1994

• Schulze MB, Schulz M, Heidermann C, Schienkiewitz A, Hoffmann K, Boeing H. Fiber and magnesium intake and incidence of type 2 diabetes: a prospective study and metaanalysis. Arch Intern Med 167(9):956-965, 2007

• Van Munster I, Nagengast F. The influence of dietary fiber on bile acid metabolism. Eur J Cancer Prevent 1:35-44, 1991

• Wolever T, Jenkins D. Effect of dietary fiber and foods on carbohydrate metabolism. In: Spiller G, ed. CRC Handbook of Dietary Fiber in Human Nutrition. Boca Raton, FL: CRC Press, pp.111-162, 1993

• Ziegler EE, Filer LJ Jr. Present Knowledge in Nutrition, 8th ed. ILSI, 2003

제6장 에너지 대사

1. 식품 에너지의 전환
2. 호흡연쇄계와 ATP 생산
3. 갈색 지방조직과 열 생산
4. 에너지 대사 조절

제6장 에너지 대사

모든 생명체의 생명유지에는 에너지가 필요하며 식품으로 제공된 에너지는 기계적인 일(근육운동), 전기적인 일(시력, 신경전달) 및 화학적 에너지로 전환된다. 체내에서 일어나는 음식물의 소화, 흡수 및 대사의 최종목적은 식품에 있는 에너지를 체내 에너지로 전환시키는 것이며, 이것은 여러 과정을 거쳐 단계적으로 일어나므로 100% 효율적이지는 않아서, 약 40%는 고에너지 화합물(ATP)로 저장되고, 나머지 60%는 열로 손실된다. ATP 합성에 소모되는 에너지는 각 영양소마다 달라서 단백질로부터 만들어지기가 가장 어렵다.

$16CO_2 + 16H_2O +$ 열(2,340 kcal)

↑ 완전히 태웠을 때

팔미트산(16:0)

↓ 세포 내에서 산화되었을 때

$16CO_2 + 146H_2O + 106ATP +$ 열(1,384 kcal)

1 식품 에너지의 전환

그림 6-1에는 체내에서 일어나는 식품의 에너지 전환과정을 나타내었다. 에너지는 식품에 존재하는 탄수화물, 지질, 단백질 등이 산화되어 만들어지고, 이 에너지는 ATP 등의 고에너지 화합물을 거쳐 체내 여러 가지 기능에 쓰인다.

우리가 섭취한 식품에 존재하는 에너지는 소화과정 중에 일부 손실되며, 이

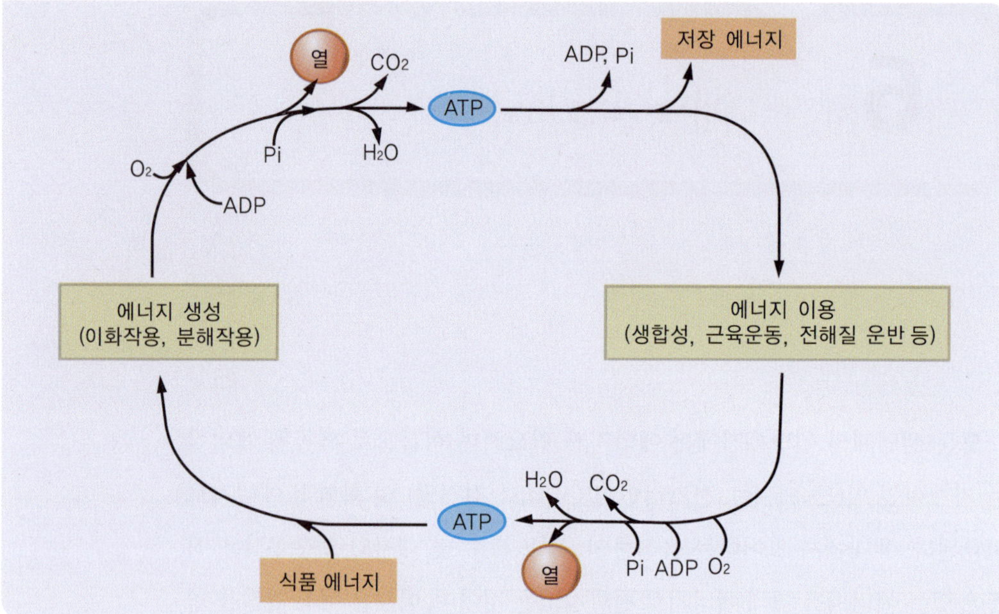

그림 6-1 에너지 생성과 이용

를 제외한 부분을 소화 에너지(digestible energy)라 하고, 여기에서 소변이나 땀으로 배설되는 에너지를 빼면 체내에서 이용되는 에너지인데 이를 대사에너지(metabolizable energy)라 한다. 대사에너지의 약 50%는 체온 유지, 갈색 지방 조직을 통한 열 생산, 영양소의 비효율적 대사 등에 사용된다(그림 6-2).

대사에너지의 6~10%는 음식물이 소화, 흡수, 분배, 저장되는 데 쓰이는 에너지로 '식품에 의한 열 생성(thermic effect of food, TEF)' 또는 '식이성 열생산(diet induced thermogenesis, DIT)'이라고 부른다. 혼합식이의 경우, TEF에 의한 에너지는 1일 총에너지 소비량의 약 10%이다.

대사에너지에서 TEF와 열로 발산되는 에너지를 제외한 나머지가 기초대사와 활동대사에 필요한 에너지 및 저장되는 에너지로 쓰이며 이를 이용될 수 있는 에너지(utilizable energy)라 한다.

기초대사율(basal metabolic rate, BMR) 측정은 그 조건을 충족시키기 어려워 최근에는 BMR 대신에 휴식대사율(resting metabolic rate, RMR)을 많이 적용하고 있다.

- 휴식대사율은 식사 또는 심한 운동 후 4~5시간 이상 경과 후 휴식상태에

서 측정한다.

- 휴식대사율은 기초대사율보다 약 3~5% 정도 많지만 큰 차이가 없기 때문에 기초대사량과 동일한 목적으로 사용된다.

중성지방으로 구성된 지방조직은 대사활동을 거의 하지 않으므로, BMR이나 RMR은 제지방량(lean body mass)과 밀접한 관계가 있다. 또한 체조직에 따라 기초대사율에 미치는 영향은 각기 다르다. 체중의 약 2%에 해당하는 뇌가 18%, 4%에 해당하는 간이 20~25%를 차지하는데, 체중의 40% 이상을 점유하는 근육은 약 20%를 차지한다. 간은 뇌에 포도당을 공급하기 위하여 많은 에너지를 필요로 한다.

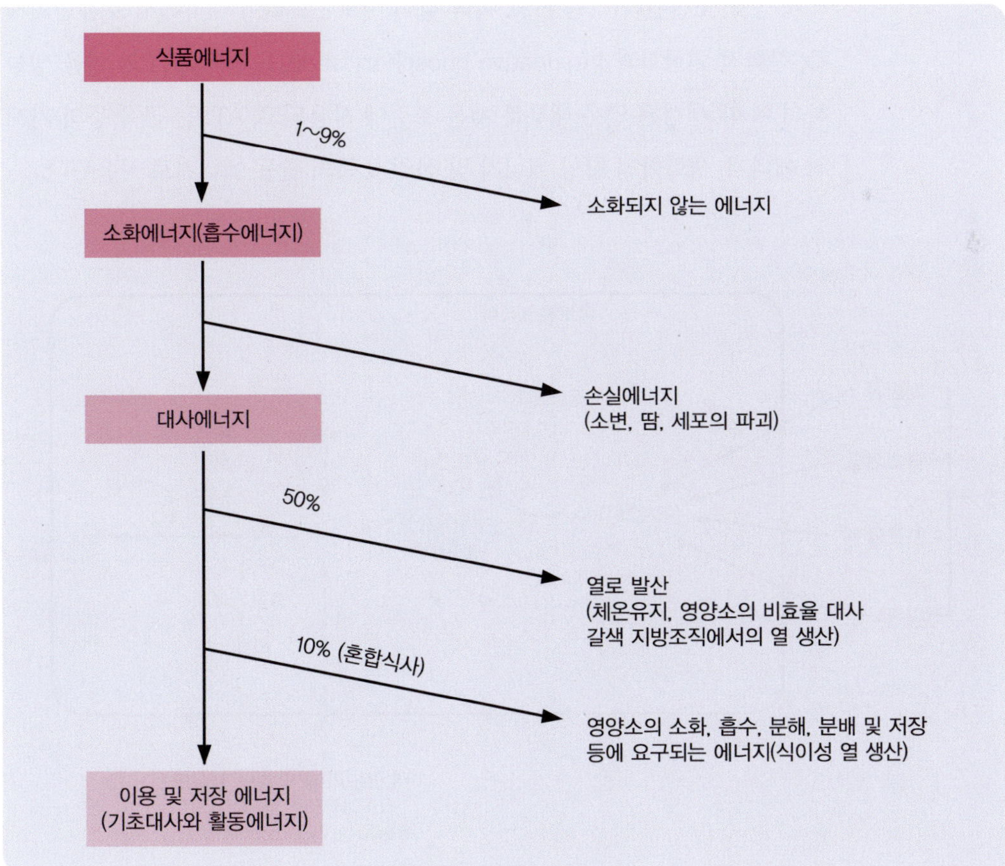

그림 6-2 식품의 에너지 이용

2 호흡연쇄계와 ATP 생산

2.1 호흡연쇄(respiratory chain) 반응

호흡(respiration)이란 세포가 산화작용에 의하여 에너지를 얻는 작용으로 CO_2, H_2O, 열, 에너지 등이 생산된다. 해당작용, 지방산과 아미노산의 산화작용에 의하여 아세틸 CoA가 만들어지고, 이것은 TCA 회로로 이어진다. TCA 회로는 미토콘드리아를 가지고 있는 모든 세포에서 일어나며 H^+(reducing equivalent)와 CO_2가 생성된다. 생성된 H^+는 NADH 또는 $FADH_2$의 형태로 호흡연쇄계(전자전달계)로 들어가 O_2와 결합하여 최종산물인 H_2O로 된다. 이 과정에서 ATP를 생성하게 되므로 TCA 회로, 호흡연쇄계 및 ATP 합성은 밀접하게 상호 조절된다(그림 6-3). 이와 같이 미토콘드리아 내막에서 호흡연쇄계 즉, 산화적 인산화과정(oxidative phosphorylation)을 통해 ATP와 열을 생성하며 이 때 생성된 열은 대부분 체온 조절에 사용되고, ATP는 근육 등의 기계적 에너지, 생화학적 합성 에너지 및 신경계 등의 활동 에너지로 사용된다.

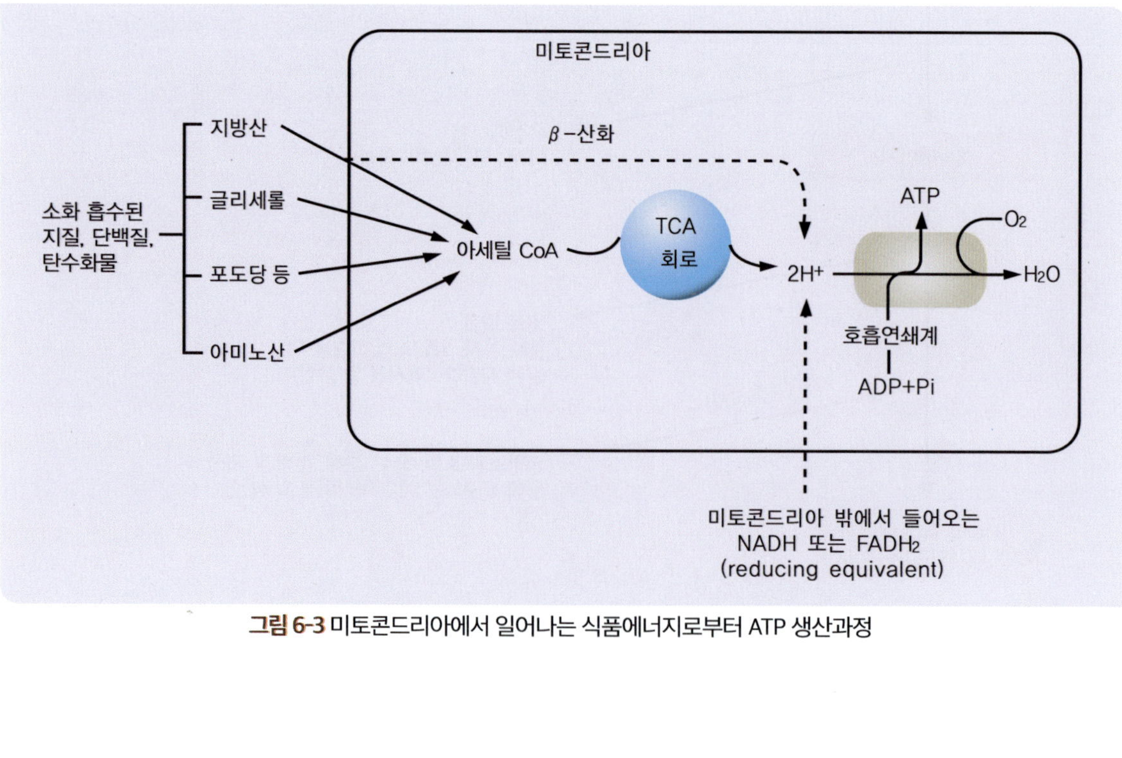

그림 6-3 미토콘드리아에서 일어나는 식품에너지로부터 ATP 생산과정

2.2 ATP 생산

체내에서 ATP가 생산되는 방법에는 기질수준 인산화반응(substrate level phosphorylation)과 산화적 인산화반응(oxidative phosphorylation)의 두 가지가 있다.

1) 기질수준 인산화반응

어떤 반응이 일어날 때 기질에서 ATP가 생산되는 방법으로, ATP에서 인산기를 제거할 때보다 더 많은 에너지를 방출하는 물질이 기질일 경우에는 기질에서 방출된 에너지를 사용하여 인산기를 ADP에 붙여서 ATP로 재합성할 수 있다. 예를 들면 크레아틴인산(creatine phosphate)은 ADP를 인산화시켜 ATP로 재합성할 수 있으며 이것을 기질수준인 산화라 한다. 즉

크레아틴인산 + ADP → 크레아틴 + ATP

이것은 ADP에서 ATP를 생산할 수 있는 7.3 kcal보다 더 많은 에너지를 방출하는 물질이 기질로 작용할 때만 일어날 수 있으므로 실제 대사과정에서는 많지 않다. 따라서 ATP 생산의 주된 방법은 아니다.

2) 산화적 인산화반응

체내 ATP 합성의 주된 반응으로, 에너지를 내는 기질분자들이 산화될 때 만들어지는 전자들이 여러 단계를 거쳐 계속 전달되어 산소분자로 되고 이것이 H_2O로 환원되고 이러한 과정에서 ADP가 ATP로 인산화되는, 즉 산화와 인산화가 함께 일어나는 반응이다(그림 6-4). 이것을 전자전달계(electron transport system, ETS) 또는 호흡연쇄계(respiratory chain)라 한다.

전자전달계는 미토콘드리아에 존재하며 세포 내에서 생성되는 주된 에너지 급원이 되기 때문에 이에 관련된 유전자들이 비만과 연관되어 최근 많은 연구가 되고 있다.

미토콘드리아에서 기질(NADH나 $FADH_2$)의 산화가 일어나면서 생성된

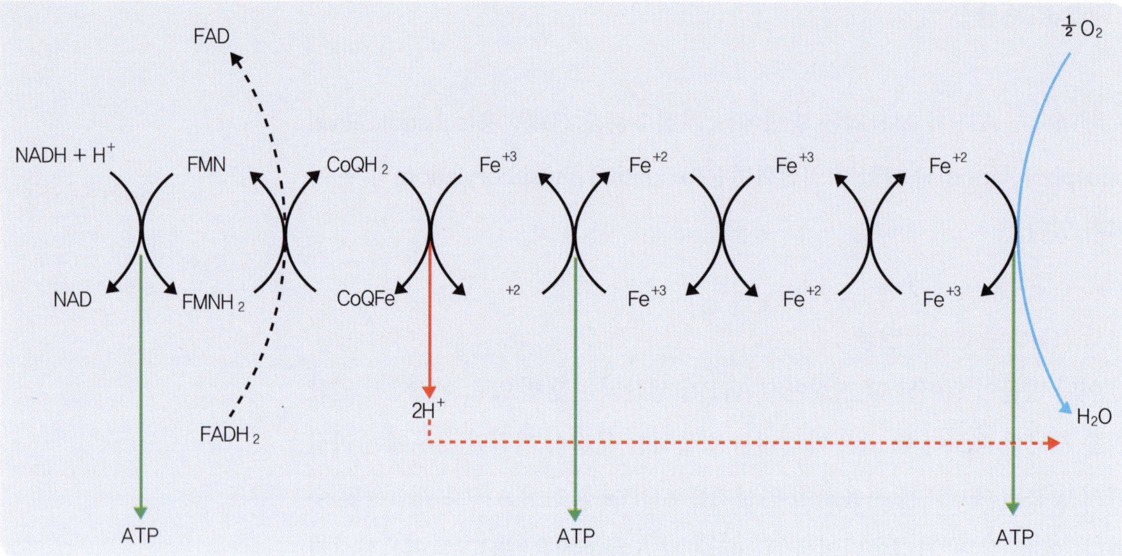

그림 6-4 호흡연쇄계를 통한 전자전달

H^+가 미토콘드리아 내막 밖으로 나가면 내막 밖의 H^+ 농도가 높아지고, 이때 형성되는 H^+ 농도구배(proton gradient)는 ATP 생성효소(ATP synthase)와 연결되어(coupling) ATP를 합성한다. 이 과정을 통해서 NADH와 $FADH_2$는 각각 2.5ATP와 1.5ATP를 생산한다(그림 6-4, 6-5). 만약 H^+과 ATP 합성과의 연결이 끊어지면(uncoupling), 호흡연쇄계에서 생성된 H^+ 에너지가 ATP 합성에 쓰 이지 못하고 열로 손실되므로 비만연구에 많이 이용된다(그림 6-5).

3 갈색 지방조직과 열 생산

갈색 지방조직
동면에서 깨어날 때, 추위에 노출되었을 때, 피하지방이 발달하지 않은 신생동물에서 열 생산을 담당하는 지방조직

갈색 지방조직(brown adipose tissue)은 체내 전체에 퍼져 있는 백색 지방조직(white adipose tissue)과 달리 목, 척추 부근 등의 정해진 장소에만 분포되어 있으며 남자는 어깨 부근에도 있다. 갈색 지방조직은 백색 지방조직과 달리 혈액 공급량이 많고 세포 내에 미토콘드리아와 시토크롬(cytochrome)이 많아 갈색을 띤다. 이 조직은 특히 열 생산(thermogenesis)이 필요할 때 활성화되며, 동면에서 깨어날 때, 추위에 노출되었을 때, 그리고 막 태어난 신생동물의 경우 이 조직이 활발하게 작용한다. 신생동물들은 피하지방이 발달하지

않았으므로 갈색 지방조직에서의 열 생산에 의하여 체온조절을 한다.

갈색 지방조직의 열 생산에는 이 조직의 미토콘드리아에만 존재하는 동반작용 억제단백질 1(uncoupling protein 1, UCP1) 또는 써모제닌(thermogenin)이라 불리는 단백질이 관여하는데, 이 단백질은 항상 존재하는 것이 아니라 열 생산이 필요할 때 빠르게 생합성된다. UCP는 여러 조직에서 발견되어 가장 먼저 알려진 것은 갈색 지방조직에서 발견된 UCP1이 있고, 그 후 여러 조직에서 발견되는 UCP2, 골격근과 갈색 지방조직에서 UCP3 등이 밝혀졌다. UCP는 호흡연쇄계에서 생기는 H^+가 ATP 합성에 쓰이지 못하고 열로

uncoupling protein
미토콘드리아 내막에 존재하는 단백질로, 호흡연쇄계에서 생기는 H^+가 ATP 합성에 쓰이지 못하고 열로 손실되도록 함

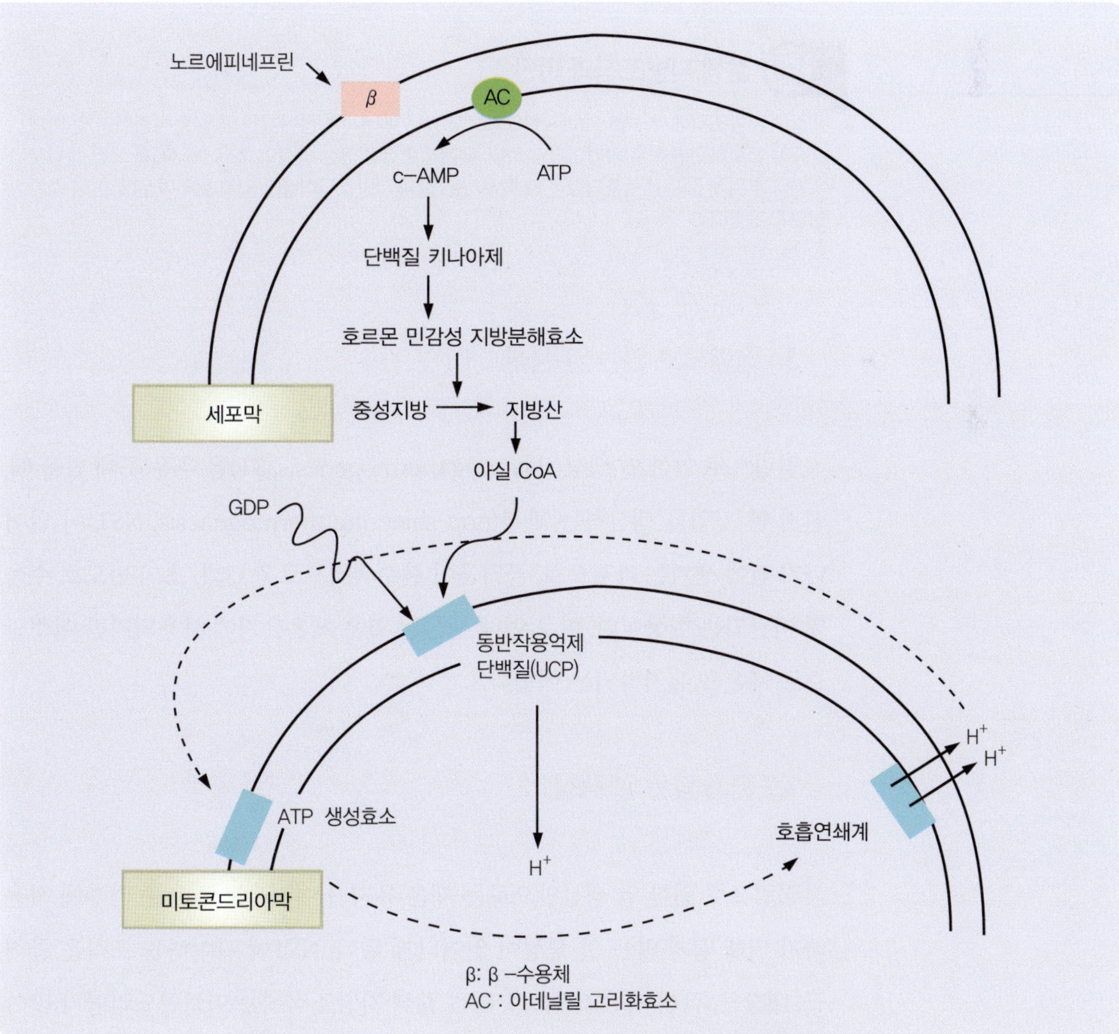

그림 6-5 산화적 인산화과정에 의한 ATP 합성과 uncouping에 의한 H^+ 손실

손실되도록 한다. 스트레스나 추위에 노출되면 노르에피네프린 분비가 촉진되고, 아데닐릴 고리화효소(adenylyl cyclase)에 의하여 c-AMP 합성이 활성화되어 저장되었던 중성지방이 분해되고, 생성된 지방산 특히 긴사슬지방산은 UCP를 활성화시켜 열 생산을 증가시킨다(그림 6-5). 아데닐릴 고리화효소와 c-AMP 활성을 증가시킬 수 있는 다른 지방분해 호르몬들도 갈색 지방조직의 열 생산을 촉진시키는데, 갑상선호르몬, 글루코코티코이드(glucocorticoids), 성호르몬, 카테콜라민, 인슐린, 글루카곤, 부갑상선호르몬, 성장호르몬 등이 이에 속한다.

갈색 지방조직과 비만

갈색 지방조직에서의 열 생산은 필요량보다 많은 에너지를 섭취했을 때 열로 방출하여 일정 체중을 유지하도록 하는 방법이기도 하다. 유전적으로 비만한 사람의 경우, 에너지를 과잉 섭취하거나 추위에 갑자기 노출되었을 때 작용하는 갈색 지방조직이 발달되지 못하여 열 생산이 증가되지 못한다.

3.1 떨림으로 인한 열 생성

떨림으로 인한 열 생성(shivering thermogenesis, ST)은 추운 곳에 있을 때, 떨지 않고 열을 생산하는 과정(non-shivering thermogenesis, NST)이 일어나기 전에 생기는 과정으로, 골격근이 불수의적으로 7~13회/초의 빈도로 수축 및 이완되는 현상이다. 이로 인해 생성된 열은 체온유지에 사용되지만 이것만으로 체온을 유지하기는 어렵다.

3.2 떨지 않는 열 생성

떨림으로 인한 열 생산만으로는 체온 유지가 어려우므로 추운 기후에 적응하기 위해 떨지 않는 열 생성이 일어나게 된다. NST에 관여하는 조직은 골격근, 내장근, 갈색 지방조직으로 특히 갈색 지방조직에는 미토콘드리아가 많아서 활발히 작용한다.

신생아의 경우, 떨림으로 인한 열 생산이 발달되지 않아서 갈색 지방조직에서 ST 작용이 체온 유지의 중요한 수단이 된다. 어릴수록 체온 유지에서 NST가 차지하는 비율이 높고, 나이가 들수록 그 비율이 점차 감소한다. 또한 기후의 영향을 많이 받아서 추운 기후에 적응된 동물은 총 열 생산량의 40% 정도가 NST인 반면, 더운 지역의 동물은 약 20% 정도이다.

4 에너지 대사 조절

4.1 에너지 섭취의 조절

매일 다른 양의 에너지를 섭취함에도 불구하고 건강한 성인은 일정한 체중을 유지하는데, 이것은 체중을 일정하게 유지하기 위하여 에너지 섭취와 에너지 손실의 항상성 조절작용이 있음을 나타내며 이를 고정점 이론(set point theory)이라 한다. 이 이론은 여러 동물실험에서 증명되었는데, 쥐의 경우 평상 시보다 강제로 많이 먹이거나 적게 먹이면 체중이 정상보다 증가하거나 감소하게 된다. 그러나 강제적 식이 섭취를 중단하고 자발적으로 식이를 섭취시키면, 다시 정상 체중으로 돌아가기 위해서 식이 섭취를 스스로 줄이거나 늘리며 정상체중으로 회복된 후에는 식이 섭취도 정상으로 회복된다.

4.2 에너지 평형

에너지 평형은 섭취한 에너지와 소비한 에너지의 균형을 말한다. 에너지 섭취량은 에너지 균형에서 편차가 심한 요소로 비만에 중요한 역할을 한다. 에너지 소비량은 휴식대사량, 활동대사량, 식품에 의한 열 생성(과거에는 특이동적 작용이라고 하였음), 적응적 열 생성 등을 포함한다.

휴식대사량
정상적인 인체기능과 항상성을 유지하는 데 필요한 에너지로 식사 몇 시간 뒤 편안한 자세로 앉아있거나 누워있는 상태에서 측정

1) 휴식대사량

휴식대사량(resting metabolic rate, RMR 또는 resting energy expenditure, REE)은 1일 총에너지 소비량 중 가장 큰 비중(60~75%)을 차지한다. RMR은

기초대사량
생물체가 체온 유지, 호흡, 심장 박동 등과 같은 기초적인 생명활동에 사용하는 에너지량으로 보통 식후 14~18시간 후 휴식상태에서 측정

정상적인 인체기능과 항상성을 유지하는 데 필요한 에너지이다. 기초대사량(BMR)은 RMR보다 약간 적지만 그 차이가 크지 않아서 최근에는 RMR이 더 많이 사용된다. RMR은 나이가 증가할수록 감소하고 여자가 남자에 비해 낮다.

활동대사량
신체활동에 필요한 에너지로 총에너지 소비량의 15~30%

2) 활동대사량(운동에 의한 에너지 소비량)

활동대사량(thermic effect of exercise, TEE)은 총 에너지 소비량 중에서 두 번째로 큰 비중을 차지한다. 신체 활동으로 산소 소비가 증가하는 데 따르는 에너지 소비를 의미하며 총에너지 소비량의 15~30%를 차지한다.

식품에 의한 열 생성
음식물의 소화, 운반, 대사, 저장에 필요한 에너지로 1일 총에너지 소비량의 약 10% 내외

3) 식품에 의한 열 생성

음식을 섭취하고 난 후 몇 시간 동안은 RMR에 의한 에너지 이상으로 에너지 소비량이 증가하는데 이를 식품에 의한 열 생성(thermic effectof food, TEF)이라 한다. 과거에는 TEF를 특이동적 작용(specific dynamic action)이라고 하였다. TEF는 음식물의 소화, 운반, 대사, 저장에 필요한 에너지이며 1일 총에너지 소비량의 약 10% 내외이다. 영양소 중에서 단백질의 TEF가 가장 큰데, 이는 단백질 분해와 합성에 소요되는 에너지가 단백질로 섭취한 열량의 15~30%(평균 24%) 정도로 많이 필요하기 때문이다. 지질은 약간만 가수분해되고 쉽게 조직 에 저장될 수 있으므로 TEF 에너지가 가장 적으며, 탄수화물은 중성지방으로 전환되어 축적되는 데 필요한 대사과정을 거쳐야 하므로 단백질 다음의 TEF 값을 갖는다.

적응적 열 생성
외부환경 변화(추위, 과식, 부상 등)에 적응하기 위하여 소모하는 에너지

4) 적응적 열 생성

적응적 열 생성(adaptive thermogenesis, 적응대사량)은 외부 온도와 스트레스 등과 같은 여러 요인의 변화에 적응하기 위하여 일어나는 에너지 소비량이다. 추운 환경에 노출되었을 때 체온 유지를 위하여 일어나는 열 생산, 식품 섭취량의 변화(과식이나 절식)에 따른 RMR과 에너지 소비량의 변화 등이 여기에 속하며, 총 에너지 소비량의 7% 정도이지만 에너지 필요량 산정에서는 제외한다.

4.3 비만

비만(obesity)이란 지방조직이 정상보다 많은 것을 의미하지만 일반인들이 쉽게 이해하기 위하여 신장, 체격, 연령, 성별이 같은 건강한 사람의 이상체중보다 20% 이상 초과하는 경우를 말한다. 이상체중보다 10~20% 초과한 것은 과체중(overweight)이라 한다.

비만은 지방세포의 증가에 의하여 초래되는데 지방세포 수가 증가(hyperplastic)된 비만과 세포 크기가 증가(hypertrophic)된 비만이 있다. 지방세포의 수가 증가된 비만은 소아기에 주로 일어나며 한 번 증가되면 다시 감소되기 어렵기 때문에 소아 비만은 성인 비만보다 치료가 어렵다. 지방세포 수는 세포분열이 끝나는 성적으로 성숙되는 시기 이전에 고정되므로, 성장기의 과잉 열량 섭취는 지방세포의 분열을 촉진시켜 지방세포 수를 증가시킨다. 따라서 소아 비만의 경우 성인 비만보다 지방세포 수가 훨씬 더 많이 증가되어 있으나 체중감소는 지방세포 수 대신 크기만 감소시키기 때문에 감소된 체중을 유지하기가 어렵다.

4.4 열량부족과 체중감소

비만인은 정상인에 비해 많은 열량을 섭취한다고 생각하기 쉽다. 그러나 음식 섭취를 제한하여 체지방을 감소시킬 경우 휴식대사량(RMR)도 감소되는데, 체중이 감소되는 정도보다 RMR이 더 많이 감소하기 때문에 음식 섭취 제한만으로는 체중감소가 어렵다. 실험동물에서 음식 섭취 제한으로 체중이 12% 감소될 경우 RMR은 15% 감소된다고 보고되었다. 또한 음식의 과다 섭취에 의해서 체중이 증가될 경우 RMR은 체중 증가분만큼 증가되지 않는다. 따라서 체중 증가는 장기간에 걸친 에너지 섭취량과 소모량의 불균형으로 인하여 초래되며, 이는 주로 체지방의 형태로 축적되는 것이다.

요약

1 섭취한 식품 중의 에너지에서 소화과정 중의 손실량을 제외한 나머지를 소화에너지라 한다. 소화에너지에서 소변이나 땀으로 배설되는 에너지를 제외하면 대사에너지인데, 이 중 약 절반은 열로 손실되어 주로 체온 유지에 사용되며 6~10%는 음식물의 소화, 흡수, 분배, 저장에 쓰인다(식품에 의한 열 생성, TEF). 기초대사, 활동대사, 저장을 위해 사용하는 에너지는 대사에너지에서 TEF와 열로 발산되는 에너지를 제외한 것이며 사용될 수 있는 에너지(utilizable energy)라 한다.

2 TCA 회로에서 생성된 reducing equivalent(H^+)는 NADH 또는 FADH2의 형태로 미토콘드리아 내막에서 호흡연쇄계(산화적 인산화)를 통해 산화되어 ATP와 열을 생성하며 이때 생성된 열은 대부분 체온 조절에 사용되고, ATP는 근육 등의 기계적 에너지, 생화학적 합성 에너지 및 신경계 등의 에너지로 사용된다.

3 갈색 지방조직은 열 생산이 필요할 때 대사에 관여하는데, 갈색 지방조직의 미토콘드리아에 존재하는 동반작용 억제단백질(uncoupling protein, UCP1 또는 써모제닌)이 호흡연쇄계에서 생기는 에너지가 ATP로 축적되는 것을 방해하여 열로 손실되도록 하며 이 열을 체온조절에 이용한다. 특히 노르에피네프린은 갈색 지방조직의 열 생산을 촉진한다.

4 건강한 성인은 매일의 에너지 섭취량이 달라도 에너지 섭취와 에너지 손실의 항상성 조절작용이 있어 일정한 체중을 유지한다(고정점 이론).

5 에너지 평형은 섭취한 에너지와 소비한 에너지의 균형을 말한다. 에너지 소비량은 휴식대사량, 활동대사량, 식품에 의한 열 생성, 적응적 열 생성 등을 포함한다.

6 비만은 지방세포 수가 증가(hyperplastic)된 비만과 세포 크기가 증가(hypertrophic)된 비만이 있는데, 지방세포 수가 증가된 비만은 소아기에 주로 일어나며 증가된 지방세포 수가 다시 감소되기 어렵기 때문에 치료가 어렵다.

참고문헌

- 임상비만학. 대한비만학회, 2001
- 영양학의 최신정보, 7차 개정판. 한국영양학회 pp.1-8, 1998
- Boss O, Hagen T, Lowell B. Perspectives in duabets uncoupling proteins 2 and 3 potential regulators of mitochondrial energy metabolism. Diabetes 49:143-156, 2000
- Cinti S. The role of brown adipose tissue in human obesity. Nutr Metab Cardiovasc Dis 16:569-574, 2006
- Mayes PA. Oxidative phosphorylation & mitochondrial transport systems, In: Murray RK, Mayes PA, Granner DK, eds. Harper's Illustrated Biochemistry. pp.112-123, McGraw-Hill, 2003

제 7 장 지용성 비타민

제 7 장 지용성 비타민

지용성 비타민에는 비타민 A, D, E, K가 있다. 이들은 모두 비극성 물질로 물에 녹지 않으므로 흡수를 위해서는 지질의 섭취와 담즙산염이 필요하며, 지질 흡수 장애가 있는 사람은 지용성 비타민의 흡수에도 장애가 생긴다. 흡수된 지용성 비타민은 킬로미크론(chylomicron)에 의해 림프관을 경유하여 혈액으로 운반된다. 지용성 비타민은 체내에서 각기 독특한 기능을 수행하며, 특히 비타민 D는 스테로이드 호르몬의 기능을 갖는 비타민으로 알려졌다. 비타민 K를 제외한 지용성 비타민은 체외로 쉽게 배설되지 않고 간과 지방조직에 저장되므로 과량 섭취할 경우 독성이 나타날 수 있다.

1 비타민 A

비타민 A에는 레티노이드(retinoids)와 카로티노이드(carotenoids)가 있다. 레티노이드는 비타민 A의 기본 구조를 가진 화합물을 말하며 레티놀(retinol), 레티날(retinal), 레티노산(retinoic acid) 및 합성 물질을 총칭한다. 레티놀은 생물학적 활성을 가진 비타민 A로 동물성 식품에서 얻을 수 있다. 카로티노이드는 과일과 채소에 풍부하며 레티놀로 전환될 수 있는 비타민 A 전구체 카로티노이드(provitamin A carotenoids)와 레티놀로 전환될 수 없는 비타민 A 비전구체 카로티노이드(non-provitamin A carotenoids)로 분류할 수 있다. 비타민 A 전구체 카로티노이드에는 베타-카로틴(β-carotene), 알파-카로틴(α-carotene), 베타-크립토잔틴(β-cryptoxanthin)이 있으며, 루테인(lutein), 지아잔틴(zeaxanthin) 및 라이코펜(lycopene)은 레티놀로 전환되지 못한다(그림 7-1).

합성 레티노이드는 피부병의 치료에 많이 이용되는데, 그 좋은 예로 acitretin(all-trans retinoic acid)을 들 수 있다. 영양학적으로는 비타민 A가 소량 필요하지만, 치료를 위해서는 많은 양의 레티노이드가 쓰이기 때문에 영양학적 의미와 약리학적 의미가 구별되어야 하며, 과량 섭취하면 독성을 나타낼 수 있음을 고려해야 한다.

레티노이드

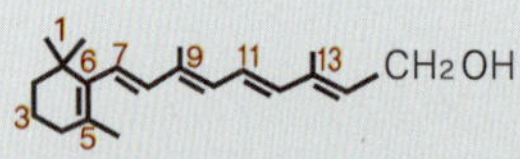

올-트랜스-레티놀
(all-trans-retinol)

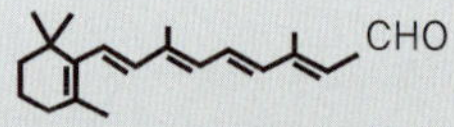

올-트랜스-레티날
(all-trans-retinal)

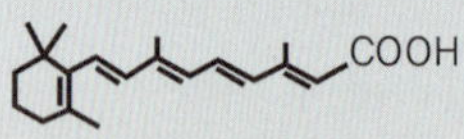

올-트랜스-레티노산
(all-trans-retinoic acid)

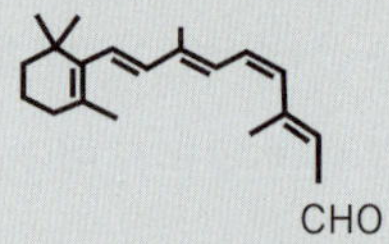

11-시스-레티날
(11-cis-retinal)

카로티노이드

비타민 A 전구체 카로티노이드	비타민 A 비전구체 카로티노이드

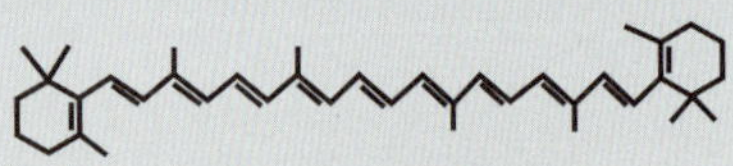

올-트랜스-베타-카로틴
(all-trans-β-carotene)

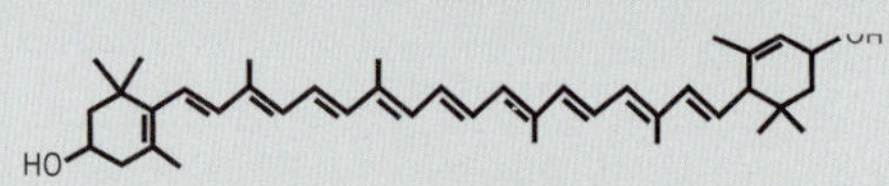

올-트랜스-루테인
(all-trans-lutein)

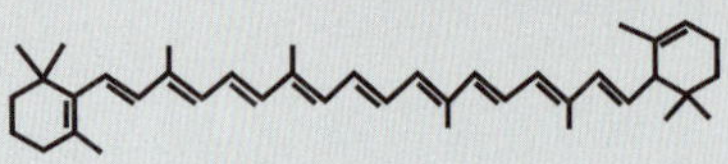

올-트랜스-알파-카로틴
(all-trans-α-carotene)

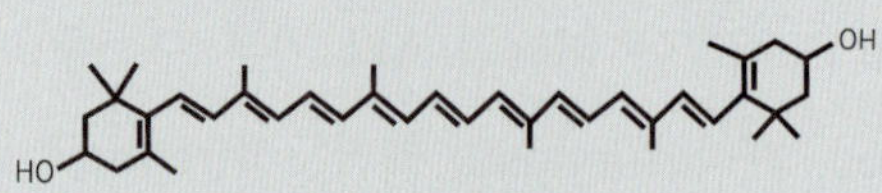

올-트랜스-제아잔틴
(all-trans-zeaxanthin)

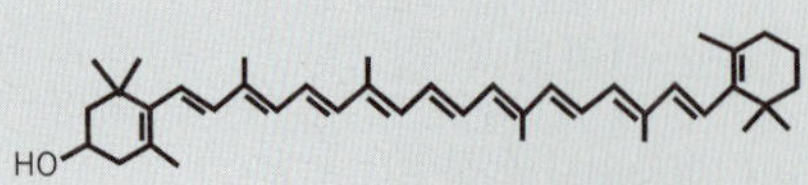

올-트랜스-베타-크립토잔틴
(all-trans-β-cryptoxanthin)

올-트랜스-라이코펜
(all-trans-lycopene)

그림 7-1. 레티노이드와 카로티노이드의 구조

1.1 흡수 및 대사

1) 흡수와 운반

식품 중에 레티닐 에스테르(retinyl ester)로 존재하는 레티놀은 소장에서 가수분해되어 흡수된다. 흡수된 레티놀과 카로틴으로부터 전환된 레티놀은 소장점막세포에서 포화지방산(주로 팔미트산)과 결합하여 레티닐 에스테르가 된 후 킬로미크론에 의해 림프계를 통해 혈액으로 들어간다. 레티닐 에스테르는 킬로미크론의 중성지방이 조직에 운반된 후 킬로미크론 잔유물(chylomicron remnant)에 그대로 남아서 간으로 운반된다.

팔미트산
탄소수가 16개인 포화지방산

카로티노이드의 흡수율은 레티놀보다 훨씬 낮으며, 흡수된 비타민 A 전구체 카로티노이드는 소장 점막세포에서 카로티노이드 모노옥시제나아제(carotenoid monooxygenase)에 의해 레티날과 레티놀로 전환되며, 이 효소는 담즙산염과 철을 필요로 한다. 이 과정에서도 일어난다. 베타-카로틴이 레티날로 전환되는 반응은 비가역반응이므로 체내에서 레티날이나 레티놀로부터 베타-카로틴의 합성은 불가능하다(그림 7-2).

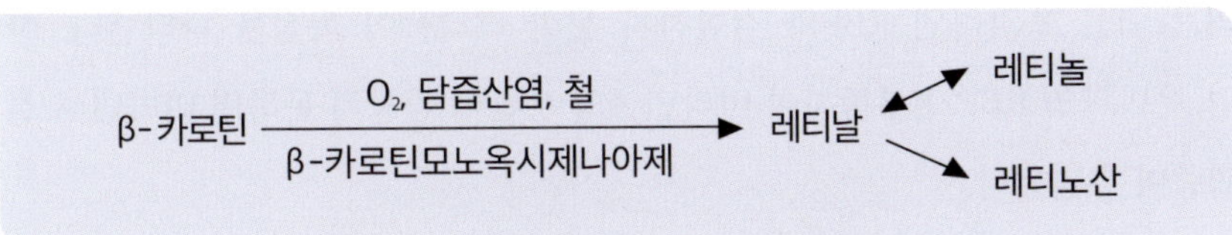

그림 7-2 베타-카로틴과 레티놀의 전환 관계

2) 저장과 이용

간은 가장 중요한 비타민 A 저장기관이다. 체내에 있는 비타민 A의 90% 이상이 간에 저장되어 있으며 주로 팔미트산과 결합되어 있다. 간에 저장된 레티닐 에스테르는 레티놀로 분해된 후 레티놀 결합단백질(retinol binding protein, RBP)과 결합하여 레티놀-RBP 복합체를 이루어 혈액으로 유리되고 표적조직으로 운반된다. 표적조직의 세포막에는 RBP와 결합하는 수용체가 있다(그림 7-3). 세포로 들어간 레티놀은 세포 내 레티놀 결합단백(cellular retinol binding protein, CRBP)과 결합하여 저장되거나 산화효소의 작용

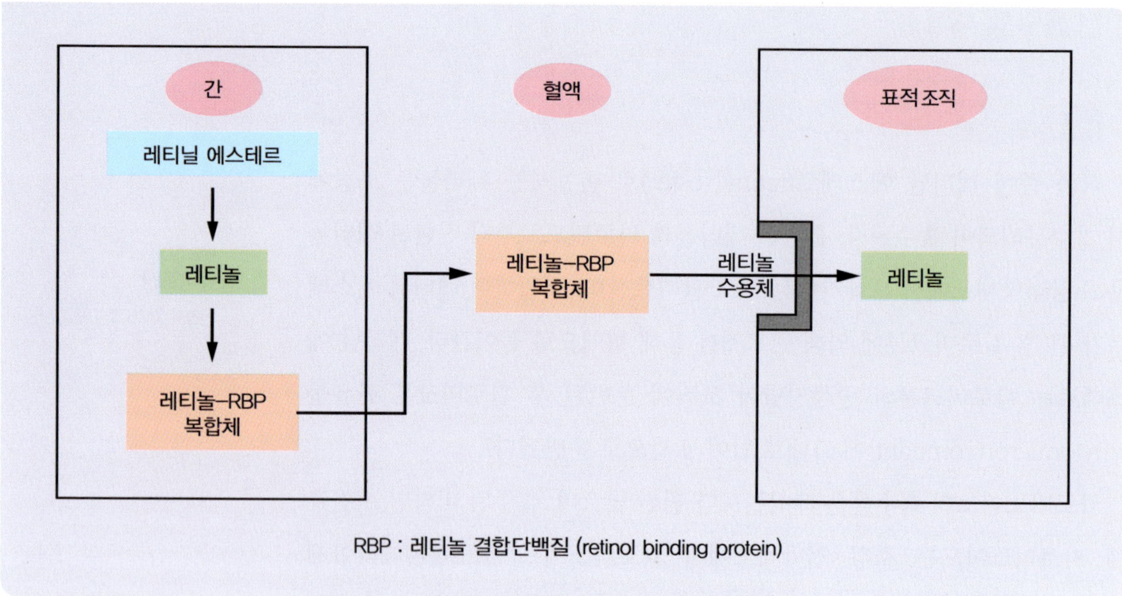

그림 7-3 간에서 레티놀 분비와 표적세포로의 운반

으로 레티날로 되거나 더 산화되어 레티노산이 되기도 한다. 산화된 레티노산은 세포 내 레티노산 결합단백질(cellular retinoic acid binding protein, CRABP)과 결합하여 유전자 발현을 조절한다. 체내에 레티놀이 과량이어서 RBP의 능력을 초과하면 RBP와 결합하지 못한 레티놀이 독성을 나타낸다. 한편, 운반체인 RBP가 부족하여 비타민 A의 운반이 원활치 못하면 비타민 A 결핍증이 유발된다.

1.2 기능

1) 시각기능

비타민 A의 중요한 생화학적 기능은 척추동물에서의 시각기능이다. 망막에서 11-시스-레티날(11-cis-retinal)은 옵신(opsin) 단백질과 결합하여 광학적으로 예민한 색소인 로돕신(rhodopsin)을 형성한다. 빛의 자극을 받으면 로돕신의 11-시스-레티날이 올-트랜스-레티날(all-trans-retinal)로 전환되어 옵신과 분리되고 세포막의 이온투과도에 변화를 가져와 신경자극이 뇌로 전달된다(그림 7-4). 유리된 올-트랜스-레티날은 11-시스-레티날로 재생되고 옵신

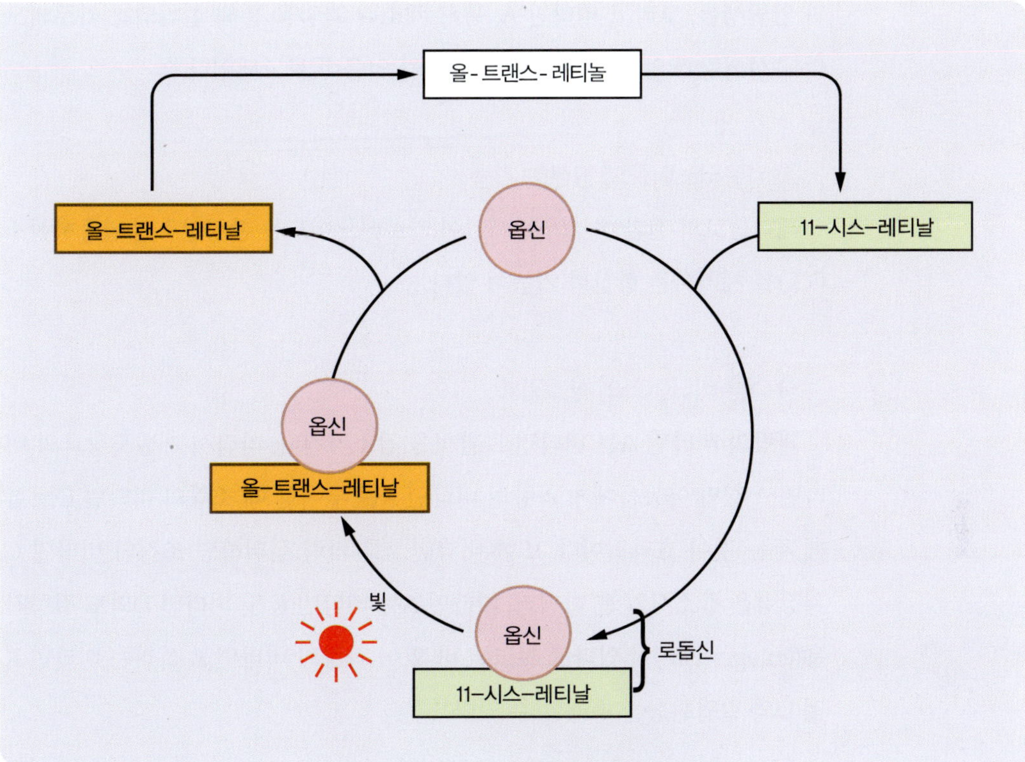

그림 7-4 시각(VISION)과 관련된 레티날의 기능

과 결합하여 다시 로돕신을 형성한다. 망막의 간상세포에 있는 로돕신은 희미한 빛에 예민하게 반응하여 어두운 곳에서 사물을 인식할 수 있게 해준다. 따라서 비타민 A가 부족하면 야맹증이 나타난다.

2) 상피세포 분화와 점액 분비

비타민 A는 레티닐-인산-만노오스(retinyl-phospho-mannose)라는 중간물질을 통해 당단백질을 합성함으로써 점액분비에 관여한다. 또한 비타민 A는 상피세포의 분화에도 관여하여 면역기능 개선 및 암을 예방한다.

3) 항암작용

암은 조절되지 않는 비정상적 세포분화에 의하므로, 세포의 분화과정을 조절하는 비타민 A는 암의 조절인자가 될 수 있다. 레티노이드는 실험동물에서 항암작용이 있음이 밝혀졌으며, 여러 역학 연구에서도 혈청 비타민 A 수준과 암발생률, 그리고 비타민 A, 특히 채소나 과일을 통해 섭취되는 카로티노이드 섭취량과 암 발생률 간에 역관계가 있음이 보고되었다.

4) 카토티노이드의 항산화 기능

레티놀로의 전환 여부와 관계없이 카로티노이드는 활성산소인 일중항산소($^1O_2$)를 제거하는 항산화 기능이 있다.

5) 다른 비타민과의 상호관계

과량의 비타민 A는 비타민 E 활성을 감소시킨다. 따라서 개발도상국의 비타민 A 결핍 아동들에게 과량의 비타민 A를 투여할 때 소량의 비타민 E를 함께 주는 것이 효과적이다. 또한 비타민 A를 과량 섭취하면 조직의 비타민 C 저장량을 감소시킬 뿐 아니라, 비타민 A는 비타민 K 및 비타민 D와도 길항작용(antagonism)이 있다고 보고된 바 있어 과량의 비타민 A 섭취는 비타민 K 및 D의 결핍현상을 초래할 수 있다.

길항작용
서로 반대되는 작용에 의해 그 영향이 감소되는 현상

1.3 활성도

과거 우리나라에서는 비타민 A 활성을 레티놀 당량(retinol equivalent, RE)으로 표시하였는데 1 μg RE는 1 μg 레티놀에 해당한다. 베타-카로틴 6 μg은 1 μg 레티놀로 전환되므로 1 μg RE이다. 그러나 근래 미국/캐나다에서는 한국과 다른 카로티노이드 전환효율을 적용하였는데 비타민 A 전구체 카로티노이드가 레티놀로 전환되는 정도가 급원식품 등 여러 가지 요인의 영향을 받기 때문이다(표 7-1). 우리나라 사람들은 비타민 A 섭취를 주로 카로티노이드에 의존하고 평균필요량 미만으로 섭취하는 사람이 많기 때문에 2010년 영양소 섭취기준까지는 기존의 베타-카로틴 전환율인 1/6을 적용하였다. 반면, 미국과 캐나다에서는 비타민 A의 70% 정도를 동물성 식품에서 섭취하고 채소는 잎과 줄기를 주로 섭취하므로 채소를 통해 섭취하는 베타-카로틴의 이용률이 낮다는 이유로 식사 중의 베타-카로틴 전환율을 레티놀의 1/6에서 1/12로 변경하였다. 따라서 1 μg 레티놀과 같은 활성이 있는 베타-카로틴

표 7-1 비타민 A 전구체에서 레티놀로의 전환에 영향을 주는 요인

개체적 요인	일반적인 건강
	영양상태
	연령, 성별, 종족
	흡연
환경적 요인	영양소의 상호관계(예, 지질 섭취)
	식사조성, 조리방법
	지역, 기후
	전통, 관습

표 7-2 비식품 중의 총 비타민 A 활성 계산

개정 전 한국	1레티놀당량(retinol equivalent, μg RE) = 1 μg 레티놀 = 6 μg 베타-카로틴 = 12 μg 기타 비타민 A 전구체 카로티노이드 총 RE = 레티놀(μg) +베타-카로틴(μg)/6 + 기타 비타민 A 전구체(μg)/12
개정 후 한국 및 미국/캐나다	1레티놀활성당량(retinol activity equivalent, RAE) = 1 μg 레티놀 = 12 μg 베타-카로틴 = 24 μg 기타 비타민 A 전구체 카로티노이드 총 RAE = 레티놀(μg) +베타-카로틴(μg)/12 + 기타 비타민 A 전구체(μg)/24
합성(synthetic) 베타-카로틴 2 μg = 1 μg RE	

은 2 μg이며 단위도 RE에서 RAE(retinol activity equivalent)로 변경하였다(표 7-2).

2015년 한국인 영양소 섭취기준에서는 국제적인 추세에 따라 RAE를 비타민 A의 기본 단위로 채택하였다. 이와 같이 단위를 RE에서 RAE로 변경하면 식품 중 카로티노이드의 비타민 A 전환율은 1/2배로 줄어들게 된다. 표 7-3에는 FAO/WHO에서 잠정적으로 제안한 식품에 함유된 비타민 A의 분포를 표시하였다. 현재 우리나라의 식품성분표에는 카로티노이드 중 베타-카로틴만 분석, 표기되어 있고, 기능성 성분표(농촌진흥청 국립농업과학원, 2009)에는 총 234종의 식품에 대한 각각의 카로티노이드 성분이 보고되어 있다.

표 7-3 식품 중 비타민 A 활성 물질의 분포(FAO/WHO) (단위: 무게%)

식품군			2013년	2015년	2020년
동물성 식품	육류		90	10	
	가금류		70	30	
	어패류		90	10	
	난류		70	30	
	우유 및 유제품		70	30	
	유지류		90	10	
식물성 식품	곡류	옥수수(황색)		40	60
		기타		50	50
	두류, 종실류			50	50
	채소류	녹색 채소		75	25
		황색 채소		85	15
		고구마(담색)		50	50
	과실류	노란 과실		85	15
		기타 과실		75	25
	유지류			50	50

자료: 농촌진흥청 농촌자원개발연구소. 식품성분표 제8개정판, 2011

1.4 결핍증

비타민 A 결핍 초기증상은 망막에서 로돕신 재생속도가 느려져서 나타나는 야맹증이다. 결핍이 심해지면 점액을 분비하는 상피세포가 퇴화되어 눈과 피부에 심각한 영향을 미치게 된다. 눈에서는 결막과 각막이 건조해지는 안구건조증(xerophthalmia)이 나타나 결국에는 실명하게 되며, 피부는 각화증(keratosis)이 생겨 건조하고 거칠게 변한다. 우리나라에서는 심한 비타민 A 결핍증이 거의 없지만 현재 세계적으로(주로 아프리카, 아시아, 남미) 비타민 A 결핍으로 고통 받는 어린이가 1억~1억4천만 명이나 되는 것으로 추산하고 있으며 결핍 정도가 심각한 나라에서는 매년 수십만 명의 어린이가 시력을 잃고 있다.

1.5 과잉증

치명적일 정도의 양은 아닐지라도 과량의 비타민 A를 섭취한 경우 오심, 두통, 흐릿한 시각, 근육의 무력감과 같은 급성 독성을 보인다. 과량의 비타민 A를 장기간 복용하면 만성 독성이 나타나는데, 두통, 구토, 피부염증, 간 손상, 뼈와 관절의 통증, 골밀도 감소, 혼수 등이 나타나며 사망에까지 이른다. 임신부가 과량의 비타민 A를 섭취하면 태아의 기형을 유발할 수 있다. 카로틴을 과량 섭취하면 흡수율이 급격히 감소하며, 소장과 간에서 비타민 A로의 전환율이 감소하므로 유해하지 않다고 알려졌지만 피부 색깔이 노랗게 착색될 수 있다. 이러한 착색현상은 카로틴 섭취를 줄이면 정상으로 회복된다. 카로틴 보충제를 복용하는 경우, 흡연으로 인해 이미 폐조직에 손상이 있을 때에는 다량의 베타-카로틴이 오히려 산화촉진제(pro-oxidant)로 작용할 수 있다. 특히 장기간의 과량 섭취는 유해할 수 있으며 채소와 과일을 통해 적절한 양의 항산화 영양소를 섭취하는 것이 바람직하다.

1.6 영양섭취기준 및 섭취실태

우리나라 성인의 비타민 A 평균필요량은 건강한 사람들의 비타민 A 저장고를 유지하는 데 필요한 식이 중의 비타민 A의 양에 기초하여 성인 남자는 530~570 μg RAE/일, 성인 여자는 430~460 μg RAE/일로 설정하였고 권장섭취량은 성인 남자는 750~800 μg RAE/일, 성인 여자는 600~650 μg RAE/일이다. 비타민 A는 과량 섭취로 인한 독성이 나타날 수 있으므로 성인의 상한섭취량을 3,000 μg RAE/일로 설정하였다.

2020년 국민건강영양조사자료에 의하면 성인의 비타민 A 섭취량은 396.0 μg RAE/일(남자 418.4 μg RAE/일, 여자 373.0 μg RAE/일)로 섭취기준 미만 섭취자 분율이 76.2%(남자 78.0%, 여자 74.4%)에 달하는 것으로 나타났다.

1.7 급원식품

레티노이드가 풍부한 식품은 동물성 식품으로 간, 어류, 어유, 달걀이며, 카로티노이드는 녹색 채소(고춧잎, 깻잎, 당귀, 브로콜리, 케일, 시금치 등), 황적색 채소(당근, 피망, 붉은 고추, 토마토), 살구, 복숭아와 같은 과일 및 고구마

표 7-4 카로티노이드 급원식품

비타민 A 전구체 카로티노이드	
베타-카로틴	녹황색 채소, 당근
알파-카로틴	당근, 붉은 고추, 홍피망, 늙은 호박, 망고 등의 오렌지색 과일 및 채소
크립토잔틴	귤, 붉은 고추, 홍피망
비타민 A 비전구체 카로티노이드	
루테인	녹황색 채소(베타-카로틴과 유사, 당근에는 소량)
지아잔틴	옥수수, 붉은 고추, 두류
라이코펜	토마토, 수박 등의 붉은색 과일 및 채소

에 풍부하다(표 7-4).

2 비타민 D

비타민 D(칼시페롤, calciferol)는 다른 비타민과 달리 자외선에 의해 체내에서 합성된다. 여러 형태의 비타민 D 중 사람에서 중요한 것은 비타민 D_2(ergocalciferol)와 D3(cholecalciferol)이다. 비타민 D_2는 식물 스테롤인 에르고스테롤(ergosterol)로부터 자외선에 의해 합성되며, 비타민 D_3는 피하에서 자외선에 의해 7-디히드로콜레스테롤로부터 합성된다(그림 7-5). 비타민 D 합성은 햇빛의 강도와 노출시간에 비례하고, 피부색이 검을수록 감소한다. 활성화된 비타민 D는 작용기전이 스테로이드 호르몬과 유사하므로 비타민 D를 호르몬 전구체(prohormone), 활성화된 비타민 D를 호르몬이라 한다.

7-디히드로콜레스테롤 (7-dehydrocholesterol)
비타민 D3의 전구체로, 파장 290~315nm의 자외선을 받으면 피하에서 비타민 D3로 전환됨

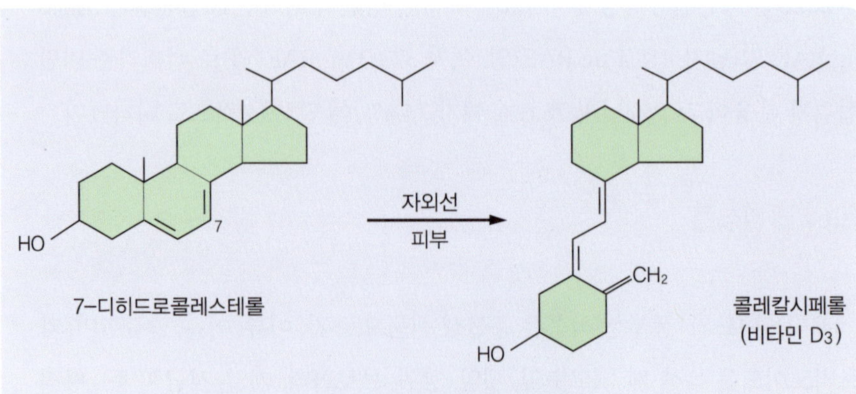

그림 7-5 7-디히드로콜레스테롤과 비타민 D_3

2.1 흡수 및 대사

비타민 D의 흡수 경로는 비타민 A와 같다. 흡수된 비타민 D가 활성형 비타민 D로 전환되는 과정은 간과 신장에서 단계적으로 일어난다.

첫 번째 단계는 간으로 운반된 비타민 D가 25-수산화효소(25-hydroxylase)에 의해 25-히드록시콜레칼시페롤[25-(OH)-D_3]로 수산화된 후 비타민 D 결합단백질(vitamin D binding protein, DBP)과 결합하여 혈액으로 분비되는 것이다. 두 번째 단계는 신장에서 일어나며 25-히드록시콜레칼시페롤이 1알파-수산화효소(1α-hydroxylase)에 의해 1,25-디히드록시 콜레칼시페롤[1,25-$(OH)_2$-D_3]로 수산화되는 것이다. 1,25-디히드록시 콜레칼시페롤은 칼시트리올(calcitriol)이라 부르며 비타민 D의 활성형으로 호르몬의 기능을 갖는다(그림 7-6).

혈액에서 비타민 D는 25-히드록시 콜레칼시페롤의 형태로 가장 많이 존재하므로 혈청 25-히드록시 콜레칼시페롤 농도를 측정하여 비타민 D 영양상태를 평가한다. 한 연구에 의하면 우리나라에서는 낮 12시~2시 사이에 혈청 25-히드록시 콜레칼시페롤 농도가 가장 높았다고 보고되었다.

대사적으로 산화된 비타민 D 화합물들은 글루쿠론산(glucuronic acid)이나 극성을 띤 다른 물질과 결합하여 주로 담즙을 통해 배설된다.

글루쿠론산
간에서 합성되는 물질로 해독작용에 관여한다.

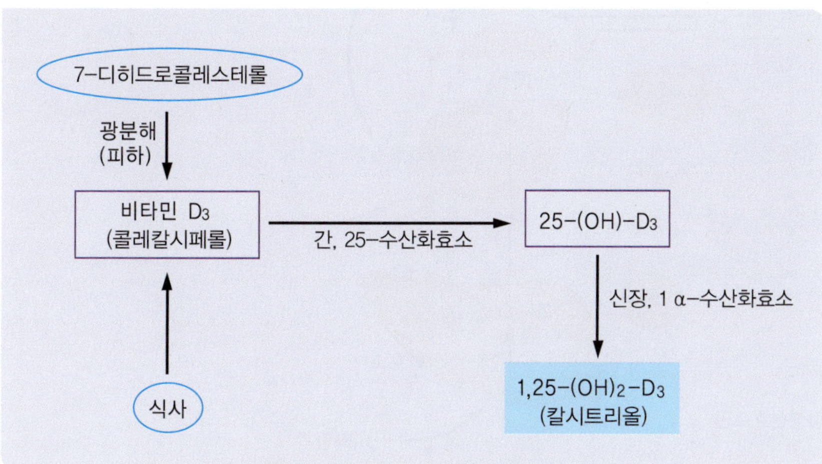

그림 7-6 비타민 D_3의 활성화과정

2.2 기능

비타민 D 호르몬인 1,25-$(OH)_2$-D_3에 대한 수용체를 갖고 있는 조직은 뼈, 소장, 신장 이외에 췌장과 부갑상선 등이다. 따라서 비타민 D는 골격 형성과 칼슘의 항상성 유지에 핵심적인 역할을 할 뿐만 아니라 인슐린 분비, 적혈구 생성, 암세포의 분화와 증식과정에도 관여한다.

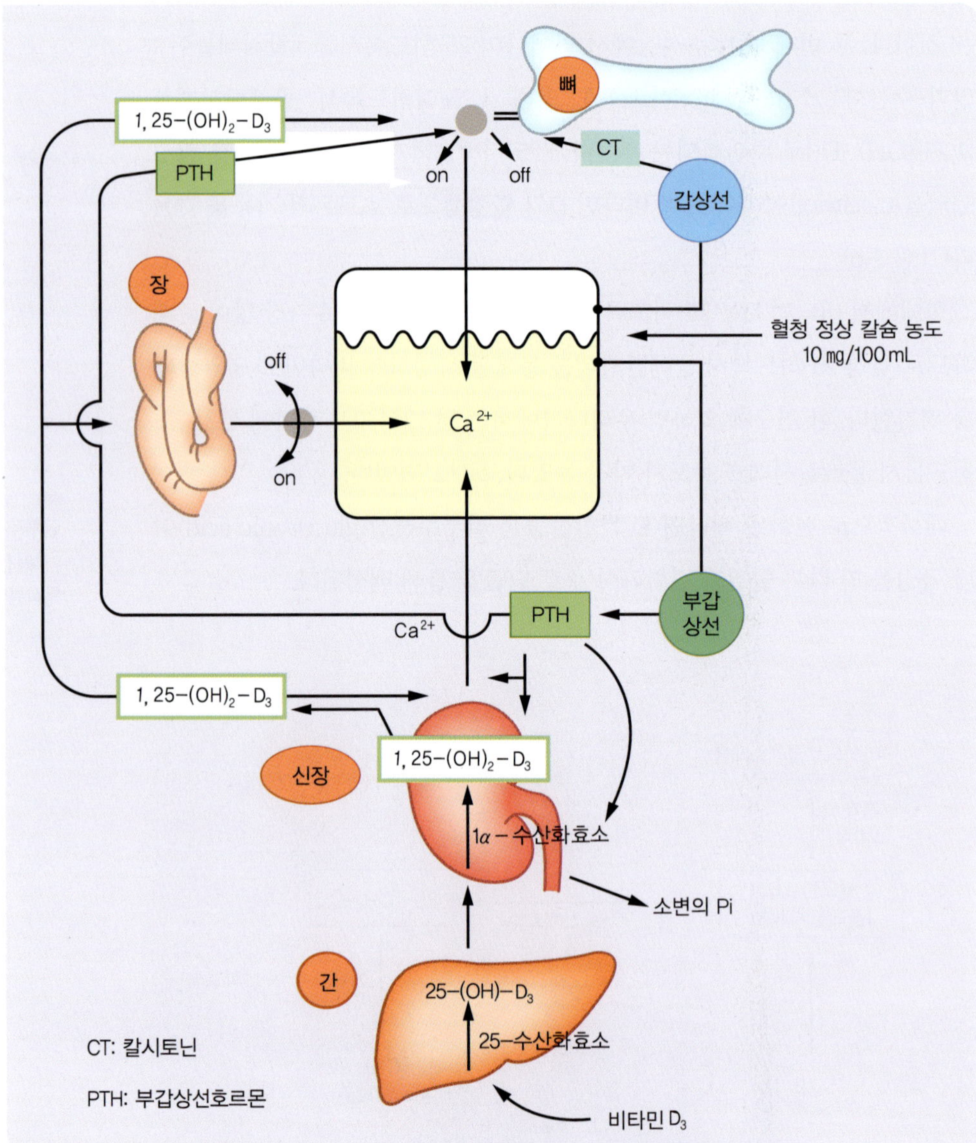

그림 7-7 비타민 D와 부갑상선호르몬에 의한 혈청 칼슘 농도 조절

비타민 D 호르몬 생성과정은 혈청 칼슘과 인의 농도, 부갑상선호르몬(parathyroid hormone, PTH)에 의해 조절된다. 즉, 혈중 칼슘 농도가 낮아지면 PTH가 분비되고 PTH는 신장에서 비타민 D 호르몬 합성을 자극한다. 비타민 D 호르몬은 소장에서 칼슘결합단백질(calcium-binding protein, calbindin) 합성을 증가시켜 칼슘 흡수를 증가시키고 신장에서 칼슘 배설을 감소시킬 뿐만 아니라 뼈의 칼슘이 혈액으로 유리되는 골흡수(bone resorption)를 촉진시켜 혈청 칼슘 농도를 증가시킨다(그림 7-7).

비타민 D 호르몬이 표적조직에서 작용하는 기전을 그림 7-8에 도시하였다. 소장 상피세포에서 비타민 D 호르몬(S)은 세포 내의 수용체(R)와 복합체(SR complex)를 형성하며, 호르몬-수용체 복합체는 핵에서 유전자의 전사(transcription)과정을 조절하여 생물학적 기능을 수행하는 단백질 합성을 촉

골흡수
파골세포(osteoclast)가 활성화되어 뼈 성분(칼슘, 인, 골기질 등)이 소실되는 과정

전사
DNA상의 유전정보가 m-RNA로 전달되는 단계

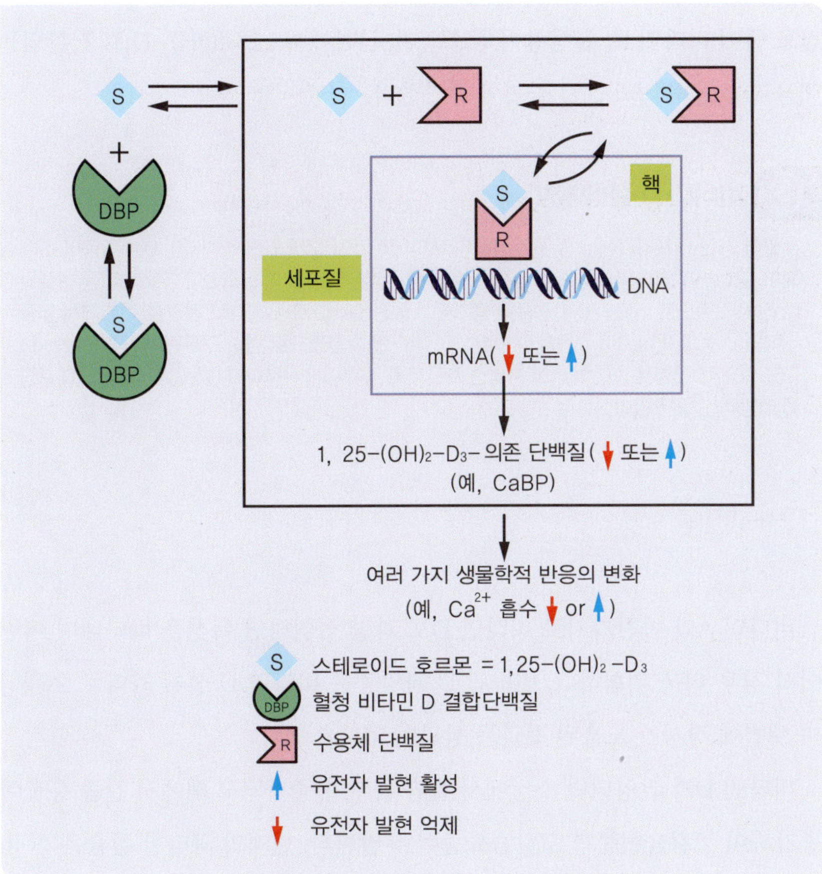

그림 7-8 표적세포에서 1,25-$(OH)_2$-D_3의 작용기전 모델

진한다. 비타민 D 호르몬에 의해 합성이 유도되는 대표적인 단백질은 칼슘결합단백질로 소장에서 칼슘 흡수율을 증가시킨다.

2.3 결핍증

비타민 D가 결핍되면 혈액 내 칼슘과 인의 농도가 낮아지고 뼈에 정상적인 무기질 침착이 일어나지 못하므로 구루병(rickets)과 골연화증(osteomalacia)이 나타난다. 구루병은 어린이에서 나타나는 비타민 D 결핍증으로 머리, 관절, 갈비뼈가 커지며, 다리가 O자나 X자 형으로 휘는 뼈의 변형이 일어난다. 골연화증은 성인의 비타민 D 결핍증으로 새로 형성되는 뼈의 석회화 감소로 골반이나 척추가 골절되기 쉽다.

나이가 들면 피부의 7-디히드로콜레스테롤 감소와 더불어 햇빛을 보는 시간도 줄어 비타민 D_3 합성량이 감소되며, 신장에서 1,25-$(OH)_2$-D_3로 전환되는 비율도 낮아져 비타민 D 결핍이 증가한다.

비타민 D 결핍예방

햇볕이 강한 아프리카에 살던 원주민들이 북아메리카에 살게 되면서 비타민 D 부족증이 초래되어, 임신부와 영아의 뼈 건강에 심각한 문제를 초래한다는 것이 밝혀졌다. 우리나라를 비롯하여 전 세계적으로 비타민 D 결핍증이 증가하고 있는 실정으로 우리나라 폐경 후 여자에서 혈중 비타민 D 농도가 낮으며 최근에는 수유부의 비타민 D 결핍으로 영아 구루병이 증가한다는 보고도 있었다. 햇볕을 충분히 쬐고 자외선 차단제를 지나치게 사용하지 않는 것이 비타민 D 결핍을 예방하는 좋은 방법이다.

2.4 과잉증

비타민 A와 마찬가지로 비타민 D도 과량 섭취하면 독성을 나타내며 어린이의 경우 더욱 위험하다. 비타민 D 과잉증은 비타민 D 섭취 과다로 초래되며 햇볕에 장시간 노출된 것과는 상관이 없다.

비타민 D가 과잉되면 소장에서 칼슘 흡수가 증가되고 뼈에서 칼슘 용출이 증가하여 고칼슘혈증과 고칼슘뇨증이 유발된다. 혈액의 과다한 칼슘은 신장, 심장, 폐와 같은 여러 기관에 침착되어 영구적인 손상을 유발하며 이외에도 구토, 변비, 식욕저하, 경련 등이 발생할 수 있다.

2.5 영양섭취기준 및 섭취실태

2010년까지는 비타민 D 섭취기준이 5 μg/일이었으나 우리나라의 경우 겨울에는 햇빛으로부터 비타민 D를 충분히 합성하기 어렵고 또한 생활 패턴이 변화하여 예전과 같은 비타민 D 합성을 기대하기가 어려우므로 2015년 이후에 성인의 비타민 D 충분섭취량을 10 μg/일로 상향조정하였다. 또한 노인의 경우 햇볕 노출시간 감소, 폐경으로 인한 호르몬 변화, 피하 비타민 D 합성능력 저하 등을 고려하여 15 μg/일로 상향조정된 바 있다. 고칼슘혈증을 독성종말점으로 하여 상한섭취량을 100 μg/일로 설정하였다.

2005년 국민건강영양조사에서 1세 이상의 비타민 D 섭취량을 조사한 결과 20~49세 성인 남녀에서 평균 3.4~4.4 μg/일이었으며, 충분섭취량 미만 섭취비율은 약 80%로 나타났다. 65세 이상 여자에서 1.7 μg/일, 75세 이상은 1.3 μg/일로 섭취량이 상당히 낮았으며 충분섭취량 미만 섭취비율도 97%였다.

2.6 급원식품

비타민 D 급원식품은 고등어, 정어리, 연어, 청어와 같이 기름이 많은 생선과 생선기름 정도로 제한되어 있기 때문에 식품을 통해서 충분히 섭취하기는 어려우므로 햇빛을 받아 피하에서 비타민 D 합성을 증가시키는 것이 매우 중요하다.

3 비타민 E

비타민 E는 식물에서 합성되는 α-, β-, γ-, δ-토코페롤(tocopherol)과 토코트리에놀(tocotrienol)의 총칭이다. 토코페롤은 고리(ring) 구조와 탄소로 된 긴 포화측쇄로 되어 있으며, 토코트리에놀은 불포화측쇄를 갖는다. 자연계에 존재하는 여러 토코페롤 중 알파-토코페롤이 사람에서 최대의 생물학적 활성을 나타낸다(그림 7-9와 표 7-5).

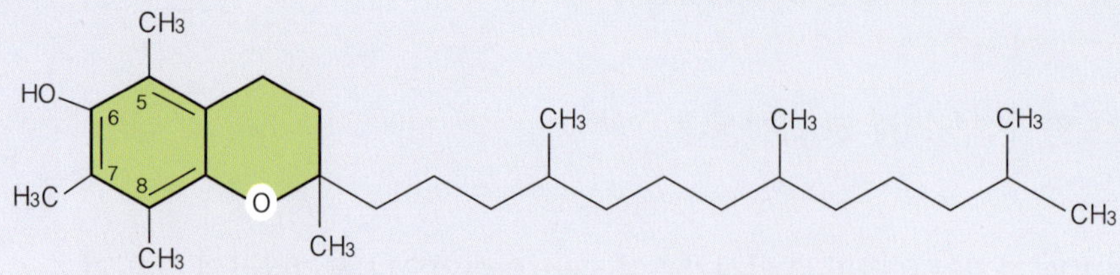

그림 7-9 알파-토코페롤(5, 7, 8-트리메틸 토콜)의 구조

표 7-5 자연계에 존재하는 토코페롤의 종류

토코페롤	메틸기(-CH3)의 위치에 따른 이름
알파(alpha)-토코페롤	5,7,8-트리메틸 토콜(trimethyl tocol)
베타(beta)-토코페롤	5,8-디메틸 토콜(dimethyl tocol)
감마(gamma)-토코페롤	7,8-디메틸 토콜
델타(delta)-토코페롤	8-메틸 토콜(methyl tocol)
에타(eta)-토코페롤	7-메틸 토콜
제타(zeta)-토코페롤	5,7-디메틸 토콜

3.1 흡수 및 대사

흡수된 비타민 E는 킬로미크론에 의해 림프계를 통해 혈액으로 운반된다. 킬로미크론의 비타민 E는 HDL, LDL, 적혈구 및 조직으로 이동하기도 하나 상당 부분은 킬로미크론 잔유물과 함께 간으로 들어간다.

간으로 유입된 비타민 E 가운데 알파-토코페롤은 간에 있는 알파-토코페롤 결합단백질(α-tocopherol transfer protein, α-TTP)에 의해 VLDL로 옮겨져 혈액으로 분비되며, LDL에 남아 간 외 조직(extrahepatic tissue)으로 유입되거나 HDL로 이동한다. 공복 시 알파-토코페롤의 대부분은 남자의 경우 LDL에 의해, 여자의 경우는 HDL에 의해 운반된다. α-TTP는 간 이외에 혈장, 근육 및 적혈구에도 존재한다.

비타민 E는 대부분 지방조직에 저장되며, 간, 폐, 심장, 근육 등에는 소량 저장된다. 비타민 E 영양상태는 혈청 알파-토코페롤 농도를 혈청 총지질로 나눈 비율로 평가하는데, 총지질 대신 혈청 중성지방과 콜레스테롤을 합한 양으로 나누기도 한다. 토코페롤의 측쇄구조는 토코페론산(tocopheronic acid)으로

뇌의 비타민 E

혈액-뇌 장벽(blood-brain-barrier)에 의해 외부환경의 변화로부터 보호되는 뇌는 비타민 E 섭취량이 부족하여도 혈액이나 간에 비해 비타민 E 함량이 크게 감소하지 않는다. 즉 뇌의 알파-토코페롤은 상당 부분이 유리상태가 아닌 에스테르(ester) 형태로 존재하여 안정적이며, 재이용 면에서도 특이할 것으로 추측된다.

전환될 수 있고, 글루쿠론산과 같이 극성을 띤 분자들과 포합하여 담즙을 통해 배설된다. 장간순환을 거쳐 재흡수되는 알파-토코페롤의 양은 매우 적다.

3.2 기능

1) 항산화 기능

비타민 E는 지용성 물질이므로 막과 같이 지질이 많은 곳에서 효과적으로 항산화 기능을 수행한다. 즉, 비타민 E는 세포막과 세포 소기관의 막조직에서 인지질의 다중불포화지방산이 산화되어 지질과산화물을 생성하는 것을 방지하는 항산화 작용을 통해 세포를 보호한다. 세포막에서 지질과산화물 형성을 저지하는 비타민 E의 보호작용을 제1차 방어선이라고 한다면, 비타민 E가 있

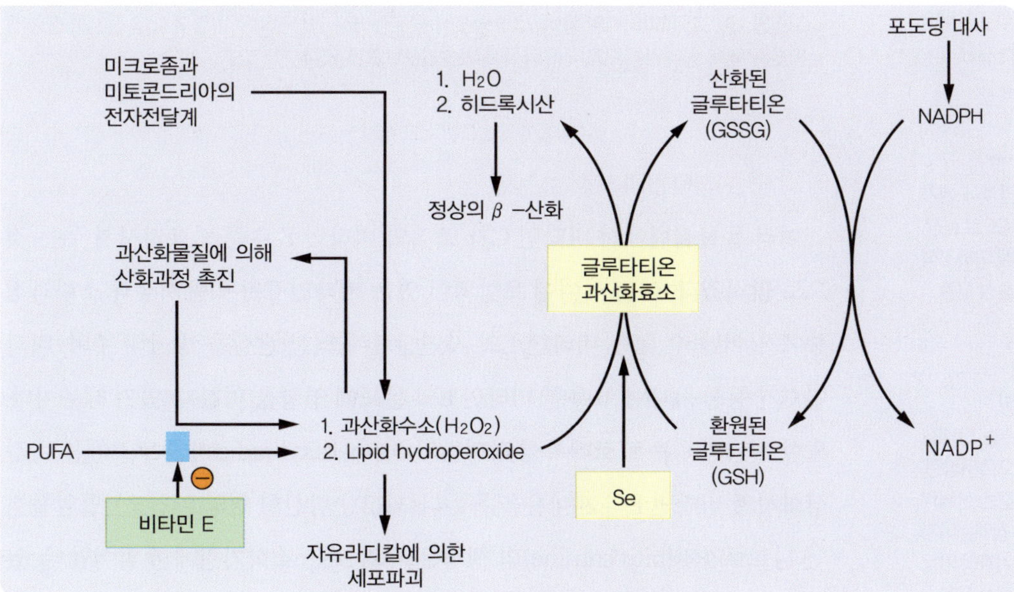

그림 7-10 비타민 E와 셀레늄의 항산화 작용

글루타티온(glutathione)
글루탐산, 시스테인, 글리신으로 이루어진 트리펩티드

근 위축증(muscular dystrophy)
근육세포와 조직이 지속적으로 감소하여 근력 저하 및 위축으로 인해 나타내는 퇴행성 근육병증

혈전성 정맥염(thrombophlebitis)
정맥염과 혈전을 동반하는 질환

간헐성 파행증(intermittent claudication)
다리 말초동맥 경화로 인한 혈행장애로 보행 중에 통증을 느끼지만 휴식을 취하면 증세가 회복되는 질환

류마티스열(rheumatic fever)
연쇄상구균 감염 후에 생기는 일종의 후유증으로 심장, 관절, 중추신경계, 피하조직에 나타나는 염증성 질환

낭포성 섬유증(cystic fibrosis)
염소이온(Cl-) 수송 단백질의 선천적 이상으로 위장관, 폐, 췌장 등과 같은 신체의 여러 기관에서 점액분비가 과다하여 이들 기관의 기능이 상실되는 유전성 질환

더라도 어느 정도 생성되는 과산화물의 처리를 맡은 셀레늄의 역할을 제2차 방어선으로 볼 수 있다. 셀레늄은 글루타티온 과산화효소(glutathione peroxidase)의 보조인자이며, 이 효소는 과산화물을 환원시켜 세포의 손상을 막아준다(그림 7-10). 이때 글루타티온 과산화효소의 기질인 글루타티온이 환원력을 제공하며, 함황아미노산인 시스테인은 글루타티온의 구성성분이다(제10장 미량무기질, 제12장 항산화 영양소 참조).

세포막 인지질의 산화로 생성되는 자유라디칼이나 과산화물이 누적되면 노화과정을 촉진시킨다는 이론에 근거하여 비타민 E의 항노화 작용을 설명하기도 하며, 이러한 작용으로 인해 비타민 E는 심혈관질환, 암 및 면역기능 손상의 위험을 감소시킨다.

2) 면역 기능

비타민 E는 면역력을 강화시키는데, 특히 T림프구 기능을 정상화하는 데 필요하다. 이러한 면역증강 효과로 인해 비타민 E는 항암효과를 지니게 된다.

비타민 E의 보충효과

비타민 E 보충이 효과적인 질병에는 근 위축증, 혈전성 정맥염, 간헐성 파행증, 심장질환, 화상, 고혈압, 그리고 류마티스열 등이 있다. 낭포성 섬유증이나 겸상적혈구 빈혈과 같은 선천성 질환의 경우에도 비타민 E 보강이 효과적이라는 연구보고가 있다.

3) 다른 비타민과의 상호관계

여러 동물실험에서 비타민 C가 조직의 비타민 E 수준을 유지시켜 주는 것으로 밝혀졌다. 이는 식이에 포함되어 있는 비타민 C가 식품저장과 소화과정 중에 일어날 수 있는 비타민 E의 자연산화에 의한 손실을 방어해 주며, 비타민 C가 동물 체내에 유용한 비타민 E의 분포에 영향을 미칠 수 있기 때문이다. 또한 비타민 C는 토코페록실 라디칼(tocopheroxyl radical)을 토코페롤로 정상화시켜 비타민 E의 재이용을 돕는다(제12장 항산화 영양소 참조). 발암물질인 니트로자민(nitrosamine)의 생성은 체외 또는 소화기관에서 일어날 수 있는데, 소화기관의 수용성 환경에서는 비타민 C가, 지용성 환경에서는 비타민

아민(amine) + N_2O_2 → 니트로자민(nitrosamine) + NO_2^- + H^+)

비타민 C(환원형) + N_2O_2 → 비타민 C(산화형) + 2NO + $2H_2O$

E가 비타민 C와 상호 보완적으로 니트로자민 생성을 막아준다.

3.3 활성도

자연계에 존재하는 비타민 E와 합성 비타민 E는 생물학적 활성이 서로 다르며, 식품에 함유된 여러 종류의 비타민 E도 그 활성도가 각각 다르다. 따라서 비타민 E의 활성도를 나타낼 때 알파-토코페롤 활성도를 기준으로 하여 알파-토코페롤당량(α-tocopherol equivalent, α-TE)으로 표시하는데, 1 mg α-TE는 1 mg의 천연 d-α-토코페롤(RRR-α-tocopherol)이 갖는 활성이다. 자연계에 존재하는 여러 토코페롤과 합성 비타민 E의 활성도는 다음과 같다.

1 알파-토코페롤당량(α- tocopherol equivalent, mg α-TE) = 1 mg d-α- tocopherol

= 2 mg d-β-tocopherol

= 10 mg d- γ- tocopherol

= 3.33 mg d-α-tocotrienol

= 1.35 mg dL-α-tocopherol(합성 비타민 E)

표 7-6과 표 7-7에는 각각 유지류와 일부 식품 중에 함유된 비타민 E 총량을 환산하여 나타내었다.

3.4 결핍증

사람에게서 비타민 E 결핍은 아주 드물게 발생하며, 섭취 부족보다 α-TTP나 지단백질 대사에 문제가 있는 경우에 결핍증을 보인다. 결핍증상은 말초신경장애, 운동실조, 골격근증, 색소침착 망막증이다.

표 7-6 일부 유지류 중의 비타민 E 함량

(단위: mg/100 g)

식품	토코페롤				토코트리에놀				비타민 E 총계	α-TE[1]
	α	β	γ	δ	α	β	γ	δ		
참기름(정제)	1.38		25.2	2.08	–[2]	–	–	–	29.1	1.07
참기름	28.8		45.7	tr	–				74.6	33.4
들기름	11.0		62.4	20.4	–	–	–		93.7	17.4
옥수수기름(정제)	14.3		64.9	2.75	0.58	–	–		83.2	21.1
면실유(정제)	35.3		30.0	–	–	–	–		65.2	38.3
야자유(정제)	18.3		–	–	11.5	–	5.75		35.5	21.8
코코넛유	0.35		0.17	0.35	1.29	0.10	1.32		3.58	0.78

[1] α-tocopherol equivalent
[2] not detected

표 7-7 식품 중의 비타민 E 함량

(단위: mg/100 g)

식품	토코페롤				토코트리에놀				비타민 E 총계	α-TE[1]
	α	β	γ	δ	α	β	γ	δ		
쇠고기	0.16	–[2]	–	–	–	–	–	–	0.16	0.16
닭가슴살	0.09	–	0.07	–	–	–	–	–	0.16	0.10
청어	2.16	–	0.06	–	–	–	–	–	2.22	2.17
고등어	3.77	tr[3]	0.13	–	–	–	–	–	3.09	3.78
마른 오징어	4.38	tr	3.08	0.04	–	–	–	–	7.50	4.69
미역	1.12	tr	0.61	–	–	–	–	–	1.81	1.26
김	3.68	1.62	11.87	0.19	0.06	0.08	0.06	0.02	17.58	5.70
요구르트	0.83	–	0.02	–	–	–	–	–	0.85	0.83
우유(일반)	0.03	–	0.02	–	–	–	–	–	0.05	0.03
우유(검정콩)	0.02	–	0.10	–	–	–	–	–	0.12	0.03
치즈	0.26	tr	2.43	0.53	tr	0.02	0.02	0.05	3.31	0.52
서리태	0.68	–	7.53	2.27	0.07	–	0.10	0.03	10.68	1.52
대두	0.33	–	5.60	2.32	–	–	–	–	8.25	0.96
두부	1.07	tr	2.58	0.58	0.01	0.01	0.03	0.08	4.36	1.35
콩나물	0.61	–	2.10	0.45	–	–	–	–	3.16	0.83
호박씨	1.98	–	7.95	0.27	–	tr	0.27	–	10.47	2.78
해바라기씨	17.61	0.69	0.34	0.03	–	–	–	–	18.67	17.99
호두	0.55	–	8.30	0.70	0.02	0.08	0.16	–	9.81	1.41
잣	3.26	–	3.49	0.03	0.08	0.11	0.59	–	7.56	3.64
밤	0.08	–	1.06	–	–	–	–	–	1.14	0.19
고추장	3.27	0.20	0.40	tr	0.17	0.42	0.07	–	4.53	3.48
된장	0.48	0.02	2.81	0.69	0.07	0.27	0.02	0.05	4.41	0.83

[1] α-tocopherol equivalent
[2] not detected
[3] trace amount(0.01 mg 미만/100 g)
자료: 이선미, 이희봉, 이준수. J Korean Soc Food Sci Nutr 34(7):1064-1070, 2005

한국과 미국의 비타민 E 섭취기준의 설정의 비교

미국은 알파-토코페롤 결합 단백질(α-tocopherol transfer protein, α-TTP)과 효과적으로 결합하는 알파-토코페롤 및 합성 알파-토코페롤 중 4가지(아래 설명 참조)만을 비타민 E 활성을 갖는 것으로 간주하고 종전에 사용하던 비타민 E 활성 단위인 α-TE를 더 이상 사용하지 않고 있다. 또한 섭취기준을 종전의 남자 10 mg α-TE, 여자 8 mg α-TE에서 남녀 구분 없이 15 mg 알파-토코페롤로 상승시켜 제시하였다. 그러나 일반인이 식품 섭취를 통해 하루에 15 mg의 알파-토코페롤을 섭취하기는 어려워 섭취기준의 2/3 정도 밖에 섭취하지 못하므로 섭취기준이 너무 높다는 의견이 제기되고 있다.

우리나라에서는 알파-토코페롤보다 감마-토코페롤 섭취량이 3배나 많고 감마-토코페롤의 항산화 기능도 경시할 수 없으며, 다른 종류의 α-TTP에 대해서도 알려지고 있으므로 한국인의 영양섭취기준에서는 여러 형태의 비타민 E를 모두 수용하여 종전의 α-TE 개념을 그대로 사용하고 있다.

<합성 알파-토코페롤>

알파-토코페롤은 3개의 부제탄소(그림에서 2, 4′, 8′ 탄소)를 갖고 있으므로, 알파-토코페롤을 합성할 때 부제탄소에 결합된 메틸기(-CH3)의 위치에 따라 8(=2^3)가지 이성체를 형성한다. 이들 중 2R 구조를 갖는 4개의 이성체만이 간에서 합성된 α-TTP과 결합할 수 있다는 것을 근거로 하여 미국/캐나다에서는 이 4개의 이성체만을 비타민 E 활성이 있는 것으로 간주한다.

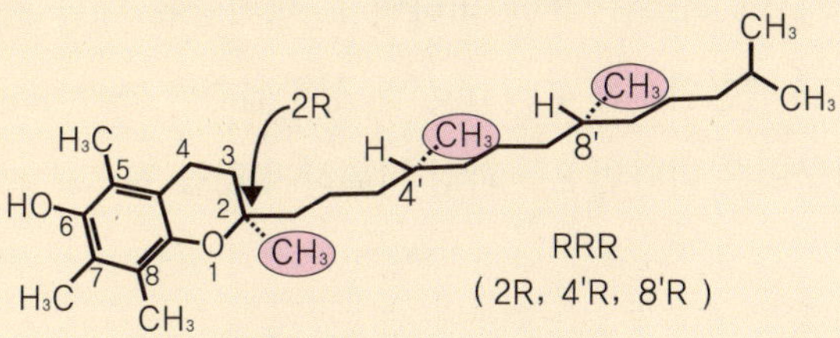

RRR-알파-토코페롤

3.5 과잉증

식품을 통한 비타민 E 과량 섭취에 의한 독성은 보고된 바 없으나, 질병치료 목적으로 과량의 보충제를 오랫동안 섭취하면 비타민 E가 비타민 K의 흡수를 방해하여 출혈성 손상을 초래할 수 있다. 그 외에도 피로, 복시(diplopia), 근육쇠약, 크레아틴뇨증 등이 나타난다.

3.6 영양섭취기준 및 섭취실태

한국인의 비타민 E에 대한 연구 자료가 충분치 않아 한국인 비타민 E 섭취

분포를 참고하여 충분섭취량을 설정하였다. 성인의 비타민 E 충분섭취량은 남녀 동일하게 12 mg α-TE/일이다. 비타민 E 상한 섭취량은 19세 이상 성인과 노인에서 540 mg α-TE/일로 설정하였으며 식사 외에 보충되는 합성 토코페롤(synthetic all-rac-α-tocopherol)만을 계산한다.

비타민 E 필요량은 다중불포화지방산(PUFA) 섭취량에 비례하는데, 비타민 E와 PUFA의 비율은 약 0.4~0.6(mg 비타민 E/g PUFA)인 것이 바람직하다. 특히 들깨기름은 알파-리놀렌산(18:3 ω3)을 총 지방산의 약 60%나 함유하므로, 많이 섭취할 경우 기름 자체에 함유된 비타민 E만으로는 PUFA의 산패를 막기 어렵다. 그러므로 PUFA 함량이 매우 높은 들깨기름이나 생선기름을 많이 섭취할 경우에는 비타민 E 섭취량을 증가시켜야 한다. 반대로 셀레늄이나 함황아미노산은 비타민 E 요구량을 감소시킨다.

2008~2012년 국민건강영양조사 식품섭취량 자료를 분석한 연구결과에 의하면 전체 연령군의 식품을 통한 비타민 E 섭취량에 대한 중간값은 10.1 mg/일, 평균 97.5 백분위수는 40.9 mg/일, 상한섭취량 초과 평균 비율은 0%로 대부분의 한국인은 비타민 E를 과잉 섭취하지 않는 것으로 보인다.

3.7 급원식품

비타민 E가 풍부한 식품은 대두, 옥수수, 참깨, 들깨 등과 같은 종실류와 이들을 원료로 한 식물성 기름에도 풍부하다. 녹색 채소(신선초, 호박잎, 깻잎, 케일 등), 견과류, 해조류, 생선 등에도 함유되어 있다. 참기름, 들기름, 옥수수기름, 콩, 호두 등에는 알파-토코페롤보다 감마-토코페롤이 더 많이 함유되어 있다(표 7-6, 7-7). 동물성 식품과 유제품에는 비타민 E가 거의 없다.

4 비타민 K

비타민 K에는 녹색식물에서 만들어지는 비타민 K_1(필로퀴논, phylloquinone)과 장내세균에 의해 합성되는 비타민 K_2(메나퀴논, menaquinone), 그리고 합성 비타민으로서 수용성인 비타민 K_3(메나디온, menadione)가 있

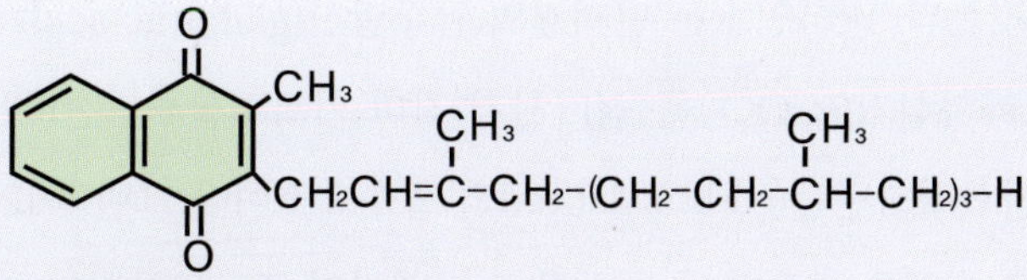

필로퀴논 (비타민 K_1)

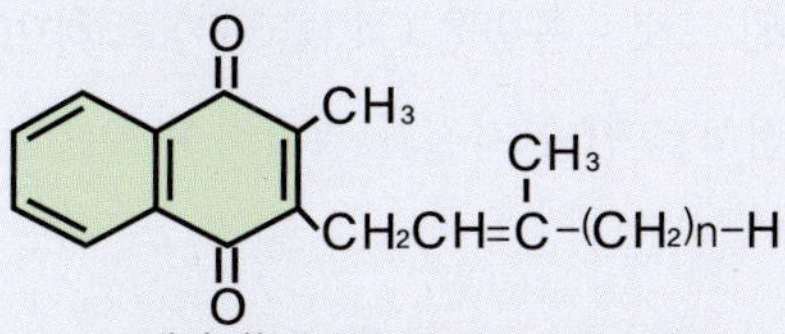

메나퀴논 (비타민 K_2 : n=6~10)

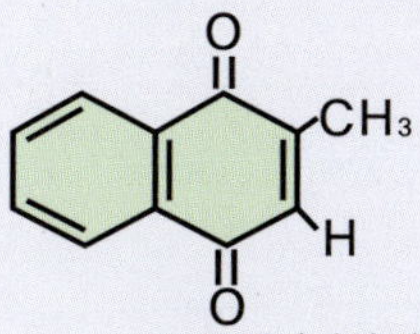

메나디온(비타민 K_3, 합성)

그림 7-11 비타민 K의 구조

다(그림 7-11).

4.1 흡수 및 대사

흡수된 비타민 K는 킬로미크론의 형태로 주로 간으로 이동된 후 VLDL과 LDL에 의해 다른 조직으로 운반된다. 비타민 K는 주로 간에 저장되고 사람의 체내 보유량은 약 100 μg으로 소량이며 교체 속도가 매우 빠르다. 수용성인 비타민 K3나 그 유도체들은 담즙과 췌장액의 도움 없이 흡수되며 직접 혈액으로 들어간다. 비타민 K는 간에서 산화된 후 주로 담즙을 통해 배설되고 일부는 소변으로 배설된다.

비타민 K 필요량은 대부분 식사를 통한 섭취로 충당되며, 장내 미생물에 의해 합성된 메나퀴논의 흡수량은 매우 적다.

4.2 기능

비타민 K는 혈액응고 및 골대사와 관련된 여러 가지 단백질을 활성화시키는 기능을 갖는다. 비타민 K는 단백질의 글루탐산(glutamic acid) 잔기의 감마-탄소에 카복실기(-COO⁻)를 첨가시켜 감마-카복시글루탐산(Gla)으로 전환시키는 카복실화반응(carboxylation)의 필수요소이다(그림 7-12). 이 반응은 혈액응고에 매우 중요한데, 혈액응고 단백질인 프로트롬빈의 카복실화반응 결과, 감마-Gla를 함유하게 된 프로트롬빈은 Ca^{2+}을 매개로 하여 혈소판이나 상처 부위의 내피세포의 음전하를 띤 인지질과 결합하여 트롬빈으로 활성화된다.

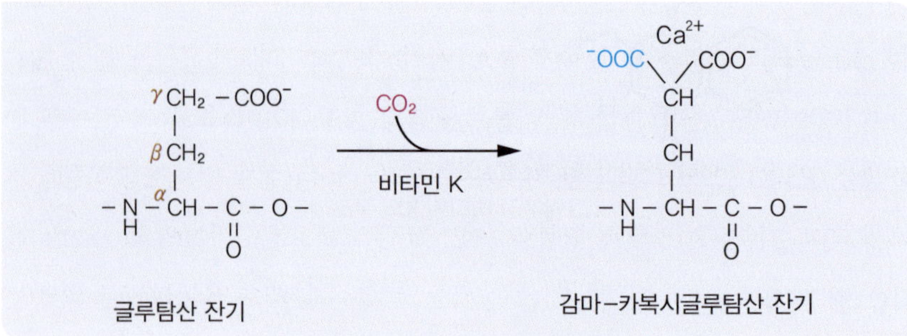

그림 7-12 감마-카복시글루탐산 형성

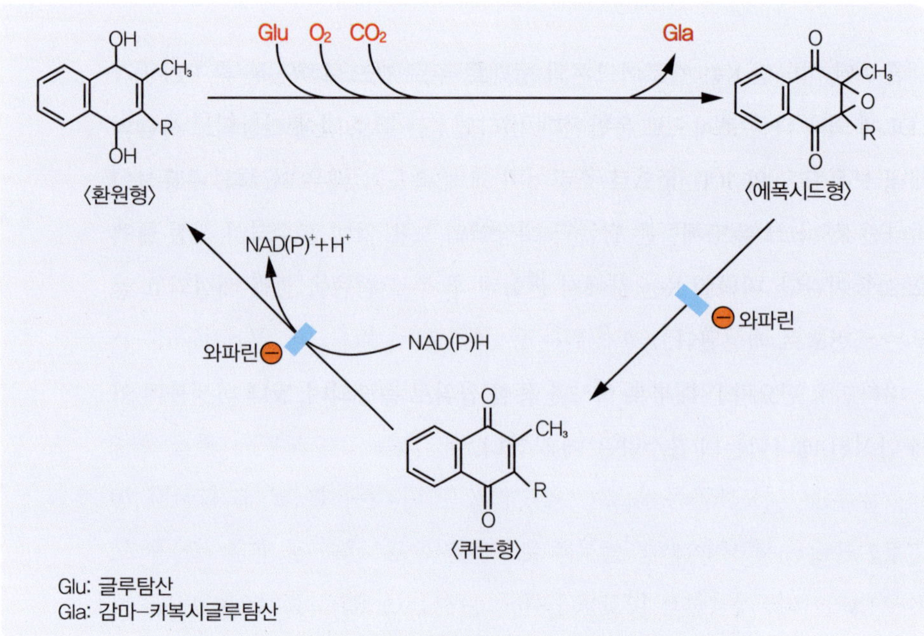

그림 7-13 비타민 K-의존성 카복실화반응과 비타민 K의 재생과정

카복실화반응으로 불활성형(에폭시드형)이 된 비타민 K는 환원과정을 통해 활성화되는데, 항응고제인 와파린(또는 쿠마딘, 디쿠마롤)은 이 과정을 저해하여 혈액응고를 방해한다(그림 7-13). 반대로 항응고제 과량 복용으로 인한 혈액의 응고 장애 시 과량의 비타민 K를 주어 완화시키기도 한다.

그 외에 Gla 단백질로 오스테오칼신(osteocalcin)이 있는데, 오스테오칼신은 뼈에서 합성되는 단백질로 카복실화반응을 거친 후 칼슘과 결합하여 골격의 결정을 형성함으로써 골격 발달에 관여한다.

4.3 결핍증

비타민 K 결핍 증상은 혈액응고 지연으로 프로트롬빈 시간(prothormbin time) 증가를 보이며 심한 경우 지혈장애로 과다출혈이 일어날 수 있다.

정상적인 식사를 하는 사람에서 비타민 K 결핍은 드물며 지질 흡수장애 환자와 장기간 항생제를 복용하는 사람에서 결핍증이 나타날 수 있다. 항생제를 장기간 복용하면 장에서 세균에 의해 생성되는 메나퀴논이 감소하기 때문이다.

4.4 과잉증

비타민 K의 독성은 그 형태에 따라 차이가 있는데, 식품 중에 존재하는 비타민 K_1을 체중 1 kg당 10 mg/일씩 한 달간 섭취하여도 유해한 영향을 보이지 않았다. 그러나 합성형인 메니디온을 과량 섭취한 경우 독성을 나타내므로 유의해야 하며, 특히 신생아의 경우에 용혈 및 간조직에 독성을 유발하며 고빌리루빈 혈증을 악화시킬 수 있다.

4.5 영양섭취기준 및 섭취실태

한국인의 비타민 K 영양섭취기준은 평균필요량을 설정할 수 있는 자료가 부족하여 충분섭취량으로 설정하였고 성인 남녀의 비타민 K 섭취량은 각각 75 μg/일, 65 μg/일이다.

비타민 K의 상한섭취량을 설정하기에는 유해작용에 대한 자료가 충분하지 않으므로 상한섭취량은 설정하지 않았다.

한국인의 비타민 K 섭취에 관한 연구는 거의 이루어지지 않은 실정이다. 여자를 대상으로 한 연구에서 20대 여자의 비타민 K 섭취량은 379 μg/일이었으며, 폐경기 여자는 725 μg/일로 조사되어 충분히 섭취하는 것으로 나타났다.

4.6 급원식품

비타민 K_1은 시금치, 상추, 브로콜리, 케일, 양배추 등 녹색 채소에 많이 함유되어 있으며, 대두유, 면실유, 카놀라유, 올리브유와 같은 식물성 기름도 좋은 급원식품이다. 장에서 세균에 의해 합성되는 비타민 K_2의 일부는 흡수되어 이용된다.

신생아와 비타민 K 공급

비타민 K는 태반을 거의 통과하지 못하여 신생아는 체내 비타민 K 저장량이 매우 적으며 장내 세균에 의한 비타민 K 합성량이 적고 모유의 비타민 K 함량(2 μg/L)도 낮은 편이다. 따라서 여러 나라에서는 비타민 K 부족에 의한 출혈을 예방하기 위하여 출생 직후 비타민 K를 주사하는데 우리나라에서도 출생 당일에 비타민 K 1 mg을 주사하고 있다.

요약

1 지용성 비타민의 흡수를 위해서는 지질의 섭취와 담즙산염이 필요하며, 비타민 K를 제외하고는 체외로 쉽게 배설되지 않고 간과 지방조직에 저장되므로 과량 섭취하면 독성이 나타날 수 있다. 지용성 비타민은 체내에서 각기 독특한 기능을 수행한다.

2 비타민 A에는 레티노이드와 카로티노이드가 있으며 레티노이드는 시각기능, 상피세포 분화와 점액 분비, 항암작용에 관여한다. 카로티노이드 중 비타민 A 활성이 가장 강한 것은 베타-카로틴이며 레티놀로의 전환 여부와 관계없이 모든 카로티노이드는 항산화 역할을 수행한다.

3 비타민 A 결핍증은 야맹증, 안구건조증, 피부 각화증이며 장기간 과잉 섭취하면 두통, 구토, 간 손상, 뼈와 관절의 통증을 나타낸다. 임신부의 비타민 A 과잉 섭취는 태아의 기형을 유발할 수 있다.

4 비타민 D_3는 자외선에 의해 피하에서 합성되며, 간과 신장에서 수산화과정을 통해 활성을 띤 호르몬인 1,25-디히드록시 콜레칼시페롤(칼시트리올)로 전환된 후 표적조직(소장, 뼈, 신장 등)으로 운반되어 혈액의 칼슘 농도를 증가시킨다.

5 비타민 D 결핍증은 구루병과 골연화증이며 비타민 D 과잉증은 구토, 변비, 식욕 저하, 고칼슘혈증 및 신장, 심장, 폐와 같은 여러 기관에 칼슘이 침착되는 것 등이다.

6 자연계에 존재하는 여러 비타민 E 중 알파-토코페롤이 사람에서 생물학적 활성이 가장 강하다. 비타민 E는 지용성 환경인 막조직에서 항산화 기능을 수행하여 노화과정 지연, 면역능 강화, 항암 효과를 나타낸다.

7 비타민 E 필요량은 다중불포화지방산(PUFA) 섭취량에 비례하는데, 들깨기름이나 생선기름과 같이 PUFA 함량이 높은 식품을 섭취할 때는 비타민 E 섭취량을 증가시켜야 한다.

8 비타민 K에는 K_1(식물성 식품), K_2(동물성 식품, 장내 세균에 의해 합성), 그리고 합성 비타민인 수용성의 K_3가 있다. 비타민 K는 혈액응고 및 골대사와 관련된 Gla 단백질의 카복실화 반응에 관여한다. 이 반응을 통해 프로트롬빈이 활성화되어 혈액응고 반응이 일어나며, 오스테오칼신은 골격에서 칼슘과 결합하여 골격의 발달에 관여한다.

참고문헌

- 농촌진흥청 농촌자원개발연구소. 식품성분표 제8개정판, 2011
- 보건복지부, 질병관리본부. 국민건강영양조사 제6기 결과보고서, 2020
- 한국영양학회. 한국인 영양섭취기준 개정판, 2015

비타민 A

- 농촌진흥청 국립농업과학원. 기능성 성분표, 2009
- 이기열, 이양자, 박영심, 윤교희, 김병수. 한국인의 식이섭취와 암 유발에 관계에 관한 연구. 한국영양학회지 18:301-311, 1985
- Albanes D, Heinonen OP, Huttunen JK, et al. Effects of alpha-tocopherol and beta-carotene supplements on cancer incidence in the Alpha-Tocopherol Beta-Carotene Cancer Prevention Study. Am J Clin Nutr 62:1427S-1430S, 1995
- Blander WS, Olson JA. Retinol and retinoic acid metabolism. In: Sporn MB, Roberts AB, Goodman DS eds. The Retinoids: Biology, Chemistry and Medicine. 2nd ed, pp.229-255, Raven Press, New York, 1994
- Burton GW, Ingold KU. β-Carotene: an unusual type of lipid antioxidant. Science 224:569-573, 1984
- Feskanich D, Singh V, Willett WC, Colditz GA. Vitamin A intake and hip fractures among postmenopausal women. JAMA 287:47-54, 2002
- Kloer DP, Ruch S, Al-Babili S, Beyer P, Schulz GE. The structure of a retinal-forming carotenoid oxygenase. Science 308:267-269, 2005
- Olson JA. 1992 Atwater lectures. The irresistable fascination of carotenoids and vitamin A. Am J Clin Nutr 57:833-839, 1993
- Parker RS. Absorption, metabolism, and transport of carotensids. FASEB J 10:542 -555, 1996
- Ross AC. Vitamin A and carotenoids. In: Shils ME, Ross AC, Caballero B, Cousins RJ eds. Modern Nutrition in Health and Disease. 10th ed, Lea & Febiger, Philadelphia, 2006

비타민 D

- 문수재, 김수원, 김정현, 임승길. 정상 성인의 혈청 vitamin D 수준과 이에 영향을 주는 변인에 관한 연구. 한국영양학회지 29(7):747-757, 1996
- DeLuca HF, Zierold C. Mechanisms and functions of vitamin D. Nutr Rev 56:S4-S10; discussion S54-S75, 1998
- Holick MF. Vitamin D deficiency. New Engl J Med 357:266-281, 2007
- Rohde CM, Manatt M, Clagett-Dame M, DeLuca HF. Vitamin A antagonizes the action of vitamin D in rats. J Nutr 129:2246-2250, 1999
- Ross AC, Manson JE, Abrams SA, Aloia JF, Brannon PM, Clinton SK, Durazo-Arvizu RA, Gallagher JC, Gallo RL, Jones G, Kovacs CS, Mayne ST, Rosen CJ, Shapses SA. The 2011 report on dietary reference intakes for calcium and vitamin D from the institute of medicine: what clinicians need to know. J Clin Endocrinol Metabol 96:53-58, 2011
- Seasonal fluctuations in parathyroid hormone in relation to vitamin D intake of postmenopausal women. Nutr Rev 48:435-438, 1990

비타민 E

- 박연희, 김미경, 정은정, 이양자. 두뇌조직의 α-Tocopherol에 관한 연구. 한국영양학회지 23:108-114, 1990
- Brigelius-Floh ' e R. Vitamin E: The shrew waiting to be tamed. Free Rad Biol Med 46:543-554, 2009.
- Institute of Medicine, Food and Nutrition Board. Dietary Reference Intakes for Vitamin C, Vitamin E, Selenium, and Carotenoids. Washington, DC, National Academy Press, 2000.
- Kim SH. Distribution of combined nutrient intakes from vitamin/mineral supplements and diet to upper safe levels by healthy middle-aged Koreans. JARAHE 1998;5(127-134).
- Miller ER, 3rd, Pastor-Barriuso R, Dalal D, Riemersma RA, Appel LJ, Guallar E. Meta-analysis: high-dosage vitamin E supplementation may increase all-cause mortality. Ann Intern Med 142:37-46, 2005

- Traber MG, Ingold KU, Burton GW, Kayden HJ. Absorption and transport of deuteriumsubstituted 2R,4'R,8'R-α-tocopherol in human lipoproteins. Lipids 23:791-797, 1988

비타민 K

- 홍주영. 조여원. 폐경후 여자에서 비타민 K 보충이 혈중 오스테오칼신의 카르복실화에 미치는 영향. 한국영양학회지 32(6):726-731, 1999
- Booth SL. Roles for vitamin K beyond coagulation. Ann Rev Nutr 29:89-110, 2009
- Dubois J, Gaudry M, Bory S, Aserad R, Marqyet A. Vitamin K dependent carboxylation. J Biol Chem 258:7897-7899, 1983
- McCann J, Ames BN. Vitamin K, an example of triage theory: is micronutrient inadequacy linked to diseases of aging? Am J Clin Nutr 90:889-907, 2009
- Shearer MJ, Newman P. Metabolism and cell biology of vitamin K. Thromb Haemost 100:530-547, 2008
- Vermeer C, Gijsbers BLMG, Craciun AM, Dooren MMCL, Knapen MH. Effects of vitamin K on bone mass and bone metabolism. J Nutr 126:1187S-1191S, 1996

제8장 수용성 비타민

1. 비타민 C
2. 티아민
3. 리보플라빈
4. 니아신
5. 비타민 B_6
6. 엽산
7. 비타민 B_{12}
8. 판토텐산
9. 비오틴
10. 비타민 유사물질

제8장 수용성 비타민

수용성 비타민에는 비타민 B군과 비타민 C가 있다. 이들의 구조는 서로 다르나 모두 극성(極性) 물질이므로 물에 녹는다는 공통점이 있으며, 체내 저장량이 많지 않고 소변으로 쉽게 배설되므로 식사를 통해서 규칙적으로 섭취하여야 한다. 대부분의 수용성 비타민은 생체 내 효소반응에서 보조효소(coenzyme)로 작용한다. 비타민 B군은 탄수화물, 단백질, 지질로부터 에너지를 생산하는 과정에 반드시 필요하며, 엽산과 비타민 B_{12}는 적혈구의 생성과정에 관여한다. 또한 항산화 영양소인 비타민 C는 만성질병과의 관련성에 대한 연구가 많이 이루어지고 있다. 수용성 비타민은 독성이 없는 것으로 알려져 왔지만, 과잉섭취로 인한 영양 불균형 및 잠재적인 유해현상을 고려하여 안전하고도 충분한 양을 섭취하는 것이 중요하다.

1 비타민 C

비타민 C(ascorbic acid, 아스코르브산)는 산화적 스트레스로부터 신체를 보호하는 수용성 항산화 영영소이면서 효소의 보조인자기능을 갖는다. 식물과 많은 동물은 포도당의 우론산 경로(uronic acid pathway)를 통해서 비타민 C를 합성할 수 있다. 사람은 비타민 C 합성단계의 효소인 L-굴로노락톤 산화효소(L-gulonolactone oxidase)가 없기 때문에 비타민 C를 합성할 수 없어 반드시 식품을 통해 섭취해야한다(그림 8-1). 원숭이, 오랑우탄, 침팬지, 기니피그(guineapig), 박쥐, 일부 조류 및 어류도 사람과 마찬가지로 비타민 C를 합성하지 못한다.

우론산 경로
포도당을 글루쿠론산, 아스코르브산, 오탄당으로 전환시키는 포도당의 산화경로

환원형인 아스코르브산과 산화형인 디히드로아스코르브산(dehydro-

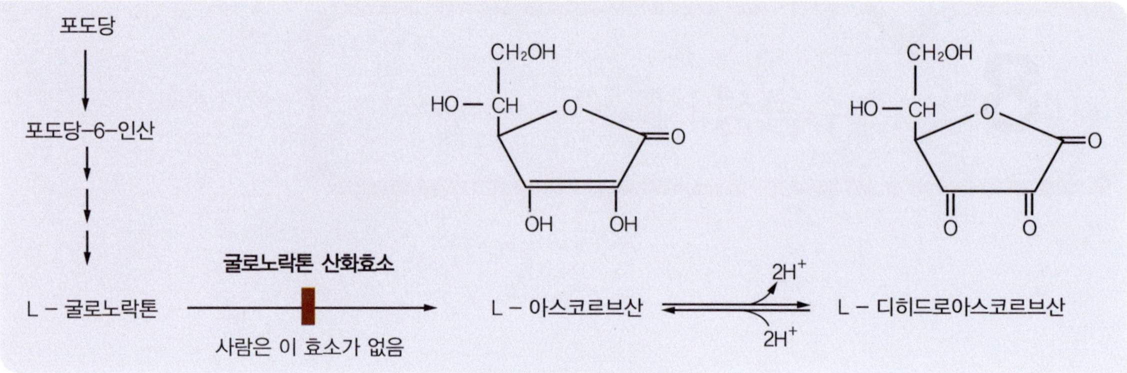

그림 8-1 비타민 C 합성

ascorbic acid)은 상호 전환될 수 있으므로 모두 비타민 C 활성을 갖지만, 디히드로아스코브산이 비가역적으로 산화되어 디케토굴론산(deketogulonic acid)이 되면 활성을 상실한다.

1.1 흡수 및 대사

비타민 C는 나트륨 의존성 능동수송에 의해 소장에서 쉽게 흡수되며 다량 섭취한 경우에는 단순확산으로 흡수된다. 비타민 C 흡수율은 70~90% 정도이나 섭취량이 1 g/일보다 많아지면 흡수율은 50% 정도로 감소한다. 비타민 C 섭취량이 80~100 mg/일을 초과하면 신장 세뇨관에서 재흡수되지 않고 소변으로 배설되기 시작하며 배설량은 섭취량에 비례하여 증가한다. 비타민 C는 수산으로 전환되어 소변으로 배설되는데, 과량 섭취할 경우에는 수산뿐만 아니라 대사되지 않은 상태의 아스코르브산, 디히드로아스코르브산, 디케토굴론산 등의 배설도 증가한다. 비타민 C는 뇌하수체, 부신, 흉선, 망막, 백혈구, 뇌, 간 등에 주로 분포되어 있다. 건강한 성인 남자에서 비타민 C의 체내 총량은 약 1.5 g으로 추정하며 최대 보유량은 2 g 정도이다.

1.2 기능

비타민 C는 금속함유 효소의 금속 이온을 환원시켜 효소의 활성을 유지시킬 뿐만 아니라 자유 라디칼(free radical)을 환원시켜 산화적 손상으로부터 세포를 방어하는 기능을 한다. 이 모든 것은 전자 공여체인 비타민 C가 갖는 환원성 때문에 가능하다.

1) 콜라겐 합성

비타민 C는 콜라겐 합성과정에서 프롤린과 리신을 각각 히드록시프롤린과 히드록시리신으로 수산화시키는 프롤린 수산화효소(prolyl hydroxylase)와 리신 수산화효소(lysyl hydroxylase)의 보조효소이다. 이들 효소는 철 이온(Fe^{2+})을 함유하며 반응을 촉매한 후에는 철 이온이 산화된다. 비타민 C는 산화된 철 이온(Fe^{3+})을 환원시켜 효소의 활성을 유지시킨다(그림 8-2). 체내 총 단백질의 25~35%를 차지하는 콜라겐은 뼈, 치아, 힘줄, 피부, 혈관에 많으며 골격과 혈관벽 유지 및 상처회복에 중요하다.

2) 카테콜라민 합성

비타민 C는 티로신으로부터 생성된 도파민을 노르에피네프린으로 전환시키는 효소인 도파민 수산화효소(dopamine β-hydroxylase)의 보조효소이다. 비타민 C는 이 효소에 함유된 구리 이온을 환원상태(Cu^{+})로 전환시켜 효소의 활성을 유지시킨다(그림 8-2).

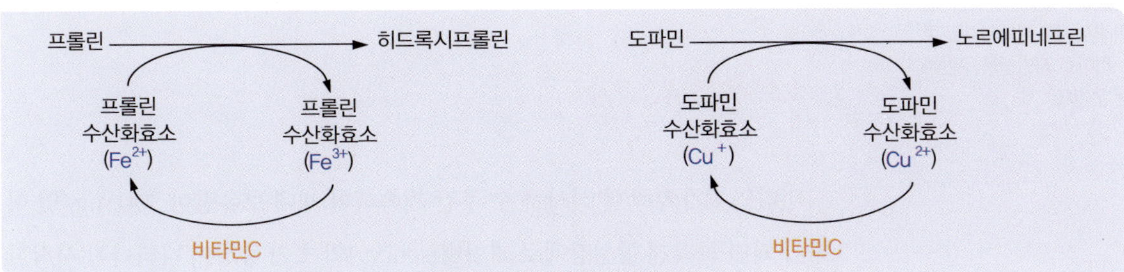

그림 8-2 비타민 C와 수산화효소

3) 항산화기능

비타민 C는 항산화 영양소로 자유 라디칼을 환원시켜 안정화시키므로 자유 라디칼이 세포막을 비롯한 다른 물질을 산화시키는 것을 방지한다. 또한 지용성 항산화 영양소인 비타민 E 자유 라디칼을 환원시켜 비타민 E의 재생을 돕는다(제7장 지용성 비타민, 제12장 항산화 영양소 참조).

4) 철 흡수 증가

식물성 식품, 우유, 달걀에 함유된 비헴철(nonheme-iron)은 환원형(Fe^{2+})으로 전환되어야 흡수가 잘 된다. 비타민 C는 철을 환원상태로 유지시켜 철의 용해도와 흡수율을 높인다.

5) 엽산의 활성화

비타민 C는 엽산을 활성형(tetrahydrofolate, THF)으로 환원시키는 데 필요다. THF는 단일탄소 단위를 운반하여 조혈과정에 관여하므로 비타민 C가 결핍되면 거대적아구성 빈혈이 나타날 수 있다.

6) 면역과 해독기능

비타민 C는 백혈구의 면역작용에서 생성된 자유 라디칼로부터 백혈구를 보호하여 백혈구의 정상적인 기능을 유지하며, 간에서 일어나는 약물 및 독소 해독과정에 필요하다. 따라서 감염되거나 염증이 있을 때는 면역기능과 섭취한 약물 해독을 위해서 더 많은 비타민 C가 소모된다.

카르니틴
미토콘드리아 내막에 있는 물질로 지방산의 β산화를 위해서 세포질에서 미토콘드리아로 지방산을 운반하는 운반체

이외에도 티록신 합성, 카르니틴(carnitine) 생합성과 콜레스테롤에서 담즙산을 합성할 때에도 비타민 C가 필요하다.

1.3 결핍증 및 과잉증

비타민 C가 부족한 식사를 수 주간 계속하여 체내 보유량이 300 mg/일 이하가 되면 콜라겐 합성장애로 괴혈병(scurvy)의 초기 증상이 나타나기 시작한다. 괴혈병의 초기 증상은 피로, 권태, 졸음, 잇몸의 부종과 출혈, 점상 출혈, 상처 회복지연, 뼈의 통증, 골절, 근육통, 설사가 나타난다. 괴혈병은 치료하지 않으면 치명적이지만 비타민 C를 섭취하면 골격 변형과 같은 심한 증상을 제외하고는 대부분 회복된다.

자연식품을 통해 섭취하는 정도의 비타민 C는 과잉증이 나타나지 않으나,

영양 보충제나 건강기능식품 등을 통하여 다량 섭취할 경우에는 흡수되지 않은 비타민 C가 장관 내에서 삼투압을 증가시키므로 메스꺼움, 구토, 복부팽만, 설사 등의 위장관 증상이 나타난다. 또한 신장에서 수산 배설이 증가되어 신장 결석을 악화시킬 수 있으며, 유전적으로 철 흡수율이 높은 질환인 혈색소증 환자가 비타민 C를 많이 섭취하면 철 흡수율이 더욱 증가하므로 주의해야 한다. 비타민 C를 과량 섭취하면 소변으로 과량의 비타민 C가 배설되므로 요당 검사 결과에 오류가 생기고 변잠혈반응 검사에서도 정확도가 떨어진다.

비타민 C 대량 투여(megadose)

1970년 라이너스 폴링(Linus Pauling)이 그의 저서인 「비타민 C와 감기(Vitamin C and Common Cold)」에서 다량의 비타민 C를 섭취하면 감기를 예방할 수 있다고 소개하였고 그 후 비타민 C의 항산화기능이 알려지면서 5,000~10,000 mg/일 정도의 비타민 C를 대량투여하면 암이나 노화와 관련된 질환을 예방할 수 있다고 회자되어 오고 있다.

그러나 비타민 C를 과량 섭취하면 소변으로의 배설량이 증가될 뿐만 아니라 동물실험에서 과량의 비타민 C가 오히려 산화를 촉진하였다는 결과가 있으며 특히 수산 배설이 증가하므로 신장 결석을 악화시킬 위험이 있다.

영양보충제보다는 신선한 채소와 과일을 통해 비타민 C를 섭취하면 섬유소, 다른 비타민 및 무기질을 함께 얻을 수 있어 항산화기능을 더욱 증진시킬 수 있다.

1.4 영양섭취기준 및 섭취실태

2020년 한국인 영양섭취기준에서는 소변으로의 비타민 C 손실을 최소화하고 호중구의 비타민 C 농도를 최대로 유지하기에 충분한 수준인 75 mg/일을 성인의 비타민 C의 평균필요량으로 산정하였고, 권장섭취량은 100 mg/일로 정하였다. 비타민 C 상한섭취량은 비타민 C의 유해한 영향 중 가장 가벼운 증세인 위장관 장애를 기준으로 하여 성인에서 2,000 mg/일로 정하였다.

체내 비타민 C 요구량은 경구피임약 복용, 기온 변화, 수술과 같은 스트레스에 의해 증가하며, 특히 흡연자는 비흡연자에 비해 산화적 스트레스가 증가하지만 흡연자에게 비타민 C의 권장섭취량을 증가시켜야 하는 근거가 충분하지 않아 이에 대한 고려를 하지 않았다.

2020년도 국민건강영양조사자료에 의하면 성인 비타민 C 섭취량은 64.2 mg/일(남자 68.0 mg/일, 여자 60.2 mg/일)이었다. 섭취기준 대비 섭취비율은 75.8%(남자 76.4%, 여자 75.2%)로 나타났다.

1.5 급원식품

신선한 과일과 채소는 비타민 C의 좋은 급원식품으로 키위, 딸기, 오렌지, 레몬, 파인애플, 붉은 고추, 당귀, 피망, 풋고추에 특히 많으며 녹색 잎채소, 감자, 양배추에도 풍부하다. 동물성 식품과 곡류에는 비타민 C가 거의 없다.

비타민 C는 쉽게 산화되기 때문에 저장, 조리 및 가공과정 중에 많이 파괴된다. 일반적인 조리법에 의해서 평균 30% 정도가 손실된다고 한다. 따라서 채소와 과일은 보관에 유의하여 신선한 상태로 섭취하고, 조리는 단시간에 하며, 산화를 촉진할 수 있는 금속 용기와의 접촉을 피하는 것이 좋다. 국민건강영양조사(2015년) 결과, 우리나라 사람들의 비타민 C 주요 급원식품은 사과, 감, 배추김치, 딸기, 무, 오렌지 등의 순이었다.

2 티아민

티아민(thiamin, 비타민 B_1)은 피리미딘(pyrimidine) 고리와 황을 함유한 티아졸(thiazole) 고리가 메틸렌(methylene)에 의해 연결된 구조이다(그림 8-3). 식품 중에는 주로 인산화된 형태로 존재하는데 가장 많은 것은 티아민에 두 분자의 인산이 결합한 티아민 피로인산(thiamin pyrophosphate, TPP)으로 티아민 이인산(thiamin diphosphate, TDP)이라고도 한다. 나머지는 티아민 일인산(thiamin monophosphate, TMP), 티아민 삼인산(thiamin triphosphate, TTP) 및 유리형태의 티아민으로 존재한다.

티아민은 건조하거나 산성 환경에서는 안정하다. 그러나 오래 가열하거나, 알칼리에서는 두 고리를 연결하는 결합이 끊어져 활성을 잃으므로 채소를 데칠 때 소다를 넣으면 티아민이 파괴된다. 날 생선, 조개류, 갑각류에는 티아민을 분해하는 효소인 티아미나아제(thiaminase)가 있으나 가열하면 불활성화된다.

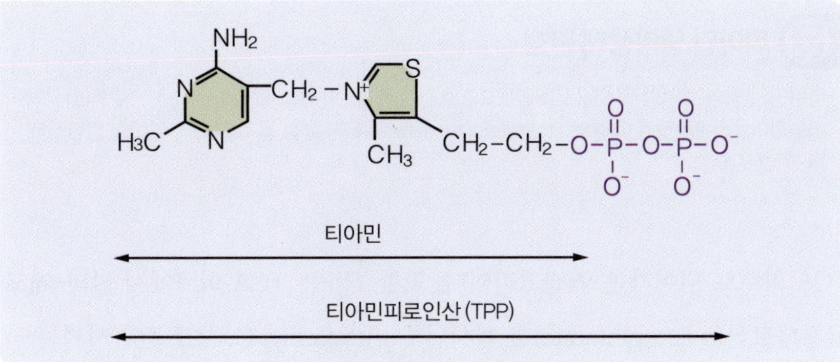

그림 8-3 티아민과 TPP의 구조

2.1 흡수 및 대사

식품에 있는 티아민은 인산과 결합되어 있으므로 소장에서 인산이 가수분해된 후 흡수된다. 티아민 농도가 낮을 때는 능동수송, 티아민 농도가 높을 때에는 확산에 의해 흡수된다. 알코올은 티아민의 능동수송을 저해한다고 알려져 있으며 과량 섭취한 티아민은 신장에서 신속히 여과되어 소변으로 배설된다. 티아민은 골격근, 심장, 뇌, 간에 저장되며 저장량은 25~30 mg 정도로 대단히 적다.

2.2 기능

티아민은 주로 TPP 형태로 여러 가지 대사반응에서 보조효소의 기능을 한다. TPP는 ATP와 Mg^{2+}, 티아민 인산화효소에 의해서 합성되며 다음과 같은 기능을 한다.

1) 탈탄산반응

TPP는 케토산(keto acid)에서 이산화탄소(CO_2)를 제거하는 과정인 탈탄산반응(decarboxylation)의 보조효소로 탄수화물과 측쇄아미노산 대사에 관여한다. TPP는 해당과정의 생성물인 피루브산을 아세틸 CoA로 전환시키는 피루브산 탈수소효소의 보조효소이며, 이 반응은 포도당이 해당과정을 거쳐

티아민 영양상태 판정

티아민 결핍의 초기단계에서는 TPP가 보조효소인 케톨전이효소 활성이 감소하므로 적혈구의 케톨전이효소 활성(erythrocyte transketolase activity, ETK 활성)을 측정하여 티아민 영양상태를 판정한다.

TCA 회로로 넘어가는 연결고리이다. 또한 TPP는 TCA 회로에서 알파-케토글루타르산(α-ketoglutarate)을 석시닐 CoA(succinyl CoA)로 전환시키는 알파-케토글루타르산 탈수소효소의 보조효소로 TCA 회로의 정상적인 진행을 위해서 매우 중요하다.

측쇄아미노산(루신, 이소루신, 발린)의 이화과정에서 아미노기전이반응으로 생성된 알파-케토산은 탈탄산반응을 거쳐 대사되는데 TPP가 보조효소로 작용하며, 측쇄아미노산은 이 반응을 거친 후 에너지를 생성하거나 포도당 또는 지방산으로 전환될 수 있다.

2) 케톨전이반응

TPP는 오탄당 인산경로(pentose phosphate pathway, HMP-shunt)에서 일어나는 케톨전이반응(transketolation)의 효소인 케톨전이효소(transketolase)의 보조효소이다. 오탄당 인산경로에서는 포도당으로부터 NADPH와 리보오스-5-인산(ribose-5-phosphate)이 생성되며 NADPH는 지방 합성과 항산화반응에, 리보오스-5-인산은 핵산 합성에 쓰인다.

3) 아세틸콜린 합성

TPP는 신경전달물질인 아세틸콜린 합성과정에서 탈탄산효소의 보조효소로 작용한다.

2.3 결핍증 및 과잉증

티아민 결핍증은 각기병(beriberi)으로 도정한 쌀을 주식으로 하는 동남아에서 많이 발생하였다. 도정한 쌀은 영양소가 풍부한 쌀눈이 떨어지고 대부분 전분이므로 흡수된 포도당을 대사하는 데 필요한 티아민이 부족하기 때문이다.

가벼운 티아민 결핍상태에서는 식욕부진, 허약, 피로, 우울증, 두통, 불면증, 체중감소, 혈압 저하 등을 보이며 심해지면 말초신경병증과 심장이상이 나타난다. 건성각기(dry beriberi)는 신경계와 근육과 관련된 증상인 말초신경병증을 보이고 장딴지 근육 약화로 보행이 어렵게 된다. 습성각기(wet beriberi)는 말초신경병증 이외에 근위축, 부종, 심장비대, 호흡곤란, 울혈성 심부전이 나타난다.

울혈성 심부전
(congestive heart failure)
심부전으로 인해 폐순환계와 체순환계에 울혈이 생겨 호흡곤란과 부종이 나타나는 심장질환

알코올을 과다하게 섭취하는 사람은 티아민이 부족한 식사를 하기가 쉬우며, 알코올이 티아민 흡수와 인산화를 감소시키고, 소변으로 티아민 배설을 증가시키기 때문에 티아민 결핍증이 나타난다. 알코올 중독자에서 나타나는 티아민 결핍증을 베르니케-코사코프 증후군(Wernicke-Korsakoff syndrome)이라 하며, 시각이상(복시, 사시, 안구운동항진), 운동 실조, 정신기능 손상, 기억 상실, 환각 등의 증상을 보인다.

티아민은 신장을 통해 쉽게 배설되므로 과잉 섭취에 따른 부작용이 나타나는 일은 드물다.

2.4 영양섭취기준 및 섭취실태

티아민의 평균필요량은 적혈구 케톨전이효소 활성을 유지하면서 티아민의 소변 배설량을 적정 수준으로 유지시켜 줄 수 있는 수준에서 성인 남자 1.0 mg/일, 성인 여자 0.9 mg/일로 산정하였고 권장섭취량은 남자 1.2 mg/일, 여자 1.1 mg/일로 하였다. 또한 티아민은 에너지 대사에 직접적으로 관여하므로 에너지섭취량이 감소하더라도 1일 1.0 mg/일 이상을 섭취하도록 권장하였다. 경구로 복용한 티아민이나 티아민 유도물질들은 독성이 거의 없기 때문에 상한섭취량은 설정하지 않았다.

2020년 국민건강영양조사자료에 의하면 성인 티아민 섭취량은 평균 1.28 mg/일(남자 1.49 mg/일, 여자 1.06 mg/일)이었다. 섭취기준 대비 섭취비율은 110.4%(남자 124.4%, 여자 95.7%)로 충분히 섭취하는 것으로 나타났다.

2.5 급원식품

티아민이 많이 함유된 식품은 돼지고기, 전곡류, 강화된 곡류, 두류, 견과류이며, 견과류 중 해바라기씨에 상당히 풍부하다. 티아민은 수용성이므로 물에 삶거나 데치는 과정과 가열과정에서 많이 파괴된다. 증기로 찌거나 전자레인지를 사용하면 티아민 파괴를 줄일 수 있다.

국민건강영양조사(2015년) 결과, 티아민 급원식품은 백미, 돼지고기, 라면, 김치, 달걀, 닭고기 등의 순이었다.

3 리보플라빈

리비톨
리보오스의 알데히드가 환원되어 생성된 당알코올

리보플라빈(riboflavin, 비타민 B_2)은 플라빈(flavin)에 오탄당인 리비톨(ribitol)이 결합된 황록색 형광물질로 플라빈은 라틴어로 황색(flavus)을 의미한다. 리보플라

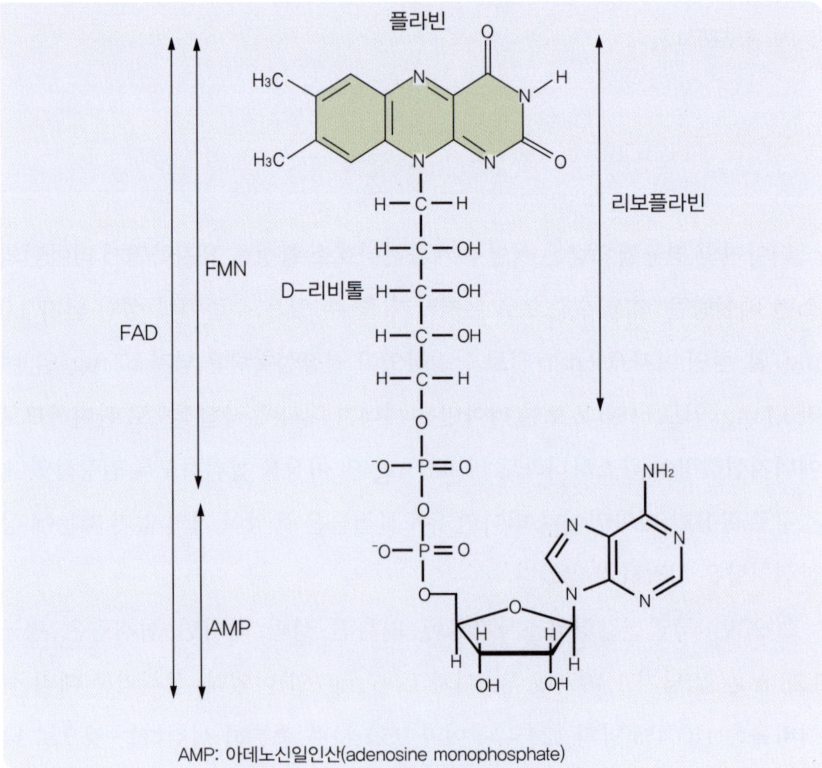

그림 8-4 리보플라빈과 FMN, FAD의 구조

빈은 산화, 환원반응의 보조효소인 플라빈 모노뉴클레오티드(flavin mononucleotide, FMN)와 플라빈 아데닌디뉴클레오티드(flavin adeninedinucleotide, FAD)를 구성하여 에너지대사에서 중요한 역할을 한다(그림 8-4).

3.1 흡수 및 대사

리보플라빈은 식품 중에 대부분 FMN이나 FAD의 형태로 단백질과 결합되어 있다. 단백질과 결합된 FMN과 FAD는 위산에 의해 단백질에서 분리되고 소장에서 인산분해효소에 의해 인산결합이 분해되어 리보플라빈이 유리된다. 리보플라빈은 낮은 농도에서는 능동수송, 고농도에서는 확산에 의해 흡수된다. 흡수된 리보플라빈은 주로 소장, 간, 심장, 신장에서 FMN과 FAD로 전환된다. 리보플라빈은 간, 신장, 심장에 소량 저장되며 과량 섭취하면 소변으로 배설된다.

3.2 기능

리보플라빈은 여러 가지 산화와 환원 반응에서 보조효소로 작용한다.

1) 에너지 대사

TCA 회로에서 석신산(succinate)이 푸마르산(fumarate)으로 산화될 때와 지방산이 산화될 때 FAD가 $FADH_2$로 환원되며 $FADH_2$는 미토콘드리아의 전자전달계에서 1.5ATP를 생성한다. 또한 FAD는 피루브산과 알파-케토글루타르산이 산화적 탈탄산반응을 통해 각각 아세틸 CoA와 석시닐 CoA로 전환되는 반응의 보조효소이다.

2) 항산화기능

체내에서 생성된 지질 과산화물을 분해하는 과정에서 환원형 글루타티온(GSH)은 산화형(GSSG)으로 전환된다. 산화된 글루타티온은 글루타티온 환원효소(glutathione reductase)에 의해 다시 환원되는데, FAD는 이 효소의 보조효소이다. 따라서 리보플라빈이 부족하면 환원형 글루타티온 공급이 원활

리보플라빈 영양상태 판정

FAD가 보조효소인 적혈구의 글루타티온 환원효소 활성(erythrocyte glutathione reductase activity, EGR 활성)을 측정하면 리보플라빈 영양상태를 알 수 있다.

하지 않아 지질 과산화물이 증가한다.

3.3 결핍증 및 과잉증

리보플라빈이 결핍되면 주로 입, 피부, 적혈구에 이상이 나타난다. 결핍증상은 구각염, 구순염, 설염, 지루성 피부염, 안구 충혈, 광선공포증, 빈혈 등이다. 암, 당뇨병과 같은 질병은 리보플라빈 결핍을 유발할 수 있으며 일부 약물은 리보플라빈의 파괴를 증가시킨다. 리보플라빈은 신장을 통해 쉽게 배설되므로 과잉 섭취에 따른 부작용은 거의 없다.

지루성 피부염
피지분비가 왕성한 두피와 얼굴, 겨드랑이, 가슴, 서혜부 등에 발생하는 만성 염증성 피부질환으로 습진의 일종

3.4 영양섭취기준 및 섭취실태

리보플라빈 평균필요량은 임상적인 결핍증상이 없고, 적혈구의 글루타티온 환원효소 활성과 리보플라빈의 소변배설량을 정상적으로 유지하는 수준에서 성인 남자 1.3 mg/일, 성인 여자 1.0 mg/일, 권장섭취량은 성인 남자 1.5 mg/일, 성인 여자 1.2 mg/일로 설정하였다. 리보플라빈은 소장에서 흡수율이 제한되어 있고 필요 이상으로 흡수된 것은 대부분 소변으로 신속히 배출되므로 과잉 섭취로 인한 독성이 거의 보고되지 않아 상한섭취량을 설정하지 않았다.

2020년 국민건강영양조사자료에 의하면 성인 리보플라빈 섭취량은 1.76 mg/일(남자 2.01 mg/일, 여자 1.49 mg/일)이며, 섭취기준 대비 섭취비율은 129.0%(남자 133.9%, 여자 123.8%)로 충분히 섭취하는 것으로 나타났다.

3.5 급원식품

리보플라빈의 주요 급원식품은 우유 및 유제품, 간, 굴, 달걀, 육류, 녹색 채소

(깻잎, 브로콜리, 아스파라거스, 시금치 등)이다. 리보플라빈은 열에는 비교적 안정하나 자외선에 의해 쉽게 파괴되므로 과일이나 채소를 햇볕으로 건조시킬 때 리보플라빈이 파괴될 수 있다. 국민건강영양조사(2015년) 결과, 리보플라빈 주요 급원식품은 달걀, 우유, 라면, 돼지고기, 닭고기, 김, 소고기, 김치 순이었다.

4 니아신

니아신(niacin)은 니코틴산(nicotinic acid)과 니코틴아미드(nicotinamide)의 두 형태로 존재하며 보조효소인 니코틴아미드 아데닌 디뉴클레오티드(nicotinamide adenine dinucleotide, NAD)와 니코틴아미드 아데닌 디뉴클레오티드 인산(nicotinamide adenine dinucleotide phosphate, NADP)을 합성한다(그림 8-5).

4.1 흡수 및 대사

식품 중의 니아신은 주로 보조효소 형태인 NAD와 NADP로 존재하므로 가수분해된 후 소장 상부에서 신속하게 흡수되며 흡수율은 매우 높다. 낮은 농도에

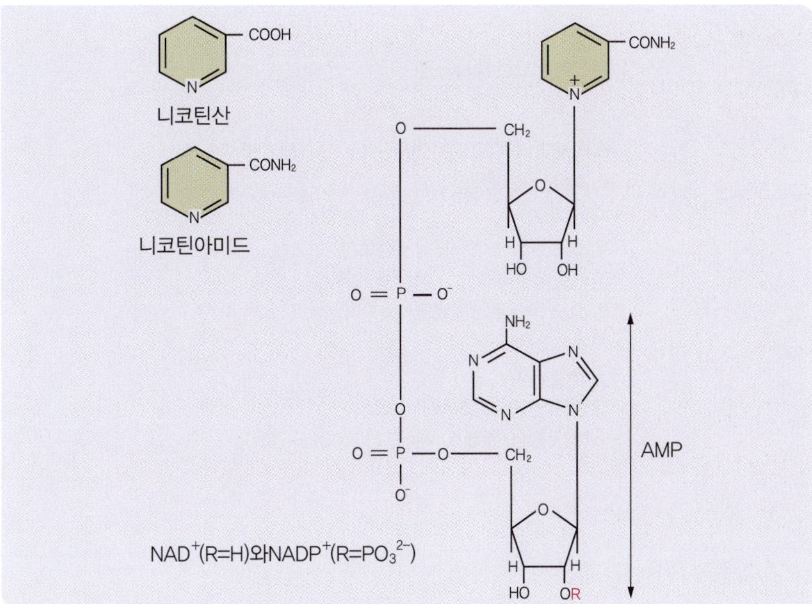

그림 8-5 니아신과 NAD, NADP의 구조

서는 나트륨 의존성 능동수송, 높은 농도에서는 확산에 의해 흡수된다. 과량의 니아신은 간에 저장되거나 간에서 N-메틸니코틴아미드 또는 피리돈(pyridone) 유도체로 전환되어 소변으로 배설된다. 혈장에는 니코틴산과 니코틴아미드의 형태로, 적혈구나 간, 신장, 뇌 등에서는 보조효소 형태인 NAD와 NADP의 형태로 존재한다. 니아신은 트립토판에서 합성되는데, 60 mg의 트립토판에서 1 mg의 니아신이 합성되며 이 과정에 리보플라빈, 비타민 B_6, 철이 필요하다.

1 mg NE(niacin equivalent) = 니코틴산 1 mg = 트립토판 60 mg

4.2 기능

1) 에너지 대사

니아신은 보조효소인 NAD와 NADP를 형성하며 산화와 환원반응에 작용하여 탄수화물, 단백질, 지질로부터 에너지를 생산하는 데 필수적이다. NADP의 환원형인 NADPH는 지방산과 콜레스테롤 합성에서 수소를 제공하므로 간이나 수유부의 유선조직에 특히 많다.

니아신이 필요한 대사과정

- 해당과정
  글리세르알데히드-3-인산 → 1,3-글리세르산 이인산
  피루브산 → 아세틸 CoA
- TCA 회로
  이소구연산 → α-케토글루타르산
  α-케토글루타르산 → 석시닐 CoA
  말산 → 옥살로아세트산
- 지방산 β산화
- 알코올 산화
- 오탄당 인산경로(NADP 필요)
- 지방산 합성, 콜레스테롤 합성(NADPH 필요)

2) 혈중 지질농도 개선

니아신은 지방세포에서 중성지방 분해를 억제하고 간에서 VLDL 생산을 억제하는 작용이 있어 다량의 니코틴산(1,500 mg/일)을 섭취하면 LDL-콜레스테롤이 감소하고 HDL-콜레스테롤이 증가하는 약리적 효과를 얻을 수 있다.

4.3 결핍증 및 과잉증

니아신 결핍증은 펠라그라(pellagra)로 니아신에서 합성된 보조효소인 NAD나 NADP가 체내 대부분의 대사 경로에서 필요하므로 니아신 결핍증세는 피부, 소화기계, 신경계 등 신체 전반에 걸쳐서 나타난다. 손등, 얼굴, 목과 같이 햇볕에 노출되는 피부에 나타나는 피부염(dermatitis), 선홍색의 혀, 설사(diarrhea), 우울증, 두통, 기억상실, 치매(dementia)가 주요 증상이며, 결핍증을 치료하지 않고 방치하면 사망할 수 있다. 펠라그라의 임상적 특징을 4D라 하는데 dermatitis, diarrhea, dementia, death를 의미한다. 펠라그라라는 이름은 이탈리아어의 pelle(피부)와 agra(거친)에서 유래되었다.

오늘날 니아신 결핍은 드물지만 기근이나 옥수수가 주식인 빈민층에서 발생하며, 아프리카, 아시아 일부에서는 아직도 니아신 결핍증이 나타나고 있다. 이외에 알코올 중독자, 하트넙 병(Hartnup's disease) 환자, 트립토판 대사장애 환자에서도 니아신 결핍증이 나타날 수 있으며 철, 리보플라빈, 비타민 B_6 등의 영양 상태가 불량한 경우에는 트립토판에서 니아신으로의 전환율이 감소할 수 있다.

과량의 니코틴산을 섭취하면 혈관 확장으로 인한 피부 붉어짐, 메스꺼움, 구토, 간 손상과 같은 부작용을 보인다. 고지혈증 치료를 위해 섭취하는 니코틴산은 상한섭취량(35 mg NE/일)의 40배가 넘는 고용량이므로 전문의의 지도하에 복용해야 한다.

펠라그라와 옥수수

펠라그라는 옥수수를 주식으로 하는 지역에서 많이 발생하였는데, 옥수수에는 니아신이 단백질과 결합되어 있어 흡수율이 낮으며, 트립토판 함량도 적기 때문이다. 옥수수가 주식이더라도 다른 식품을 통해서 니아신을 충분히 섭취하면 문제가 없지만, 옥수수 외에 다른 식품 섭취가 불충분하였던 과거에는 유럽과 미국의 빈민층과 아프리카에서 펠라그라가 흔했다. 그러나 중남미에서는 옥수수를 석회수와 같은 알칼리 용액으로 처리하였는데 이 과정에서 니아신이 단백질에서 유리되어 흡수가 용이하였으므로 펠라그라가 적었다.

4.4 영양섭취기준 및 섭취실태

니아신 평균필요량은 펠라그라 증세를 나타내지 않으며 소변으로 배설되는 메틸니코틴아미드 배설량을 최저 수준으로 유지하는 값을 성인 남자 12 mg NE(niacin equivalent)/일, 여자 11 mg NE/일로 산정하였고 권장섭취량은 성인 남자 16 mg NE/일, 성인 여자 14 mg NE/일로 정하였다. 니아신은 다른 비타민 B군과 마찬가지로 고열, 갑상선기능항진증, 수술, 외상, 부상과 같은 스트레스로 인하여 에너지 대사율이 증가하면 그 섭취량을 증가시켜야 한다. 니아신은 강화식품이나 보충제를 통해 과잉 섭취할 수 있고 특히 고지혈증 치료제로 사용하는 경우 과량을 복용하게 되므로 상한섭취량을 설정하였다. 니코틴산과 니코틴아미드의 독성 정도가 달라 니코틴산은 35 mg/일, 니코틴아미드는 1,000 mg/일로 상한섭취량을 정하였다.

2020년 국민건강영양조사에 의하면 성인 니아신 섭취량은 13.2 mg NE/일(남자 15.4 mg NE/일, 여자 10.8 mg NE/일)로 섭취기준 대비 섭취비율은 86.9%(남자 96.5%, 여자 76.9%)로 나타났다.

4.5 급원식품

육류, 생선과 같은 동물성 식품과 버섯, 두류, 견과류에는 니아신이 많이 함유되어 있다. 생선 중에서는 참치, 삼치, 고등어, 미꾸라지에 풍부하다. 과일, 채소, 곡류는 일반적으로 니아신 함량이 적다. 양질의 단백질 식품에는 트립토판이 많으므로 니아신의 급원이 될 수 있다. 국민건강영양조사(2015년) 결과, 니아신 급원식품은 백미, 돼지고기, 닭고기, 쇠고기, 커피, 고등어 순이었다.

5 비타민 B_6

비타민 B_6는 피리독신(pyridoxine), 피리독살(pyridoxal), 피리독사민(pyridoxamine)이라는 세 개의 유도체가 있으며, 주로 단백질 또는 아미노산 대사과정에 보조효소로 작용한다. 이 세 가지 유도체는 서로 전환이 가능하므

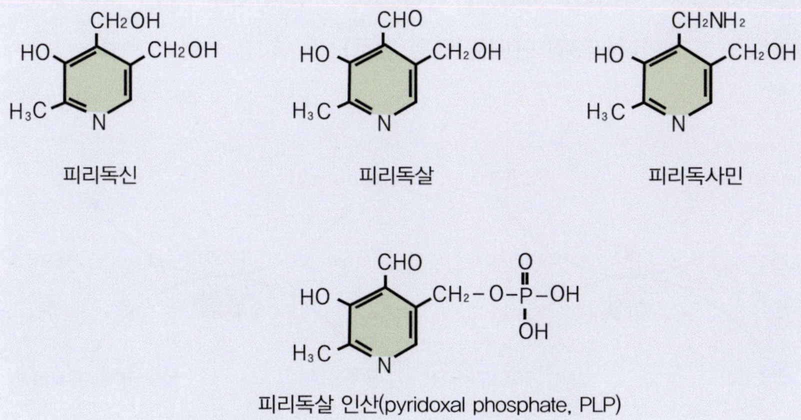

그림 8-6 비타민 B_6와 피리독살 인산의 구조

로 보조효소인 피리독살 인산(pyridoxal-5′-phosphate, PLP)의 전구체로서 동일한 활성을 갖고 있다(그림 8-6).

5.1 흡수 및 대사

소장 상부에서 흡수된 피리독신, 피리독살, 피리독사민은 간으로 운반된 후 각각 인산화되어 활성화되는데, 그중 피리독살인산(PLP)의 활성이 가장 크다. 간에서 인산화된 비타민 B_6는 알부민과 결합하여 혈액을 통해 조직으로 운반된다. 비타민 B_6의 주요 저장고는 근육으로 총 PLP의 약 80%가 근육에 존재한다. 비타민 B_6는 피리독스산(pyridoxic acid)으로 대사되어 소변으로 배설된다.

5.2 기능

1) 아미노기전이반응

비타민 B_6는 아미노산의 아미노기(-NH_2)를 케토산(keto acid)으로 옮겨 주는 효소인 아미노기전이효소(transaminase)의 보조효소이다. 알라닌 아미노기전이효소(alanine transaminase, ALT)와 아스파트산 아미노기전이효소(aspartate transaminase, AST)는 글루탐산의 아미노기를 케토산인 피루산과 옥살로아세트산(oxaloacetate)에 각각 전달해주어 알라닌과 아스파트산을 생성하는 효소이다(제3장 단백질 영양 참조).

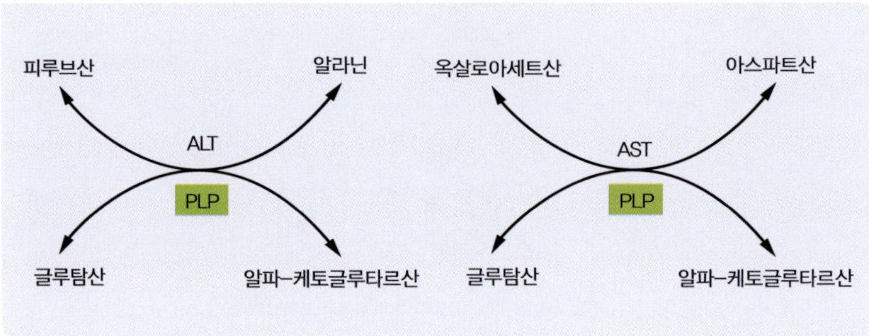

2) 아미노산의 탈탄산반응

비타민 B_6는 아미노산의 카복실기(-COOH)를 제거하는 탈탄산효소(decarboxylase)의 보조효소로서 신경전달물질 합성에 관여한다. 즉, 티로신에서 도파민(dopamine), 트립토판에서 세로토닌, 글루탐산에서 감마-아미노부티르산(γ-amino butyric acid, GABA)이 생성되는 반응에 비타민 B_6가 필요하다. 따라서 비타민 B_6가 부족하면 신경전달물질 합성이 감소하여 우울, 경련, 발작 등의 증세를 보인다.

월경전증후군(premenstrual syndrome, PMS)

가임기 여자의 20~50% 정도는 월경 시작 수 일 전에 부종, 심한 우울증, 두통, 복부팽만 등의 증상을 호소하는데, 이를 월경전증후군이라 한다. 원인은 호르몬 불균형, 영양결핍, 신경전달물질 불균형 등으로 다양하다. 트립토판이나 비타민 B6를 섭취하면 세로토닌 합성이 증가하여 증상을 완화할 수 있는지에 대해서는 아직 확실치 않다.

3) 탄수화물 대사

혈당이 저하되면 글리코겐 가인산분해효소(glycogen phosphorylase)에 의해 간에 저장된 글리코겐이 분해되어 포도당을 공급하는데, 이때 PLP가 보조효소로 작용한다. 아미노기전이반응에 의해 아미노산에서 생성된 케토산은 TCA 회로를 경유하여 포도당으로 전환되므로(포도당 신생), 아미노기전이효소의 보조효소인 비타민 B_6는 간접적으로 탄수화물대사에 관여한다.

4) 니아신 합성

비타민 B_6는 트립토판에서 니아신을 합성하는 반응의 보조효소로 작용한다. 트립토판 60 mg으로부터 니아신 1 mg이 합성된다.

5) 호모시스테인 대사

비타민 B_6는 호모시스테인(homocysteine)을 시스타티오닌(cystathionine)으로 전환시키는 효소와 시스타티오닌을 시스테인으로 전환시키는 효소의 보조효소이다(그림 8-8). 따라서 비타민 B_6 결핍 시 고호모시스테인혈증이 나타나 심혈관질환의 발병률이 증가된다.

6) 헴 및 백혈구 생성

비타민 B_6는 헤모글로빈의 포르피린(phorphyrin) 구조 합성에 관여한다. 비타민 B_6가 결핍되면 포르피린 구조를 기본으로 하는 헴(heme)이 형성되지 않아 결국 헤모글로빈 농도가 감소하므로, 철 결핍 증세와 유사한 소구성저색소성 빈혈이 나타난다. 또한 비타민 B_6는 면역계에서 중요한 역할을 하는 백혈구 생성에 관여한다.

7) 호르몬 작용에 관여

비타민 B_6는 DNA에 결합된 스테로이드호르몬을 분리시켜 호르몬의 작용을 종결시킨다. 따라서 비타민 B_6가 부족하면, 혈중 에스트로겐, 안드로겐, 코티솔, 비타민 D의 수준이 낮아도 호르몬 작용의 민감도가 증가하여, 유방암, 자궁암, 전립샘암 등과 같은 호르몬 의존적인(hormone-dependent) 암 발생 위험이 증가한다.

5.3 결핍증 및 과잉증

비타민 B_6는 수용성이지만 근육을 포함한 체내에 상당량이 저장되어 있으므로 섭취 부족으로 인한 결핍증상은 거의 나타나지 않는다. 따라서 결핍증은 대부분 다른 수용성 비타민(특히 리보플라빈)이 부족하거나, 비타민 B_6의 작용을 방해하는 약물의 섭취에 의해 발생될 수 있다. 예를 들면 결핵치료제인 이소니아지드(isoniazid)는 소변으로 비타민 B_6를 배설시키므로 결핍증을 유발하며, 과량의 경구피임약은 호르몬의 영향으로 비타민 B_6 결핍을 초래하여 소변 내 트립토판대사물이 증가하게 된다. 알코올은 비타민 B_6의 흡수를 방해하고 알코올 대사물인 아세트알데히드가 PLP 합성을 방해하므로 결핍증을 유발시킨다.

결핍 증상은 성장부진, 빈혈, 면역기능 감소, 피부염, 구순구각염, 설염, 경련, 신경장애(우울증) 등이다. 어린이의 경우 비타민 B_6 결핍 시 심한 발작과 경련의 신경장애를 일으키는데, 이러한 증상은 주로 신경전달물질인 GABA의 합성장애 때문이다. 치료차원의 비타민 B_6를 공급하면 증상은 완화되지만, 치료시기가 늦어지면 정상적인 정신발달이 이루어질 수 없다. 식품섭취를 통한 비타민 B_6의 과잉증은 보고된 사례가 없다.

5.4 영양섭취기준 및 섭취실태

비타민 B_6 영양섭취기준은 대사연구에서 제시된 비타민 B_6 섭취량을 근거로 설정하였다. 미국은 혈장 PLP의 양호기준을 20 nmole/L 이상으로 하여, 남자의 평균필요량을 1.1 mg/일로 제안하였다. 우리나라의 경우 혈장 PLP가 30 nmole/L 이상인 집단의 비타민 B_6 평균섭취량이 1.5 mg/일이었으며 비타민 B_6 급원의 60~70%가 흡수율이 낮은 식물성 식품임을 감안하여 성인 남자의 비타민 B_6 평균필요량은 1.3 mg/일, 성인 여자는 1.2 mg/일로 산정하였고 권장섭취량은 성인 남자는 1.5 mg/일, 성인 여자는 1.4 mg/일로 정하였다.

질병치료를 목적으로 장기간 비타민 B_6 보충제를 복용한 경우 손발의 쑤심, 입 주위 감각상실, 근육협동기능 상실 등의 신경증세가 보고됨에 따라 비타민 B_6의 상한섭취량을 100 mg/일로 정하였다.

2008년 국민건강영양조사자료에 의하면 우리나라 성인의 비타민 B_6 섭취량은 평균 1.8 mg/일(50백분위수: 1.6 mg/일)이었다.

5.5 급원식품

비타민 B_6는 돼지고기, 닭고기, 내장육(간, 콩팥), 난류, 생선 등의 동물성 식품에 풍부하며, 동물성 식품 중 유제품에는 상대적으로 비타민 B_6 함량이 적다. 현미, 대두, 귀리, 감자, 풋고추, 바나나 등도 좋은 급원식품이다. 우리나라 성인의 비타민 B_6 주요 급원식품은 돼지고기, 쌀, 감자, 양파, 마늘, 고등어, 달걀 등이다. 쌀에는 비타민 B_6가 적으나 섭취량이 많아 주요 급원식품이 된다.

6 엽산

엽산(folic acid)은 시금치에서 처음으로 추출되었으며 엽산의 어원은 라틴어의 folium(잎)이다. 엽산은 프테리딘(pteridine), 파라-아미노벤조산(paraaminobenzoic acid, PABA), 글루탐산으로 구성되어 있는데(그림 8-7), 인간을 포함한 동물은 엽산의 구성성분인 프테로산(pteroic acid)에 첫 번째 글루탐산을 결합시킬 수 없거나 파라-아미노벤조산을 합성할 수 없으므로 반드시 식품을 통해 엽산을 섭취해야만 한다.

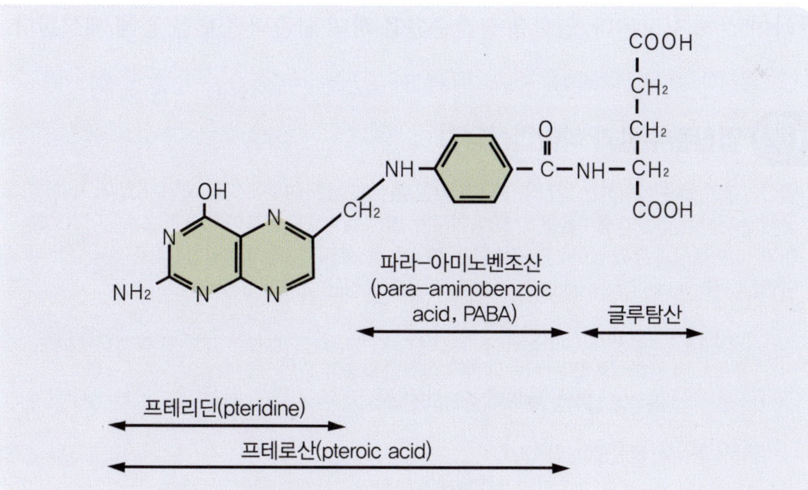

그림 8-7 엽산의 구조

6.1 흡수 및 대사

1) 흡수

식품 중의 엽산은 5~7개의 글루탐산이 결합된 형태로 존재하는데, 소화과정 중 콘주가아제(conjugase)에 의해 글루탐산이 가수분해되고 한 분자의 글루탐산이 결합된 단일글루탐산 형태로 흡수된다. 유즙은 엽산 함량이 높지는 않으나 단일글루탐산 형태로 존재하여 흡수율이 높으므로 신생아를 포함한 갓 태어난 동물에게 훌륭한 엽산 급원식품이다. 비스테로이드계의 항소염제(예, 아스피린), 경구피임약 등의 약물은 엽산의 흡수를 저해한다. 특발성 지방변증(idiopathic steatorrhea)이나 열대성 설사(tropical sprue)일 때에도 흡수가 감소된다. 알코올은 엽산 흡수를 방해할 뿐 아니라 배설도 증가시키므로, 엽산 결핍을 악화시킨다.

2) 대사

흡수된 단일글루탐산 형태의 엽산은 소장에서 엽산환원효소(folate reductase)에 의해 활성형인 테트라히드로폴산(tetrahydrofolate, THF)으로 환원되거나 다시 메틸-THF로 전환되는데, 메틸-THF가 혈청의 주요 엽산 형태이다(그림 8-8).

체내 엽산의 약 1/2 정도는 5분자의 글루탐산과 결합된 형태로 단백질과 결합하여 간에 저장된다. 엽산은 장간순환을 하며 담즙과 소변을 통해 배설된다.

엽산흡수율과 식이엽산당량

엽산의 흡수율은 섭취하는 엽산의 형태와 다른 음식의 섭취 여부에 따라 차이가 있다. 자연 식품에 존재하는 엽산의 흡수율은 약 50%이지만, 엽산 보충제를 공복에 먹으면 흡수율이 100%이며, 다른 음식과 함께 섭취하면 흡수율은 85%로 감소한다. 따라서 영양섭취기준에서 정한 식이엽산당량(dietary folate equivalent, DFE)의 산출 공식은 다음과 같다.

1μg DFE= 식품 중 엽산 1.0 μg ············ ①
= 강화식품 또는 식품과 함께 섭취한 보충제 중의 엽산 0.6 μg ············ ②
= 공복에 섭취한 보충제 중의 엽산 0.5 μg ············ ③

따라서 총 엽산섭취량(μg DFE)

$$= \text{①형태의 엽산(μg)} + \frac{\text{②형태의 엽산(μg)}}{0.6} + \frac{\text{③형태의 엽산(μg)}}{0.5}$$

6.2 기능

엽산의 주요 기능은 단일탄소 화합물(one-carbon unit)을 운반하여 이를 필요로 하는 여러 반응에서 보조효소로 작용하는 것이다.

1) DNA 합성과 세포분열

엽산의 활성형인 THF은 DNA의 구성성분인 티미딜산(thymidylate, TMP)과 핵산의 구성성분인 퓨린(purine) 합성에 관여한다. 즉, THF는 세린(serine)에서 메틸기를 받아 메틸렌-THF가 되어(그림 8-8의 ①) DNA의 전구체인 d-TMP 형성에 필요한 메틸기를 운반한다. 포밀-THF는 퓨린 생합성에 필요한 단일탄소를 제공한다(그림 8-8의 ②와 ③).

단일탄소 화합물의 예

메틸기(methyl) : $-CH_3$ 메테닐기(methenyl) : $-CH=$

포밀기(formyl) : $-CHO$ 메틸렌기(methylene) : $-CH_2$

한편, 비타민 B_{12}(cobalamin)가 부족하면 메틸-THF가 THF로 전환되지 못하여 엽산이 메틸-THF 형태로 머무르게 되므로(그림 8-8의 ⑤), 결국 DNA 합성에 관여하는 메틸렌-THF가 부족하게 되어 세포분열이 정상적으로 일어나지 못한다. 즉, 엽산이나 비타민 B_{12}가 부족하면 DNA 합성장애로 정상적인 세포분열 이 일어나지 못하여 비정상적으로 크고 핵을 가진 미성숙 적혈구가 생성되며 적혈구 수가 감소되어 산소공급 능력이 저하되는 거대적아구성 빈혈(megaloblastic anemia)이 발생한다.

2) 메티오닌 재생

메티오닌 대사에서 생성된 호모시스테인은 메틸화(methylation)되어 다시 메티오닌으로 전환되는데 이때 엽산과 코발라민이 메틸기를 운반한다. 즉, 코발라민은 메틸-THF에서 받은 메틸기를 호모시스테인에 전달한다(그림 8-8의 ⑤, ⑥). 정상인의 경우 호모시스테인의 50% 정도가 메티오닌으로 전환되므로, 비타민 B_{12}와 엽산의 섭취가 부족하거나 비타민 B_{12}와 엽산 대사에 선천적 결함이 있는 경우 혈중 호모시스테인 농도가 증가한다.

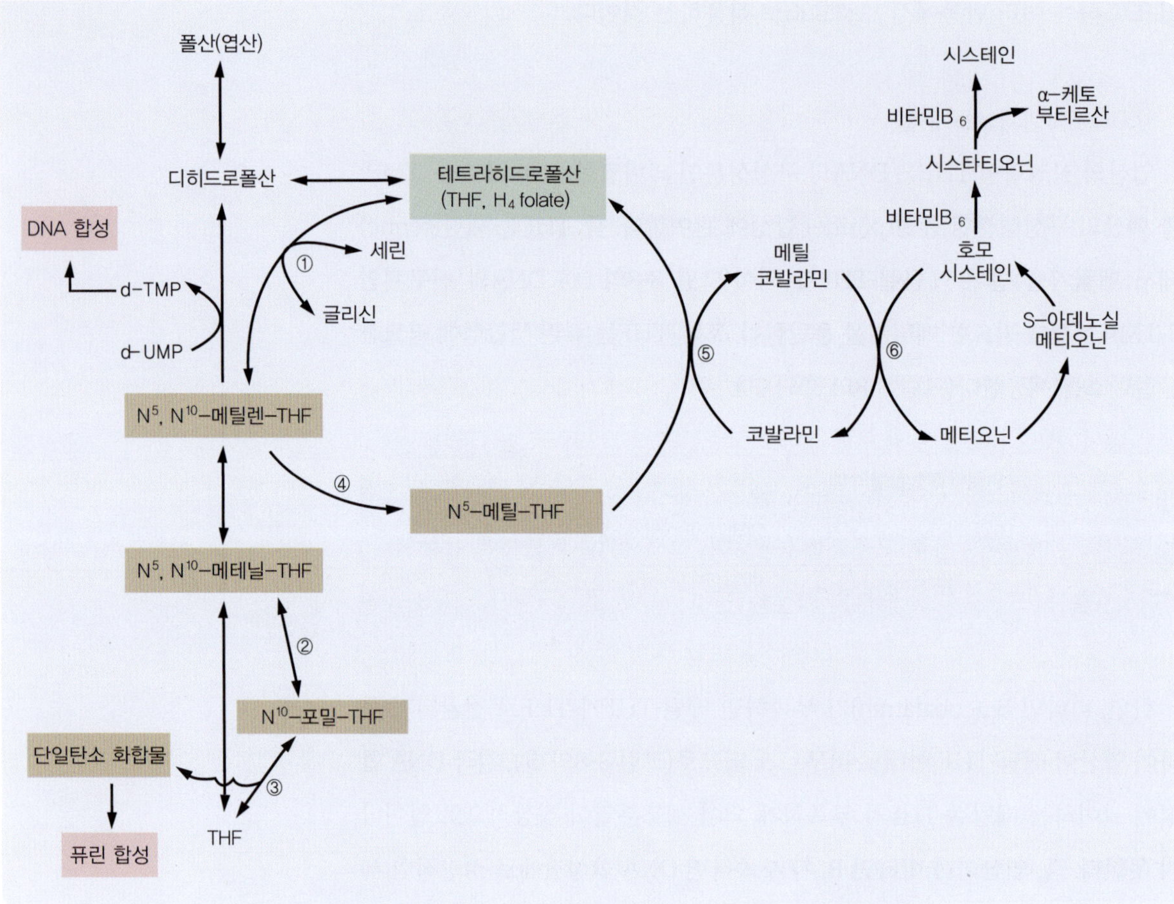

그림 8-8 단일탄소 운반체로서의 엽산 대사 및 비타민 B12, 비타민 B6와의 상호관계

6.3 결핍증 및 과잉증

세포분열이 왕성한 영·유아기, 성장기, 임신기와 수유기는 엽산 필요량이 증가하므로 엽산이 부족하기 쉬운 시기이다. 엽산은 DNA 합성에 관여하므로, 엽산이 부족하면 적혈구, 위, 소장, 자궁 등과 같이 교체가 빠른 세포의 형태학적 변화를 초래한다. 결핍 증상은 성장 부진과 거대적아구성 빈혈로 인한 쇠약, 피로, 불안정, 가슴 두근거림, 설염, 위장장애 및 고호모시스테인혈증이 나타난다.

엽산 섭취가 부족한 임산부에서 태어난 태아에서 신경관 결손(neural tube defects)이 보고되어 임신부는 충분한 엽산을 섭취하도록 권장하고 있다.

고호모시스테인혈증과 심혈관질환

심혈관질환의 주요 위험요인인 호모시스테인이 심혈관질환의 발병을 증가시키는 기전은 확실치 않으나, 혈관 내피세포를 증가시키고 프로스타사이클린의 방출을 감소시켜 혈전을 증가시키기 때문이라 한다. 호모시스테인을 메티오닌으로 전환시키는 과정에 엽산 이외에 비타민 B_{12}가 관여하며, 비타민 B_6는 호모시스테인을 시스테인으로 전환시키는 반응의 보조효소이므로, 이들 비타민이 부족하면 고호모시스테인혈증으로 인한 심혈관질환 발생 위험이 높아진다.

신경관 결손

사람은 수정 후 21~28일 사이에 중추신경계의 신경관이 닫히는데, 유전적 요인 또는 엽산 부족과 같은 환경적 요인에 의해 신경관이 닫히지 못한 경우 신경관 결손이 일어난다. 신경관 결손은 손상된 신경관 부위에 따라 크게 두 종류로 나뉜다. 신경관의 머리 부분이 손상되어 열려있으면 무뇌증(anencephaly)이 되어 태어나자마자 사망하게 된다. 꼬리 부분이 열려있는 경우는 전체 신경관 결손의 2/3를 차지하며, 척추막탈출증을 포함한 이분척추(spina bifida)가 되어 하반신이 마비된다.

6.4 영양섭취기준 및 섭취실태

엽산의 영양섭취기준은 혈청 및 적혈구 엽산 농도, 혈장 호모시스테인 농도 등의 지표와 엽산의 저장상태, 소변으로 배설되는 엽산 대사물의 양 등에 근거하여 성인 남녀의 평균필요량을 320 μg DFE/일, 권장섭취량을 400 μg DFE/일로 정하였다. 엽산 요구량이 증가하는 임신부, 수유부는 각각 220 μg DFE/일과 150 μgDFE/일을 추가하여 권장하였다.

노인의 경우, 노화에 따른 엽산의 흡수율이나 이용이 감소된다는 보고가 없으므로, 노인의 권장섭취량은 성인과 동일하게 설정하였다. 그러나 나이가 들면서 동맥경화 요인인 혈장 호모시스테인 농도가 증가하므로 노인의 엽산 필요량에 대해서는 더 많은 연구가 필요하다.

1~5 mg/일의 엽산 보충 시 신경증세가 나타난다는 보고가 거의 없으므로, 상한섭취량은 인공합성 형태의 엽산 1,000 μg/일로 정하였다. 비타민 B_{12}가 부족되기 쉬운 엄격한 채식주의자나 노인에서는 많은 양의 엽산을 보충하면 비타민 B_{12} 결핍증세가 은폐될 수 있으므로 주의를 요한다. 우리나라 국민의 적혈구 엽산 농도는 대부분의 연구에서 600 nmol/L 이상이며 결핍상태의 대상자는 거의 없는 실정이다.

2020년 국민건강영양조사자료에 의하면 성인의 엽산 섭취량은 303.1 μg DFE/일(남자 334.0 μg DFE/일, 여자 271.7 μg DFE/일)였으며 섭취기준 미만 섭취자 분율이 61%(남자 53.3%, 여자 69.7%)로 나타났다.

6.5 급원식품

엽산은 간, 두류(대두, 녹두, 흑태) 및 콩으로 만든 장류, 녹색 채소(시금치, 아스파라거스, 브로콜리, 쑥갓 등), 해조류(김)에 많으며, 간을 제외한 대부분의 육류, 우유, 달걀, 감자 등의 뿌리채소류 및 일부 과일에는 그 함량이 낮다. 한 연구에서 우리나라 대학생의 엽산 주요 급원식품은 김치와 밥이었으며, 그 외에 달걀, 김, 시금치, 콩나물 등으로 보고되었다. 미국의 경우, 아침식사용 시리얼을 통해 가장 많은 엽산을 섭취하고 있으며, 1998년부터 곡류에 엽산을 강화할 것을 의무화하였다.

7 비타민 B_{12}

비타민 B_{12}는 4개의 피롤(pyrrol) 고리가 서로 연결된 '코린'(corrin)이라는 환상구조와 뉴클레오티드로 구성되어 있으며 코린 구조의 중앙에 코발트 이온이 결합되어 있어 코발라민(cobalamin)이라고도 한다(그림 8-9).

7.1 흡수 및 대사

1) 흡수

비타민 B_{12}는 다른 비타민과 달리 매우 복잡한 과정을 거쳐 흡수된다. 비타민 B_{12}의 흡수에는 침샘에서 분비되는 R-단백질과 위의 벽세포에서 분비되는 당단백질인 내적인자(intrinsic factor, IF)가 필요하다.

식품중의 비타민 B_{12}는 단백질과 결합되어 있으므로 먼저 위산과 펩신에 의해 단백질이 분리, 제거되어 유리상태로 되어야 한다. 유리상태의 비타민 B_{12}는 R-단백질과 결합하여 십이지장으로 운반되며 트립신에 의해 R-단백질이

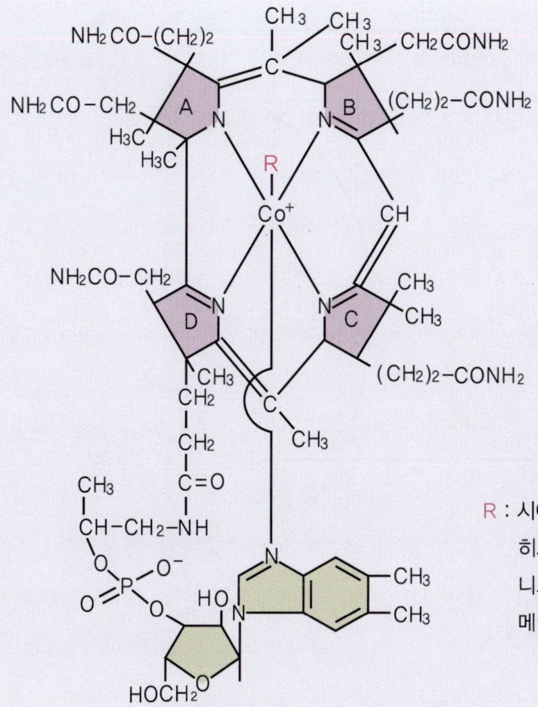

그림 8-9 비타민 B_{12}(코발라민)의 구조

제거된다. R-단백질이 제거된 유리 비타민 B_{12}는 다시 IF와 복합체를 이루어 흡수 부위인 회장까지 운반되고, 비타민 B_{12}-IF 복합체만이 회장 상피세포의 수용체와 결합하여 흡수된다(그림 8-10). 췌장에서의 트립신 분비에 이상이 있어서 R-단백질과 결합한 비타민 B_{12}가 잘 유리되지 않거나, 위 절제 수술을 받아 위에서 합성되는 IF가 부족한 경우에는 비타민 B_{12}의 흡수가 감소된다. 폐쇄성 황달이 있는 경우에도 흡수율이 감소하는데, 이는 코발라민-IF 복합체와 회장의 수용체와의 결합과정에 필수적인 담즙산염이 부족하기 때문이다.

2) 운반 및 저장

흡수된 비타민 B_{12}는 혈액 비타민 B_{12} 운반단백질인 헵토코린(haptocorrin)이나 트랜스코발라민 Ⅱ(transcobalamin Ⅱ)와 결합하여 간과 골수 등으로 운반된다. 비타민 B_{12}-트랜스코발라민 Ⅱ 복합체는 세포 내로 들어가서 히드록소코발라민(hydroxocobalamin) 형태로 유리된다. 히드록소코발라민은 세포질에서 메틸코발라민(methylcobalamin)으로 전환되거나 미토콘드리아에

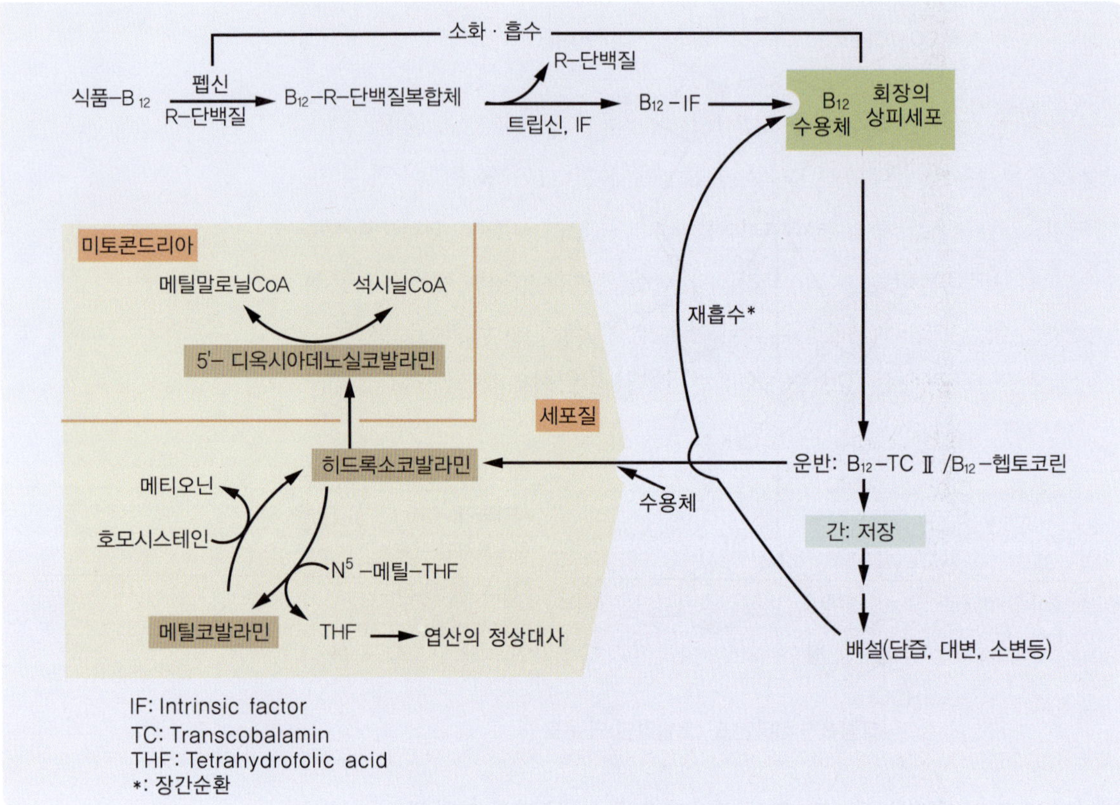

그림 8-10 비타민 B_{12}의 흡수, 운반 및 기능

서 디옥시아데노실코발라민(deoxyadenosylcobalamin)으로 전환되며, 이 두 형태만이 체내에서 보조효소로 작용한다(그림 8-10).

비타민 B_{12}는 수용성이면서도 특이하게 간에 저장된다. 건강한 성인의 경우 약 1.5 mg의 비타민 B_{12}가 간에 저장되어 있으며, 체내 비타민 B_{12}의 총량은 약 2~3 mg이다.

3) 합성 및 배설

비타민 B_{12}는 대부분 담즙을 통해 대변으로 배설되며, 건강한 성인의 경우 장간순환을 통해 약 50%가 재흡수된다. 그러나 내적인자가 부족하면 회장 상피세포 수용체와의 결합이 감소하여 대부분 대변으로 배설된다. 또한 비타민 B_{12}는 미생물에 의해서만 합성되며 사람의 대장에서도 미생물에 의해 합성되지만, 합성된 비타민 B_{12}의 대부분은 흡수되지 못하고 대변으로 배설된다.

7.2 기능

비타민 B_{12}는 엽산과 대사적으로 밀접한 관계를 지니므로 두 비타민은 공통된 기능을 가진다.

1) 메티오닌 재생

비타민 B_{12}는 호모시스테인이 메티오닌으로 메틸화되는 반응에 필요하며(그림 8-8의 ⑤와 ⑥, 8-10), 이 반응으로 메티오닌과 메틸기를 운반하는 S-아데노실메티오닌의 수준이 유지된다.

2) DNA 합성

비타민 B_{12}는 메틸-THF가 엽산대사에서 중심 역할을 하는 THF로의 전환 과정에 관여한다. THF는 DNA 합성에 필요한 단일탄소 화합물을 제공할 메틸렌-THF로 전환되므로, 비타민 B_{12}는 DNA 합성에 관여한다(그림 8-8의 ⑤, 8-10).

3) 포도당신생에 관여

일부 아미노산의 탄소골격이 대사되어 석시닐 CoA로 전환될 때 또는 홀수 지방산의 산화에서 생성된 프로피오닐 CoA가 석시닐 CoA로 전환되는 과정에 디옥시아데노실코발라민이 필요하다. 디옥시아데노실코발라민은 미토콘드리아에서 프로피오닐 CoA 대사물질인 메틸말로닐 CoA(methylmalonyl CoA)가 석시닐 CoA로 이성화되는 반응의 보조효소이다(그림 8-10). 이 반응을 통해 프로피온산이 TCA 회로의 중간물질인 석시닐 CoA로 전환되므로 비타민 B_{12}는 포도당신생에 관여한다.

비타민 B_{12} 영양상태 판정지표

비타민 B_{12}가 결핍되면 메틸말로닐 CoA가 석시닐 CoA로 전환되는 반응에 장애가 생겨 혈청 메틸말론산이 증가되므로, 혈청 메틸말론산 농도는 비타민 B_{12} 영양상태 판정지표로 사용된다.

4) 신경세포의 유지

비타민 B_{12}는 메티오닌 합성에 관여함으로써 신경전달물질이나 미엘린(myelin) 합성에 필요한 메틸기를 공급하며, 뇌에 독성을 나타내는 호모시스테인 수준을 감소시킨다.

7.3 결핍증 및 과잉증

비타민 B_{12} 결핍증은 악성빈혈(pernicious anemia)로 비타민 B_{12} 섭취 부족보다는 흡수 장애가 원인이다. 완전 채식주의자(vegan)와 노인은 비타민 B_{12}가 부족하기 쉬운 집단이며, 위를 절제한 사람과 자가면역질환으로 인해 위점막이 손상되어 위산과 내적인자의 분비가 저하된 사람은 비타민 B_{12} 흡수 저하로 결핍증이 나타난다.

비타민 B_{12}가 결핍되면 거대적아구성 빈혈 등의 혈액학적 문제, 설염, 손과 발바닥의 얼얼함, 무감각, 시력 저하 등의 신경장애 그리고 위궤양, 설사, 변비 등의 위장관 장애가 나타나게 된다. 최근, 기전은 확실치 않지만 노화와 관련된 인지기능 및 청력 저하, 알츠하이머성 치매, 우울증도 비타민 B_{12} 결핍과 관련됨이 보고되었다. 거대적아구성 빈혈은 엽산 결핍에서도 나타나는데, 비타민 B_{12} 결핍에 의한 경우에는 피로, 두통, 숨이 참, 운동능력 감소 및 신경 증상도 나타나, 엽산 결핍에 의한 거대적아구성 빈혈과 구별된다. 비타민 B_{12} 과잉증에 대해서는 아직까지 보고된 바가 없다.

7.4 영양섭취기준 및 섭취실태

비타민 B_{12}의 영양섭취기준은 체내 비타민 B_{12} 저장량을 유지하고, 혈청 비타민 B_{12} 수준을 적절하게 유지하기 위해 필요한 양을 추정하여 성인 남녀의 평균필요량을 2 μg/일로 설정하였으며, 권장섭취량은 2.4 μg/일로 정하였다. 노인은 무산증, 위축성 위염이 많이 발생하므로 비타민 B_{12}의 흡수가 감소할 수 있으며 동맥 경화 요인인 혈액 호모시스테인 수준을 감소시키기 위해 비타민 B_{12} 필요량이 증가할 수 있으나, 이에 대한 충분한 자료가 없어 권장섭취량을 성인과 동일하게 설정하였다. 미국에서는 노인에게 흡수가 잘 되는 비타민 B_{12} 강화식품이나 보충제 섭취를 권장하고 있다.

2008~2012년 국민건강영양조사자료에 따르면, 성인의 평균 비타민 B_{12} 섭취량은 7.3 μg/일이었고, 평균필요량 2.0μg/일 미만으로 섭취하는 대상자의 비율은 전체의 18.0%로 양호한 수준이었다.

7.5 급원식품

비타민 B_{12}는 동물성 식품에 존재한다. 간이나 신장과 같은 내장육에 가장 많으며, 육류(살코기), 생선, 달걀, 우유, 치즈 및 대두발효식품에 풍부하다.

8 판토텐산

판토텐산(pantothenic acid)은 미생물의 성장에 필수적인 요소로 처음 발견되었으며, 그 후 닭 등의 동물에서 성장 및 항피부염 인자의 기능이 밝혀졌다. 판토텐산은 판토산(pantoic acid)과 β-알라닌이 아미드 결합을 한 것으

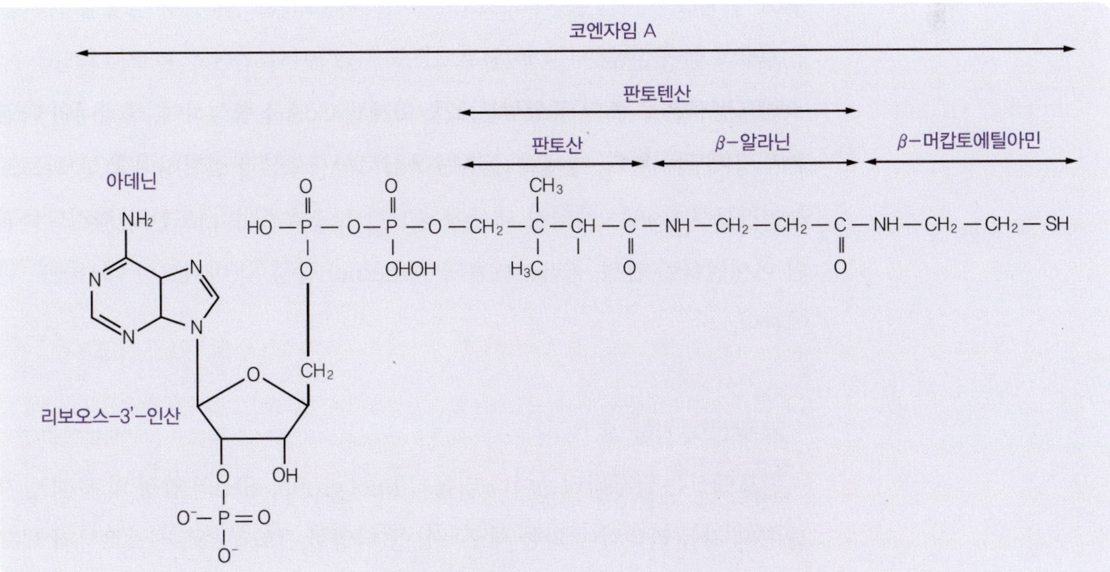

그림 8-11 판토텐산과 코엔자임 A의 구조

아미드 결합
카복실기(-COOH)의 C원자와 아미노기($-NH_2$)의 N원자 사이의 결합

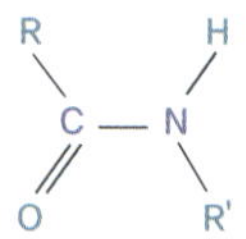

로 4′-포스포판테테인(4′-phosphopantetheine)을 거쳐 코엔자임 A(coenzyme A, CoA)의 구성요소가 되어 생체 내의 다양한 반응에 관여한다(그림 8-11).

8.1 흡수 및 대사

식품 속의 판토텐산은 대부분 4′-포스포판테테인이나 CoA 형태로 존재하므로 장에서 판토텐산으로 가수분해된 후에 흡수된다. 흡수 후 문맥을 통해 간으로 이동되어 대부분 CoA 합성에 사용되고 CoA는 다시 판토텐산으로 분해되어 신장을 통해 배설된다.

8.2 기능

1) 지방산 대사에 관여

판토텐산은 CoA와 지방산 합성효소 복합체의 일부인 아실 운반단백질(acyl carrier protein, ACP)의 구성성분으로 지방산 합성에서 중요한 역할을 하며, 지방산 산화에도 관여한다.

2) CoA의 구성성분

판토텐산은 CoA의 구성성분으로, 아세틸 CoA를 형성하여, 생체내의 다양한 반응에 관여한다, 아세틸 CoA는 옥살로아세트산과 결합하여 TCA 회로로 들어가므로 CoA는 에너지 대사에 중요한 보조효소이다. 또한 신경전달물질인 아세틸콜린 합성, 콜레스테롤과 헴(heme) 합성 및 아미노산 대사에도 관여한다.

3) 항산화 기능

판토텐산은 글루타티온이나 티올기(thiol group, -SH)의 합성 및 분해 방지를 통해 자유 라디칼에 의한 세포독성 등 다양한 산화적 스트레스로부터 세포를 보호하는 작용이 있다.

8.3 결핍증 및 과잉증

판토텐산의 독성 증상에 대한 조사나 연구결과는 거의 없으며 정상적인 식사를 하는 사람의 경우 결핍증이 발생하지 않는다. 다만 판토텐산의 길항물질인 ω-메틸판토텐산을 섭취했을 경우에 손과 발의 무감각, 두통, 피로, 불안감 등의 증상과 위장장애, 근육경련 및 마비 등의 신경계 이상, 면역력 감소, 저혈당, 인슐린 민감도 증가 등의 결핍증상이 나타날 수 있다.

8.4 영양섭취기준 및 섭취실태

판토텐산의 영양섭취기준은 국내 연구 자료가 거의 없어 미국의 성인과 청소년의 판토텐산 섭취량인 4~7 mg/일에 근거하여 성인 남녀의 판토텐산 충분섭취량을 5 mg/일으로 설정하였다. 과량의 판토텐산 섭취로 인한 영양문제는 거의 보고된 바 없으므로, 판토텐산의 상한섭취량은 설정하지 않았다.

2007~2008년 국민건강영양조사자료에 따르면, 우리나라 1세 이상 전체 연령군의 판토텐산 섭취량의 중앙값은 1.7~1.8 mg/일, 97.5백분위수는 4.4~5.0 mg/일로 보고되어 과잉 섭취 우려는 불필요한 것으로 보인다.

8.5 급원식품

그리스어로 '모든 곳'을 의미하는 'pantothen'에서 그 이름이 유래된 판토텐산은 거의 모든 식품에 함유되어 있다. 특히 해바라기 씨, 버섯, 난류, 땅콩은 좋은 급원식품이며, 육류, 우유, 율무, 전곡류, 두류, 감자, 채소류 등도 주요 급원식품이다.

9 비오틴

비오틴(biotin)은 황을 함유하며, 카복실라아제(carboxylase)의 보조효소로 이산화탄소를 운반한다.

9.1 흡수 및 대사

비오시틴
비오틴과 리신이 아미드 결합으로 공유결합을 이룬 것

식품에 함유된 비오틴은 유리형이나 단백질의 리신 잔기에 결합된 형태로 있다(그림 8-12). 단백질에 결합된 비오틴은 단백질분해효소에 의해 비오시틴(biocytin)으로 분해되고 효소작용에 의해 비오시틴에서 비오틴이 유리되어 흡수된다. 비오틴은 결장에서 장내 미생물에 의해서 필요량 이상으로 생합성되지만, 장내 미생물이 소량 이용하는 것으로 밝혀졌다. 비오틴이 소장에서 흡수될 때나 미생물에 의해 생합성된 비오틴이 결장에서 흡수될 때 모두 능동수송에 의해 흡수되며, 배설은 소변을 통해 이루어진다.

9.2 기능

1) 카복실라아제의 보조효소

비오틴은 다음의 네 가지 카복실라아제의 보조효소로서 탄수화물, 지질 및 일부 아미노산 대사에서 이산화탄소를 운반한다. 이 효소들은 리신 잔기에 비오틴이 아미드 결합으로 공유결합을 이루고 있다.

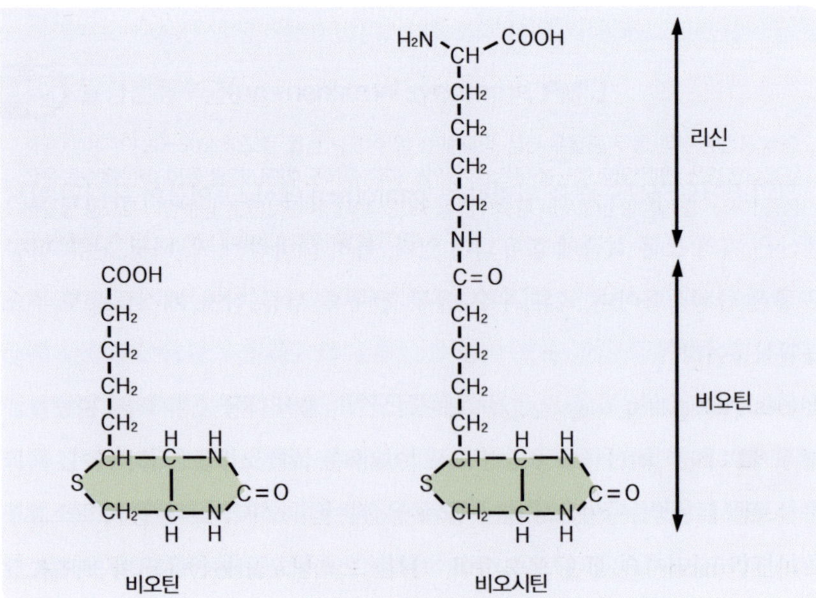

그림 8-12 비오틴과 비오시틴

(1) 포도당신생

피루브산 카복실라아제의 구성요소로서, 피루브산을 옥살로아세트산으로 전환시켜 포도당신생을 가능케 한다.

(2) 지방산 대사

아세틸 CoA 카복실라아제의 구성요소로서, 아세틸 CoA로부터 말로닐 CoA를 합성하며, 이 반응은 지방산 합성과정의 첫 단계로 속도조절반응이다. 또한 이 효소는 지방산의 산화도 조절한다.

(3) 아미노산과 홀수 탄소 지방산 대사

프로피오닐 CoA 카복실라아제의 구성요소로서, 이소루신, 메티오닌, 발린과 홀수 탄소 지방산 대사과정에서 생성된 프로피오닐 CoA를 메틸말로닐 CoA로 전환시킨다. 메틸말로닐 CoA는 다시 석시닐 CoA로 전환되어 TCA 회로로 들어가 에너지를 생산하거나 포도당을 합성한다(제3장 단백질 영양 참조).

(4) 루신 분해

베타-메틸크로토닐 CoA(β-methylcrotonyl CoA) 카복실라아제의 구성요소로서 루신이 분해되는 과정에 관여한다.

2) 세포대사에 관여

비오틴은 주요 핵단백질에 작용하여 세포주기를 조절하며, 싸이토카인 및 다양한 단백질의 유전자 발현을 조절하기도 한다.

9.3 결핍증 및 과잉증

비오틴은 대부분의 식품에 존재하고 체내의 비오틴 사이클에 의해 효과적으로 재사용되므로, 사람에서 비오틴 결핍은 거의 발생하지 않는다. 그러나 비오틴이 결핍된 완전정맥영양을 장기간 실시할 경우 결핍증이 발생할 수 있다. 또한 생난백의 단백질인 아비딘(avidin)은 위와 장에서 비오틴과 결합하므로, 비오틴의 흡수가 감소하여 결핍증을 유발할 수 있다. 그러나 아비딘은 열에 의해 변성되므로 가열하여 섭취하면 비오틴의 생체이용에는 문제가 없다.

비오틴이 결핍되면 원형탈모, 지루성 피부염, 결막염, 코나 입 주위의 붉은 습진, 식욕 저하, 구토 등이 발생하며, 심해지면 우울, 정신이상 등의 중추신경계 이상과 근육조절의 이상이 일어난다.

9.4 영양섭취기준 및 섭취실태

비오틴의 평균필요량을 설정할 자료가 없어 미국과 일본인의 식사 섭취량을 근거로 하여 성인 남녀의 충분섭취량을 30 μg/일로 설정하였다. 비오틴은 과량 섭취로 인한 독성의 위험이 거의 없어 상한섭취량을 설정하지 않았다. 2007년 국민건강영양조사자료를 분석한 결과, 19~29세 남자의 비오틴 평균 섭취량은 12.2 μg/일이고, 19~29세 여자는 10.4 μg/일이었다.

9.5 급원식품

비오틴은 거의 모든 식품에 존재하지만, 특히 간, 콜리플라워, 땅콩, 달걀노른자, 치즈, 대두, 밀, 견과류, 버섯 등에 많이 함유되어 있다.

10 비타민 유사물질

정상적인 대사과정에 반드시 필요하며 체내에서 합성되는 일부 물질들을 비타민 유사물질로 분류한다. 콜린, 이노시톨, 카르니틴, 타우린, 리포산 등이 있으며 이들의 주요 기능은 다음과 같다.

① 콜린(choline): 메틸기를 제공하여 아세틸콜린, 인지질, 베타인을 합성한다.
② 이노시톨(inositol): 인지질의 구성성분이다.

③ 카르니틴(carnitine): 아미노산인 메티오닌과 리신으로부터 합성되며, 지방산을 미토콘드리아 내로 운반시켜 지방산 산화를 돕는다.

④ 타우린(taurine): 시스테인과 메티오닌에서 합성되는 함황아미노산으로 동물성 식품에만 존재한다. 담즙산의 성분이며 항산화작용, 뇌 발달, 눈의 광수용체에서의 기능, 심장 수축 등 다양한 기능을 가진다.

⑤ 리포산(lipoic acid): 탈탄산반응의 보조효소이다.

수용성 비타민의 독성 유발기전

수용성 비타민 섭취를 위해 복합 비타민제를 과량 복용하면 독성이 강한 지용성의 비타민 A와 D도 동시에 과량 섭취하게 되므로 유의해야 한다. 뿐만 아니라 수용성 비타민도 과량 섭취하면 그 자체가 다음과 같은 기전에 의해 독성을 나타낼 수 있다.

1. 비타민 자체와 그 대사물질에 의한 직접적인 독성 유발

니아신(니코틴산)을 과량 복용하면 천식, 위궤양, 통풍, 피부병과 간질환이, 비타민 B_6를 과량 복용하면 경련, 감각신경의 장해가 나타난다.

2. 의존상태 및 금단증후 초래

과량의 수용성 비타민을 장기간 섭취하면 의존상태가 초래되어 갑자기 섭취를 중단할 경우 충분히 섭취하고 있음에도 불구하고 결핍증상이나 대사장애로 인한 금단증후가 나타날 수 있다. 예를 들면, 비타민 C를 만성적으로 과량 복용하다 중지하면 괴혈병이 일어날 수 있으며, 매일 200 mg의 피리독신을 섭취하다가 중단한 성인에게서 의존증상이 나타난 보고도 있다.

3. 기존 질병의 증후 은폐 초래

과량의 엽산을 섭취하면 비타민 B_{12} 결핍 증상인 거대적아구성 빈혈의 혈액학적 증상이 은폐될 수 있다. 즉 혈액학적으로는 정상으로 나타나므로 비타민 B_{12} 결핍에 부수적으로 나타나는 신경학적 문제가 악화되어 심각한 상황에 이를 수 있다. 또한 비타민 C를 과량 복용하는 경우 요당검사의 정확도가 떨어져 판정오류를 범할 수 있다.

4. 약물 또는 다른 비타민과의 상호작용

하루 0.5~1.0 g의 비타민 C를 복용하는 환자의 일부에서 비타민 B_{12} 흡수가 감소되어 비타민 B_{12} 결핍증을 초래했다는 보고가 있다.

도파민 생성 감소가 원인인 파킨슨병을 치료하기 위해서는 뇌로 유입되는 형태인 L-dopa를 투여한다. 그러나 약 10~20 mg의 피리독신을 섭취하면 L-dopa가 도파민으로 전환되는 것을 촉진시켜 결국 뇌로 유입되는 L-dopa의 양이 줄어들게 된다. 따라서 파킨슨병의 치료를 위해 피리독신이 제거된 복합 비타민제가 개발되었다.

요약

1 수용성 비타민은 구조는 각기 다르나 극성(極性)을 띠므로 물에 잘 녹는다는 공통점을 가지고 있다. 수용성 비타민은 체내 저장량이 적고 소변으로 쉽게 배설되므로 식사를 통해서 규칙적으로 섭취해야 하며 결핍되었을 때 그 증상이 비교적 신속하게 나타난다.

2 비타민 C는 프롤린과 리신이 수산화 되는 과정에 관여하여 콜라겐 합성에 중요하며, 철 흡수를 증가시킨다. 또한 비타민 C는 항산화 영양소로 성인병의 예방효과가 부각되면서 과량 섭취의 문제점이 제기되고 있다.

3 티아민은 보조효소인 TPP를 형성하여 탈탄산반응과 케톨전이반응에서 보조효소로 작용한다. 케토산에서 CO_2를 제거하는 탈탄산반응은 일련의 체내 대사반응을 진행시키는 데 매우 중요하다. 티아민 결핍증상은 각기병인데, 주로 심장과 신경계에 이상이 온다.

4 리보플라빈은 보조효소인 FMN과 FAD를 형성한다. 리보플라빈은 산화와 환원반응에 보조효소로 작용하여 탄수화물과 지질대사에 관여하며 항산화물질인 글루타티온을 환원시킨다. 리보플라빈이 결핍되면 구각염, 구순염, 설염, 지루성 피부염, 안구 충혈, 광선공포증, 빈혈 등이 나타난다.

5 니아신은 보조효소인 NAD와 NADP를 형성한다. 니아신은 산화와 환원반응에 보조효소로 작용하여 탄수화물, 단백질, 지질로부터 에너지를 생산하는 데 필수적이다. 니아신 결핍증은 펠라그라로 증상은 피부염, 설사, 치매이다. 트립토판에서 니아신이 합성되므로 니아신 흡수율이 낮은 옥수수를 주식으로 하며 단백질 섭취가 부족한 지역에서 펠라그라가 발생하였다.

6 비타민 B_6는 피리독살인산의 형태로 아미노기전이반응의 보조효소로 작용하여 비필수아미노산 생성과 포도당신생 과정에 관여한다. 또한 아미노산의 탈탄산효소의 보조효소로서 신경전달물질을 합성하며, 트립토판에서 니아신 합성, 헴 및 백혈구 생성, 스테로이드 호르몬의 작용에 관여한다.

7 엽산은 활성형인 THF로 환원된 후 단일탄소를 운반하여 핵산의 구성성분인 티미딜산과 퓨린 합성에 관여한다.

8 비타민 B_{12} 흡수에는 침샘에서 분비되는 R-단백질과 위의 벽세포에서 합성, 분비되는 내적인자가 필요하다. 비타민 B_{12}가 결핍되면 엽산은 메틸-THF로 머무르게 되어 핵산 합성이 감소된다. 즉 엽산과 비타민 B_{12} 결핍 시에는 세포분열에 장애가 생겨 거대적아구성 빈혈이 발생한다. 비타민 B_{12}는 신경섬유의 미엘린 형성에도 관여하므로 비타민 B_{12} 결핍 시 신경장애를 동반한 악성빈혈이 나타난다.

9 비타민 B_6, 엽산 및 비타민 B_{12}는 호모시스테인 대사에 관여하며, 혈청 호모시스테인 수준이 증가하면 심혈관질환 발생 위험이 높아진다.

참고문헌

- 농촌진흥청 농촌자원개발연구소. 식품성분표 제8개정판, 2011
- 보건복지부, 질병관리본부. 국민건강영양조사 제6기 결과보고서, 2020
- 한국영양학회. 한국인 영양섭취기준 개정판, 2015
- Bender DA. Micronutrients: Vitamins & minerals. In: Murray RK, Bender DA, Botham KM, Kennelly PJ, Rodwell VW, Weil PA, eds. Harper's Illustrated Biochemistry. 28th ed, pp.467-481, McGraw-Hill Medical Publishing, 2009
- Byrd-Bredbenner C, Moe G, Beshgetoor D, Berning J. The water-soluble vitamins. In: Wardlaw's Perspectives in Nutrition. 8th ed, pp.435-481, McGraw Hill Higher Education, New York, 2009
- Wardlaw GM, Smith AM. Vitamins. In: Contemporary Nutrition. 7th ed, pp.300-331, McGraw-Hill Higher Education, New York, 2009

비타민 C

- 김정신, 김혜영, 박유경, 김태석, 강명희. 신선초 녹즙섭취가 흡연자의 지질수준 및 혈장 항산화 비타민 영양상태에 미치는 영향. 한국영양학회지 36(9):933-941, 2003
- 황미리, 소주련, 임현숙. 제2형 당뇨병 환자에게 엽산과 아스코르브산 보충이 혈장 호모시스테인 농도와 산화 스트레스에 미치는 영향. 한국영양학회지 42(2):107-118, 2009
- Johnston CS, Luo B. Comparison of the absorption and excretion of three commercially available source of vitamin C. J Am Diet Assoc 94(7):779-781, 1994
- Lee WJ. The prospects of vitamin C in cancer therapy. Immune Network 9(5):147-152, 2009
- Wandzilak TR, D'Andre SD, Davis PA, Williams HE. Effect of high dose vitamin C on urinary oxalate levels. J Urol 151:834-837, 1994

티아민

- 장남수, 김은정. 농촌지역 알코올 의존자들의 비타민 B_1, B_2 영양상태. 한국영양학회지 32(2):175-181, 1999

- Bailey AL, Finglas PM, Wright AJ, Southon S. Thiamin intake, erythrocyte transketolase activity and total erythrocyte thiamin in adolescents. Br J Nutr. 72:111-125. 1994

- Butterworth RF. Thiamin. In: Shils ME, Shike M, Ross AC, Caballero B, Cousins RJ, eds. Modern Nutrition in Health and Disease. 10th ed, Lippincott Williams & Wilkins, Baltimore, 2006

- D'Amour ML, Bruneau J, Butterworth RF. Abnomalities of peripheral nerve conduction in relation to thiamin status in alcoholic patients. Can Neurol Sci 18:126-128, 1991

- Russell RM, Suter PM. Vitamin requirements of elderly people: an update. Am J Clin Nutr 58:4-14, 1993

리보플라빈

- 임화재, 윤진숙. 식이 섭취와 적혈구 glutathione reductase 활성도 및 소변 배설에 근거한 일부 농촌 여성 리보플라빈 영양상태에 관한 종단 연구. 한국영양학회지 29(5):507-516, 1996

- 황금희, 오승호, 임현숙, 장유경. 한국인 젊은 여성의 리보플라빈 섭취상태와 EGRAC에 관한 연구. 한국영양식량학회지 20(2):103-110, 1991

니아신

- Bruckert E, Labreuche J, Amarenco P. Meta-analysis of the effect of nicotinic acid alone or in combination on cardiovascular events and atherosclerosis. Atherosclerosis 210(2):353-361, 2010.

- Mckenny JM, Proctor JD, Harris S, Chinchili VM. A comparison of the efficacy and toxic effect of sustained- vs immediate-release niacin in hypercholesterolemic patients. JAMA 271:672-677, 1994

- Shibata K, Onodera M. Changes in the conversion rate of tryptophan-nicotinamide according to dietary fat and protein levels. Biosci Biotech Biochem 56(7):1104-1108, 1992

비타민 B_6

- 장남수, 김은정, 김성윤. 농촌지역 알코올 의존자들의 비타민 B_6 및 엽산 영양상태. 한국영양학회지 33(3):257-262, 2000

- Bernstein AL, Dinesen JS. Effect of pharmacologic doses of vitamin B6 on carpal tunnel syndrome, electroencephalographic results, and pain. J Am Coll Nutr 12(1):73-76, 1993
- Cho Y, Kim B. Estimation of vitamin B_6 status and RDA in young Koreans. Ann Nutr Met 48:235-240, 2004
- Cohen M, Bendich A. Safety of pyridoxine - a review of human and animal studies. Toxicol Lett 34(2-3):129-139, 1986
- Leklem JE. Vitamin B_6. In: Shils M, Olson JA, Shike M, eds. Modern Nutrition in Health and Disease. 8th ed, pp.383-394, Lea & Febiger Malvern, PA, 1994
- Lin PT, Cheng CH, Liaw YP, Lee BJ, Lee TW, Huang YC. Low pyridoxal 5'-phosphate is associated with increased risk of coronary artery disease. Nutrition 22:1146-1151, 2006
- Lumeng L, Cleary RE, Li TK. Effect of oral contraceptives on the plasma concentration of pyridoxal phosphate. Am J Clin Nutr 27:326-333, 1974
- McCormick DB. Two interconnected B vitamins: riboflavin and pyridoxine. Physiol Rev 69(4):1170-1198, 1989
- McCormick DB. Vitamin B_6. In: Bowman BA, Russell RM, eds. Present Knowledge in Nutrition. 9th ed, p.270, International Life Sciences Institute, Washington, DC, 2006
- Morris MS, Picciano MF, Jacques PF, Selhub J. Plasma pyridoxal 5'-phosphate in the US population: the National Health and Nutrition Examination Survey, 2003-2004. Am J Clin Nutr 87(5):1446-1454, 2008

엽산

- 연미영, 현태선. 한국인 상용식품의 엽산함량 분석에 의한 식품영양가표의 보완. 한국영양학회지 38(7):586-604, 2005
- 정은정, 김수연, 남영주, 박정화, 황혜진, 이양자. 케일녹즙 분말식이가 흰쥐의 혈중 지질, 엽산 및 호모시스테인 수준에 미치는 효과. 한국식품영양과학회지 34(8):175-181, 2005

• 현태선, 한영희. 식품영양가표 개정에 따른 남녀 대학생의 엽산 섭취량 및 급원식품의 차이. 한국영양학회지 34(7):797-808, 2001

• Han YH, Yon M, Hyun TH. Folate intake estimated with an updated database and its association to blood folate and homocysteine in Korean college students. Eur J Clin Nutr 59(2):246-254, 2005.

• Pitkin RM. Folate and neural tube defects. Am J Clin Nutr 85(1):285S-288S, 2007

• Woodside JV, Young IS. Folate, homocysteine and cardiovascular disease. In: Massaro EJ, Roger JM, eds, Folate and Human Development. pp.183-203, Human Press, New Jersey, 2002

비타민 B_{12}

• Baik HW, Russell RM. Vitamin B_{12} deficiency in the elderly. Annu Rev Nutr 19:357-377, 1999

• Healton EB, Savage DG, Brust JC, Garrett J, Lindenbaum J. Neurologic aspects of cobalamin deficiency. Medicine 70:229-245, 1991

• Lim HS, Heo YR. Plasma total homocysteine, folate and vitamin B_{12} status in Korean adults. J Nutr Sci Vitaminol 48:290-297, 2002

• Park S, Johnson MA, Shea-Miller K, De Chicchis AR, Allen RH, Stabler SP. Age-related hearing loss, methylmalonic acid, and vitamin B_{12} status in older adults. J Nutr Elder 25(3-4):105-120, 2006.

• Savage D, Gangaidzo I, Lindenbaum J, et al. Vitamin B_{12} deficiency is the primary cause of megaloblastic anemia in Zimbabwe. Br J Hematol 86:844-850, 1994

• Schulz RJ. Homocysteine as a biomarker for cognitive dysfunction in the elderly. Curr Opin Clin Nutr Metab Care 10(6):718-723, 2007

• Smith AD, Refsum H. Vitamin B_{12} and cognition in the elderly. Am J Clin Nutr 89(2):707S-11S, 2009

판토텐산

• Slyshenkov VS, Rakowska M, Moiseenok AG, Wojtczak. Pantothenic acid and its derivatives protect Ehrlich ascites tumor cells against lipid peroxidation. Free Radic Biol Med 19(6):767-772, 1995.

- Tarr JB, Tamura T, Stokstad EL. Availability of vitamin B6 and pantothenate in an average American diet in man. Am J Clin Nutr 34:1328-1337, 1981
- van den Berg H. Bioavailability of pantothenic acid. Eur J Clin Nutr 51(suppl 1):S62-S63, 1997

비오틴

- Kim KH. Regulation of mammalian acetyl-coenzyme A carboxylase. Annu Rev Nutr 17:77-99, 1997
- Pacheco-Alvarez D, Soldrzano-Vargas S, Del Rio AL. Biotin in metabolism and its relationship to human disease. Arch Medical Res 33:439-447, 2002
- Rodriguez-Melendez R, Zempleni J. Regulation of gene expression by biotin. J Nutr Biochem 14(12):680-690, 2003
- Zempleni J, Mock DM. Biotin biochemistry and human requirements. J Nutr Biochem 10(3):128-138, 1999

제9장 다량 무기질

1. 칼슘
2. 인
3. 마그네슘
4. 나트륨
5. 칼륨
6. 황

제9장 다량 무기질

인체를 구성하는 원소 중 체중의 96%는 탄수화물, 지질, 단백질 등 유기화합물과 물을 형성하고 있는 탄소(C), 수소(H), 산소(O), 질소(N)이고, 나머지 약 4%가 무기질의 형태로 체내에 존재한다. 무기질은 분자구조에 탄소를 함유하고 있지 않으므로, 에너지를 발생시키지 않고, 동물이나 식물을 태웠을 때 회분의 형태로 남는다. 무기질 중 체중의 0.05% 이상이거나 또는 필요량이 100 mg/일 이상인 경우를 다량 무기질이라 하며 칼슘(Ca), 인(P), 나트륨(Na), 칼륨(K), 염소(Cl), 황(S), 마그네슘(Mg) 등이 여기에 속한다. 한편, 체중의 0.05% 이하로 존재하거나 필요량이 100 mg/일 이하인 철(Fe), 아연(Zn), 구리(Cu), 망간(Mn), 요오드(I), 불소(F), 셀레늄(Se) 등과 같은 무기질을 미량 무기질이라 한다.

무기질의 기능

(1) 신체의 구성성분

무기질은 신체를 형성하는데, 칼슘과 인, 마그네슘 등은 치아와 같은 경조직을 구성하는 데 중요하다. 또한 단백질, 지질과 복합성분을 이루어 근육, 피부, 혈액 중의 유기화합물을 구성하는데, 아연은 근육, 피부, 내장과 같은 연조직 구성의 필수적인 성분이며, 철은 적혈구의 헤모글로빈, 근육의 미오글로빈을 구성하고, 인은 핵단백질, 세포핵 등을 구성하며 신경조직에도 인지질의 형태로 들어 있다.

(2) 산, 염기의 균형

생체 내의 체액의 pH는 7.35~7.45의 범위 내에서 항상 일정하게 유지되는데, 무기질은 많은 대사반응에 필요한 산도(acidity), 혹은 염기도(alkalinity)를 정상 수준으로 유지되도록 조절한다. 체내에서 무기질은 체액에 녹아 이온의 형태로 존재하며, 산 또는 염기를 형성한다. 즉, 양이온을 형성하는 무기질은 체액에서 수산이온(OH^-)과 결합하여 염기를 형성하고, 음이온 무기질은 수소이온(H^+)과 반응하여 산을 형성한다. 섭취된 후 염기를 형성하는 Na^+, K^+, Mg^{2+}, Ca^{2+} 등의 양이온 함량이 상대적으로 많은 식품을 염기성 식품이라 하고 주로 과일, 채소류가 포함된다. 이에 반해 산을 형성하는 음이온 즉, Cl^-, SO_4^{2+}, PO_4^{3-}을 상대적으로 많이 함유한 식품을 산성식품이라 하고 곡류, 어육류, 가금류 등이 이에 해당한다.

(3) 삼투압 조절
세포내액과 세포외액에 존재하는 무기질은 세포막을 투과하여 세포 내외로 이동하는 수분을 조절함으로써 체내 대사에 적절한 삼투압농도(300 mOsm/L)를 유지하는 데 관여한다.

(4) 대사의 촉매작용
무기질은 체내에서 일어나는 대사반응에서 촉매의 기능을 하는데, 대표적으로 구리, 망간, 칼슘, 마그네슘 등은 탄수화물, 지질, 단백질의 동화 및 이화작용을 촉매하는 효소의 보조인자 또는 구성성분으로서의 기능을 한다.

(5) 신경자극 전달 및 혈액 응고
칼슘은 신경을 흥분시키고 자극전달에 관여하며 혈액을 응고시켜 출혈을 방지하고 칼륨, 마그네슘 등은 근육의 수축, 이완 작용에 관여하므로, 이들 무기질이 부족하면 근육의 경련이나 강직 현상이 나타난다.

1 칼슘

칼슘(calcium, Ca)은 인체에 가장 풍부한 무기질로서 신체 내에 있는 총 무기질 함량의 약 40%를 차지하며, 성인의 경우 체내 칼슘 보유량은 약 1,200 g이다.

1.1 흡수 및 대사

1) 칼슘의 흡수

칼슘은 주로 소장 상부에서 흡수되는데 두 가지 경로를 통하여 흡수된다. 그 중의 하나는 주로 십이지장에서 이루어지는 능동수송과정으로 활성형 비타민 D[1,25-dihydroxy cholecalciferol, 1,25-$(OH)_2$-D_3)]에 의해 조절된다. 호르몬으로 불리는 비타민 D는 소장에서 칼슘결합단백질의 합성을 촉진하고, 소장의 알칼린 포스파타아제(alkaline phosphatase) 활성을 자극함으로써 소장에서의 칼슘 흡수를 증가시킨다. 두 번째는 비타민 D와는 상관없이 단순 확산에 의해 칼슘이 흡수되는 것이며, 흡수되지 않은 칼슘은 대변으로 배설된다.

칼슘의 흡수는 다른 식이요소들과 칼슘농도를 조절하는 호르몬에 따라 달라지는데, 소장 상부의 환경을 산성화시키는 데 관여하는 위산, 유당, 포

표 9-1 칼슘 흡수를 촉진 또는 저해하는 요인들

칼슘 흡수 촉진인자	칼슘 흡수 저해인자
신체의 높은 칼슘 요구도: 성장기, 임신부, 수유부, 칼슘 결핍상태 호르몬: 비타민 D, 부갑상선 호르몬 장내 환경을 산성으로 만드는 요인들: 위산, 유당, 포도당 정상적인 장운동 운동: 골밀도를 증진시키는 운동	비타민 D 부족 섬유소 수산, 피트산, 탄닌 폐경, 노령

도당과 같은 요인들은 칼슘의 흡수를 증진시키며, 이 밖에도 비타민 D, 정상적인 장의 운동 등도 칼슘 흡수에 영향을 미친다. 한편, 식품 중의 피트산(phytate), 수산(oxalate), 섬유소, 인 등의 섭취는 칼슘 흡수를 감소시키고 차(tea) 중의 탄닌, 비타민 D 결핍, 폐경, 설사 등도 칼슘 흡수를 저하시킨다(표 9-1).

칼슘은 보통 식사로부터 섭취한 양의 25~40%가 흡수되는데, 골격의 성장이 활발하게 이루어지는 성장기 어린이의 경우는 75%의 높은 흡수율을 보이며, 임산부의 칼슘 흡수율도 60%에 이른다. 칼슘 흡수율은 연령이 높아짐에 따라 전반적으로 감소하는데, 특히 폐경 후 여자에서는 에스트로겐 분비 감소로 인해 칼슘흡수율이 20% 정도로 매우 낮다.

2) 혈액 칼슘 농도의 조절

인체의 혈액 칼슘 농도는 약 9~11 mg/dL로 일정수준을 유지하고 있으며, 정상인의 혈장에 있는 칼슘과 인의 형태는 그림 9-1과 같다.

혈액 칼슘의 47.5%는 유리된 상태, 즉 이온 상태로 존재하며, 46%는 단백질과 결합되어 있고 나머지 6.5%는 인, 구연산 등과 복합체를 이루고 있다. 혈액 칼슘 농도는 부갑상선호르몬(parathyroid hormone, PTH)과 1,25-$(OH)_2$-D_3에 의해 일정하게 조절된다. 즉, 혈액 칼슘 농도가 감소하면 부갑상선호르몬이 분비되어 신장의 1α-수산화효소(1α-hydroxylase) 활성을 증가시켜, 1,25-$(OH)_2$-D_3가 생성된다. 1,25-$(OH)_2$-D_3는 소장에서 칼슘결합단백질 합성을 증가시켜 칼슘 흡수를 증가시키고, 신장에서의 칼슘의 재흡수를 촉진시킨다. 그 결과, 혈청 칼슘 수준이 정상으로 돌아오면, 이번에는 PTH와 1α-수산화효소 활성이 감소되고, 24-수산화효소 활성이 증가되어 2_5-OH-D_3로부터 24,25-$(OH)_2$-D_3 합성

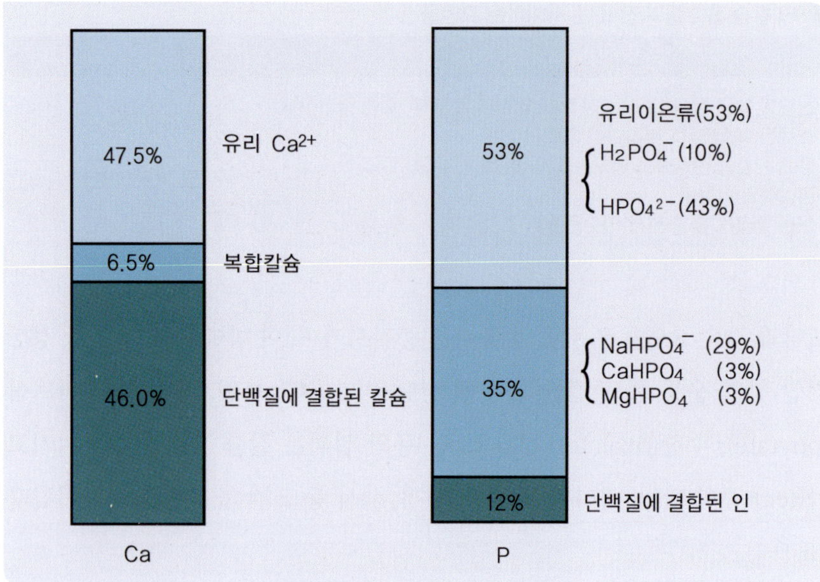

그림 9-1 혈액 내 칼슘과 인의 형태

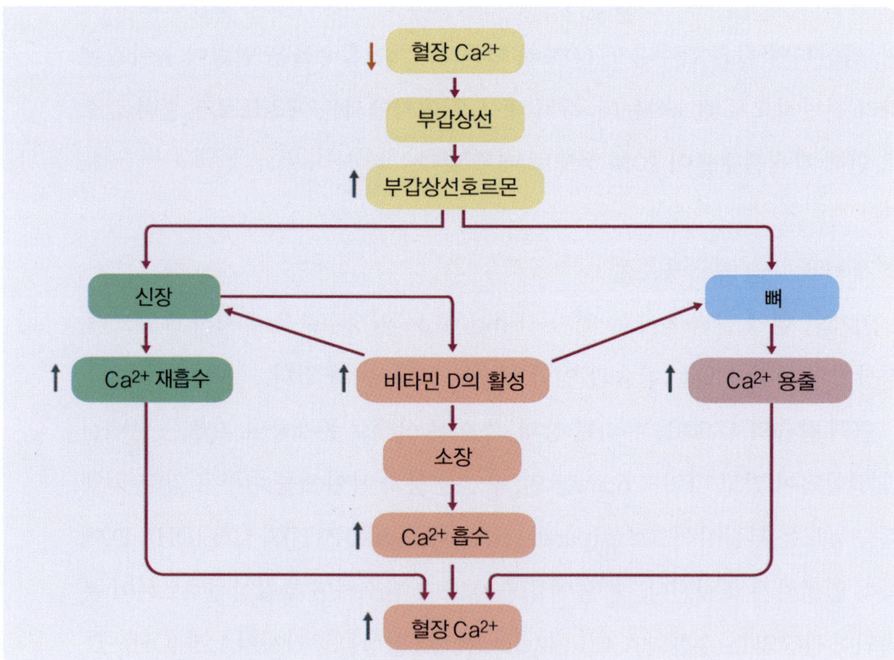

그림 9-2 비타민 D와 부갑상선호르몬에 의한 혈장칼슘의 조절 기전

이 증가된다. 또한, 혈액 칼슘 농도가 정상 이상으로 증가하면 부갑상선호르몬 분비가 감소되어 역반응이 일어남과 동시에, 갑상선에서 칼시토닌(calcitonin) 분비가 증가하여 골격의 무기질 침착(mineralization)이 증가된다. 비타민 D와

부갑상선호르몬의 혈장칼슘 조절 기전은 그림 9-2에 나타나 있다.

혈액 칼슘 농도에 영향을 주는 또 다른 요인은 식사 중의 인과 칼슘의 비율이다. 칼슘과 인의 비율(Ca/P)이 낮으면 부갑상선호르몬 분비가 증가하여 골격에서 무기질이 유리되는 무기질 소실(demineralization)이 일어난다. 이러한 현상은 나이가 들어감에 따라 흔히 나타나는데, 골밀도와 무기질 침착이 감소하여 일어나는 현상으로, 특히 폐경 후 여자에서 골다공증(osteoporosis)이 발생하는 요인이 된다.

1.2 기능

1) 골격의 구성

칼슘은 체내에서 가장 풍부한 양이온으로, 체내에 존재하는 칼슘의 99% 이상이 골격에 존재한다. 골격은 조골세포와 파골세포에 의해 이루어지는데, 조골세포는 뼈를 형성하는 세포로 콜라겐 기질을 만들고 칼슘과 인을 침착시키는 반면, 파골세포는 뼈의 무기질을 용해시키고, 콜라겐 기질을 분해하는 작용을 한다. 골격에 저장된 칼슘은 여러 대사물질들이 골격을 자극함에 따라 방출도어 혈액 내 칼슘 pool을 유지하는 데 사용된다. 활성이 없는 치아의 에나멜(enamel)과는 달리 불용성 칼슘 복합체의 거대한 저장고인 골격은 끊임없이 교체됨으로써 혈액으로의 정상적인 칼슘 배출이 이루어지고, 다시 축적되는 과정을 거쳐 동적인 평형상태가 유지된다.

골격 칼슘의 교체율은 신생아의 경우 연간 100%에 달하나, 성장기 아동에 있어서는 연령이 증가함에 따라 연간 10%씩 교체율이 감소되고 골단 폐(epiphyseal closure)와 종적인 성장(longitudinal growth)이 정지된 성인에서는 연간 약 2~4%의 교체율을 보인다. 40~50대에 이르면 이와 같은 평형 상태에 변화가 생겨 매년 총 골질량의 0.7%가 감소한다.

2) 혈액 응고

체내 칼슘의 1%는 세포 내외의 체액에 있으며 세포의 주요 기능에 관여하는데 칼슘은 출혈 시 혈액 응고의 필수인자로서 프로트롬빈이 트롬빈으로 전

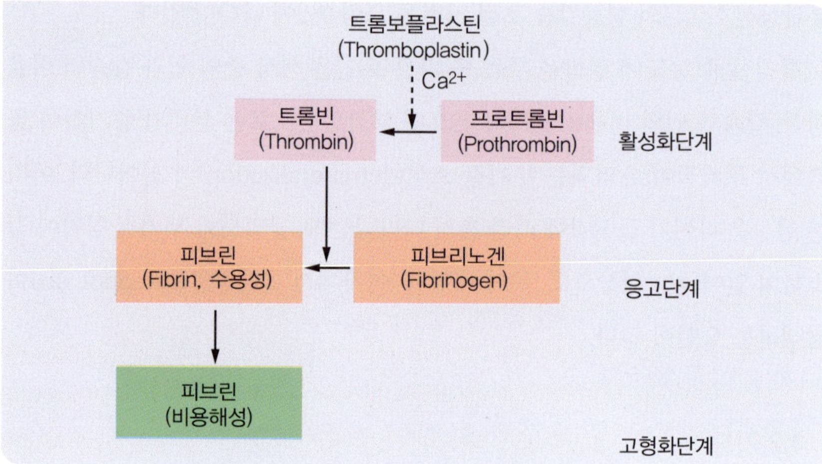

그림 9-3 혈액의 응고과정

환되는 과정에 관여한다. 이 과정에 의해 생성된 트롬빈은 피브리노겐을 불용성의 피브린으로 전환시킴으로써 혈액이 응고된다(그림 9-3).

3) 근육수축·이완 및 신경자극 전달

칼슘은 근육 수축 시 근육 단백질인 액틴(actin)과 미오신(myosin)이 적절하게 상호 작용할 수 있도록 한다. 따라서 혈중 칼슘 수준이 감소되면 근육강직 증세를 보인다. 또한 칼슘은 신경전달물질의 방출을 촉진함으로써 신경세포와 근육 사이에 신경자극을 전달하는 기능을 한다.

4) 세포대사

칼모듈린
칼슘과 결합하여 세포 내 몇몇 호르몬 활성에 영향을 주는 세포 내 단백질

칼슘은 칼모듈린(calmodulin) 시스템에 관여함으로써, 세포 내 대사를 조절한다. 칼슘이 세포 내로 들어가면, 칼모듈린-칼슘 복합체(calmodulin-calcium complex)가 형성되어 여러 효소(예: glycogen synthase 등)의 활성을 조절한다.

1.3 결핍증

1) 골격 기형

구루병, 골연화증, 골다공증의 경우 칼슘 결핍으로 인하여 골격의 기형적인

골다공증

골다공증(osteoporosis)은 뼈의 내부 조직의 용해가 일어나기 시작하여 골밀도가 정상인의 뼈보다 낮은 상태를 말하고 20~29세 정상인 뼈의 평균 골밀도보다 2배의 표준편차(2SD) 이하로 떨어지는 경우로 판정한다.

골격은 80%의 치밀골(compact cortical bone)과 20%의 해면골(trabecular bone)로 구성되어 있는데 치밀골은 뼈의 가장자리를 구성하며 매우 단단한 구조로 되어 있고, 해면골은 뼈의 말단 부분에 있는 조직으로 구멍이 많으며 스폰지 형태를 이루고 있다. 치밀골의 손실은 남자의 경우에 40~45세에 시작되어 90대까지 계속되며, 10년에 3~5%의 속도로 감소하며, 여자는 30대 중반부터 골격 손실이 시작되어 폐경 후에 급속도로 촉진된다. 골질량의 감소가 심해지면 뼈조직이 약해지고 내부조직에 구멍이 생기면서 골다공증이 발생하여 쉽게 골절되는 현상이 나타난다. 여자의 골다공증이 남자에 비하여 높은 것은 여자가 남자보다 골질량이 적고 폐경기 이후 에스트로겐의 분비가 저하되기 때문이다.

골다공증의 원인으로는 칼슘 결핍, 일광 노출량의 부족으로 인한 비타민 D 부족, 뼈의 칼슘침착(calcification)을 도와주는 호르몬인 에스트로겐의 부족 등을 들 수 있다. 또한 평소 음주와 흡연 습관, 카페인의 과다 섭취도 원인으로 지적되고 있으며, 저체중과 운동부족 시 골밀도가 저하되어 골다공증의 발병빈도가 높다고 알려져 있으므로 최대 골밀도에 도달할 수 있도록 어릴 때부터 균형식과 규칙적인 운동을 생활화하는 것이 중요하다.

현상이 생긴다. 비타민 D를 충분히 섭취하여 비타민 D 영양상태가 적절하게 유지되더라도 칼슘이 결핍되면 구루병이 발생될 수 있다. 골연화증은 성인 구루병이라고도 부르는데, 비타민 D 부족 및 칼슘과 인의 비율(Ca/P) 불균형과 관련이 있으며 골무기질이 감소되어 골격 조성 비율이 변화된다. 골다공증은 골격 조성은 비교적 정상이지만 전체적으로 골격량이 감소된 것으로 골격의 강도가 낮아 골절이 쉽게 발생된다.

2) 근육강직

혈중 칼슘농도가 극도로 저하되면 신경섬유의 민감성이 증가하여 근육 경련과 같은 근육강직(tetany) 증상이 나타나며, 혈중 인 농도의 증가도 칼슘과 인의 비(Ca/P)를 상대적으로 저하시키므로 근육 강직 증상을 나타낼 수 있다.

근육강직
급격하게 수축된 근육이 다시 이완되지 못하는 현상으로, 흔히 칼슘이나 마그네슘 대사이상으로 초래됨

1.4 과잉증

1,000~1,200 mg/일의 칼슘을 섭취하는 정상인에서는 고칼슘혈증이 나타나지 않으나, 탄산칼슘을 함유한 제산제와 함께 우유를 지나치게 섭취하면 고

칼슘혈증과 함께 이에 따른 신결석 및 신장의 급격한 기능쇠퇴, 칼슘과 다른 무기질과의 상호작용으로 인한 무기질의 흡수저해 등이 나타난다. 2020년 한국인 영양섭취기준에서는 칼슘의 상한섭취량을 1~8세 및 19~49세 성인은 2,500 mg/일, 9~18세에서는 3,000 mg/일, 50세 이상 성인은 2,000 mg/일로 정하고 있다.

1.5 영양섭취기준 및 급원식품

2020년 한국인 영양섭취기준에 따르면, 19~49세 성인 남자의 칼슘 권장섭취량은 800 mg/일, 성인 여자의 권장섭취량은 700 mg/일이다. 50~64세 남자는 750 mg/일, 65세 이상 남자는 700 mg/일을 권장하고, 50세 이상 여자는 800 mg/일으로 상향조정하였다. 단, 임신, 수유부의 경우 추가섭취의 건강상 이익이 없는 것으로 알려져 추가섭취를 권장하지 않는다. 칼슘은 우유 및 유제품(요구르트나 치즈), 뼈째 먹는 생선, 녹색 채소에 다량 함유되어 있으며 해조류, 두류, 곡류 등에도 들어 있다. 칼슘 급원식품을 평가할 때는 식품 중의 칼슘 함량 못지않게 칼슘의 흡수율과 체내 이용률도 중요하다. 우유 및 유제품 중의 칼슘은 식물성식품보다 흡수율이 훨씬 높고 체내 이용률이 좋아서 칼슘의 우수한 급원이며 곡류의 경우에는 칼슘이 많이 함유되어 있지 않고 흡수율도 낮다.

1.6 섭취실태

2020년 국민건강영양조사자료에 따르면, 전국 칼슘 섭취량은 493.9 mg/일로 나타났고(남자 536.8 mg/일, 여자 450.0 mg/일), 이는 영양섭취기준의 65.3%(남자 69.0%, 여자 61.7%)에 달하였는데, 여러 영양소 중 가장 낮은 섭취비율을 나타낸다. 2017년 국민건강영양조사의 식품섭취량 자료를 바탕으로 칼슘의 주요 급원식품을 보면 멸치, 우유, 배추김치, 요구르트, 달걀, 두부 순으로 칼슘 섭취에 기여하는 것으로 나타났다. 1인 1회 분량의 칼슘 함량이 가장 높은 식품은 미꾸라지, 멸치, 굴, 우유 순으로 각각 720 mg, 373 mg, 342 mg, 226 mg이었다. 서구 사람들처럼 우유를 즐겨 마시거나 조리 시 식용 재료로 우유를 널리 사용하지 않는 우리나라 사람들의 식생활에서는 해산물을 더 섭취함으로써 만성적인 칼슘 섭취 부족현상을 극복할 수 있을 것으로 보인다. 칼슘 섭취의 부족현상은 노인에게서 현저하여 권장섭취량의 60~70% 수준의 칼슘을 섭취하는 것으로 보고되었다. 특히 도시거주 노인에 비해 농촌과 빈민층 노인의 경우 우유 및 유제품의 섭취 부족으로 인한 칼슘 섭취 부족이 심각하며, 남자에 비해 여자의 칼슘 섭취가 낮게 보고되었다.

2 인

인(phosphorus, P)은 체내에서 칼슘 다음으로 많은 무기질 원소로 체중의 약 1%에 해당된다. 체세포의 구성성분으로 많은 대사과정에서 중요한 기능을 하며 체내에서 칼슘과 밀접하게 연관되어 있다. 체내 인 함량중 85% 정도는 칼슘과 함께 골격 중에 존재하고 나머지는 세포내액과 세포외액에 유기인산염 에스테르, 인단백질, 인지질, 그리고 무기인산염 이온인 $H_2PO_4^-$ 및 HPO_4^{2-} 형태로 존재한다(그림 9-1). 혈청 인 농도는 칼슘과 마찬가지로 활성형 비타민 D와 부갑상선호르몬의 조절에 의해 3~4 mg/dL로 일정하게 유지되는데, 식품을 통한 인의 섭취가 적을 경우, 소장에서 인의 흡수를 증가시키고 신장에서의 재흡수를 증가시킨다.

2.1 흡수 및 대사

음식물에 함유된 인은 무기인산염과 유기인산염의 형태로 존재하며, 유기인산염은 소장 내의 알칼린 포스파타아제(alkaline phosphatase)의 작용에 의하여 무기인산으로 전환되어 흡수된다. 인의 흡수율은 식사를 통한 인의 섭취량과 급원식품의 종류에 따라 다양하다. 정상적인 식사에서 섭취되는 인은 60~70%의 흡수율을 보이며, 섭취량이 낮을 때는 최대 90%까지 흡수된다. 사람의 소장에는 곡류나 종자에 존재하는 피트산으로부터 인을 분리해내는 데 필수적인 효소(phytase)가 없기 때문에, 피트산과 결합한 이들 에스테르는 인체에서 직접 이용되지 못하고 소장관 내에서 칼슘, 마그네슘, 철 등과 불용성

피트산
식물조직에서 인을 저장하는 분자로 주성분이 이노시톨 헥사인산(Inositol hexaphosphoric acid, IP6)이다. 겨, 종자에 많으며, 아연, 철, 칼슘, 마그네슘과 결합하여 이들 무기질의 흡수를 저하시킨다.

염을 형성한다. 인은 주로 무기인산염의 형태로 소변을 통해 배설되는데, 배설량은 인산염의 섭취량, 소장에서의 흡수량 및 혈청 인 농도에 따라 조절된다. 주로 소변을 통한 배설작용을 통하여 인의 항상성(homeostasis)이 유지되며, 신장기능이 정상일 때는 섭취량의 2/3 정도가 소변으로 배설된다.

2.2 기능

1) 골격과 치아의 형성

체내에 들어 있는 인의 85%는 뼈와 치아의 석회화에 이용되며, 인산칼슘의 형태로 뼈의 형성과정에 계속적으로 저장되고 재흡수된다. 또한 인은 칼슘과 결합하여 치아와 골격에 존재하는 주된 무기물 복합체인 히드록시아파타이트(hydroxyapatite)를 형성한다.

히드록시아파타이트
인산칼슘염과 수산화칼슘염의 복염으로 골격의 단백질 기질에 침착

2) 포도당 흡수와 에너지 대사에 관여

포도당은 소장점막을 통해 흡수되기 위해 인산화(phosphorylation)되어야 하는데, 이 인산화과정에서 인은 포도당과 결합하여 소장 내로의 흡수를 촉진시킨다. 또한 인은 탄수화물, 지질 및 단백질이 산화되어 에너지를 방출하는데 필수적인 고에너지인산(ATP)의 성분이 된다.

3) 신체의 구성성분

인은 DNA, RNA 등의 핵산의 구성성분이며 c-AMP(cyclic adenosinemonophosphate), 세포막을 구성하는 인지질, 혈장 및 신경계의 구성성분이다.

4) 완충작용

체액 중의 인은 산과 염기의 평형을 조절하는 완충작용에 관여한다.

2.3 결핍증

인은 식품 중에 널리 분포되어 있으므로, 사람에게서 결핍증이 발생하는 일

은 매우 드물다. 임상적으로는 장기간 인의 보충 없이 포도당 주사 또는 완전 정맥영양을 실시한 경우, 인과 결합하는 제산제를 장기간 복용한 경우, 부갑상선기능항진증, 당뇨병, 알코올중독, 신장병 등이 있을 때 인 결핍증상이 나타날 수 있다.

2.4 과잉증

일상적인 인의 섭취량으로는 체내에서 독성을 나타내지 않으나, 과량의 인을 섭취하면 칼슘 부분에서 언급하였듯이, 칼슘과 인의 비율(Ca/P)을 저하시켜 골격으로부터의 칼슘 방출을 촉진함으로써 골격 손실을 가져와 골다공증의 원인이 된다. 특히 신장질환 환자, 청량음료를 즐겨 마시는 청소년들에서 과잉증이 발생될 가능성이 크다.

2.5 영양섭취기준 및 급원식품

2020년 한국인 영양섭취기준에 따르면, 성인의 인의 필요섭취량과 권장섭취량은 각각 580 mg/일과 700 mg/일이며 임신부와 수유부의 권장섭취량도 임신하지 않은 성인 여자와 동일하게 700 mg/일으로 권장하고 있고, 상한섭취량으로는 남녀 성인 모두 3,500 mg/일으로 책정되었다. 2010년 이후 국민건강영양조사에서 남녀 모두 전 연령대에서 최소 120% 이상 섭취하고 있으므로 부족보다는 과잉섭취하지 않도록 주의해야 한다. 인은 거의 모든 식품에 골고루 들어 있지만, 주로 단백질 함량이 많은 식품(육류, 어류, 난류, 우유 및 유제품), 청량음료와 가공식품 중에 다량 들어 있다.

3 마그네슘

3.1 흡수 및 대사

소장에서 마그네슘(magnesium, Mg) 이온이 흡수될 때, 두 가지 다른 운반경로가 있다. 하나는 운반체를 통한 것으로 소장 내 마그네슘 농도가 낮을 때 일어나며, 다른 하나는 단순확산으로 소장 내 마그네슘 농도가 높을 때 일어난다. 섭취 식품 내에 존재하는 마그네슘의 30~40%가 흡수되나, 마그네슘의 섭취가 부족할 경우 흡수율은 증가한다. 흡수된 마그네슘 중 일부는 조직에 남거나 땀과 탈피된 피부를 통하여 손실되고, 나머지는 소변으로 배설된다. 정상인은 식사를 통한 마그네슘 섭취량에 차이가 있어도 소장과 신장의 효율적인 마그네슘 보유능력과 배설기전을 통하여 체내 농도는 일정 수준으로 유지된다.

3.2 기능

1) 골격과 치아의 구성성분

마그네슘은 칼슘 및 인과 복합체를 형성하여 골격과 치아의 구성성분이 된다.

2) 에너지 대사에 관여

마그네슘의 주요 기능은 ATP를 필요로 하는 효소반응에서 ATP의 구조를 안정화시키는 것이다. 즉, 마그네슘은 섭취한 음식물의 대사에 관계하는 300개 이상의 효소의 보조인자(cofactor)로 작용하는데, 예를 들어, 지방산과 단백질 합성 및 해당작용에서 포도당의 인산화 반응에 관여한다.

3) 신경의 자극전달과 근육의 수축·이완 조절

마그네슘은 칼슘과 함께 신경자극 전달과 근육의 수축 이완에 관여하는데, 즉, 칼슘은 근육 수축을 자극하고 신경을 흥분시키는 반면, 마그네슘은 근육을 이완시키고 신경을 안정시킨다. 따라서 칼슘과 마그네슘의 상대적인 비율은 근육세포의 반응성에 영향을 미친다. 또한 마그네슘은 세포막 내외로 나트륨과 칼륨의 능동수송을 책임지고 있는 Na^+-K-ATPase 펌프의 작용에도 필요하다.

3.3 결핍증

대부분의 식품은 마그네슘을 함유하고 있기 때문에, 정상적인 체내 기능을 유지하고 있는 사람이라면 마그네슘 결핍의 증후가 임상적으로 뚜렷이 나타나는 일은 매우 드물다. 마그네슘 결핍은 대부분 흡수불량증 등 복합적인 질병 상태에서 나타나는데 즉, 영양부족을 수반한 만성 알코올 중독, 마그네슘이 제거된 비경구적인 급식이 지속된 경우, 화상, 급성 혹은 만성 신장질환인 경우에 발생한다. 또한 세포내액과 세포외액의 칼륨, 나트륨, 칼슘 농도에 변화를 초래하며, 신경자극 전달과 근육의 수축 이완 작용이 제대로 조절되지 않아 근육과 신경의 경련이나 떨림 현상이 일어난다.

3.4 과잉증

정상적인 신장은 과잉 섭취된 마그네슘 이온을 신속하게 배설하여 혈액 내의 마그네슘 수준을 조절하기 때문에 신부전 환자가 아니라면 혈청 마그네슘 농도가 상승하는 일은 드물다. 그러나 항생제와 같은 마그네슘을 함유한 약물이 신부전증 환자에게 계속적으로 공급되는 경우에 고마그네슘혈증이 발생할 수 있으며, 그 결과로 중추신경계 장애, 호흡억제 및 혼수상태 등을 초래한다.

3.5 영양섭취기준 및 급원식품

2020년 한국인 영양섭취기준에 따르면 성인 남자의 마그네슘 권장섭취량은 19~29세 360 mg/일, 30대 이상은 370 mg/일이고, 성인 여자의 경우 권장섭취량은 280 mg/일로 설정되었다. 마그네슘은 엽록소의 구성성분이므로 녹색 채소에 많이 함유되어 있고, 견과류, 두류 및 곡류에도 풍부하다. 따라서 일상적인 식사에서는 마그네슘 결핍이 흔하지 않다. 그러나 곡류 중의 마그네슘은 도정과정 중 80~90%가 손실되므로 정제된 식품이나 가공식품에의 의존도가 높은 경우 마그네슘 섭취량이 낮아질 수 있다.

4 나트륨

나트륨(sodium, Na)은 세포외액의 주된 양이온이며, 체중의 약 0.2%를 차지한다. 체내에 존재하는 나트륨 양의 2/3은 세포외액, 특히 혈장에 대부분 존재하며, 1/3은 뼈에 존재하고, 그 외에 신경조직과 근육에 소량 존재한다.

4.1 흡수 및 대사

섭취된 나트륨 중 소량만이 위에서 흡수되고 나머지는 소장에서 신속하게 흡수된다. 흡수된 나트륨은 혈관을 따라 온 몸을 순환하다가 신장에 도달하면, 혈중 농도를 정상으로 유지하는 데 필요한 나트륨만 재흡수되고 나머지는 소변으로 배설되는데, 1일 평균 배설량은 섭취한 나트륨의 약 85~95%에 해당된다. 신장에서 나트륨의 재흡수는 신장에서 분비되는 레닌(renin)과 부신에서 분비되는 알도스테론(aldosterone)에 의해 조절된다. 즉, 혈액 중의 나트륨 농도가 적정 수준 이하로 떨어져 혈장량이 감소되면 신장에서 레닌이 분비되고 레닌은 안지오텐시노겐(angiotensinogen)을 안지오텐신 I 으로 전환시키는 반응을 촉매한다. 안지오텐신 I 은 안지오텐신 II 로 활성화되어 부신피질에서 알도스테론 분비를 자극하고 알도스테론은 신장에서 나트륨 재흡수를 증가시킨다(그림 9-4).

레닌
신장 내에서 분비되는 단백질 분해효소로 혈압조절, 나트륨 재흡수에 관여

반대로 혈중 나트륨 농도가 높으면, 레닌과 알도스테론 분비가 감소하여 신

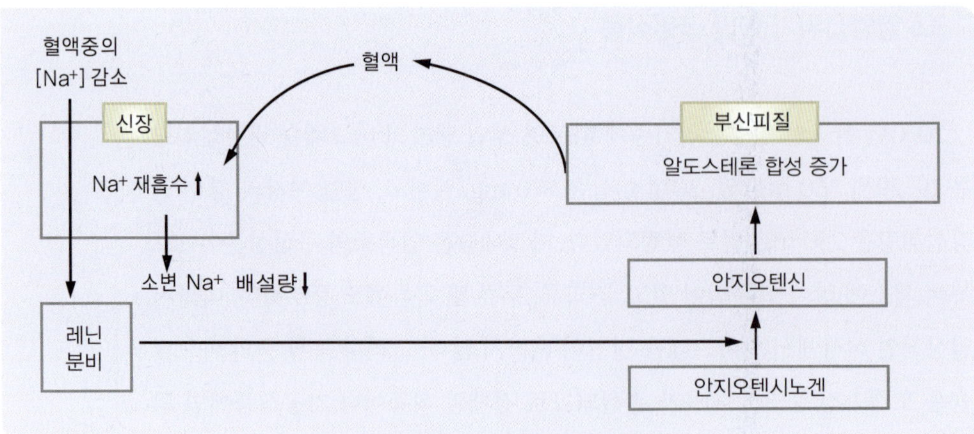

그림 9-4 나트륨의 재흡수와 배설의 조절

장을 통한 나트륨의 재흡수가 감소되고 소변을 통한 배설이 증가한다. 또한 뇌의 시상하부의 갈증 중추가 자극되어 삼투질 농도를 낮추고 과량의 나트륨을 소변으로 배설시키는 데 필요한 수분을 섭취하게 된다.

4.2 기능

1) 세포 내외의 삼투압 조절

세포내액과 세포간질액 사이에 위치한 세포막은 자유로이 물을 투과시키는 성질이 있으며, 세포 내외의 삼투압은 항상성 기전에 의하여 평형을 이루고 있다. 이때 나트륨 이온은 세포 내외의 삼투압 유지에 중요한 인자로 작용하고 있으며, 그 밖에 칼슘, 마그네슘, 인산, 단백질 등도 삼투압 조절에 관여하고 있다.

2) 항상성 유지

나트륨은 체내에서 수소 이온과 교환이 가능한 염기를 형성함으로써 산·염기 평형에 기여한다. 또한 세포외액(혈장)의 부피를 조절함으로써 혈압 유지에 밀접하게 관여하는데, 나트륨 이온 농도가 약간만 증가하여도 동맥 혈압에 큰 영향을 준다. 나트륨은 영양소의 흡수에도 관여하는데, 포도당과 아미노산은 흡수 시 소장점막에서 혈액으로 능동적 이동을 하기 위해서 Na^+ 펌프를 이용한다.

3) 신경자극 전달

나트륨은 세포외액에 많이 존재하고, 칼륨은 세포내액에서의 농도가 높다. 이러한 세포막 사이의 나트륨과 칼륨의 농도 차이에 의하여 전위차가 형성되어, 신경세포의 자극, 심장의 기능 유지, 근육 수축 기전이 조절된다.

4.3 결핍증

나트륨은 대부분의 식품에 함유되어 있으므로 결핍증은 드물지만, 심한 설사, 구토, 과다한 땀의 손실 등으로 나트륨 결핍증이 일어나는데, 이 때 식욕부진, 근육경련, 메스꺼움, 두통 등의 증상이 나타난다(표 9-2).

짜맛 성분, 나트륨의 섭취를 줄이는 방법

1. 밥을 위주로 하는 식생활을 한다: 식빵이나 국수는 가공과정에서 소금을 첨가하나 밥에는 나트륨이 거의 없으므로, 밥을 주식으로 하는 식생활을 한다.

2. 라면은 수프의 양을 줄이고, 면은 삶아낸 후 조리한다: 라면 수프 한 봉지에는 하루 목표 섭취량인 나트륨 2,000 mg과 거의 맞먹는 양의 나트륨이 들어 있으므로 수프를 적게 넣고 파, 마늘을 추가하여 끓이며 라면 국물은 조금만 먹도록 한다.

3. 국, 찌개는 건어물로 맛을 내고 건더기 위주로 먹는다: 국이나 찌개를 끓일 때 멸치, 새우, 표고버섯 등으로 우려낸 국물을 사용하면 감칠맛 때문에 된장, 고추장, 간장, 소금을 적게 쓸 수 있다. 찌개나 국을 먹을 때는 건더기 위주로 먹도록 한다.

4. 생선을 구울 때는 소금 간을 나중에 소량만 한다: 해산물은 그 자체가 소금기를 함유하고 있기 때문에 조리할 때 따로 간을 하지 않는 것이 좋다. 자반 생선보다는 신선한 생선을 굽거나 채소를 많이 넣고 조려 먹는 것이 좋다.

5. 해조류는 물에 담가 소금기를 충분히 뺀다: 미역, 다시마, 파래 등은 바다의 소금기를 가지고 있기 때문에 요리하기 전에 반드시 물에 충분히 담가 소금기를 빼야 한다.

6. 나물은 새콤달콤하거나 고소하게 맛을 살린다: 볶거나 무치는 나물은 참기름과 들기름처럼 향이 강한 식물성 기름과 함께 볶은 참깨, 볶은 들깨가루, 잣가루, 파, 마늘 등을 이용하면 소금과 간장의 양을 줄일 수 있다.

7. 양념장은 부재료를 첨가해 농도를 희석한다: 비빔밥이나 쌈에 사용하는 고추장과 된장에는 찹쌀풀과 고춧가루, 파, 마늘, 양파, 멸치 가루, 마른 새우 가루, 볶은 참깨, 참기름 등을 섞고, 양념장에는 간장과 동량의 물을 섞어서 사용한다.

8. 식탁 위에 놓인 소금과 간장을 없앤다: 간이 맞는 음식에도 습관적으로 식탁에 놓인 소금이나 간장을 더 넣는 경우가 있으므로 식탁에 놓아둔 소금과 간장은 치우는 것이 좋다.

9. 가공 식품의 영양성분표를 확인한다: 가공 식품을 고를 때에는 나트륨이 더 적게 들어 있는 제품을 선택하며 각종 저염 식품(저염 소금, 저염 버터 등)을 이용한다.

10. 채소와 과일을 충분히 먹는다: 채소와 과일, 잡곡에는 나트륨이 몸 밖으로 배설되는 것을 돕는 칼륨이 많이 함유되어 있다.

11. 외식을 피한다: 밖에서 사먹는 음식은 자극적인 경우가 많고 짜고, 맵고, 달고, 기름진 음식이므로 칼로리의 섭취를 높여 살찌게 만들 뿐만 아니라 많은 양의 나트륨을 먹게 하는 주범이다.

- 보건복지부 지정 국민고혈압사업단- 알기쉬운 고혈압

애디슨병
부신피질 호르몬의 분비가 감소되어 생기는 질환으로, 혈압감소, 혈장의 나트륨 저하, 근 무력증 등의 증상이 나타난다.

쿠싱병
부신피질 호르몬이 과다하게 분비되어 나타나며, 체지방의 분포가 달라져서 만월상 얼굴(moonface)이 된다.

표 9-2 나트륨과 칼륨의 저혈증 및 고혈증 발생원인

이상증	발생 원인	이상증	발생 원인
저나트륨혈증	다뇨(polyuria), 설사, 산성뇨증(aciduria), 애디슨병(Addison's disease)	저칼륨혈증	설사, 구토, 산성뇨증, 쿠싱(Cushing)병, 식사중 칼륨 부족
고나트륨혈증	쿠싱병, 뇌손상, 섭취한 Na/배설된 Na의 비율 증가	고칼륨혈증	조직 손상, 신부전

4.4 과잉증

과다한 나트륨 섭취는 고혈압과 부종을 일으킨다. 나트륨 섭취 증가는 수분 균형을 위해 혈액의 부피를 증가시킴으로써 간접적으로 용량성 고혈압(volume hypertension)에 관여한다. 실제로 고혈압 발생에 있어서 식염 섭취량의 증가 그 자체보다는 체액량의 증가가 더욱 직접적이고도 중요한 역할을 한다고 알려져 있다. 나트륨을 과량 섭취하면 소변으로의 칼슘배설이 증가되어 신장결석, 골다공증의 위험도 증가된다.

4.5 영양섭취기준 및 급원식품

2020년 한국인 영양섭취기준에 따르면 19~64세 성인의 나트륨 충분섭취량은 1,500 mg/일이며, 65세 이후에는 충분섭취량이 차츰 감소된다. 임신기와 수유기에는 1,500 mg/일을 추가로 허용한다. 나트륨은 생활습관병의 예방 차원에서 과잉 섭취에 대한 대책 마련이 필요하므로 2020년 한국인 영양소섭취기준부터 성인의 경우 상한섭취량 대신 2,300 mg/일을 만성질환위험 감소 섭취량으로 제시하였다. 나트륨은 저장식품(김치, 장류, 젓갈류)과 가공식품에 그 함량이 높다. 천연식품 중에는 굴, 조개, 육류, 우유, 계란 등의 동물성 식품에 비교적 많으며, 곡류, 채소, 과일 등에는 소량 함유되어 있다. 우리가 섭취하는 나트륨의 주된 급원은 식품 자체에 함유된 것보다는 식품의 조리나 가공과정에서 첨가된 식염이다.

만성질환 위험감소를 위한 섭취기준 (Chronic Disease Risk Reduction intake, CDRR)

2020 한국인 영양소 섭취기준에서는 만성질환 관점의 영양소 섭취기준 카테고리로 나트륨의 CDRR을 제시함. CDRR은 건강한 인구집단에서 만성질환의 위험을 감소시킬 수 있는 영양소의 최저 수준의 섭취량을 의미하며, 이는 그 기준치 이하를 목표로 섭취량을 감소시키라는 의미가 아니라 그 기준치보다 높게 섭취할 경우 전반적으로 섭취량을 줄이면 만성질환에 대한 위험을 감소시킬 수 있다는 근거를 중심으로 도출된 섭취기준을 의미함. 그 과학적 근거가 충분할 때 설정할 수 있음.

4.6 섭취실태

우리나라에서는 주식인 곡류의 과잉 섭취로 인하여 짠맛의 반찬을 선호하는 식습관을 형성하여 왔으며, 식품저장 측면에서도 주로 염장저장을 많이 이용하였기 때문에 젓갈, 절인 생선, 장아찌, 김치 등 식염을 많이 첨가한 식품들을 섭취해 왔다.

2020년 국민건강영양조사자료에 의하면 19세 이상의 나트륨 섭취량은 3,189.3 mg/일(남자 3,725.5 mg/일, 여자 2,629 mg/일)으로 나타나, 나트륨의 목표치 2,300 mg/일을 크게 초과하였다. 연령이 낮은 층에서 나트륨 섭취량이 약간 낮은 경향을 보이고 있으나, 단위 체표면적당으로 환산한 섭취량은 성인과 비슷한 것으로 보아, 어릴 때부터 어른과 같은 식염 섭취 식습관이 형성된 것으로 생각된다. 가공중에 상당량의 식염이 첨가된 훈제품, 통조림, 건조식품 등의 각종 가공품과 함께 글루탐산의 모노소듐염(monosodium glutamate, MSG)을 주원료로 한 화학조미료의 이용이 늘고 있어, 이로 인한 나트륨의 섭취 또한 상당량에 이를 것으로 추산된다. 미국에서는 천연식품 중의 식염, 조리과정과 식탁에서 첨가하는 식염, 가공식품 중의 식염이 차지하는 비율이 각각 10%, 15%, 75%로 보고된 바 있어, 가공식품을 통한 식염 섭취량의 증가가 심각함을 지적하였다.

5 칼륨

칼륨은 칼슘, 인 다음으로 체내에 많이 들어 있는 무기질로, 체내에 150~250 g 정도가 있다. 이 중 95%가 세포내액의 양이온으로 존재하며 세포막의 Na^+-K^+-ATPase 펌프에 의하여 농도 구배가 유지된다.

5.1 흡수 및 대사

섭취된 칼륨의 거의 대부분은 소장을 통해 확산과정에 의하여 흡수되는데 건강한 성인의 경우 식사로 섭취된 칼륨의 약 85%가 흡수된다. 신장은 칼륨

균형 유지에 기여하는데, 혈중 칼륨이 증가하면 부신피질 호르몬인 알도스테론이 증가되어 신장에서의 칼륨배설을 자극한다.

5.2 기능

1) 혈압조절

혈압과 관련하여 나트륨과 칼륨은 서로 반대 작용을 한다. 즉, 과잉의 나트륨 섭취로 유발된 고혈압에 대하여 칼륨은 보호작용을 하므로, 나트륨과 칼륨의 비(Na/K ratio)는 고혈압에 영향을 주는 중요한 요인이다.

2) 신경세포의 활동전위 발생과 근육 수축·이완작용에 관여

칼륨은 신경세포에서 이온들이 활동전위를 발생시키는 데 관여하고 췌장에서 인슐린이 방출되는 과정을 돕는다. 또한 골격근과 심근의 활동에 중요한 역할을 담당하고 있어서 근육의 수축, 이완 작용에 관여한다.

3) 삼투압과 수분평형 유지

칼륨은 세포외액의 나트륨이온과 함께 정상적인 삼투압과 수분평형을 유지하며 체액의 산-염기 균형에도 영향을 미친다.

4) 탄수화물대사와 단백질 합성에 관여

칼륨은 세포의 성장에 필요하며, 세포의 많은 생화학적 기능, 특히 혈당이 글리코겐으로 전환되어 저장되거나 단백질이 합성될 때 필요하다.

5.3 결핍증

칼륨은 식품 내에 골고루 함유되어 있어 정상적인 식사에서는 결핍증은 흔히 일어나지 않으나, 지속적인 구토, 만성적인 설사, 이뇨제의 과용, 심각한 영양실조, 수술로 인해 칼륨 고갈과 결핍이 초래될 수 있다(표 9-2). 칼륨결핍 시의 주된 증상은 호흡 약화, 소화기능 약화, 복부 팽창 등을 들 수 있다.

5.4 과잉증

신장기능이 정상이면 일상 식사에서 섭취하는 정도로는 칼륨의 과잉증이 나타나지 않으나, 보충제로 칼륨을 과다하게 섭취하면 위장장애를 나타낼 수 있으며, 심장에 부담을 줄 수 있다. 또한 신장기능이 좋지 않은 사람의 경우 칼륨의 배설이 잘 되지 않아 고칼륨혈증을 일으킨다(표 9-2).

5.5 영양섭취기준 및 급원식품

2020년 한국인 영양섭취기준에 따르면, 칼륨의 권장섭취량은 정해지지 않았고, 성인 남녀의 충분섭취량은 3,500 mg/일이며 상한섭취량은 제시되지 않았다. 단, 수유기에는 400 mg/일을 추가로 제시되었다. 칼륨은 거의 모든 식품에 골고루 들어 있는데 특히 곡류, 과일과 채소에 많이 들어 있으며, 해조류, 건조과일, 밀기울, 해바라기씨 등도 칼륨의 좋은 급원이다.

6 황

6.1 기능

체내에 존재하는 대부분의 황은 이온 형태가 아니라 비타민이나 아미노산의 구성성분으로 존재한다. 황은 아미노산인 시스테인 및 메티오닌의 구성성분이므로 거의 모든 단백질에는 황이 들어 있는데 특히 피부, 머리카락, 손톱 등을 구성하는 케라틴 단백질에는 이들 아미노산이 많이 함유되어 있다.

황은 시스테인 간의 이황화(disulfide) 결합을 통하여 단백질의 3차 구조를 가능케 하고, 몇몇 효소의 활성에 중요한 역할을 한다. 또한 인슐린, 항응고제인 헤파린(heparin), 티아민, 비오틴, 코엔자임 A의 구성성분이며, 글루타티온(glutathione)의 구성성분으로서 산화-환원 반응에 관여한다.

글루타티온
글루탐산, 시스테인, 글리신으로 구성된 트리펩티드로 강력한 항산화 영양소이며 간의 해독작용을 돕는다.

6.2 영양섭취기준 및 급원식품

한국인을 위한 영양섭취기준에는 황의 권장섭취량이 아직 설정되어 있지 않다. 황은 육류, 가금류, 생선, 계란, 말린 콩 등 단백질 식품에 들어 있다.

요약

무기질

1. 에너지를 제공하는 영양소(탄수화물, 단백질, 지질) 및 비타민과는 달리, 무기질은 탄소(C)를 가지고 있지 않다.

2. 무기질은 자연계에서 생성되거나 소멸되지도 않으며, 체내에서 합성되지도 않는다. 지구상에 존재하는 화학원소 중 적어도 50개 이상이 인체에서 발견되는데, 이들 원소 중 산소(O), 수소(H), 탄소(C), 질소(N)가 체중의 96%를 차지하고, 나머지 4%가 무기질(mineral)의 형태로 체내에 존재한다.

3. 무기질 중 인체의 하루 필요량이 100 mg 이상인 경우를 다량 무기질이라 하며 칼슘(Ca), 인(P), 나트륨(Na), 칼륨(K), 염소(Cl), 황(S), 마그네슘(Mg) 등이 여기에 속한다. 하루에 100 mg 이하를 필요로 하는 철(Fe), 아연(Zn), 구리(Cu), 망간(Mn), 요오드(I), 불소(F), 셀레늄(Se) 등과 같은 무기질을 미량 무기질이라 한다.

칼슘

1. 칼슘은 체내에서 가장 많은 양을 차지하는 무기질로 뼈와 치아를 구성할 뿐만 아니라, 혈액 응고, 근육의 수축과 이완, 신경자극전달 등에 관여한다.

2. 칼슘은 주로 소장 상부에서 흡수되는데, 성장기, 임신·수유부, 칼슘 결핍 시 흡수가 촉진된다. 또한, 비타민 D, 부갑상선호르몬, 장내 환경을 산성으로 만드는 요인들(위산, 유당, 포도당 등)에 의해 칼슘의 흡수가 촉진되며, 섬유소, 수산, 피트산 등의 과다 섭취는 칼슘의 흡수를 저해한다.

3. 혈액의 칼슘 농도가 저하되면, 부갑상선호르몬과 활성형 비타민 D [1,25-$(OH)_2$-D_3]에 의해 칼슘농도가 일정하게(약 10 mg/dL) 조절된다. 한편, 혈액 칼슘농도가 정상 이상으로 증가하면 부갑상선호르몬 분비가 감소됨과 동시에, 칼시토닌의 분비가 증가하여 골격의 무기질 침착이 증가된다.

4. 2020년의 국민건강·영양조사 결과에 따르면, 전국 1인 1일 칼슘 섭취량은 전체적으로 493.9 mg을 섭취하는 것으로 나타났고 이는 영양섭취기준의 65.3%에 달해, 여러 영양소 중 가장 낮은 섭취비율을 나타내었다. 칼슘 결핍은 골격의 기형, 근육의 강직 등과 관련이 있으며, 여자에서 폐경 후 골다공증의 발생을 촉진한다.

인

1. 인은 체내에서 칼슘 다음으로 많은 무기질로 체중의 1%에 해당된다. 인은 많은 효소의 보조인자로 작용하며, ATP 등 고에너지 인산염의 성분이 된다. 또한, 세포 내의 산·염기 평형에 관여하고, 골격의 성장, 세포액의 완충작용에도 관여한다.

2 성인에 있어서 인의 권장량은 칼슘과 마찬가지로 1일 700 mg이며, 최근 가공식품 및 청량음료 등의 소비 증가와 함께 인의 섭취량이 증가하고 있다.

마그네슘

1 마그네슘은 ATP를 필요로 하는 효소반응에서 ATP의 구조를 안정화시키며, 섭취한 식품의 대사 및 합성에 관계하는 300개 이상의 효소반응의 보조인자로 작용한다. 골격의 구성성분이며 칼슘과 함께 신경자극 전달에도 관여한다.

2 마그네슘은 엽록소의 구성성분으로 진한 녹색 채소 및 종실류, 견과류 및 콩류 등에 많다.

나트륨

1 나트륨은 체내에서 수소 이온과 교환이 가능한 염기를 형성함으로써 산·염기 평형에 기여한다. 또한 세포외액(혈장)의 부피를 조절함으로써 혈압 유지에 밀접하게 관여한다.

2 신장에서의 나트륨의 재흡수는 신장에서 분비되는 레닌과 부신에서 분비되는 알도스테론에 의해 조절된다.

3 나트륨은 생활습관병의 예방 차원에서 과잉섭취하지 않도록 2020년 한국인 영양섭취기준부터 상한섭취량 대신 2,300 mg/일을 만성질환위험 감소섭취량으로 제시하였다.

칼륨

1 칼륨은 세포대사에 관여하고, 과잉의 나트륨 섭취로 유발된 고혈압에 대하여 보호작용을 하므로 나트륨과 칼륨의 비(Na/K ratio)는 고혈압에 영향을 주는 중요한 요인이 된다. 또한 신경세포의 활동전위발생과 근육 수축과 이완작용에 관여한다.

2 칼륨은 거의 모든 식품에 골고루 들어 있는데 특히 곡류, 과일과 채소에 많이 들어 있으며, 해조류, 건조과일, 밀기울, 해바라기씨 등도 칼륨의 좋은 급원이다.

황

1 비타민과 아미노산의 구성성분으로 존재하며 함황아미노산 함량이 높은 피부, 머리카락, 손톱 등에 많다.

2 이황화결합을 통하여 단백질의 3차 구조를 가능케 하고, 몇몇 효소, 인슐린, 티아민, 비오틴, 코엔자임 A, 글루타티온의 구성성분이다.

참고문헌

- 보건복지부, 질병관리본부. 국민건강영양조사 제6기 결과보고서, 2020
- 한국영양학회. 한국인 영양섭취기준 개정판, 2020

칼슘

- 김숙희. 한국인의 칼슘 영양과 골다공증. 한국영양학회지 26(2):203-212, 1993
- 김화영. 골다공증과 식이인자. 한국영양학회지 27:634-640, 1994
- 이종호, 최미숙, 백인경, 문수재, 임승길, 안광진, 송명득, 이현철, 허갑범. 폐경 전 40대 한국 여성들의 영양 섭취상태와 골밀도와의 관계. 한국영양학회지 25(2):140-149, 1992
- 홍희옥, 유춘희. Ca과 Vitamin D 보충이 폐경 이후 여성의 뼈대사에 미치는 영향. 한국영양학회지 27(100):1025-1036, 1994
- Bonjour JP. Calcium and phosphate: a duet of ions playing for bone health. J Am Coll Nutr 30(5 suppl 1):438S-448S, 2011
- Elaine Dennison, Judith Medley, Cyrus Cooper. Who is at risk of oeteoporosis?. Women's Health Medicine 3(4):152-154, 2006
- Felsenfield AJ, Levine BS. Milk alkali syndrome and the dynamics of calcium homeostasis. Clin J Am Soc Nephrol 1:641-654, 2006
- Gilman MW, Oliveria SA, Moore LL, Ellison RC. Inverse association of dietary calcium with systolic blood pressure in young children. JAMA 267:2340-2343, 1992
- Matkovic V. Calcium metabolism and calcium requirements during skeletal modeling and consolidation of bone mass. Am J Clin Nutr 54:245S-260S, 1991
- Nordin BE, Need AG, Morris MA, Horowitz M. The nature and significance of the relationship between urinary sodium and urinary calcium in women. J Nutr 123:1615-1622, 1993
- Rao SS, Singh N, Parker M, sugumaran R. Health maintenance for postmenopausal women. Am Fam Physican 78(5):583-591, 2008

인

• Gropper SS, Smith JL, Groff JL. Advanved nutrition and human metabolism, 4th ed., Wadsworth(A Division of Thomson Learning Inc.), pp.378-410, 2005

• Wardlaw GM, Insel PM eds. Perspectives in Nutrition, 6th ed., McGraw-Hell, 2005

• Whitney EN, Cataldo CB, Rolfes SR. Understanding Normal and Clinical Nutrition, 6th ed, Wadworth, pp.396-427, 2002

마그네슘

• Dengel JL, Mangels AR, Moser-Veillon PB. Magnesium homeostasis:Conversion mechanism in lactating women consuming a controlled-magnesium diet. Am J Clin Nutr 59:990-994, 1994

• Houston M. The role of magnesium in hypertension and cardiovascular disease. J Clin Hypertension 13(11):843-847, 2011

• Hunt CD and Johnson LK. Magnesium requirements: new estimations for men and women by cross-sectional statistical analysis of metabolic magnesium balance data. Am J Clin Nutr 84:843-852, 2006

• Iseri LT, French JH. Magnesium: Nature's physiologic calcium blocker. Am Heart J 108:188-193, 1984

• Witteman JC, Grobbee DE, Derkx FH, Bouillon R, de Brujin AM, Hofman A. Reduction of blood pressure with oral magnesium supplementation in women with mild to moderate hypertension. Am J Clin Nutr 60:129-135, 1994

나트륨

• 김주연, 강영림, 이미연, 백희영. 우리나라 농촌과 서울 아동의 Na 섭취 및 짠맛에 대한 기호도 비교연구. 한국영양학회지 23:248-256, 1990

• 조금호, 박미아, 김을상. 저염식단의 나트륨과 칼륨 함량의 계산치와 정량치 비교. 한국영양식량학회지 25(3):406-414, 1996

- 최윤선, 김영옥, 서일. Sodium, Potassium 섭취와 성장기 혈압과의 관계. 한국식량학회지 24(4):493-501, 1995
- Finberg L, Beauchamp GK. Babies need sodium in moderation. Pediatric Basics 69:22-24, 1994
- Susic D, Frohlich ED. Salt consumption and cardiovascular, renal and hypertensive disease: Clinical and mechanistic aspects. Curr Opin Lipidol 24[Epub ahead of print], 2011

칼륨

- Institute of Medicine. Dietary reference intakes for water, potassium, sodium, chloride and sulfate. The National Academies Press. Washington, DC, 2005
- Knochell JP. Diuretic-induced hypokalemia. Am J Med 77:18-27, 1984

황

- Parcell S. Sulfur in Human Nutrition and Applications in Medicine. Altern Med Rev 7(1):22-44, 2002

제10장 미량 무기질

제10장 미량 무기질

미량 무기질은 하루 필요량이 100 mg 이하이거나 체중의 0.05% 이하로 존재하는 무기질을 말한다. 철(Fe), 아연(Zn), 요오드(I) 및 셀레늄(Se)의 중요성이 강조되고 있으며 생물학적 중요성은 불확실하나 몰리브덴(Mo), 크롬(Cr) 등의 무기질도 체내에 존재한다. 여러 가지 특수한 미량분석법의 발달과 생화학, 영양학, 그리고 의학 등의 급진적 발달로 여러 미량원소들의 생리적 기능과 중요성이 점차 밝혀지고 있다.

1 철

체내 철(iron, Fe) 함량은 성인 남자의 경우 체중 1 kg당 약 50 mg 정도이고 성인 여자는 약 35 mg 정도이다. 이 중 약 70%는 헤모글로빈(hemoglobin), 미오글로빈(myoglobin), 헴(heme) 함유 효소, 보조인자, 트랜스페린(transferrin) 등의 형태로 존재하고, 나머지 30%는 페리틴(ferritin)과 헤모시데린(hemosiderin)의 형태로 간, 비장 및 골수 등에 저장되어 있다. 이 밖에 제1철(ferrous 이온, Fe^{2+}) 혹은 제2철(ferric 이온, Fe^{3+})로 존재할 수 있으나 유리 철은 펜톤(Fenton) 반응을 통해 과산화수소 및 히드록실 라디칼을 생산함으로써 독성을 유발하므로 체내 유리 철의 수준은 낮게 유지되어야 한다.

1.1 흡수 및 대사

1) 흡수

식품 중의 철은 헴철과 비헴철의 두 가지 형태로 존재한다. 헴철은 헤모글로빈과 미오글로빈에서 발견되는 것과 같이 포르피린 고리 구조와 단단하게 결합되어 있는 철분자를 의미하며 비헴철은 기타 모든 형태를 포함한다.

식사를 통해 섭취한 철의 대부분을 차지하는 비헴철은 흡수될 때 다른 영양소 또는 식사 조성의 영향을 많이 받으며 흡수율이 매우 낮아 헴철 흡수율의 1/3 가량(약 5%)으로 추산된다. 비헴철이 십이지장이나 공장 상부에서 흡수되려면 용해된 상태여야 한다. 비헴철은 위산에 의해 용해되고 이온화하는데, 제2철에 비해 제1철이 용해도가 높으므로 흡수가 더 잘 된다. pH가 높아지면 제1철이 제2철로 산화되므로 위산은 철이온을 흡수율이 높은 제1철 형태로 유지하는 데 필수적이다. 무산증(achlorhydria) 환자나 위 절제 수술을 받은 환자의 철 흡수율이 낮은 것도 이 때문이다. 위산 외에 비타민 C 등의 환원제도 제1철 형태로 철이온을 환원시키므로 철의 흡수율을 높인다. 또한 구연산, 비타민 C 등의 킬레이터는 철이온과 저분자 착화합물(chelating compound)을 형성하여 2가 철을 안정화시키므로 흡수율을 높인다. 제1철 형태의 비헴철은 소장상피세포에서 에너지 의존성 운반단백질인 2가 금속 전달체(divalent metal transporter1, DMT1)를 통해 흡수된다. 식품 중의 피트산, 수산, 인산, 탄닌 등은 철과 결합하여 복합체를 형성하므로 철 흡수율을 떨어뜨린다. 이들은 제1철 혹은 제2철과 복합체를 형성하여 흡수를 도와주는 단백질과 결합하지 못하도록 한다(표 10-1, 그림 10-1).

헴철은 식품 중에 있는 철의 약 5~10%에 불과하나 알칼리 환경에서도 용해도가 높으므로 장 흡수를 위해 별도의 결합단백질을 필요로 하지 않는다. 따라서 흡수율이 15~20% 정도로 높으며, 흡수될 때 섬유질 등 다른 성분의 영향을 별로 받지 않는다.

철의 흡수율은 매우 낮아 한국인 영양섭취기준 제정 시 사용된 한국인의 평균 철 흡수율은 12%이나, 철의 체내 요구량이 많은 성장기 어린이, 사춘기, 임신부, 외상에 따른 출혈로 인한 철 결핍 환자의 경우에는 철의 흡수율이 높아

표 10-1 철 흡수에 영향을 주는 요인들

철 흡수 증가 요인	철 흡수 감소 요인
- 신체의 철 요구량이 높은 상태: 성장기, 임신·수유기, 철 결핍상태 - 헴철의 흡수율이 높음 - 육류, 어류, 가금류 - 위산: 비헴철 용해도 증가 - 비타민 C: 제1철로 환원	- 위산분비 저하(노인) - 불용성 분자를 형성하는 식품 성분: 식이섬유, 피트산, 수산, 탄닌 - 과량의 칼슘을 비롯한 다른 무기질

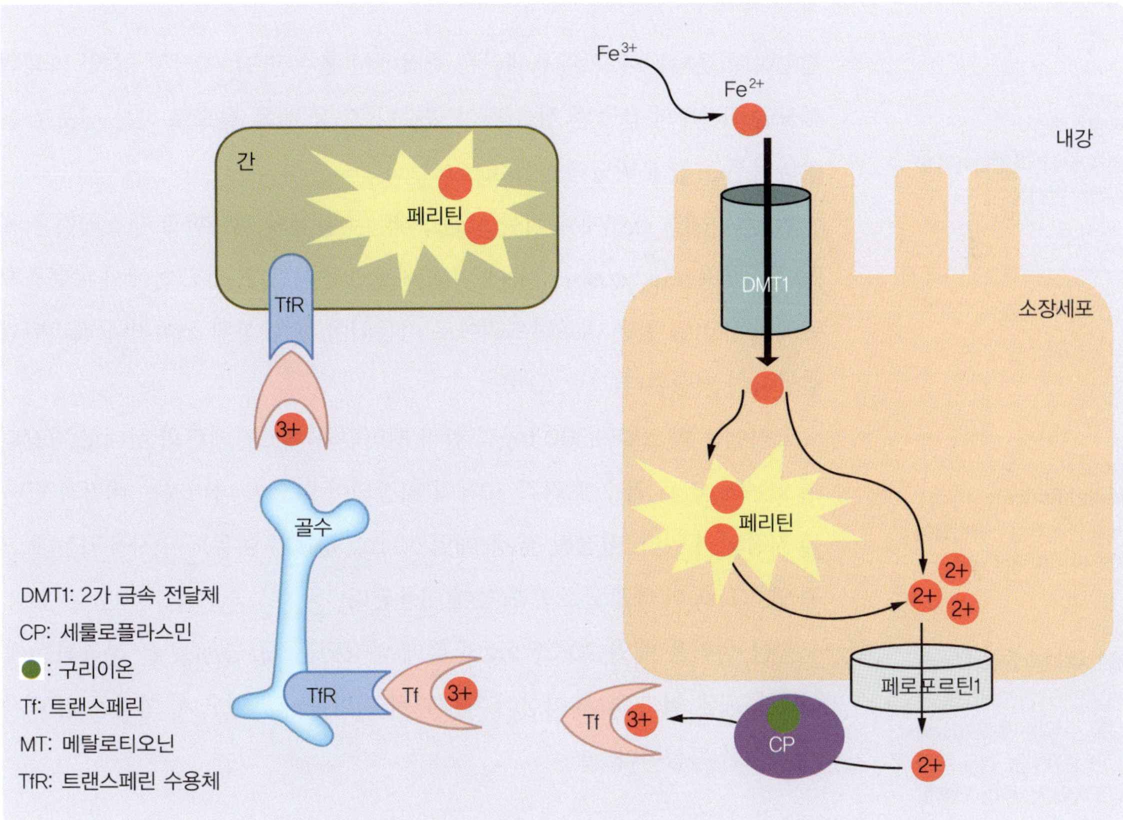

그림 10-1 철의 체내 대사과정

진다. 한국인 임신부의 철 흡수율은 14%로 정하였다.

2) 이동, 저장 및 대사

DMT1을 통해 장세포에 들어온 Fe^{2+}은 페리틴과 결합하여 장세포 안에 머물거나 페로포르틴을 통해 혈액으로 방출된다.

혈액에서 Fe^{2+}은 세룰로플라스민에 의해 Fe^{3+}으로 산화된 후 트랜스페린에

헵시딘(hepcidin)과 페로포르틴(ferroportin)

헵시딘은 간에서 만들어지는 펩티드 호르몬으로서 철 평형의 주요 조절인자이다. 헵시딘은 장에서 철 흡수를 억제하고 대식세포에 의한 철 재사용과 간 저장고에서 철 이동을 방해함으로써 혈청 철 농도와 조직 분포 등을 조절한다. 헵시딘은 세포 철 방출 단백질인 페로포르틴과 결합하여 세포에서 철의 방출을 방해한다. 헵시딘의 합성은 철 섭취에 의해 증가하며 빈혈이나 저산소증일 때 감소한다. 헵시딘은 또한 감염이나 염증 시 증가하여 혈청 철 농도를 감소시키고 빈혈을 유발한다. 이는 침입한 미생물이 철을 이용하지 못하도록 하려는 숙주보호 기전의 하나로 생각된다. 한편, 유전자 변이 등으로 인한 헵시딘 결핍증의 경우 혈색소증이 생길 수 있다.

결합하여 운반된다. 트랜스페린은 소장에서 흡수된 철, 저장된 철 및 파괴된 헤모글로빈에서 유출된 철을 받아 골수나 간 등 이를 필요로 하는 세포로 운반하여주는 철 운반단백질이다.

트랜스페린
혈액에서 철과 결합하여 운반하는 단백질

간 등의 세포 표면에 위치한 트랜스페린 수용체와 결합한 트랜스페린은 세포 내 유입(endocytosis) 작용에 의해 세포로 들어간다. 세포 안에서 트랜스페린에서 유리된 철은 미토콘드리아로 이동되어 헴 합성에 쓰이거나 페리틴과 결합하여 저장된다(그림 10-1).

조직에는 약 200~1,500 mg의 철이 페리틴과 헤모시데린의 형태로 저장되어 있는데, 간과 골수에 각각 30%씩 저장되어 있으며 나머지는 비장과 근육에 저장되어 있다. 저장된 철 중 매일 50 mg 정도가 이동되어 사용되는데 그 중 약 30 mg이 헤모글로빈 합성에 이용된다.

페리틴(ferritin)
세포 안에서 철과 결합하여 저장하는 단백질

헤모시데린(hemosiderin)
세포 안에서 페리틴으로 저장할 수 있는 용량 이상의 철이 존재하는 경우 이와 결합하여 저장하는 단백질

정상 성인은 매일 20~25 mg의 철에 해당되는 헤모글로빈을 분해하는데, 이때 분해된 철의 90% 이상이 체내에서 재이용되고 있으며, 이것은 철 대사의 중요한 특성이다.

3) 배설

성인 남자의 경우, 철 교체량은 체중 1 kg당 14 μg/일으로, 평균 0.9~1.05 mg/일 정도이다. 철 손실의 대부분은 대변을 통해 배설되는 소장 상피세포의 탈락에 의한 것이며 소변, 땀 등으로 인한 손실량은 매우 적다. 소변을 통한 철 배설은 혈뇨증, 헤모글로빈뇨증과 헤모시데린뇨증 등이 있는 환자를 제외하고 정상인에서는 거의 없다. 가임기 여자는 월경으로 인해 철의 손실이 정기적으로 일어나는데 그 양은 개인에 따라 상당한 차이가 있다. 철의 체외 손실

표 10-2 철의 체외 손실량

손실경로	손실량 (mg/일)
소장세포 탈락	0.6
소변	0.1
피부 탈락	0.3
총 손실량	1.0

량은 표 10-2와 같다.

1.1 기능

1) 산소 운반

철은 헴단백질인 헤모글로빈과 미오글로빈의 구성성분이다. 헤모글로빈은 혈액에서 산소와 결합하여 조직으로 산소를 운반하며, 미오글로빈은 근육 내 산소의 이동과 저장 역할을 수행한다.

2) 에너지 대사

철은 에너지 대사에도 필요한데 이는 철 함유 효소인 시토크롬이 미토콘드리아 호흡사슬에서 ATP가 생성되는 산화반응에 관여하기 때문이다.

3) 면역 반응

철은 정상적인 면역 반응의 필수적 요소이다. 철 결합단백질인 트랜스페린과 락토페린(lactoferrin)은 미생물 성장에 필요한 철과 결합함으로써 감염 발생을 막아주고, 철 결핍 시에는 T 세포 수와 자연살세포의 활성이 감소된다.

4) 신경전달물질 합성

철은 신경전달물질 합성에 관여하는 효소의 보조인자로서 정상적인 뇌기능에도 필요하다. 예를 들어 세로토닌 합성의 속도제한효소인 트립토판 수산화효소는 철 함유 효소로서 철 대사에 따라 활성이 달라진다. 따라서 철 결핍 시 세로토닌 합성과 신경 발달이 저해되고 나아가 행동이상을 초래할 수 있다.

1.3 결핍증

철 결핍증은 전 세계적으로 가장 흔한 영양 결핍증의 하나로 2세 이하의 유아, 10대 소녀, 임신부 및 노인에서 철 결핍성 빈혈의 발생 위험이 높다. 철 결핍의 초기단계에는 체내 저장량이 감소하고 임상적 증상은 나타나지 않는다. 철 결핍이 지속되면 적혈구 생성이 줄어들고 최종적으로는 소구성 저색소성 빈혈증상이 나타난다. 빈혈은 철뿐만 아니라 단백질, 엽산, 비타민 B_{12}, 비타민 B_6, 비타민 C 등 철 흡수를 도와주거나 적혈구 생성에 관련된 영양소의 결핍 시에도 나타난다.

빈혈의 초기 단계에는 자각증상이 없으나 중등도 또는 심한 빈혈에서는 피로감, 허약, 안면 창백, 호흡곤란, 가슴 두근거림 등의 증세가 나타난다. 아동의 경우에는 철 결핍으로 신장과 체중 증가 속도가 감소될 뿐만 아니라 집중력과 학습능력이 감소되기도 한다. 이외에도 작업 수행 능력 저하, 감염에 대한 저항력 감퇴, 추운 환경에서의 체온유지 능력 손상 등이 철 결핍 증세로 보고되었다. 상해, 출혈, 기생충 감염, 위장관 질환 등의 경우에도 철 결핍이 발생하는데 철영양 보충제(주로 ferrous sulfate, 또는 ferrous gluconate)를 공급하여 치료할 수 있다.

1.4 과잉증

정상 성인이 50~220 mg/일의 과량의 철을 섭취하면 일반적으로 변비, 메스꺼움, 구토, 설사 등의 위장장애를 나타낸다. 장기간 철을 과잉 섭취하거나 수혈을 자주 받으면 과잉의 철이 간에 축적된 헤모시데린침착증(hemosiderosis)이 발생할 수 있다. 또한 비정상적으로 철 흡수가 증가되는 유전 질환인 혈색소침착증(hemochromatosis)의 경우 간, 췌장, 심장 등과 같은 장기와 피부에 철이 축적되어 독성을 나타낸다. 성인의 철 상한섭취량은 성인 남녀 모두 45 mg/일이다.

1.5 영양섭취기준 및 급원식품

19~64세 성인 남자의 경우 대변·소변·땀·상피세포의 박리 등으로 불가피

표 10-3 정상 임신 시의 철 필요량

구분	철 (mg)
기본 철 손실량	220
임신으로 인한 필요량	
태아 발육 및 태반 형성	315
분만 시 출혈	200
모체의 적혈구 증가(분만 후 저장철로 회수)	(300)
임신기간(280일) 중 필요량	735
임신기간 중 1일 평균필요량	2.6

자료: 한국인 영양섭취기준 개정판, 한국영양학회 2010

하게 손실되는 기본적인 손실량(14 μg/kg/일)에 평균체중과 철 흡수율(12%)을 감안하여 권장섭취량을 10 mg/일로 설정하였다. 성인 여자의 경우 기본손실량 외에 월경에 의한 철 손실량(500 μg/일)도 고려하여 추정하고 있다. 12~14세 소녀의 경우 기본 손실량, 월경 철 손실량 외에 성장에 동반되는 헤모글로빈철, 조직철 증가량을 고려하여 16 mg/일로 정하였다. 19~49세 여자의 권장섭취량은 14 mg/일로 설정하였다.

임신부는 월경을 하지 않으므로 월경으로 인한 손실량 만큼은 절약되나 임신 유지와 태아 성장을 위해 많은 철이 필요하다. 태아발육, 태반 형성, 모체의 적혈구 증가, 분만 시 출혈 등으로 철 요구량이 평균 815 mg/일 증가되나, 적혈구 증가에 사용된 300 mg/일은 분만 후 대부분 저장철로 회수되므로, 전 임신기간 동안의 순수한 철 수요의 증가량은 약 515 mg/일으로 추정된다. 따라서 임신기간 280일 동안 필요한 철의 양은 기본적인 손실량(220 mg/일)에 증가분(515 mg/일)을 더한 735 mg/일으로 평균 2.6 mg/일의 철이 필요하다(표 10-3). 여기에 임신부의 철 흡수율(14%)과 개인차를 고려하여 10 mg/일을 추가하여 총 24 mg/일을 섭취할 것을 권장하였다.

헴철이 많이 함유된 식품에는 육류, 가금류, 어패류, 육류나 가금류의 간 등이 있고 쑥, 미나리, 시금치, 근대, 무청과 같은 녹색 채소에는 비헴철이 많다.

1.6 섭취실태

2020년도 국민건강영양조사자료에 의하면 한국인 평균 철 섭취량은 남자

12.9 mg/일, 여자 9.5 mg/일이었다. 상한섭취량을 초과하여 섭취하는 인구비율이 점차 늘어나고 있는 반면, 여전히 철 섭취가 부족한 인구 비율도 높아 남자의 15.4%, 여자의 56.5%는 영양섭취기준 미만으로 섭취하고 있는 것으로 드러났다. 철 섭취량에 기여도가 높은 식품은 백미, 배추김치, 달걀 등이며, 식물성 식품과 동물성 식품에서 섭취한 비율은 각각 70%와 30%로 조사되었다.

2 아연

아연(zinc, Zn)은 신체의 모든 조직에 존재하며 약 60%는 근육에, 30%는 골격에 존재한다. 300종이 넘는 생체 내 효소에 아연이 함유되어 있으며, 탄수화물, 단백질, 지질, 핵산, 뮤코다당류 대사에서 아연의 다양한 기능이 밝혀졌다.

2.1 흡수 및 대사

아연의 흡수는 아연섭취량과 아연의 흡수를 촉진 또는 방해하는 요인들에 의해 달라진다. 포도당, 유당, 콩단백질 등은 아연의 흡수를 촉진하며, 동물성 단백질도 흡수가 용이한 아연·아미노산의 착화합물을 형성하여 아연의 흡수를 촉진한다.

반면에 식물성 식품은 아연의 흡수를 방해하는데, 이는 식물성 식품 중의 섬유소 또는 피트산이 아연과 불용성 화합물을 형성하여 아연의 흡수를 저해하기 때문이다. 위산 분비 감소도 아연 흡수를 저하시킬 수 있다. 한편, 과량의 철을 섭취하면 DMT1에 대하여 Fe^{2+}과 Zn^{2+}이 경쟁하기 때문에 아연의 흡수가 저해된다.

DMT1을 통해 소장내강에서 장세포로 흡수된 아연은 메탈로티오닌 단백질에 의해 장세포의 기저측막 쪽으로 이동하여 혈액으로 흡수된다. 혈액에서 아연은 알부민 혹은 알파2-마크로글로불린과 결합하여 운반된다(그림 10-2).

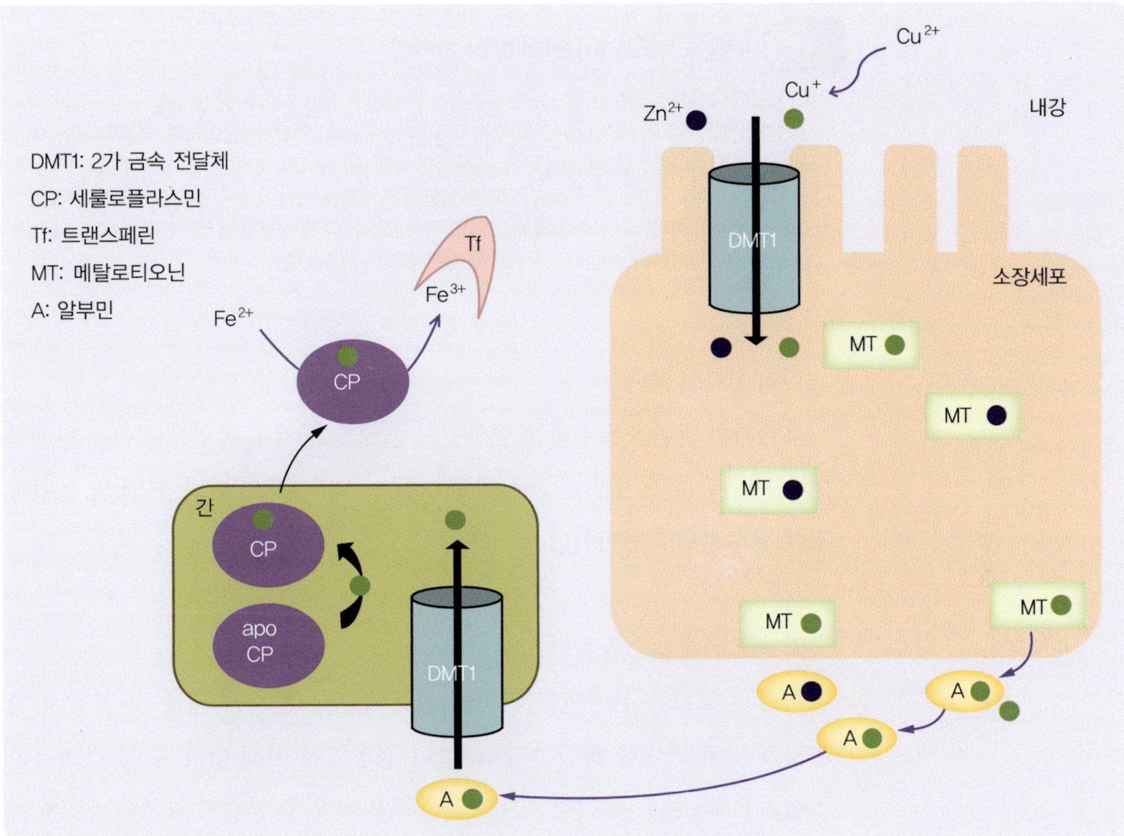

그림 10-2 아연과 구리의 대사

2.2 기능

1) 효소의 보조인자

아연은 여러 효소의 필수 요소로서 탄수화물, 단백질, 지질 및 핵산의 대사에 관여한다. 현재 300개 이상의 아연 함유 효소와 단백질이 발견되었는데 이들 중간과 여러 기관에 존재하는 알코올 탈수소효소(alcohol dehydrogenase)는 에탄올 외에도 레티놀 등을 산화시킨다.

탄산 탈수효소(carbonic anhydrase)는 적혈구에 고농도로 존재하며 조직에서 CO_2 제거 반응을 촉매함으로써 CO_2 운반에 관여한다. 또한 세포의 산화적 손상을 막아주는 초과산화물 디스뮤타아제(superoxide dismutase)도 아연을 함유한 효소이다. DNA 및 RNA 중합효소(polymerase) 역시 아연을 함유하고 있으므로 아연은 핵산과 나아가 단백질 합성에도 관여한다.

메탈로티오닌(metallothionein)

아연, 구리 외에 카드뮴, 수은 등과도 결합하는 단백질로 아연의 흡수, 운반, 조절에 중요한 역할을 담당한다. 아연이 세포 내에 들어가면 티오닌(thionein) 단백질과 결합하여 메탈로티오닌이 되는데 메탈로티오닌은 세포 내 다른 부위 혹은 다른 단백질로 아연을 전달하는 역할을 한다. 장세포에서 메탈로티오닌의 합성은 아연에 의해 촉진되므로 식이 아연 섭취가 증가할수록 메탈로티오닌이 증가한다. 메탈로티오닌이 증가하면 아연의 흡수가 감소하는데 이는 과잉의 메탈로티오닌이 아연과 결합하여 장세포 안에 머무르기 때문이다.

2) 유전자의 발현

유전자의 발현을 조절하는 전사인자 중 50% 이상이 아연을 포함한 단백질이다. 아연은 유전자 발현 조절에 관여함으로써 세포의 발달, 분열 및 분화과정에 필수적으로 관여한다.

3) 호르몬의 합성과 분비

아연은 호르몬 분비와도 관련이 있는데, 당뇨환자는 세포 및 혈장 아연 농도가 낮고 소변을 통한 아연 배설이 정상인에 비해 많다. 췌장 랑게르한스섬의 β세포에는 아연이 고농도로 농축되어 있고 인슐린은 분비세포에 아연과 함께 저장되고 분비된다는 사실이 잘 밝혀져 있다. 현재 아연이 당뇨병의 발병과 인슐린의 분비 및 기능에 미치는 영향이 다각도로 연구되고 있다. 부신피질자극호르몬의 경우, 아연 부족 시 생성이 억제되므로 아연 결핍의 경우 이 호르몬에 의해 자극되는 스테로이드 호르몬의 생합성이 저해된다.

4) 면역과의 관계

심하지 않은 아연 결핍의 경우에도 선천성 면역과 후천성 면역 반응이 전반적으로 손상된다. 아연은 세포의 분화에 관계되는 티미딘 인산화효소, DNA 및 RNA 중합효소의 구성성분이므로 아연 결핍 시 T세포와 B세포의 생성이 감소된다. 아연 결핍의 경우 흉선기능 손상, 항체 감소, 자연살세포의 활성 감소 등으로인해 전반적인 면역 능력이 감소된다.

2.3 결핍증

아연 결핍증의 주된 특징으로는 성장장해와 성적 성숙의 지연을 들 수 있으며 이외에 이미증(hypogeusia), 상처회복의 지연, 피부염, 탈모, 면역기능 감소 등의 증상이 동반된다. 결핍증의 원인은 아연의 주요 급원인 동물성 단백질의 섭취 부족과 곡류 위주의 식사, 기생충 감염, 만성 감염성 질병 등이다. 특히 임신기간 중 아연이 결핍되면 태아의 정상적인 성장 발달이 저해되고 태아 사망률이 증가한다.

이미증
기생충 감염이나 정신장애로 인해 입맛이 비정상적으로 바뀌는 증상

2.4 과잉증

독성이 나타날 정도로 아연을 과잉 섭취하는 경우는 드물지만 4~8 g의 아연을 섭취한 경우에는 오심, 구토, 설사, 발열 등의 증상이 나타날 수 있다. 권장량 이상의 아연을 보충제로 계속적으로 섭취한 경우 구리의 흡수 및 혈청 HDL-콜레스테롤이 감소되고 면역기능 저하가 나타날 수 있다. 또한 다량의 아연 섭취는 철의 흡수를 저해하여 페리틴으로의 철 저장이 제한되고, 적혈구의 수명이 단축되어 철의 대사와 교체가 빠른 속도로 진행된다. 19세 이상 한국 성인의 아연 상한섭취량은 35 mg/일이다.

2.5 영양섭취기준 및 급원식품

15~64세 성인 남자의 평균필요량은 8 mg/일, 권장섭취량은 10 mg/일이고, 여자의 경우 평균필요량은 7.0 mg/일, 권장섭취량은 15~18세 9 mg/일, 19~64세 8 mg/일, 65세 이상은 7 mg/일이다. 임신부와 수유부의 아연 요구 증가량은 각각 2.5 mg/일과 5.0 mg/일이다.

대표적인 아연 급원식품에는 고기, 가금류, 해산물, 계란, 치즈, 우유, 정제하지 않은 곡류 등이 있다.

2.6 섭취실태

2015년도 국민건강영양조사자료에 의하면 20세 이상 성인 남자의 아연 섭취량은 11.0 mg/일이었고, 성인 여자의 섭취량은 8.1 mg/일이었다. 이는 성인의 권장섭취량을 상회하는 양이다.

아연을 많이 함유하고 있는 동물성 식품을 섭취하는 경우에는 아연 영양 상태가 양호하나, 식물성 식품 위주의 식사를 할 경우에는 전곡류에 많이 들어 있는 피트산이나 채소류에 많이 들어 있는 섬유질이 아연의 흡수를 방해하므로 아연 영양 상태가 불량해지기 쉽다. 우리나라는 전통적으로 곡류를 주식으로 섭취하고 동물성 식품의 소비는 적은 반면, 채소류를 많이 섭취하므로 아연의 흡수가 낮을 것으로 추측된다.

3 구리

정상 성인의 체내에는 약 100~150 mg의 구리(copper, Cu)가 있으며 특히 간, 신장, 심장, 머리카락, 뇌 등에 고농도의 구리가 함유되어 있다. 혈액에 있는 구리의 약 90%는 세룰로플라스민(ceruloplasmin)에 결합되어 있고 나머지는 알부민 등에 결합되어 있다.

3.1 흡수 및 대사

섭취한 구리의 약 25%가 소장 상부에서 흡수되는데, 섭취량이 많을 때에는 확산에 의해 흡수되고 섭취량이 적을 때에는 주로 능동적으로 흡수된다. 위산은 구리의 흡수에 도움이 되며 체내 구리 요구량이 높으면 흡수가 증진된다. 장점막의 결합 부위에서 구리와 경쟁하는 칼슘, 아연, 카드뮴, 은 등에 의해 흡수가 저해될 수 있고, 식품 중의 피트산 등도 구리의 흡수를 감소시킨다. 구리는 아연과 마찬가지로 DMT1을 통해 장세포 안으로 흡수되며 메탈로티오닌과 결합하여 소장의 흡수세포를 통과하고 문맥으로 이동한다(그림 10-2). 혈액에서 구리는 세룰로플라스민 혹은 알부민과 결합하여 운반된다. 구리 섭취

아연과 구리의 상호작용

아연과 구리는 메탈로티오닌과 결합하여 소장의 흡수세포 내에서 운반된다. 아연의 섭취가 많아지면 메탈로티오닌 발현이 증가하는데, 이 단백질은 아연보다 구리와의 친화력이 더 높다. 따라서 50 mg/일 이상의 아연을 장기간 섭취하면 메탈로티오닌이 과발현되고 구리는 메탈로티오닌과 결합한 상태로 장세포 안에 머물게 되므로 구리의 흡수가 감소되어 결핍증이 유발될 수 있다. 체내 구리가 부족하면 세룰로플라스민이 감소되고 조혈과정의 이상으로 빈혈이 나타난다. 반대로 구리를 과잉 섭취하는 경우 아연의 흡수는 저하되지 않는다.

량과는 무관하게 약 30 μg/일 이하의 일정량이 소변을 통해 배설되며, 담즙은 구리 배설의 주된 경로가 된다.

3.2 기능

구리는 여러 효소의 구성요소로서 광범위한 생물학적 기능에 관여한다. 구리 함유 효소는 주로 산화환원반응에 관여하는데, 에너지 생성, 철 대사, 신경 내 분비 신호 등에서 매우 중요한 역할을 한다. 임상적으로 나타나는 구리 결핍증상은 구리 함유 효소의 결핍 및 기능이상에 의한 경우가 대부분이다.

구리는 초과산화물 디스뮤타아제(superoxide dismutase, SOD)에 결합하여 세포의 산화적 손상을 방지하는 역할을 한다. 또한 미토콘드리아 내 전자전달계의 시트크롬 c 산화효소(cytochrome c oxidase)의 보조인자로서 ATP 생성에 관여한다. 그 밖에 부신수질에서 도파민을 노르에피네프린으로 전환시키는 효소인 도파민 β수산화효소(dopamine β-hydroxylase)의 작용에도 구리가 필요하다.

또한 구리는 세룰로플라스민이라는 단백질을 구성하여 철의 대사에 관여한다. 세룰로플라스민은 2가의 철 이온을 3가의 철 이온으로 산화시켜 트랜스페린과의 결합을 촉진하는 역할을 한다(그림 10-2). 따라서 구리 결핍 시 혈장 세룰로플라스민이 감소하므로 트랜스페린에 의한 철의 이동이 감소된다. 그 결과 철은 간 등의 조직에 축적되고, 헤모글로빈 합성을 위한 철이 부족하게 되어 수명이 단축된 비정상적인 적혈구가 생성된다. 표 10-4에는 구리 함유 효소의 기능을 나타내었다.

세룰로플라스민
혈액에서 구리를 운반하는 역할 외에 Fe^{2+}를 Fe^{3+}으로 산화하여 트린스페린에 잘 결합하도록 한다.

표 10-4 구리 함유 효소의 종류와 기능

분야	효소	기능
에너지 대사	시토크롬 c 산화효소	• ATP 생산에 관여
결합조직 형성	라이실 산화효소	• 콜라겐과 엘라스틴의 교차결합에 관여 • 뼈 형성과 심장, 혈관의 결합조직을 유지하는 데 필요
철 대사	세룰로플라스민	• Fe^{2+}을 Fe^{3+}으로 산화하여 트랜스페린에 결합하게 함 • 철을 적혈구 생성장소로 이동하는 데 필요
신경전달물질 합성	도파민 β-수산화효소	• 도파민을 노르에피네프린으로 전환
신경전달물질 대사	모노아민 산화효소	• 도파민, 에피네프린, 노르에피네프린의 대사에 관여 • 세로토닌의 분해에 관여하므로 이 효소의 억제제는 항우울제로 쓰임
미엘린 형성 및 유지	시토크롬 c 산화효소	• 미엘린 형성에 필요한 인지질 합성에 관여
멜라닌 합성	티로시나제	• 멜라닌세포에서 멜라닌 색소 합성에 관여
항산화 작용	초과산화물 디스뮤타아제 (SOD)	• 초과산화물 라디칼을 과산화수소로 전환 • 과산화수소는 과산화수소분해효소(catalase)에 의해 물로 환원되므로 체내 자유라디칼 제거에 필요
	세룰로플라스민	• 산화적 손상을 유발하는 구리 이온 및 철 이온과 결합 • 구리 이온과 결합함으로써 산화적 손상을 방지 • 철이 트랜스페린에 결합하는 것을 촉진함으로써 철이온에 의한 자유라 디칼 생성반응을 차단
유전자 발현 조절	구리 함유 전사인자 (transcription factor)	• 구리를 함유한 전사 인자에 의해 조절되는 유전자로는 Cu/Zn SOD, 과산화수소분해효소, 구리저장 단백질 등이 있다

3.3 결핍증

구리가 결핍되면 탈색증이 나타나는데 이는 멜라닌을 합성하는 티로시나아제(tyrosinase)가 구리 함유 효소이기 때문이다. 또한 세룰로플라스민이 감소하므로 철의 이동이 저해되어 빈혈이 나타날 수 있으며 그 밖에 골격의 무기질 분해, 성장부진, 심장 순환계의 장해 등의 증상이 나타난다.

3.4 과잉증

구리를 과잉 섭취하면 구토 및 소화기 장애가 나타나고 조직에 과량 축적될 경우 영양성 빈혈, 용혈성 빈혈 등이 발생한다. 대표적인 구리 과잉증은 윌슨병(Wilson disease)으로 간에서의 세룰로플라스민 합성장애로 인해 구리가 이동되지 못하고 간, 뇌, 신장 및 각막에 침착되는 유전성 질환이다. 간 손상을 독성종말점으로 하여 19세 이상 성인의 구리 상한섭취량을 10,000 μg/일로 정하였다.

3.5 영양섭취기준 및 급원식품

19세 이상 성인의 구리 평균필요량과 권장섭취량은 남자는 각각 650 μg/일, 850 μg/일이며, 여자는 각각 500 μg/일, 650 μg/일이다. 임신부와 수유부를 위한 추가 권장량은 각각 130 μg/일, 480 μg/일이다. 구리는 다양한 식품에 함유되어 있으므로 결핍증은 매우 드물게 발생한다. 구리의 급원식품으로는 패류, 견과류, 코코아, 차, 동물의 간, 피넛버터 등이 있고 채소, 닭고기, 생선, 우유 등에는 함량이 매우 낮다.

3.6 섭취실태

2015년 국민건강영양조사자료에 따르면 한국인 구리 섭취량은 남자 1.9mg/일, 여자 1.7 mg/일에 달했으며 2006년에는 폐경기 여자의 구리 섭취가 1.6mg/일이라고 보고되었다. 보고에 따라 차이는 있으나 전반적으로 한국인의 구리 섭취 수준은 양호한 것으로 보인다.

4 불소

불소(fluorine, F)는 칼슘과의 친화력이 높으므로 인체에서 주로 뼈와 치아 등 석회화된 조직에 존재하며(99%), 나머지는 혈장이나 세포에 분포한다.

4.1 흡수 및 대사

불소는 흡수율이 매우 높아 공복에 섭취한 불소는 거의 100% 흡수된다. 식품과 함께 섭취한 불소의 경우 흡수율은 50~80% 정도이다. 흡수속도 또한 매우 빨라 섭취 후 30분이면 50% 정도가 흡수되고 90분이면 흡수가 완료된다.

소장 전체에 걸쳐서 흡수가 이루어지며, 빠른 흡수속도로 미루어보아 위에서도 상당량 흡수가 이루어지는 것으로 보인다. 불소는 수동적 확산에 의해 흡수되며 흡수율은 pH가 낮을수록 높아진다.

혈액 내의 불소는 신장을 통해 배설되거나 석회화된 조직에 침착된다. 체내에 흡수된 불소의 약 50%가 석회화된 조직(뼈와 발달과정 중인 치아)에 침착되는데 뼈에 흡수되는 비율은 골격의 성장단계에 따라 다르다.

4.2 기능

치아가 나기 전의 어린이가 적정량의 불소를 섭취하면 충치발생의 위험을 줄일 수 있는데, 이는 치아의 법랑질에 불소가 결합하여 불소인화석(fluoroapatite)을 형성하기 때문이다. 불소는 골격과 치아에 있는 칼슘-인산염(수산화인회석, hydroxyapatite) 중의 수산기와 대치됨으로써 불소인화석을 형성하는데, 이는 수산화인회석에 비해 산에 대한 용해도가 낮고 골격 재흡수 속도가 더디다. 한편, 성인도 불소를 섭취하면 충치예방효과를 볼 수 있는데 이는 플라크 내 불소가 세균의 당 유입에 관계하는 효소의 작용을 억제함으로써 산 생성량을 줄이고 나아가 산에 의한 치아 법랑질의 손상을 줄이기 때문이다.

불소는 또한 뼈의 신생합성을 자극하는 것으로 알려져 있어 골다공증 치료에 사용되기도 한다. 골다공증과 기타 무기질의 분해현상을 보이는 환자를 불화나트륨으로 치료한 결과, 통증, 골밀도 및 칼슘 평형에 좋은 효과가 있다고 한다. 또한 불소 함량이 높은 지역에서는 골다공증 발생률이 낮다.

4.3 결핍증

불소의 결핍은 어린이나 어른에서 충치발생의 위험을 증가시킨다. 음용수의 불소함량이 낮은 지역보다 적당한 불소가 첨가된 지역에서 충치발생률이 40~60% 정도 낮다. 또한 여러 동물 및 사람을 대상으로 한 실험에서도 식수에 1 ppm의 불소를 첨가함으로써 충치예방에 좋은 효과를 보일 수 있음이 제시되었다.

4.4 과잉증

최근에는 음용수에 인공적으로 불소를 첨가하고 또 구강용품에 불소첨가가 증가하면서 어린이들의 불소 과잉 섭취로 인한 치아불소증 발생이 증가하고 있다. 반점치는 대표적인 치아불소증으로서 법랑질 형성시기에 적정량 이상의 불소를 섭취함으로써 법랑질 형성이 정상적으로 이루어지지 않아 생기는 법랑질 형성 부전증의 한 종류이다.

반점치(dental fluorosis)
치아 표면에 백색이나 황색 또는 갈색 반점이 불규칙하게 나타나는 현상. 2010년 국민구강건강실태조사에 따르면 우리나라 10세 어린이의 8.65%가 반점치를 갖고 있다.

불소 과잉 섭취로 인한 위험성은 나이에 따라 다른데, 치아불소증의 위험은 유치가 나기 전 시기에 가장 크다. 반면, 치아발달이 끝난 9세 이후에는 치아불소증이 큰 문제가 되지 않는다. 따라서 8세까지의 영유아는 치아불소증을 독성종말점으로 하여 최저독성량을 0.1 mg/kg/일로 산정하였다. 9세 이상 어린이와 성인의 상한섭취량은 1일 10 mg/일이다.

한편, 상수도 불소화사업의 역사가 오래 된 미국, 캐나다 등에서는 과잉의 불소 섭취가 골절, 암, 신경계이상, 유전자 독성 등의 위험을 증가시킨다는 주장도 제기되고 있으나 현재로서는 의학적 증거가 충분치 않다.

4.5 영양섭취기준 및 급원식품

충치 발생을 최대한 줄이면서 다른 부작용을 최소화할 수 있는 불소의 충분섭취량은 성인 남자의 경우 3.0~3.4 mg/일, 여자의 경우 2.3~2.8 mg/일이며, 상한섭취량은 남녀 모두 10.0 mg/일이다.

불소 함량이 높은 식품으로 해산물과 차(tea) 등을 들 수 있고, 곡류에도 포함되어 있다. 불소를 첨가한 수돗물 또한 불소의 급원으로 영구치우식 예방효과가 보고되었다. 우리나라의 경우에는 수돗물 불소농도 조정사업을 1981년 경남 진해에서 실시하기 시작하여 2002년 36개로 증가하였으나 지역주민의 반대와 정부의 소극적인 의지로 2016년 15개로 점차 축소되다가 2018년을 마지막으로 38년만에 중단되었다.

4.6 섭취실태

2015년 국민건강영양조사자료에 따르면 20세 이상 성인 남자의 불소 섭취량은 0.017~0.068 mg/일이었고 성인 여자의 섭취량은 0.006~0.052 mg/일이었다. 3~5세 어린이의 불소 섭취량은 0.015 mg/일로 조사되었으나, 이 값은 구강용품을 통한 불소 섭취량을 포함하지 않은 값이므로 오차가 매우 클 것으로 예상된다.

5 망간

망간(manganese, Mn)은 체내에 약 10~20 mg 정도 분포되어 있으며 특히 골격, 뇌하수체, 간 및 유선에 고농도로 존재한다. 각 기관 내의 망간 농도는 일생 동안 비교적 일정하게 유지된다.

5.1 흡수 및 대사

망간은 소장에서 이온 형태로 흡수되며 흡수율이 매우 낮아 1~5%에 불과하다. 흡수된 망간은 혈청에서 트랜스페린이나 알파-마크로글로불린과 복합체를 형성하여 운반된다. 에너지 요구량이 높은 뇌조직이나 색소 농도가 높은 망막 등에 특히 함유량이 높다. 흡수된 망간의 상당량은 담즙을 통해 배설되는데 담즙을 통한 배설이 망간 농도 조절의 주요 기전이다. 따라서 식사섭취량이 많거나 적어도 조직 내 망간 농도는 크게 변하지 않는다. 망간은 철과 운반단백질을 공유하기 때문에 철 섭취가 많으면 망간의 흡수가 저해된다. 칼슘, 인, 피트산은 망간의 흡수를 방해한다.

5.2 기능

망간은 망간금속효소의 구성성분으로서 탄수화물, 지질, 단백질 대사를 조절하고 DNA, RNA, 당단백질 등의 합성에 관여한다. 망간은 또한 지방산과 콜레스테롤 합성에 관여하고, 요소 형성과 미토콘드리아 기능, 즉 에너지 대사에도 필수적이다. 또한 망간은 SOD의 구성성분으로서 항산화 작용을 한다. 실험동물에 망간 결핍증을 유발한 경우 골격과 생식기 등의 성장이 저해되고 중추신경계의 기능이 손상되었다.

5.3 결핍증

망간에 의해 활성화되는 효소의 대부분은 마그네슘과 같은 다른 이온에 의해서도 활성화되기 때문에 망간이 결핍되어도 이들 효소의 활성은 크게 영향을 받지 않는다. 따라서 건강한 성인에서는 망간 결핍증이 거의 나타나지 않으나 간혹 운동실조(ataxia), HDL-콜레스테롤 감소, 내당능력 손상 등의 증상이 나타날 수 있다. 신생아의 경우 망간이 부족하면 성장지연, 골격이상, 운동실조 등의 증세가 나타날 수 있다.

5.4 과잉증

망간은 흡수율이 매우 낮고 담즙을 통한 배설로 인해 조직 농도가 조절되므로 과잉증은 거의 나타나지 않는다. 그러나 탄광, 건전지 공장 등에서 과량의 망간에 노출될 경우 식욕감소, 생식능력 손상, 운동신경 및 학습능력 장애 등의 증세가 나타날 수 있다. 또한 망간의 투여는 인의 보유를 방해하며 몰리브덴과 철의 길항제로 작용하여 헤모글로빈 생성과 혈청 철 농도를 현저히 감소시킨다.

5.5 영양섭취기준 및 급원식품

성인의 망간 충분섭취량은 12세 이상 남자 4.0 mg/일, 여자 3.5 mg/일이며 상한섭취량은 성인 남녀 모두 11 mg/일이다. 2015년 국민건강영양조사자료에 따르면 성인 남자의 평균 망간 섭취량은 약 3.8~4.5 mg/일이며, 여자는 2.8~3.6 mg/일이었다. 망간의 급원식품으로는 밀의 배아, 견과류, 콩, 채소, 포도주 및 커피 등을 들 수 있으며, 육류, 가금류, 낙농제품과 해산물에는 그 함량이 적다.

6 요오드

요오드(iodine, I)는 필수 미량무기질로서 갑상선호르몬의 구성성분이다.

6.1 흡수 및 대사

성인의 체내에는 약 15~20 mg의 요오드가 있으며 이 중 약 75%가 갑상선에 있다. 나머지는 몸 전체에 골고루 분포되어 있는데, 특히 유선(lactating mammary gland), 위점막 및 혈액, 근육 중에 존재한다. 요오드는 갑상선호르몬의 주요 구성성분이며 나머지는 조직에서 단백질과 결합된 상태로 존재한다. 식품 중의 요오드는 이온 또는 유기물질과 결합한 형태로 존재하지만, 섭취된 요오드는 모두 음이온의 형태로 환원된 후 주로 소장에서 거의 100% 신속하게 능동적으로 흡수된 뒤 세포외액으로 이동한다.

정상인의 경우 체내 총 갑상선호르몬 중 약 1/3(갑상선에 있는 것도 포함)은 혈장에 있고, 1/3은 간에 존재하며, 그 나머지는 기타 조직 중에 분포되어 있다. 이 중 갑상선에 있는 요오드는 단백질과 결합하여 이동된 것이고, 나머지는 2~3일간 체내에서 머물다가 신장을 통해 소변으로 주로 배설되며 담즙을 통해 대변으로도 소량 배설된다. 소변으로 배설되는 요오드 이온의 양은 요오드 섭취량에 따라 다른데, 요오드 섭취가 불충분한 경우에는 소변으로 거의 배설되지 않는다.

6.2 기능

지금까지 알려진 요오드의 유일한 체내 기능은 갑상선호르몬인 트리아이오도티로닌(triiodothyronine, T_3)과 티록신(thyroxine, T_4)의 성분으로 작용하는 것이다. 갑상선호르몬은 단백질 결합체인 갑상선글로불린(thyroglobulin) 안에 존재하는 100여개의 티로신(tyrosine) 분자에 요오드 이온(iodide, I^-)이 결합되어 합성된다. 주된 갑상선호르몬은 T_4이지만 활성형인 T_3로 전환

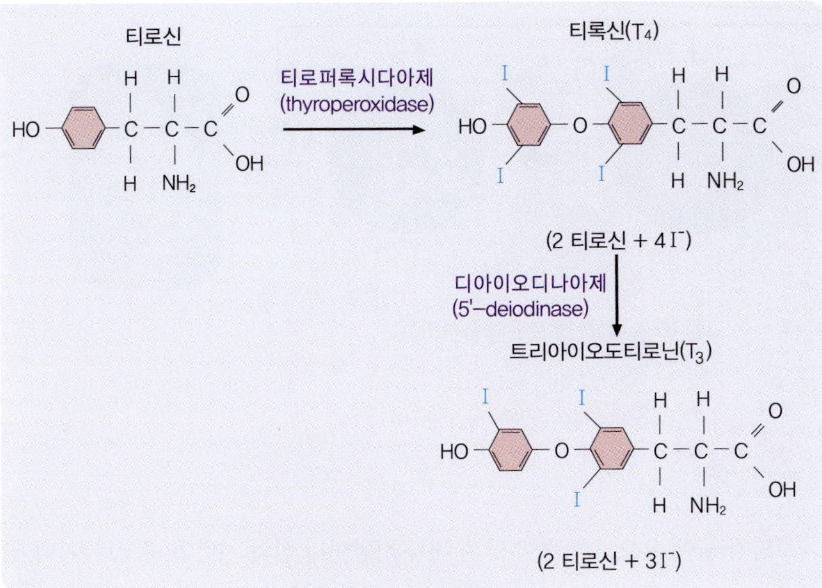

그림 10-3 갑상선호르몬의 합성

된다 (그림 10-3).

혈중에서의 T_3 : T_4의 비율은 1 : 20이며 T_3의 반감기는 T_4보다 짧지만 3~4배 정도 강력한 활성을 보인다. 합성된 갑상선호르몬은 간에서 합성된 특수한 운반단백질인 티록신 결합 글로불린(thyroxine-binding globulin)에 결합되어 혈액을 통해 표적조직으로 이동된다.

갑상선호르몬의 농도가 저하되면 시상하부(pituitary gland)에서 갑상선자극호르몬 방출호르몬(thyroid stimulating hormone-releasing hormone: TRH)를 분비하여 뇌하수체(hypothalamus)를 자극한다. 이는 뇌하수체에서 갑상선자극호르몬(thyroid stimulating hormone, TSH)을 자극시켜 갑상선으로 요오드의 유입을 일으킴으로써 갑상선호르몬의 합성을 자극하게 된다 (그림 10-4). 그러나 요오드의 섭취가 부족하면 계속적인 자극과 합성으로 인해 갑상선이 비대해지는 갑상선종이 발생한다.

갑상선호르몬의 기능은 매우 복잡하며 성장과 발달, 단백질 합성과 분화 및 에너지 대사과정을 촉진하여 기초대사율과 체온 조절에 관여한다. 또한, 갑상선호르몬은 뇌 발달에도 영향을 미치는데 갑상선기능저하증의 임신부에서 태어난 아기에서 뇌의 발달장애를 볼 수 있다.

시상하부
간뇌의 한 부분으로 자율신경과 내분비기능을 조절

뇌하수체
간뇌의 시상하부 바로 아래쪽에 있는 내분비기관으로 많은 호르몬들의 분비를 조절하는 호르몬들을 분비할 뿐만 아니라 많은 호르몬들을 직접 분비

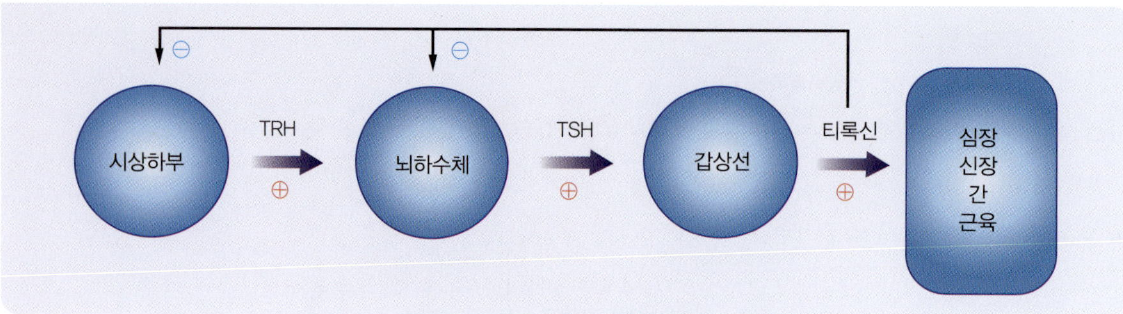

그림 10-4 갑상선호르몬의 합성조절

6.3 결핍증

토양과 물에 요오드 함량이 낮은 내륙 지방이나 산악 지방인 콩고, 뉴기니, 남아메리카, 히말라야의 일부 지역과 같이 풍토성갑상선종(endemic goiter)이 있는 지역에서 요오드를 투여한 결과 갑상선종 발생 빈도가 현저히 감소되었다. 따라서 지역적으로 갑상선종을 일으키는 주원인이 요오드 결핍이라 생각하게 되었다.

요오드 결핍증이 발생하는 가장 큰 요인은 식사로 섭취하는 요오드의 양이 감소하는 것이다. 요오드가 결핍되면 갑상선호르몬의 양이 감소하며, 이를 보충하기 위해서 시상하부에서 TRH, 뇌하수체에서 TSH의 분비를 계속적으로 자극하므로 갑상선이 비대해져 목 부분에 혹이 생기는 갑상선비대증이 나타나며 이를 단순갑상선종(simple goiter)이라고 부른다. 비대해진 갑상선 조직은 기관지를 압박하여 호흡곤란을 보이며 단순갑상선종이 심해지면 점액수종이 나타난다. 태아기 또는 영아기의 심한 요오드 결핍은 두뇌 발달, 정신박약, 성장장애, 왜소증, 난청 등을 동반하는 크레틴병(cretinism)을 유발하기도 한다.

해산물의 섭취량이 적은 미국의 단순갑상선종 발생률은 1,000명당 1.9명으로 남자보다 여자에서, 젊은 사람보다 노인에서 더 많이 발생한다. 요오드 섭취를 위해 요오드를 첨가한 요오드 강화염(iodized salt)을 이용하기도 하는데 요오드 강화염은 1 g당 76 μg의 요오드를 첨가한다. 다양한 식품을 섭취하며 평균적인 식염 섭취량 수준의 식사를 하는 미국인들의 요오드 섭취량은 500 μg/일을 약간 넘는다. 유럽의 대부분의 나라에서는 미국에 비해 약 1/10 정도의 요오드를 식염에 첨가하고 있다.

6.4 과잉증

요오드의 과잉 섭취도 갑상선 질환을 유발하며 요오드의 섭취량이 2 mg/일 이상이 되면 과잉증이 발생한다. 일반적인 식품섭취로는 이러한 수준을 초과하지 않지만 해조류나 어패류를 매우 다량 섭취하거나 오염된 요오드를 섭취한 경우, 건강보조식품이나 보충제 과다복용 시 갑상선의 과도한 자극으로 인해 갑상선기능항진증(hyperthyroidism)이 유발된다. 이는 단순갑상선종과 달리 중독성갑상선종(toxic goiter, exophthalmic goiter)이라고 부른다. 그 증상으로는 기초대사율 항진, 안구돌출, 체중감소, 불규칙한 월경주기와 자율신경계 장애가 나타난다.

6.5 영양섭취기준 및 급원식품

2020년 한국인 영양섭취기준에 따른 성인 남녀의 요오드 평균필요량은 95 μg/일, 권장섭취량은 150 μg/일이며, 임신부와 수유부를 위한 추가권장량은 각각 90μg/일과 190 μg/일이다. 미국에서는 성인의 요오드 권장섭취량을 150 μg/일, 상한섭취량을 1,100 μg/일로 설정하였다. 그러나 일본이나 우리나라와 같이 일상적인 요오드 섭취량이 높은 사람들의 경우 요오드 결핍 지역 거주자들보다 과량의 요오드 섭취로 인한 영향을 덜 받을 것으로 생각하여 우리나라 성인의 요오드 상한섭취량을 2,400 μg/일로 높게 설정하였다. 실제로 요오드는 수용성으로 과량의 요오드를 섭취하면 대부분 신속하게 소변으로 배설된다.

요오드는 다시마, 김, 미역과 같은 해조류와 굴, 멸치 등의 어패류에 많이 함유되어 있다. 같은 식품이라 할지라도 토양, 비료, 동물사료의 종류 및 가공방법 등에 따라 요오드 함량은 달라진다.

고이트로겐(goitrogen)

양배추, 상추, 땅콩, 콩, 기장 등과 같은 식품 중에 자연적인 상태로 존재하는 성분으로 요오드의 흡수와 이용을 방해하는 물질이다. 이들 식품을 과다 섭취하면 요오드 결핍이 올 수도 있다. 고이트로겐은 가열하면 불활성화된다.

7 셀레늄

셀레늄(selenium, Se)에 대한 영양학적 중요성은 비교적 최근에 알려졌다. 1930년대 미국 대초원 지대에서 셀레늄이 많은 토양에서 자란 식물을 섭취한 가축들에서 알칼리병(alkali disease)이라는 만성중독증이 발생한 반면, 1970년대 후반에는 중국의 케샨 지방에서 나타나는 풍토병이 셀레늄 결핍에 의한 것임이 보고되었다. 그 후 셀레늄은 미생물의 성장 및 동물영양에 필수 요소일 뿐만 아니라 항산화와 항암 효과 등이 있다고 알려지고 있다.

7.1 흡수 및 대사

셀레늄은 체내에 약 1.5 mg이 존재하며 주로 메티오닌(methionine)이나 시스테인(cysteine)에 결합되어 혈액으로 이동된 후 간, 심장, 골격 및 적혈구 등에 저장되고 지방조직을 제외한 모든 신체조직에 존재한다.

식품 중에 존재하는 셀레늄 역시 셀레노메티오닌(selenomethionine)이나 셀레노시스테인(selenocysteine) 형태로 존재하고 있으므로 다른 무기질보다 생체이용률이 훨씬 높아 섭취량의 60~80% 이상이 흡수된다. 셀레늄은 주로 소변과 대변을 통해 배설되며 특히 소변배설량은 섭취량에 비례하여 증가한다.

7.2 기능

인간을 포함한 포유동물에서 셀레늄의 생물학적 기능은 항산화 효소인 글루타티온 과산화효소(glutathione peroxidase, GSH-Px)의 구성성분으로 작용하는 것이다. GSH-Px는 글루타티온을 이용해서 세포와 조직에서 산화과정을 통하여 생성된 과산화수소와 기타 유기 수산화물을 제거함으로써 세포막과 DNA를 포함하는 거대분자를 손상시키는 지질 과산화물과 자유 라디칼(free radical) 생성을 막아 산화적 손상으로부터 세포를 보호한다. 따라서 비타민 E가 지용성 천연 항산화제로서 이미 생성된 자유 라디칼이 더 이상 작용

글루타티온 과산화효소
체내에서 과산화수소 또는 지질과산화물을 글루타티온을 이용해서 물이나 알코올을 생성하는 반응을 촉매하는 강력한 항산화효소

을 할 수 없도록 함으로써 인지질의 산화를 방지하는 1차적 방어선이라면 셀레늄은 생성된 과산화물을 직접 파괴함으로써 세포막과 세포 내의 산화를 방지하는 2차적 방어선이라 표현하기도 한다(제7장 지용성 비타민 참조).

이처럼 비타민 E와 셀레늄의 상호작용을 통하여 셀레늄은 비타민 E의 필요량을 절약해 주는 한편, 비타민 E는 세포막의 지질 산화방지에 필요한 GSH-Px의 필요량을 감소시켜 셀레늄을 절약한다. 즉, 셀레늄과 비타민 E는 상호 상승작용으로 면역기능을 정상화시키며 중요한 항산화제로 작용한다. 항산화 작용에 대한 셀레늄의 요구량은 산화 활성의 정도, 아연, 구리, 망간, 철, 비타민 E와 같이 항산화 기능이 있는 다른 영양소의 공급과도 관련이 있다.

셀레늄은 세포를 산화적 스트레스로부터 보호하거나 암세포의 미토콘드리아 손상과 사멸을 유도함으로써 암을 비롯한 각종 질병을 예방한다. 또한 갑상선호르몬을 활성형으로 전환시키는 데 관여하며 수은이나 카드뮴과 같은 중금속을 무독성 형태로 체외로 배설시킨다고 보고되었다. 셀레늄의 영양상태는 혈액과 머리카락 중의 셀레늄 농도와 GSH-Px의 활성을 측정하여 평가한다.

7.3 결핍증

셀레늄은 일부 토양에 결핍되어 있어 이러한 토양에서 재배되는 식품을 주로 섭취하는 사람에게서 결핍증이 나타난다. 예를 들면 중국의 케샨 지방에서 처음 보고된 케샨병은 셀레늄 부족과 연관된 풍토성 심장근육 질병으로 주로 1~9세 어린이에게 발생률이 높다. 이 질병은 중국의 북동지역에서부터 남서지역에 걸쳐 발생되며, 심장 박동이 빠르고 심장 손상, 심장 마비, 비정상적인 심전도, 심장 비대 등의 특징적인 증세를 보인다. 셀레늄은 이 질병의 발생을 예방할 수는 있으나 일단 발병하면 완치는 어렵다.

1974년부터 케샨병 발생지역의 어린이를 대상으로 소디움 셀레나이트(sodium selenite)를 보충한 경우 사망률이 감소되었다. 한국의 경우에도 셀레늄 함량이 낮은 화강암이 전 국토의 70%를 차지하고 있어서 국토의 대부분이 셀레늄 함량이 낮은 편이다. 풍토성 결핍증 외에도 장기간 완전정맥영양(TPN)을 공급받은 환자, 에이즈 환자, 부적절한 식사를 하는 급성 알코올 중독자에서도 셀레늄 결핍이 보고되었다.

이 외에도 동물에서는 탈모, 생식 불능, 근육통증, 간과 췌장 기능의 손상 등이 발생하며 비타민 E 부족, 갑상선기능과 면역기능 저하와 종양 생성의 유발이 보고되어 있으나 정확한 기전은 밝혀지지 않고 있다.

7.4 과잉증

셀레늄의 과잉 섭취에 의한 독성은 토양 중의 셀레늄 함량이 높은 지역에서 재배한 식품을 섭취한 경우나 보충제를 과다 복용한 경우에 나타난다. 예를 들면 셀레늄이 많은 토양에서 자란 식물을 섭취한 가축들에서 나타나는 알칼리병에 걸린 동물의 경우 간경화, 절름발이 증상, 탈모, 쇠약증 등의 증세를 보이며 사람에서는 피부 발진, 치아 변색, 구토, 설사, 피로, 손톱과 발톱의 변화, 신경계의 손상, 간경변 등이 발생할 수 있다.

7.5 영양섭취기준 및 급원식품

2020년 한국인 영양섭취기준에 따른 성인 남녀의 셀레늄 평균필요량은 50 μg/일, 권장섭취량은 60 μg/일, 상한섭취량은 400 μg/일이다.

셀레늄은 동물성 식품과 식물성 식품 모두에 함유되어 있지만 식물성 식품의 경우 재배지역 토양의 셀레늄 함량에 따라 차이가 나타난다. 일반적으로 육류, 유제품, 해산물, 종실류, 견과류, 전곡류에는 많이 포함되어 있지만 곡류의 경우 도정과정에서 셀레늄의 50~90%가 손실된다. 채소 및 과일류에는 그 함량이 낮다.

8 몰리브덴

몰리브덴(molybdenum, Mo)은 크잔틴 산화효소(xanthine oxidase), 알데히드 산화효소(aldehyde oxidase), 아황산 산화효소(sulfite oxidase)의 보조인자로 사람에서 요산(uric acid) 생성과정에 관여한다. 건강한 사람에서는 몰리브덴 결핍이 현재까지 보고된 바가 없으며, 미국의 균형 연구에서 4명의 건강한 성인 남자를 대상으로 102일 동안 몰리브덴을 매일 22 μg 섭취하여도 양의 균형 상태를 나타내고 특별한 임상증상이 나타나지 않으며 평형 상태를 잘 유지하는 영양소로 보고되었다.

8.1 흡수 및 대사

몰리브덴의 식사 내 흡수율은 영아는 모유와 분유의 몰리브덴을 대부분 흡수하고 성인의 흡수율은 40~100%로 보고되었다. 몰리브덴의 장의 흡수 위치는 아직 알려지지 않았지만 수동수송에 의해 흡수된다고 한다. 식사로 섭취한 몰리브덴은 흡수 후 40~60분 후 혈장에서 가장 높은 농도를 보이며, 이후 3시간 내 molybdate 형태로 소변으로 배설된다. 몰리브덴을 과량 섭취하게 되면 신장에서 이를 조절하여 대부분 소변으로 배출하여 평형을 이룬다. 배설되지 않는 일부분은 부신, 위장관에 축적되어 1.7~2.5일의 짧은 저장기간(fast-turnover)을 보이고, 간, 근육, 뼈에 축적된 경우 42~74일의 긴 저장기간(slow-turnover)을 보인다.

8.2 기능

몰리브덴은 많은 식품에 함유되어 있는 필수 미량원소로 몰리브도프테린(molybdopterin)의 구조적 구성성분이다. 몰리브덴은 크잔틴 산화효소, 알데히드 산화효소, 아황산 산화효소, 미토콘드리아 아미독심 환원 성분(mitochondrial amidoxime reducing component)의 보조인자로 작용한다. 크잔틴 산화효소는 퓨린(purine)을 요산으로 전환, 알데히드 산화효소는 헤테로고리화합물(N-heterocyclic compunds)의 대사과정에 관여하고, 아황산 산화효소는 함황 아미노산의 대사과정에 관여한다.

8.3 결핍증

건강한 사람에서는 몰리브덴 결핍이 현재까지 보고된 바가 없으나, 만성신부전증 소아와 인공투석을 받고 있는 환자, 장기간 중심정맥영양(total parenteral nutrition, TPN)을 공급받은 크론병 환자에서 몰리브덴 결핍이 보고된 바 있다. 몰리브덴 결핍의 증세로는 심장 박동 증가, 호흡곤란, 야맹증 등이 나타났으며, 300 μg/일 주입 후 증세가 호전되었다.

8.4 과잉증

몰리브덴 독성 연구는 사람을 대상으로 한 연구는 보고되지 않았으나 반추동물에서 몰리브덴 과잉 공급 시 구리 결핍이 발생이 보고되었다. 또한, 설치류에게 과잉 공급 시 성장지연, 빈혈, 신장질환, 뼈 변형, 생식 기형 등이 발생하였다. 아르메니아(Armenia) 지역 중 토양에 몰리브덴 함량이 높아 그 지역 몰리브덴 섭취량이 10~15 mg/일이었고, 이들은 혈청 요산 증가, 크잔틴 산화효소(xanthine oxidase) 증가와 함께 일부는 관절 통증, 고요산뇨증, 통풍과 유사한 증상이 보고되었다. 또한, 곡물과 콩류의 섭취가 많은 엄격한 일본의 채식주의자 여자의 식단을 분석한 연구에서도 몰리브덴 섭취량 평균치를 540 μg/일이었으나 독성은 보고된 바 없다.

8.5 영양섭취기준 및 급원식품

국민건강영양조사에서 현재까지 몰리브덴 섭취량을 조사하지 않았고, 2009년 국내 성인 남녀 총 593명(남자 249명, 여자 344명)을 대상으로 조사한 연구가 유일하다. 그 결과 몰리브덴 평균섭취량은 남자 136 μg/일, 여자 123 μg/일이 보고되었다.

2020년 한국인 영양섭취기준에 따른 몰리브덴 평균필요량은 12~64세 남자 25 μg/일, 여자 20 μg/일, 권장섭취량은 남자 30 μg/일, 여자 25 μg/일, 상한섭취량은 450~600 μg/일이다.

몰리브덴은 모든 식품에 골고루 분포되어 있으며, 특히 콩류, 잡곡류, 견과류에 많이 함유되어 있다. 하지만 몰리브덴은 토양에 풍부하게 함유되어 있어서 식품이 성장한 토양 환경에 따라 몰리브덴 함량이 달라질 수 있다.

9 크롬

크롬(chromium, Cr)은 동물실험에서 당내성인자(glucose tolerance factor, GTF)의 주요 활성성분이며, 지방산과 콜레스테롤 대사에 관여하므로 결핍 시 당뇨병이나 심장병과 관련이 있다고 보고되었다.

9.2 흡수 및 대사

크롬은 체내에 4~6 mg 정도로 매우 소량 존재하며, -2가에서 +6가 형의 이온으로 존재한다. 이 중 +2, +3, +6가의 이온이 흔한 형태이며, +3가 이온은 +6가 이온보다는 잘 흡수되지 않지만 영양적 가치가 있다.

크롬의 흡수율과 생체이용률은 여러 가지 식이 요인과 생리적인 요인의 영향을 받는다. 식사로 섭취한 크롬은 소장에서 주로 흡수되며 무기형은 0.5~2.0% 정도 흡수되고 니아신(niacin) 및 아미노산과의 복합체형은 10~25% 정도 흡수된다. 흡수율을 낮추는 요인은 식이섭취량, 피트산 섭취, 연령 증가 등이며, 흡수율을 높이는 요인은 식이 중에 아미노산이나 옥살산과 같은 유기산과 결합하고 있거나 철이 결핍된 상태, 당뇨병이 있을 경우이다.

흡수된 크롬은 혈청 트랜스페린이나 알부민과 결합하여 혈중에서 운반되지만 주로 트랜스페린을 이용하므로 철과 경쟁관계에 있다. 이 외에 α-글로불린, β-글로불린이나 지단백질이 크롬과 결합하며 크롬대사에 중요한 역할을 담당한다. 체조직 내의 크롬 농도(약 20~30 μg/kg)는 매우 낮지만 여러 조직과 기관에 널리 분포되어 있으며 거주 지역과 관계가 있고 연령이 증가함에 따라 감소한다. 흡수된 크롬은 주로 대변으로 3~15 μg, 소변으로 5~10 μg 배설되며 머리카락, 땀, 담즙의 형태로도 소량 배설된다.

9.2 기능

크롬은 인슐린 작용을 원활하게 함으로써 탄수화물, 지질, 단백질 대사에 관여한다. 크롬은 당내성인자의 필수적인 성분으로 인슐린과 인슐린 수용체 사이에 복합체를 형성하여 인슐린 작용을 강화한다. 즉, 크롬은 세포 내로 포도당이 유입되는 것을 돕는다. 인슐린의존성 당뇨병 환자의 경우 정상인에 비하여 소변으로 배설되는 크롬이 훨씬 많다.

크롬은 혈중 중성지방과 LDL-콜레스테롤을 낮추고 HDL-콜레스테롤을 증가시키는 등 지질대사에도 관여한다는 보고가 있지만 그 기전은 확실하지 않다. 또한 DNA나 RNA 같은 핵산의 구조를 안정화시키는 데 기여하여 유전자 변이를 억제하고 암발생을 낮추는 역할이 있다고 보고되었지만 그 기전도 확실하지 않다.

9.3 결핍증

크롬은 흡수가 잘 안 되며 식품에 소량 존재하지만 자연계에 널리 분포하므로 결핍증은 흔하지 않다. 하지만 크롬을 보충하지 않고 완전정맥영양으로 영양을 장기간 공급받는 경우 결핍증이 발생한다.

크롬의 결핍증은 당뇨병과 유사한 증상으로 포도당 내성장애, 고인슐린혈증, 고혈당증 등 탄수화물 대사 장애뿐만 아니라 혈청 콜레스테롤과 중성지방 증가 등의 지질 대사 장애, 성장 지연, 체중 감소, 단백질 대사 장애를 초래한다. 이 외에도 크롬 결핍은 뇌와 신경계 손상, 각막 손상이나 불임 등의 증상을 나타낸다.

9.4 과잉증

산업현장에서 크롬산, 즉 +6가 크롬에 과다하게 노출되었을 경우 알레르기성 피부질환, 피부 궤양, 기관지 암, 폐 손상이 발견되었다. +3가 크롬은 흡수율이 낮아 아주 과다하게 섭취한 경우를 제외하고는 독성을 찾아보기 어렵다.

9.5 영양섭취기준 및 급원식품

2020년 한국인 영양섭취기준에서 크롬의 충분섭취량은 성인 남자 30

μg/일, 성인 여자 20 μg/일로 설정하였다.

식품 내 크롬 함량은 토양에 존재하는 크롬 함량에 영향을 받는다. 식품의 크롬 함량에 대한 자료가 매우 부족하여 식품성분표에 함량이 제시되어 있지는 않으나 전곡, 밀겨, 밀배아 등 도정되지 않은 곡류, 간, 육류, 계란, 버섯, 브로콜리, 견과류, 마른 콩, 맥주, 이스트 등이 급원식품이다. 반면에 과일과 채소류, 해산물과 유제품 등의 크롬 함량은 낮다. 스테인리스 스틸 재질의 조리용구에서 조리 시 크롬이 용출되어 크롬의 섭취량이 증가할 수 있다.

10 코발트

코발트(cobalt, Co)가 식물 및 동물조직에서 발견된 후 1935년에 코발트가 동물 식이의 필수요소임이 밝혀졌다. 즉, 코발트는 비타민 B_{12}의 구성 성분으로 중요한 생물학적 기능을 담당하고 있다. 적당량의 비타민 B_{12} 합성을 위해서 약 0.1 μg/일의 코발트로 충분하나 비타민 B_{12} 합성 이외에 필요한 코발트의 필요량은 아직 밝혀지지 않고 있다.

10.1 흡수 및 대사

체내의 코발트 함량은 약 1 mg 정도이며 주로 근육이나 골격 등에 분포하고 있다. 정상적인 식사로 약 10~200 μg/일의 코발트를 섭취할 수 있고 철 결핍 시 흡수율이 증가한다. 코발트의 흡수율은 25% 이상이며 흡수된 코발트는 주로 간과 신장에 저장되고, 흡수되지 않은 코발트는 대변으로 배설된다. 경구 또는 정맥 내로 투입된 코발트는 우선적으로 소변으로 배설된다.

10.2 기능

코발트는 비타민 B_{12}의 구성성분(그림 8-9 참조)으로 그 기능도 비타민 B_{12}와 함께 이루어지므로 비타민 B_{12}의 부족에 의한 성장부진이나 악성 빈혈 등과 관련이 있다. 코발트는 신장에서 분비되는 적혈구 형성인자인 에리스로포

에리스로포이에틴
신장에서 생성되어 골수에서 적혈구의 생성을 촉진하는 단백질

이에틴(erythropoietin) 생성을 증가시키고 이것의 파괴를 감소시키므로 과량의 코발트는 다혈구혈증(polycythemia)을 유발시킨다.

코발트의 투여는 글로빈 단백질 합성은 물론 철의 흡수를 증가시킨다. 그러나 동물의 경우 체중 1 kg당 4 mg 이상 과량 섭취하면 코발트가 철의 흡수를 저하시키기 때문에 오히려 빈혈이 발생된다. 또한 코발트는 신경세포의 수초 형성에 관여한다.

10.3 결핍증

아직 사람에게서는 코발트 결핍증이 보고되지 않았지만 비타민 B_{12}의 결핍이 코발트의 결핍과 관련이 있다. 코발트나 비타민 B_{12}의 결핍은 성장부진이나 악성빈혈을 유발한다.

10.4 과잉증

코발트 보충제의 과다복용이나 산업현장에서 코발트에 과다하게 노출되었을 경우 과잉증이 발생한다. 그 증상은 심장근육 손상, 적혈구 과잉 생산, 수초 형성문제 등이다.

10.5 영양섭취기준 및 급원식품

한국인을 위한 영양섭취기준에는 코발트의 권장섭취량이 아직 설정되어 있지 않다. 코발트는 비타민 B_{12}의 함량이 높은 식품에 많이 들어 있으며 주로 동물의 간과 신장, 계란, 우유, 굴, 콩, 녹색 채소 등이 좋은 급원이 된다.

요약

철

1. 체내 철의 약 70%는 헤모글로빈, 미오글로빈, 헴 함유 효소, 보조인자, 트랜스페린 등의 형태로 존재하고, 나머지 30%는 페리틴과 헤모시데린 형태로 간, 비장 및 골수 등에 저장되어 있다.
2. 헴철은 포르피린 고리 구조와 단단하게 결합되어 있는 철분자를 의미하며 비헴철은 기타 모든 형태를 포함한다. 헴철은 흡수율이 높으나 비헴철은 흡수율이 낮고, 흡수될 때 다른 영양소 또는 식사 조성의 영향을 많이 받는다.
3. 철은 혈액에서 트랜스페린에 결합된 상태로 운반된다. 조직으로 운반된 철은 페리틴과 헤모시데린의 형태로 저장된다.
4. 철은 헤모글로빈과 미오글로빈의 구성성분으로서 조직에 산소를 공급하는 데 관여한다. 그 밖에 다양한 효소의 구성성분으로서 체내 대사 조절에 관여한다.

아연

1. 아연은 여러 효소의 필수 요소로서 탄수화물, 지질, 단백질 및 핵산의 대사에 관여한다. 또한 유전자의 발현을 조절하는 전사인자의 구성성분으로서 세포의 발달, 분열 및 분화과정에 관여한다.
2. 인슐린의 작용 및 면역기능에도 중대한 영향을 미친다.

구리

1. 구리는 여러 효소의 구성요소로서 광범위한 생물학적 기능에 관여한다.
2. 구리 함유 단백질인 세룰로플라스민은 2가의 철 이온을 3가의 철 이온으로 산화시켜 트랜스페린과의 결합을 촉진한다. 구리 결핍 시 트랜스페린이 골수로 철을 이동시키지 못하므로 적혈구생성이 방해받는다.

불소

1. 치아형성기에 구강으로 섭취한 불소는 골격과 치아에 있는 칼슘-인산염 중의 수산기와 대치됨으로써 불소인화석을 형성한다. 이는 산에 대한 용해도가 낮기 때문에 충치 발생이 억제된다. 또한 불소 섭취가 많은 지역에서는 골다공증 발생률이 낮다고 알려졌다.
2. 어린이들이 불소를 과잉 섭취하면 치아의 법랑질이 정상적으로 형성되지 않아 반점치가 발생한다.

망간

1. 망간은 망간금속효소의 구성성분으로서 탄수화물, 지질, 단백질 대사를 조절하고 DNA, RNA, 당단백질 등의 합성에 관여한다.

2. 지방산과 콜레스테롤 합성에 관여하고, 요소 형성과 에너지 대사에도 필수적이다. 초과산화물 디스뮤타아제의 구성성분으로서 미토콘드리아에서 항산화 작용을 한다.

요오드

1. 요오드의 유일한 체내 기능은 갑상선호르몬의 성분으로 작용하는 것이다. 신체에 미치는 갑상선호르몬의 효과는 매우 복잡하나 성장과 발달, 단백질 합성과 분화 및 에너지 대사에 미치는 영향력이 집중적으로 연구되고 있다.

2. 요오드의 결핍으로 풍토성갑상선종이 발생하기도 하며, 요오드 결핍증을 보인 임신부에서 태어난 유아에서 정신박약 증상을 동반하는 크레틴병이 초래되기도 한다.

셀레늄

인간을 포함한 포유동물에서 셀레늄의 생물학적 기능은 글루타티온 과산화수소(GSH-Px)의 구성성분으로 존재하는 것이다. GSH-Px의 주요 기능은 세포와 조직에서 산화과정을 통하여 생성된 과산화수소와 유기 수산화물을 제거함으로써 세포막과 DNA를 포함하는 거대분자를 손상시키는 지질의 과산화와 자유 라디칼의 생성을 막아 항산화작용을 하는 것이다.

몰리브덴

1. 몰리브덴(molybdenum, Mo)은 크잔틴 산화효소(xanthine oxidase), 알데히드 산화효소(aldehyde oxidase), 아황산 산화효소(sulfite oxidase)의 보조인자로 사람에서 요산(uric acid) 생성 과정에 관여한다.

2. 몰리브덴의 식사 내 흡수율은 아주 높으며 건강한 사람은 결핍이 보고된 바 없다. 또한 몰리브덴을 과량 섭취하여도 신장에서 이를 조절하여 대부분 소변으로 배출하여 평형을 이룬다.

크롬

1. 크롬은 당내성인자의 필수적인 성분으로 인슐린과 인슐린 수용체 사이에 복합체를 형성하여 인슐린 작용을 원활하게 함으로써 탄수화물, 지질, 단백질 대사에 관여한다.

2 세포 내로 포도당이 유입되는 것을 도울 뿐만 아니라 혈청 콜레스테롤을 낮추고 HDL-콜레스테롤을 증가시키며, DNA나 RNA 같은 핵산의 구조를 안정화시키는 데 기여한다는 보고가 있지만 그 기전은 확실하지 않다.

코발트

1 코발트는 비타민 B_{12}의 구성성분으로 그 기능도 비타민 B_{12}와 함께 이루어지고 있다.

2 신장에서 분비되는 적혈구 생성 촉진인자인 에리스로포이에틴 생성을 증가시키고 신경세포의 수초 형성에 관여한다.

참고문헌

- 보건복지부, 질병관리본부. 국민건강영양조사 제8기 결과보고서, 2021
- 보건복지부, 한국영양학회. 한국인 영양섭취기준 개정판, 2020

철

- 유소형, 유현주, 박용순. 서울지역 아동의 철분강화 시리얼 보충과 영양교육이 영양상태 및 생활습관에 미치는 영향. 한국영양학회지 40(8):728-735, 2007
- Nemeth E, Ganz T. Regulation of Iron Metabolism by Hepcidin. Annu Rev Nutr 26:323-42, 2006.
- Sargent PJ, Farnaud S, Evans RW. Structure/Function Overview of Proteins Involved in Iron Storage and Transport. Curr Med Chem 12:2683-2693, 2005

아연

- Messina DN, Glasscock J, Gish W, Lovett M. An ORFeome-based analysis of human trascription factor genes and the construction of a microarray to interrogate their expression. Genome Res 14:2041-2047, 2004
- Wijesekara N, Chimienti F, Wheeler MB. Zinc, a regulator of islet function and glucose homeostasis. Diabetes, Obesity and Metabolism 11(Suppl 4):202-214, 2009.

구리

- 곽은희, 이수림, 윤진숙, 이혜상, 권정숙, 권인숙. 경북 농촌지역 60세 이상 성인 및 노인의 열량영양소 및 무기질, 비타민 섭취조사. 한국영양학회지 36:1052-1060, 2003
- 이주연, 최미경, 승정자. 일부 농촌 성인남녀의 아연, 구리, 철분의 섭취량, 혈액수준, 뇨중 배설량과 혈청 지질과의 관계. 한국영양학회지 29:1112-1120, 1996
- 최윤희, 승정자. 폐경후 여성의 골밀도에 따른 영양소 섭취상태와 혈청구리, 아연, 망간함량에 관한 연구. 한국영양학회지 39:485-493, 2006
- Arredondo M, Nunez MT. Iron and copper metabolism. Mol Asp Med 26:313-327, 2005
- Bo S, Durazzo M, Gambino R, et al. Associations of Dietary and Serum Copper with Inflammation,

Oxidative Stress, and Metabolic Variables in Adults. J Nutr` 138:305-310, 2008

- Emdin SO, Dodson GG, Cutfield JM, Cutfield SM. Role of zinc in insulin biosynthesis: some possible zinc-insulin interactions in the pancreatic B-cell. Diabetologia 19:174-182, 1980
- Zalewski PD, Millard SH, Forbes IJ, Kapaniris O, Slavotinek A, et al. Video image analysis of labile zinc in viable pancreatic islet cells using a specific fluorescent probe for zinc. J Histochem Cytochem 42:877-884, 1994

불소

- 유해영, 정미경, 이선미, 배광학, 한동헌, 김진범. 합천군 수돗물불소농도조정사업 시행 이후의 반점치 실태 변화. 대한구강보건학회지 32:54-62, 2008
- Cerklewski FL. Fluorine. In: O'Dell BL, Sunde RA, eds. Handobook of Nutritionally Essential Mineral Elements. New York Academic Press. pp.583-602, 1997
- Jung SH, Ma DS, Ryu JI, Hwang JH, Kho YL. Fluoride intake by the duplicate-diet technique and urinary excretion in Korean children aged 3-6 years. Kor J Env Hlth 31:475-482, 2005

망간

- Aschner JL, Aschner M. Nutritional aspects of manganese homeostasis. Mol Asp Med 26:353-362, 2005

요오드

- Cavalieri RR. Iodine metabolism and thyroid physiology: current concepts. Thyroid 7(2):177-181, 1997
- Charlton K, Skeaff S. Iodine fortification: why, when, what, how, and who? Curr Opin Clin Nutr Metab Care 14(6):618-624, 2011
- Gaitan E, Nelson NC, Poole GV. Endemic goiter and endemic thyroid disorders. World J Surg 15(2):205-215, 1991

셀레늄

- Brown KM, Arthur JR. Selenium, selenoproteins and human health. Public Health Nutr 4(2B):593-599, 2001

- Burk RF, Hill KE, Motley AK. Selenoprotein metabolism and function: evidence for more than one function for selenoprotein P. J Nutr 133(5):1517S-1520S, 2003
- Schweizer U, Dehina N, Schomburg L. Disorders of selenium metabolism and selenoprotein function. Curr Opin Pediatr 23(4):429-435, 2011

크롬

- Balk EM, Tatsioni A, Lichtenstein AH, Lau J, Pittas AG. Effect of chromium supplementation on glucose metabolism and lipids: a systematic review of randomized controlled trials. Diabetes Care 30(8):2154-2163, 2007
- Ducros V. Chromium metabolism. Biol Trace Elem Res 32:65-77, 1992
- Losi ME, Amrhein C, Frankenberger WT Jr. Environmental biochemistry of chromium. Rev Environ Contam Toxicol 136:91-121, 1994

코발트

- Banerjee R, Ragsdale SW. The many faces of vitamin B_{12}: catalysis by cobalamin-dependent enzymes. Annu Rev Biochem 72:209-247, 2003
- Kräutler B. Vitamin B_{12}: chemistry and biochemistry. Biochem Soc Trans 33(4):806-810, 2005

제 11 장 물, 전해질 및 산-염기 평형

1. 삼투와 삼투압
2. 체액
3. 산-염기 평형

제11장 물, 전해질 및 산-염기 평형

물은 지구상에 있는 모든 생명체의 필수성분이다. 물은 무기염류와 유기화합물의 용매일 뿐 아니라 접촉되는 기체를 용해시킨다. 물은 세포의 대부분을 차지하는 중요한 구성성분으로 세포가 생존할 수 있는 환경을 만들고 영양소를 공급한다.

전해질은 나트륨, 칼륨, 마그네슘과 같은 단순 무기질에서부터 체내에서 합성되는 복합 유기분자에 이르기까지 다양한 종류의 화합물로 이루어져 있다. 전해질은 수용액 내에서 양이온과 음이온으로 분리되는 성질을 가지고 있다.

세포의 내부와 외부는 특수한 이온의 농도차이가 있으며, 이러한 차이는 세포에서 많은 에너지를 소비함으로써 유지되고 세포대사 및 생존에 매우 중요하다. 한편, 정상적인 세포대사과정에서 탄산, 젖산, 케토산과 같은 산성 물질이 계속적으로 생성되지만, 체내의 완충작용과 신장을 통한 산성물질의 배설로 신체는 적정 pH를 유지한다.

1 삼투와 삼투압

물은 자유롭게 통과하지만 용질은 통과할 수 없는 반투막을 사이에 둔 두 용액 간에는 반투막을 통해 용질 농도가 낮은 용액의 물 분자가 농도가 높은 용액 쪽으로 이동하려는 현상이 나타난다. 이런 현상을 삼투(osmosis)라 하며, 삼투현상을 일으키는 원동력을 삼투압(osmotic pressure)이라 한다.

전해질
수용액 내에서 양이온과 음이온으로 분리되는 성질을 가지고 있는 물질로, 나트륨, 칼륨, 마그네슘의 단순무기질에서부터 체내에서 합성되는 복합 유기분자에 이르기까지 다양한 종류의 화합물이 있음.

삼투질 농도는 용액 내에 있는 삼투적으로 활성이 있는 입자의 농도이며,

입자의 질량, 전하, 크기에 상관없이 오직 입자의 수에 의해 결정된다. 삼투질 농도의 단위인 osmolarity는 용액 1 L에 포함되어 있는 용질의 몰(mole)수와 같다. 즉 1mole/L= 1 Osmole/L이다. 생리적 액체에서는 Osmole/L의 1/1,000인 milliosmole/L(mOsm/L)를 사용하며, 체액의 정상 삼투압은 300 mOsm/L이다.

용매인 물 분자 속에서 분자 그대로 존재하는 요소(urea)나 포도당과 같은 비전해질이 있고, NaCl과 같이 분자가 수용액 내에서 Na^+와 Cl^-의 두 이온으로 나눠지는 전해질도 있다. Na^+나 Cl^- 와 같은 이온, 요소와 같이 작은 분자, 단백질과 같이 거대한 분자 등이 모두 한 개의 용질 입자로서 한 개의 삼투질 입자로 동등하게 작용한다. 앞서 말한 바와 같이 입자의 크기에 관계없이 입자의 수가 삼투압을 결정하므로 이온화되는 물질은 전해 정도에 따라 삼투압에 영향을 미치게 되며, 전해질의 삼투질 농도는 그 몰농도에 해리(解離)되는 이온의 수를 곱한 것과 같다. 즉, NaCl 혹은 Na_2SO_4 등과 같이 수용액에서 이온으로 해리되는 물질의 삼투질 농도는 mole 농도에 해리 이온 수(n)를 곱한 것과 같다. 즉, 삼투압 (π)=n×mole 농도이다. 예를 들면 NaCl 1 mole/L는 2 Osmole/L이고 Na_2SO_4 1 mole/L는 3 Osmole/L이다. 그러나 이들 전해질은 수용액 내에서 100% 해리되지 않으므로 실제 삼투질 농도는 이보다 다소 낮다. 예를 들면, NaCl 한 분자는 수용액 내에서 해리되어 1.75개의 입자로 되므로 10 mM의 NaCl 용액의 삼투질 농도는 17.5 mOsm/L이다(표 11-1). 비전해질 용액, 즉 설탕, 포도당 혹은 요소처럼 수용액에서 해리되지 않는 물질의 삼투질 농도는 그 용액의 몰농도와 같다.

체액은 이온화되거나 혹은 이온화되지 않는 크고 작은 분자들의 혼합물이다. 이 체액의 삼투질 농도를 측정하는 방법은 반투막을 사용하여 직접 측정하는 방법과 용액의 성상을 이용하여 간접적으로 측정하는 방법이 있다. 용액의 증기압, 비등점, 빙점 및 삼투압 등은 용질의 종류에 관계없이 용질의 농도에 의해서만 변화한다. 즉, 물질의 종류에 관계없이 1 mole 용액은 동일한 증기압 강하, 비등점 상승, 빙점 강하 및 삼투압 증가를 나타내는데, 이 네 가지 성상 중 한 가지만 측정하면 용액 내의 삼투질 농도를 알 수 있다.

표 11-1 용질의 mole 농도와 삼투질 농도의 상관관계

용질	원자량 또는 분자량	mmole/L	mOsm/L
Na^+	23	1	1
Cl^-	35.5	1	1
NaCl	58.5	1	1.75
Ca^{2+}	40	1	1
$CaCl_2$	111	1	~3
포도당	180	1	1
요소	60	1	1

빙점 강하 측정법에 의한 삼투질 농도 결정

물의 빙점(0℃)과 비교하였을 때 이론적으로 1 mole/L의 포도당 용액의 빙점은 -1.86℃, 소변은 빙점이 -0.4℃이다. 따라서 소변의 빙점 0.4를 1.86으로 나눈 값인 0.215가 삼투질 농도이다. 즉, 소변의 삼투압은 0.215 Osm/L 또는 215 mOsm/L가 된다.

2 체액

2.1 체액의 분포

체액의 함량은 체중의 50~70%로서 몸의 구성성분 중 가장 많은 부분을 차지한다. 성인 남자는 체중의 약 60%, 성인 여자는 약 50%가 물이며, 신생아는 체중의 77%가 물이다. 체액(body fluid)의 양은 연령증가에 따라 감소하며, 지방조직의 수분함량은 20% 미만이므로 지방함량이 증가할수록 체내 수분함량은 감소하게 된다. 여자가 남자보다 수분함량이 적은 것은 지방조직이 남자보다 많기 때문이다.

체액은 세포 내에 있는 세포내액(intracellular fluid, ICF)과 세포의 외부에 있는 세포외액(extracellular fluid, ECF)으로 구분된다. 세포내액과 세포외액량을 합친 것이 총체액량(total body fluid, TBF)으로 체중의 50~70%이다.

1) 세포내액

세포내액은 체중의 약 30~40%를 차지하며 생명현상의 본체가 되는 모든

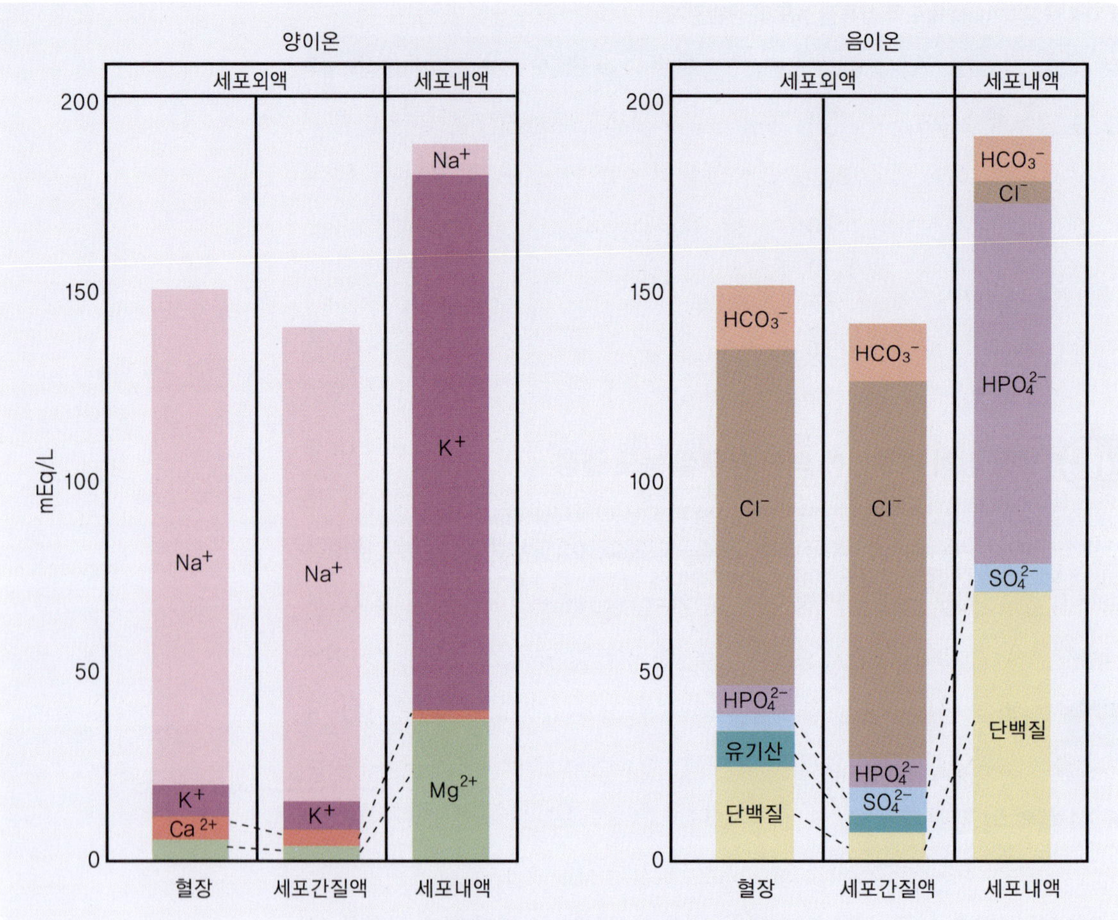

그림 11-1 세포외액과 세포내액의 전해질 농도 비교

생화학적 반응이 이곳에서 일어난다. 세포내액에는 유기물이 대부분이고, 소량의 무기질이 함유되어 있다. 주요 무기질은 K^{+}, Mg^{2+}, PO_4^{3-} 등이며, 소량의 Na^{+}, Cl^{-}, HCO_3^{-}이 들어 있다. 세포내액은 수분평형, 능동 수송, 삼투 및 산-염기 평형유지에 중요한 역할을 한다(그림 11-1).

2) 세포외액

세포외액은 체중의 약 20%에 해당된다. 세포외액은 세포가 필요로 하는 산소 및 영양물질을 공급해 주고, 세포에서 생성된 노폐물을 외부로 제거해 줌과 동시에 전해질 농도, pH 및 삼투질 농도 등을 일정하게 유지시킴으로써 세포의 기능을 원활하게 해준다.

세포외액에는 세포와 세포 사이에 위치하여 세포를 둘러싸고 있는 세포간질액[interstitial fluid, ISF(체중의 약 16%, 세포외액의 75%)], 혈장(체중의 4%, 세포외액의 25%), 그리고 세포횡단수분(transcellular fluid)이 있다. 세포횡단수분은 그 양은 적으나(체중의 약 2%) 체액조절에 중요한 뇌척수액, 소화액 등이 있다. 성인보다 유아에서 체액량이 많은 이유는 유아가 성인보다 세포외액, 특히 세포간질액(체중의 약 25%)이 많기 때문이다.

세포외액의 주요 양이온은 Na^+, Ca^{2+}이며, 주요 음이온은 Cl^-, HCO_3^-이다(그림 11-1). 세포간질액과 혈장 사이는 혈관벽에 의하여 구분된다. 혈장단백질을 제외한 혈장성분들은 모세혈관벽의 구멍을 통하여 자유롭게 이동한다. 혈액은 온몸을 순환하면서 산소와 영양물질을 세포간질액에 공급한다. 세포간질액은 혈장에서 받은 물질을 세포에 공급하며, 세포 내에서 생산된 대사물질이나 노폐물은 혈장으로 이동된다. 체액의 이동과 물질의 이동은 신체 항상성 유지를 위한 중요한 생리기능이다.

2.2 Na^+, K^+ 펌프

세포내액과 세포외액은 이온들의 분포가 크게 다르다(그림 11-1). K^+은 세포내액의 주요 양이온이며, Na^+은 세포외액의 주요 양이온이다. 세포 내외의 이온농도 차이(예를 들어, 적혈구 내 Na^+은 17 mEq/L, K^+은 135 mEq/L, 혈장의 Na^+은 145 mEq/L, K^+은 4 mEq/L) 때문에 K^+은 세포 밖으로, Na^+은 세포 안으로 수동적으로 확산(passive diffusion)되어 이동한다. 따라서 세포 안으로 들어간 Na^+은 세포 밖으로, 세포 밖으로 나간 K^+은 세포 안으로 농도 차이를 역행하여 계속적으로 되돌려 보내져서 세포 내외에 일정한 이온 농도 차이가 유지되어야만 하는데, 이는 Na^+, K^+ 펌프에 의한 능동적 이동(active transport)에 의하여 수행된다(그림 11-2).

1957년 Tens Skou는 Na^+과 K^+의 존재 하에 ATP를 가수분해하는 효소를 발견하고, 이를 Na^+, K^+-ATPase라 불렀으며, 이 효소는 Na^+, K^+ 펌프의 중심부분으로 ATP를 이용해서 Na^+과 K^+의 능동이동에 필요한 에너지를 제공한다고 하였다. Na^+, K^+-ATPase는 ATP가 하나 가수분해될 때마다 3개의 Na^+과 2개

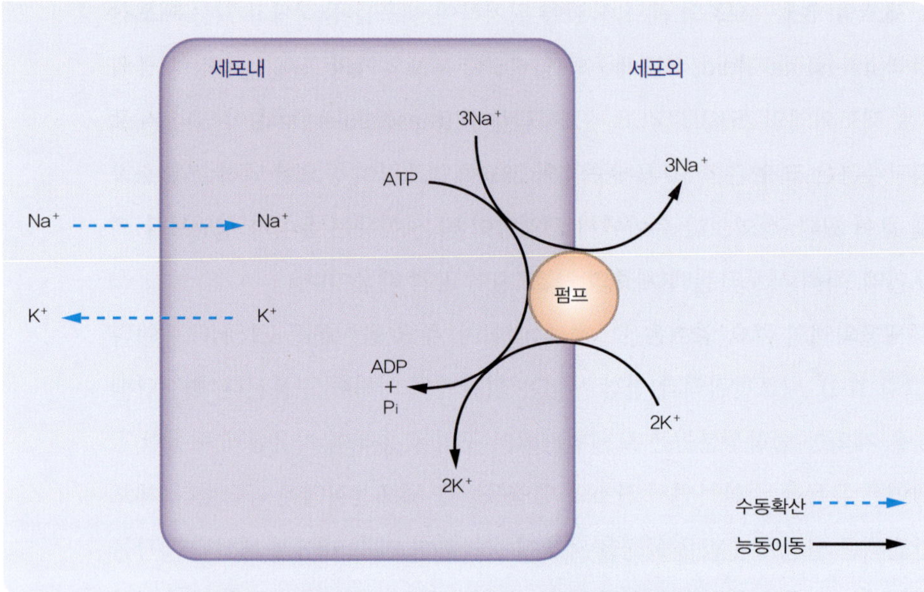

그림 11-2 Na⁺와 K⁺의 수동확산과 Na⁺, K⁺ 펌프에 의한 능동이동

의 K^+을 각각 운반시킴으로써 능동적 이동을 수행한다.

$$ATP + H_2O \xrightarrow[ATPase]{Na^+,\ K^+} ADP + Pi + H^+$$

ATPase: adenosine triphosphatase
Pi : 무기인

Na^+과 K^+의 능동적 이동은 생리학적으로 크게 중요하며, 휴식하는 동안에 동물체내에서 소비되는 ATP의 약 1/3 이상이 이러한 이온들의 이동에 사용된다. Na^+, K^+ 펌프는 세포 내외의 Na^+ 및 K^+의 분포를 조절할 뿐만 아니라 신경의 흥분전달, 심장박동, 근육수축, 여러 가지 유기물과 무기물의 흡수 및 배설에 관여하는 등 다음과 같은 특수한 생리적 기능을 가지고 있다.

① 세포내액의 Na^+ 농도를 세포외액보다 낮게 유지시키며, 이러한 Na^+ 농도경사는 신경과 근육세포에서 흥분전달을 위해 필요하다.

② 세포의 용적을 유지시킨다.

③ 세포기능을 위한 체액 내의 전해질 함량 및 삼투질 농도를 조절한다.

④ 소화관과 신세뇨관에서 포도당, 아미노산 등 영양물질의 흡수에 관여한다.

2.3 체내 Na^+ 함량과 체액량 조절

체액의 양은 체내 전해질 함량에 의해 변화한다. 사람이 매일 섭취하는 전해질과 수분량은 일정하지 않지만 체액량은 거의 변화 없이 일정하게 유지되는데, 이는 신장에서 전해질과 수분 배설을 적절히 조절하기 때문이다.

세포내액의 조성은 세포외액의 전해질과 수분 함량에 의해 2차적으로 조절되므로 결국 체액량 조절에는 세포외액의 전해질 조성이 중요하다. 세포외액에 가장 많이 존재하는 전해질은 Na^+(145 mEq/L)과 Cl^-(110 mEq/L)이며, 이 두 이온에 의해서 나타내는 삼투질 농도는 약 250 mOsm/L로 체액의 삼투질 농도인 300 mOsm/L의 약 80%에 해당한다. 그러므로 세포외액량 조절에는 Na^+과 Cl^- 농도 조절이 중요하며, 사람은 주로 신장에서 여과된 Na^+의 재흡수를 조절하여 체내 Na^+, Cl^- 및 수분 함량을 조절한다. 즉, 세포외액량이 증가한 경우 신장에서의 사구체 여과율 증가로 Na^+의 요중 배설량이 증가하고, 부신피질로부터 알도스테론 분비가 감소되어 Na^+ 재흡수를 감소시켜 증가된 세포외액량을 조절하게 된다.

1) 부종

부종(edema)은 세포간질액이 비정상적으로 축적되는 것을 말한다. 그 원인으로는 저알부민혈증을 들 수 있는데, 영양불량과 간질환으로 인한 알부민의 합성 감소나 소변으로 알부민이 과다하게 손실되었을 때, 혈장 알부민 감소로 혈액의 삼투압이 낮아져 혈액으로부터 조직으로 물이 빠져나가게 된다. 혈액의 용적 감소로 염분 보유 호르몬인 알도스테론 분비가 증가되어 염분의 재흡수가 증가되고, 따라서 혈액의 삼투압이 증가된다. 이로 인해 목이 마르게 되며 항이뇨호르몬(antidiuretic hormone, ADH)인 바소프레신(vasopressin) 분비가 증가된다. 따라서 물과 염분이 체내에 보유되는데, 이것이 부종액(edema fluid)이다.

항이뇨호르몬
신장에서 수분 재흡수를 촉진시키는 호르몬으로 뇌하수체후엽에서 분비

2) 탈수

탈수(dehydration)는 체액량이 부족한 상태로 수분 불균형이 되면 탈수가 나타난다. 이는 발열, 구토, 설사가 있거나, 높은 온도에 장기간 노출된 경우, 심한 운동을 한 경우에 나타난다. 초기에는 혈장의 수분 감소가 나타나고, 이어서 세포간질액과 세포내액의 수분이 손실된다. 세포 내 수분 부족은 삼투압 증가를 유도하며, 세포손상을 일으킬 수 있다. 체액이 급격하게 손실될 경우 탈수가 심해지고, 혈액량 부족으로 순환장애와 쇼크가 올 수 있다. 탈수로 인하여 뇌세포가 손상될 경우, 혼수상태나 사망에 이를 수도 있다.

3 산-염기 평형

3.1 완충제

정상적인 세포 내 대사과정에서 다량의 산성물질이 형성되는데, 탄산이 가장 많으며, 젖산이나 케토산도 생성된다. 이들 산성물질은 계속적으로 세포외액으로 배출되지만, 세포외액의 pH에는 별 변화가 없다. 이는 세포외액 중에 존재하는 완충제(buffer)인 단백질, 헤모글로빈, 인산염 및 HCO_3^-(bicarbonate)의 작용 때문이며, 특히 HCO_3^-가 가장 큰 완충역할을 한다.

산과 염기의 강도는 각각 H^+을 잃으려는 경향의 크기 또는 H^+과 결합하려는 경향의 크기로 규정된다. 강산은 용액에서 대부분 해리되나 약산은 용액에서 일부만 해리되어 해리된 것과 해리되지 않는 것 사이에는 다음과 같은 동적 평형관계가 성립된다.

Henderson-Hasselbalch 방정식에 의하면, $pH=pK+\log\frac{[A^-]}{[HA]}$ 로 약산과 염기의 절대농도에 의해 pH가 변하는 것이 아니라 약산과 염기의 비율에 따라 pH가 결정된다.

세포외액에서는 $[HCO_3^-]/[H_2CO_3]$가 중요한 완충작용을 하고(pK는 6.1), H_2CO_3 농도는 폐포의 CO_2 농도에 의해서만 결정되므로 $pH=6.1+\log\frac{[HCO_3^-]}{\alpha Pco_2}$ $=6.1+\log\frac{[HCO_3^-]}{H_2CO_3}$ 이다(단, α는 CO_2의 용해도로 0.031 mmoles/L/mmHg, Pco_2는 CO_2의 분압). 정상에서 혈장의 pH는 7.4(7.35~7.45)이고, Pco_2는 40

단백질의 완충작용

혈장이나 세포 내에는 여러 종류의 단백질이 있다. 이들 단백질 분자들은 카복실기(-COO^-), 암모늄기(-NH_3^+) 및 히스티딘의 이미다졸기 등의 양이온과 음이온을 함께 갖고 있는 양성물질이며 이로 인해 단백질은 pH의 변화를 최소화하는 완충능력을 갖게 된다. 즉 단백질에 포함되어 있는 이러한 작용기들은 용액의 수소이온(H^+) 농도에 따라 H^+과 결합할 수도 있고, 또 H^+을 내놓을 수도 있다. 예를 들어 혈액에서 H^+ 농도가 증가하면 H^+의 일부가 단백질의 음이온기(-COO^-)와 결합하여 용액의 pH 변화를 최소화해 주며, 반대로 OH^-의 증가로 용액의 pH가 높아지면 단백질이 갖고 있던 H^+을 해리시켜 OH^-를 중화시켜 pH 변화를 최소화한다. 양성물질인 단백질이 용액의 pH 변화를 최소화하는 작용을 단백질의 완충작용이라 한다.

$$\underset{\text{산}}{HA} \rightleftharpoons H^+ + \underset{\text{염기}}{A^-}$$

mmHg(35~45 mmHg), [HCO_3^-]는 25(23~27) mmol/L로, [HCO_3^-]와 αPco_2의 비율은 약 20:1이다. 즉, [HCO_3^-]/αPco_2가 20 내외일 때 혈장의 pH는 7.4(7.35~7.45)로 유지되는 것이다(그림 11-3, 4, 5).

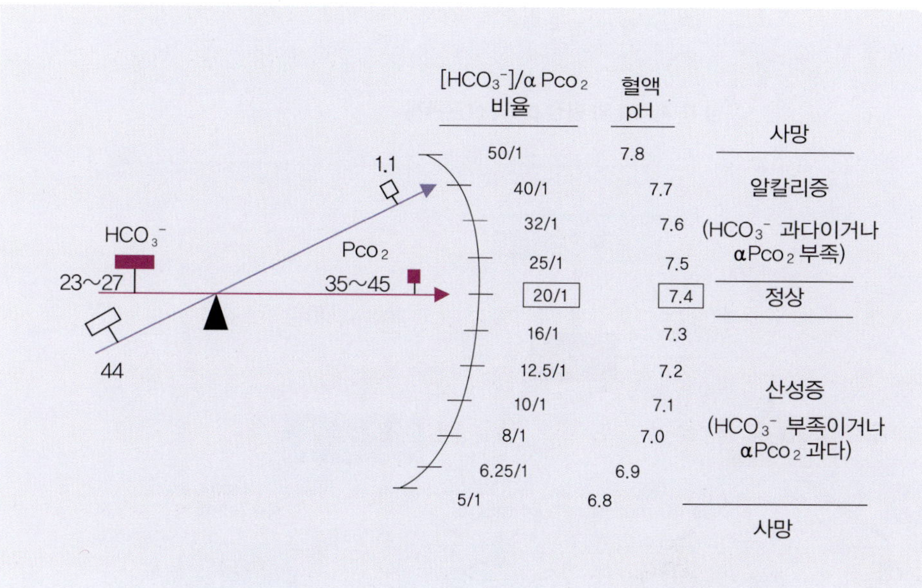

그림 11-3 HCO_3^- 농도와 용해된 CO_2 농도 비율에 따른 혈액 pH의 변화

완충제(buffer)
용액의 H^+농도(pH) 변화를 방지할 수 있는 물질. 체내 완충제로는 약산 또는 약염기, 헤모글로빈을 포함한 여러 종류의 단백질, 아미노산 등이 있음

산
용액에서 H^+을 유리하는 물질(H^+ 공여물질)로, 용액 내의 H^+ 농도를 증가시킴

염기
용액에서 H^+과 결합하는 물질(H^+ 수용물질)로, 용액 내의 H^+ 농도를 감소시킴

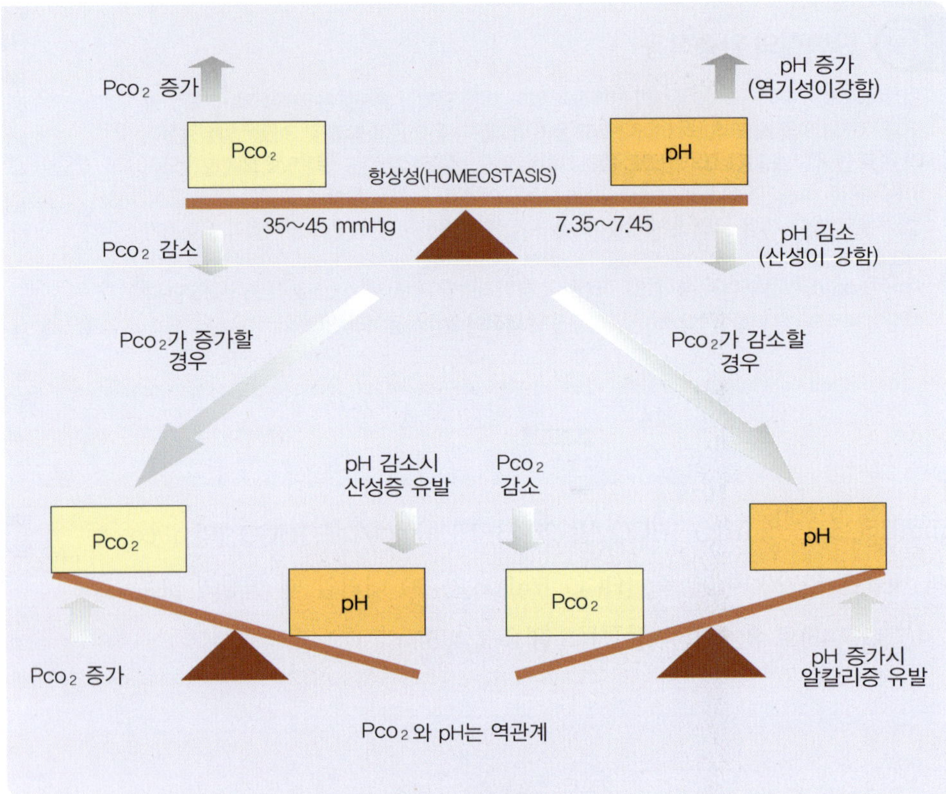

그림 11-4 Pco_2와 혈장 pH의 상관관계

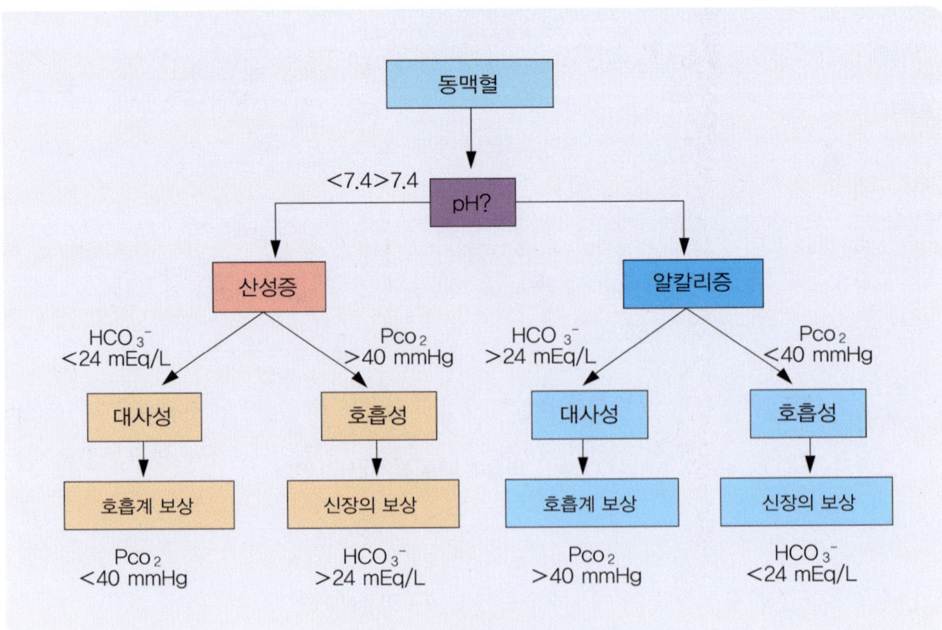

그림 11-5 산-염기 평형 이상의 분석

3.2 산-염기 평형의 이상

Pco_2는 폐에 의해, 그리고 $[HCO_3^-]$는 신장에 의해 적절히 조절되어 $[HCO_3^-]/\alpha Pco_2$는 약 20을유지하고 있다. 그러나 이러한 기능이 잘 수행되지 않아 $[HCO_3^-]/\alpha Pco_2$가 20보다 커지면 동맥혈의 pH가 정상보다 높아져 알칼리증(alkalosis)이 되고 20보다 작아지면 동맥혈의 pH가 정상보다 낮아져 산성증(acidosis)이 된다(그림 11-3, 4).

산성증과 알칼리증은 pH 변화를 일으킨 원인에 따라 대사성(metabolic)과 호흡성(respiratory)으로 나뉜다. 동맥혈의 pH 변동이 Pco_2의 변화로 생긴 경우는 호흡의 변화로 오는 것이기 때문에 호흡성 산성증(체내 CO_2 축적) 또는 호흡성 알칼리증(Pco_2 감소)으로 분류된다.

pH 변동이 염기의 변화로 유발된 경우라면 대사성 알칼리증(염기 과다) 및 대사성 산성증(염기 부족)이라고 한다. 결과적으로 호흡성인 경우는 호흡부진이나 호흡과다로 초래되며, 대사성인 경우 임상적으로 여러 원인에 의하여 유발된다(그림 11-5, 표 11-2).

이와 같은 산-염기 평형의 이상은 어느 한 가지가 아니라 대사성의 것과 호흡성의 것이 동시에 올 수도 있다. 대개의 경우는 대사성 산성증 + 호흡성 알칼리증 , 대사성 알칼리증 + 호흡성 산성증이 합병되어 어떤 원인으로 생긴 pH의 변화를 서로 상쇄해서 보상하는 경우가 많다. 그러나 어떤 경우는 대사성 + 호흡성 산성증과 대사성 + 호흡성 알칼리증이 합병되어 pH의 변화를 더욱 악화시키기도 한다.

1) 대사성 산성증

당뇨병으로 인한 케톤체 합성 증가, NH_4Cl 섭취, 신기능부전으로 인한 산 배설 장애로 체내에 산이 축적되는 경우, 그리고 HCO_3^-가 다량 함유된 췌장액이나 장액이 손실된 경우에 혈장의 HCO_3^-가 감소되어 대사성 산성증(metabolic acidosis)이 온다. 손실된 HCO_3^-로 인해서 $[HCO_3^-]/\alpha Pco_2$가 낮아진 것은 호흡증가로 체내 CO_2의 방출을 증가시켜 혈중 Pco_2를 감소시킴으로써 보상된다. 병인치료와 함께 HCO_3^-를 공급하여 치료한다.

표 11-2 산-염기 평형의 이상

구분	pH	동맥혈 HCO_3^-(mmole/L)	혈장 Pco_2(mmHg)	원인
정상	7.40	24.1	40	
대사성 산성증	7.26 6.94	18.1 5.0	40 23	NH_4Cl 섭취 당뇨성 산성증
대사성 알칼리증	7.48 7.54	30.1 49.8	40 58	$NaHCO_3$ 섭취 지속되는 구토
호흡성 산성증	7.35 7.32	25.0 33.5	48 64	호흡부진 폐기종
호흡성 알칼리증	7.50 7.46	22.0 18.7	27 26	호흡과다 해발 약 4,200 m의 고지대에서 3주간 생활

2) 대사성 알칼리증

젖산염이나 $NaHCO_3$를 섭취하였거나 또는 구토로 위의 HCl이 손실된 경우에 혈장의 HCO_3^-가 증가되어 대사성 알칼리증(metabolic alkalosis)이 온다. 이에 대한 보상작용으로 폐를 통한 CO_2의 체외배출이 감소되어 체내 Pco_2가 증가되고, 따라서 $[HCO_3^-]/\alpha Pco_2$가 정상으로 조절된다. pH가 7.55 이하인 경우는 치료가 필요하지 않으나, pH가 7.55 이상인 경우는 염화암모늄(NH_4Cl)을 공급하여 치료한다.

3) 호흡성 산성증

만성 폐질환이나 신경계 장해로 인한 호흡부진(hypoventilation)에서는 폐를 통한 CO_2의 체외 배출이 잘 되지 않아 체내 Pco_2가 증가되므로 $[HCO_3^-]/\alpha Pco_2$가 감소한다. 따라서 pH는 정상보다 낮아져서 호흡성 산성증(respiratory acidosis)이 된다. 이에 대한 보상작용으로 신장에서의 HCO_3^- 재흡수와 CO_2로부터 HCO_3^-의 생성이 증가되어 $[HCO_3^-]/\alpha Pco_2$가 정상으로 되므로 pH는 7.4 내외로 회복된다. 경우에 따라 기계적 장비를 이용하여 기관지 확장을 유도하여 호흡을 향상시켜 치료한다.

4) 호흡성 알칼리증

고지대에 올라갔을 때와 저산소증(hypoxia), 체온 상승, 살리실산(salicylate)과 같은 호흡중추를 자극시키는 약물을 복용한 경우에는 호흡과다(hyperventilation)로 폐를 통한 CO_2의 배출이 증가되어 체내 Pco_2가 급격히 감소한다. 따라서 $[HCO_3^-]/\alpha Pco_2$가 증가되어 pH가 정상보다 높아지는 호흡성 알칼리증(respiratory alkalosis)이 온다. 보상작용으로 신장에서의 HCO_3^- 재흡수가 감소하여 $[HCO_3^-]/\alpha Pco_2$가 재조정되며, pH가 정상으로 되돌아간다. 호흡률(respiratory rate)을 감소시켜 Pco_2를 올림으로써 치료할 수 있다.

이상에서 보는 바와 같이 대사성 산성증이나 알칼리증인 경우에는 우선적으로 폐에 의한 호흡조절로 보상작용이 이루어지고 신장에 의해서도 보상작용이 이루어진다. 호흡성 산성증이나 알칼리증인 경우에는 신장이 그 보상기능을 담당하고 있다. 신장에서는 소변을 통한 H^+ 또는 염기의 배설 및 HCO_3^-의 재흡수 등을 통하여 정상 동맥혈 pH로 완전히 회복시키는 기능이 있는 반면, 호흡성 보상은 혈액의 pH를 완전히 회복시키지는 못한다.

요약

1 삼투는 반투막을 통해 용질 농도가 낮은 용액으로부터 높은 용액으로 물 분자가 확산하는 현상으로 삼투질 농도는 입자의 질량, 전하, 크기에 상관없이 오직 입자의 수에 의해 결정된다.

2 생리적 액체에서 삼투질 농도 단위는 Osmole/L의 1/1,000인 milliosmole/L(mOsm/L)를 사용하며, 체액의 정상 삼투압은 300 mOsm/L이다.

3 수용액에서 이온으로 해리되는 물질의 삼투질 농도는 mole 농도에 해리 이온수(n)를 곱한 것과 같다(삼투질 농도(π) = n × mole 농도).

4 총 체액량은 체중의 약 50~70%로서 세포내액(체중의 30~40%)과 세포외액(체중의 20%)으로 대별하며, 세포외액은 다시 간질액(체중의 16%)과 혈장(체중의 4%)으로 구분한다. 세포외액의 주된 전해질은 Na^+, Cl^- 그리고 HCO_3^-인데 비해, 세포내액의 주요 전해질은 K^+, Cl^- 그리고 유기 음이온들이다.

5 세포막에서 Na^+과 K^+을 전기화학적 전압차에 역행해서 이동시키는 기전을 Na^+, K^+-펌프라고 한다. Na^+, K^+-펌프는 체내에서 다양한 기능을 수행하는데, 세포 용적 유지, 체내 전해질 함량과 삼투질 농도 조절, 여러 가지 유기물과 무기물의 흡수 촉진, 물의 흡수를 위한 원동력 제공, 세포 내 효소 작용을 위한 적절한 조건 형성 등이며, 세포 내외의 Na^+과 K^+의 분포를 조절하여 신경과 근육 작용을 가능하게 한다.

6 완충제는 용액의 H^+ 농도(또는 pH) 변동을 방지할 수 있는 물질이다. 생체 내 완충제는 약산 또는 약염기, 헤모글로빈을 포함한 여러 종류의 단백질, 아미노산 등이다.

7 산-염기 평형을 조절하기 위한 보상작용은 폐와 신장을 통해 이루어진다. 대사성 산성증일 경우에는 폐를 통한 호흡운동을 증가시키는 보상작용이 이루어져 Pco_2를 감소(pH 상승)시키며, 대사성 알칼리증일 경우에는 반대로 호흡운동을 감소시킨다.

8 호흡성 산성증에서의 보상작용으로는 신장세뇨관에서 HCO_3^- 재흡수 증가 및 소변으로 여분의 H^+ 배설이 이루어져 혈장의 HCO_3^- 농도가 증가되고 혈액 pH는 증가한다. 호흡성 알칼리증에서는 반대로 소변으로의 HCO_3^- 배설을 증가시키는 보상작용이 일어나 혈장의 HCO_3^- 농도가 감소하고 결과적으로 pH가 감소한다.

참고문헌

- 일반화학교재 연구회. 일반화학 6판. 자유아카데미, 2011
- Beisel WR. Nutrition and infection. In: Linder MC, ed. Nutritional Biochemistry and Metabolism with Clinical Applications. Elsevier Science Publishing Co., Inc., New York, 1991
- Cooper GM. The cell surface. In:The Cell, A Molecular Approach, 2nd ed. American Society of Microbiology Press, Washington DC, USA, 2000
- Guyton, AC, Hall JE. Regulation of acid-base balance. In: Textbook of Medical Physiology, Elsivier Science, Inc., New York, 2005
- Kellum JA. Determinants of plasma acid-base balance. Crit Care Clin 21:329-346, 2005
- Linder, MC. Nutrition and metabolism of the major minerals. In: Linder MC, ed. Nutritional Biochemistry and Metabolism with Clinical Applications, Elsevier Science Publishing Co., Inc., New York, 1991
- Lodish H, Berk A, Zipursky SL, Matsudaira R, Baltimore D, Darnell J. Chapter 11. Transmembrane transport of ions and small molecules. In:Molecular Cell Biology, 6th ed. WH Freeman Co., New York, 2007
- Martin FH. Fluid, electrolyte, and acid-base balance. In: Fundamentals of Anatomy and Physiology, 6th ed. Pearson Education, Inc. San Francisco, CA. 2004
- Saladin K. Anatomy and Physiology: The Unity of Form and Function, 5th ed. McGraw Hill, New York, 2010
- Tietz NW. Ole Siggaard-Anderson. Acid-base and electrolyte balance. In: Tietz NW ed. Fundamentals of Clinical Chemistry, 6th ed. WB Saunders Co., 2011

제12장 항산화 영양소

1. 산화촉진물질과 작용기전
2. 생체 내 항산화체계
3. 활성 산소종의 생리작용과 항산화 물질의 과량 섭취의 문제점
4. 항산화 영양소
5. 질병과 항산화 영양소

제12장 항산화 영양소

산소는 인간의 생명 유지를 위해 반드시 필요하다. 이는 인간이 살아가기 위해서 필요한 에너지를 생성할 때 산소를 사용해야 에너지 효율을 높일 수 있기 때문이다. 즉, 체내에서 1분자의 포도당을 산소 없이 대사시키면 2 ATP가 생성되지만 산소를 사용하여 대사시키면 30~32 ATP가 생성된다. 이러한 에너지 생성의 효율성 때문에 인간처럼 산소를 사용하는 생명체들은 섭취한 영양소를 연소시켜서 생명 유지에 필요한 에너지를 만들 때 산소를 사용하는 것이다.

그러나 과연 산소는 항상 이롭기만 한 것일까? 연료를 태울 때 연기가 나듯

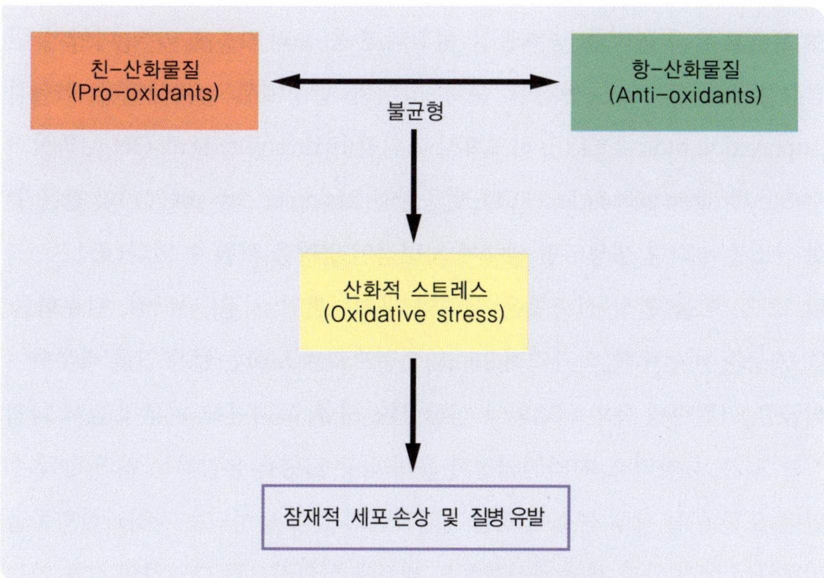

그림 12-1 친산화물질과 항산화물질 간의 불균형
자료: 이양자 등. 항산화 영양소와 건강. 연세대학교 식품영양과학연구소. 1998

이 우리 몸에서는 에너지 생성과정에서 산화를 촉진하는 유독한 물질이 생성되어 불가피하게 인체에 손상을 가져오는데, 이러한 유독한 물질을 활성 산소종(reactive oxygen species, ROS)이라고 하며 이는 자유라디칼과 비자유라디칼로 나뉜다(표 12-1).

자유라디칼
짝 짓지 않은 전자를 가진 분자

보통의 경우 인체는 산화촉진(친산화)물질(pro-oxidants)과 산화억제(항산화)물질(anti-oxidants)이 균형을 이루는 항상성을 유지하고 있다. 하지만 제대로 보관하지 않은 음식물이 공기 중의 산소에 의해 썩거나, 산소에 의해 쇠가 부식되고 녹스는 것과 마찬가지로 우리 몸의 산화-항산화 균형이 깨어져 산화촉진쪽으로 기울게 되면 자유라디칼이 많이 만들어져 세포에 해로운 영향을 끼치게 된다(그림 12-1). 이러한 유해한 작용을 산화적 스트레스(oxidative stress)라고 부른다.

1 산화촉진물질과 작용기전

산소는 지구상에서 가장 많은 원소로 건조 대기 중의 21%를 차지하고 있으며, 호기성 생물은 이렇게 풍부한 산소를 이용해 전자전달계를 통해 에너지를 획득한다. 이와 같이 생명 유지에 절대적으로 필요한 산소이지만, 체내 효소계, 환원대사, 화학약품, 공해물질, 광화학 반응 등의 각종 물리적, 화학적, 환경적 요인에 의하여 안정한 분자 상태인 산소에서 초과산화물 라디칼(superoxide radical, $O_2^{\cdot -}$), 히드록시 라디칼(hydroxyl radical, $OH^{\cdot}$), 과산화수소(hydrogen peroxide, H_2O_2), 일중항산소(singlet oxygen, $^1O_2$)와 같은 활성 산소종이 다량 생성되면 생체에 치명적인 영향을 끼칠 수 있다(표 12-1, 그림 12-2). 이들 활성 산소종은 세포의 구성성분인 지질, 단백질, 탄수화물, DNA 등을 비선택적, 비가역적으로 파괴함으로써 노화는 물론 암을 비롯하여 뇌졸중, 파킨슨병 등의 뇌질환과 심장질환, 허혈, 동맥경화, 피부질환, 소화기질환, 염증, 류마티스, 자가면역질환 등의 각종 질병을 유발하는 원인이 될 수 있다. 또한 이들 활성 산소에 의한 지질과산화 결과 생성되는 지질과산화물을 비롯하여 여러 가지 체내 과산화물도 세포를 산화적으로 파괴하여 각종 기능장애를 야기함으로써 노화와 질병의 원인이 된다.

전자전달계(호흡연쇄반응)
미토콘드리아에서 TCA 회로를 통해 유기화합물이 산화될 때 유기화합물로부터 수소 또는 전자가 제거되면서 그 전자를 분자상 산소로 운반하는 일련의 전자전달계가 존재하며 이것을 호흡연쇄반응이라 함

표12-1 활성 산소종(ROS)의 종류

자유라디칼(free radicals)	비자유라디칼(non-free radicals)
히드록시 라디칼 $OH^{\bullet}$	과산화수소 H_2O_2
초과산화물 라디칼 $O_2^{\bullet-}$	일중항산소 $^1O_2$
산화질소 라디칼 $NO^{\bullet}$	차아염소산 HOCl
지질과산화 라디칼 $LOO^{\bullet}$	

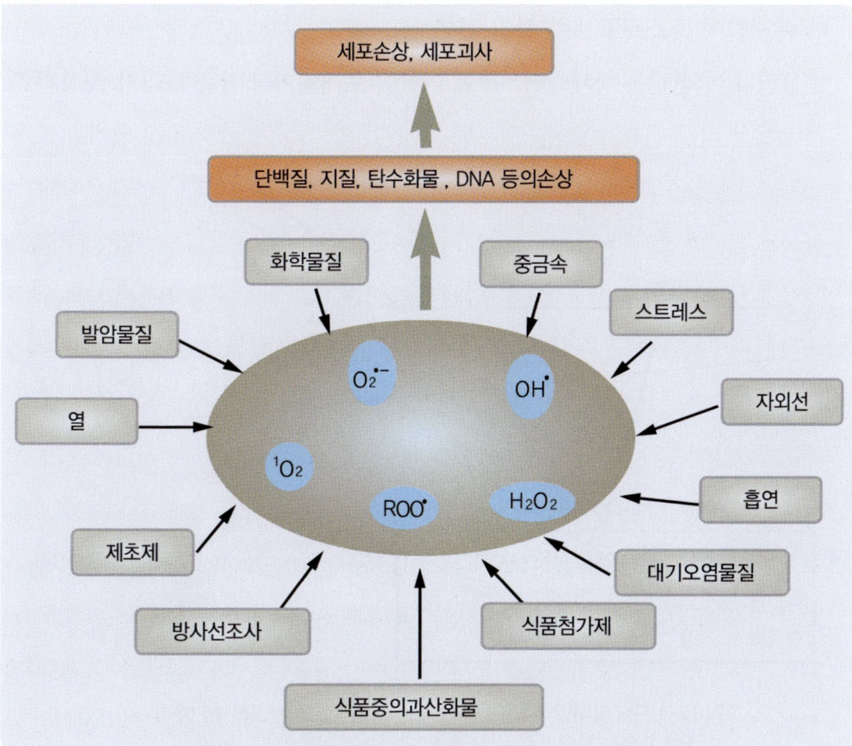

그림 12-2 반응력이 큰 산소화합물을 생성시키는 환경인자
자료: 한국의 노화연구. 노화 억제를 위한 항산화제 연구. 생명공학동향 6(2). 1998

2 생체 내 항산화체계

생체막 계에는 인지질의 구성성분인 다중불포화지방산(polyunsaturated fatty acids, PUFA)이 다량 함유되어 있고, 정상 세포에서도 대사과정 중 어느 정도의 자유라디칼과 기타 활성 산소 및 과산화물이 생성된다. 따라서 생체 내에는 생체막의 중요한 기능이 정상적으로 유지될 수 있도록 산패되기 쉬운 이

들 다중불포화지방산 성분을 잘 보호하고 생성된 대사물을 처리할 수 있도록 여러 가지 항산화작용체계가 효율적으로 구성되어 있다(그림 12-3, 표 12-2).

생체에는 이러한 방어 기구로서 초과산화물 디스뮤타(superoxidedismutase, SOD), 과산화수소 분해효소(catalase), 글루타티온 과산화효소(glutathione peroxidase, GSH-Px) 등의 항산화 효소와 함께 비타민 E, 비타민 C, 글루타티온(glutathione), 유비퀴논(ubiquinone), 요산 등과 같은 항산화물질이 존재하여 스스로를 보호하고 있다.

그러나 이와 같은 생체방어기구에 이상이 초래되거나 각종 물리적, 화학적 요

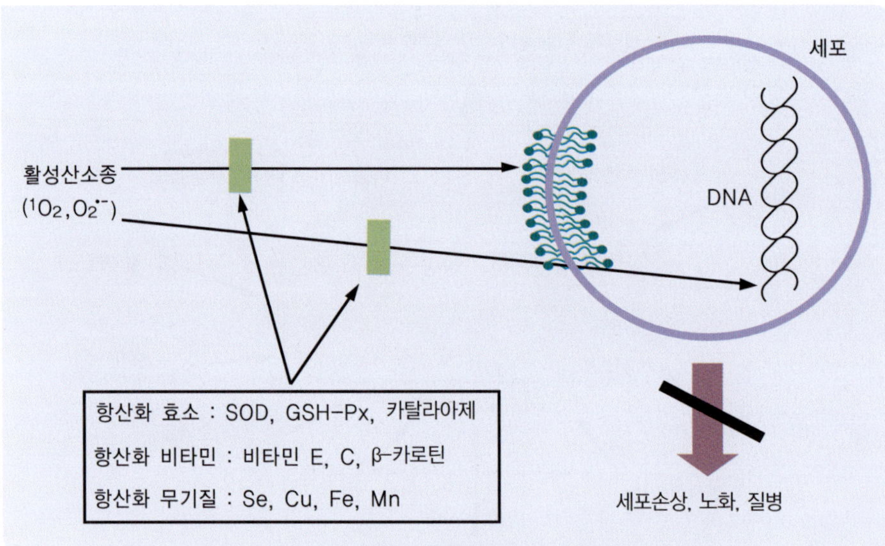

그림 12-3 자유라디칼에 의한 산화적 손상에 대항하는 항산화 방어
자료: 이영진. 몸 안의 활성 산소를 제거하라. KBS 문화사업단, 1998

표 12-2 기능별 항산화 물질의 분류

1) 예방적 차원 • 과산화물의 분해(자유라디칼을 생성하지 않음): 글루타티온 과산화효소, 글루타티온 S-전이효소(transferase), 과산화효소, 과산화수소 분해효소 • 금속이온의 제거: 아포페리틴, 트랜스페린, 락토페린 • 활성 산소의 제거나 dismutation: 카로티노이드, 초과산화물 디스뮤타아제
2) 자유라디칼을 제거하는 차원 • 자유라디칼이나 과산화물이 생성되는 초기부터 진행되는 동안 제거 • 자유라디칼이 표적에 미치기 전에 제거: 비타민 E, 비타민 C, 알부민, 빌리루빈, 요산, 카로티노이드
3) 조직 회복 및 신생 기전에 관여하는 차원 • 인지질 가수분해효소, 단백질 가수분해효소(protease), 전이효소

자료: ILSI Europe concise monograph

인들에 의하여 활성 산소의 생성이 생체방어 기구의 용량을 초과하게 될 경우 산화적 스트레스가 야기된다. 따라서 이와 같은 자유라디칼을 소거할 수 있는 화합물(free radical scavengers) 또는 과산화물 생성 억제물질과 같은 항산화 물질들은 이들 산화물들에 의한 노화 및 각종 질환을 억제 또는 치료할 것으로 기대된다.

항산화 영양소 중 많은 연구가 이루어지고 있는 것으로 비타민 E, 비타민 C, β-카로틴, 셀레늄 등이 있고, 항산화 기능을 가진 식사 요인들은 그림 12-4와 같다. 이들은 지용성 및 수용성 환경에서, 특히 산소가 사용되는 생체막 계(예: 미토콘드리아)에서 항산화작용을 하는 것으로 알려졌다.

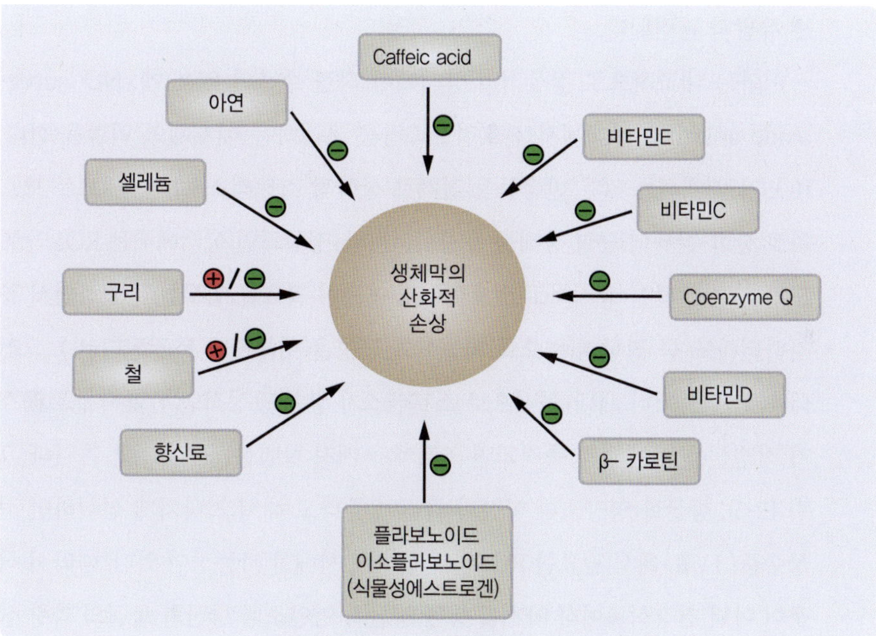

그림 12-4 항산화 기능을 가진 식사 요인들
자료: Wiseman H. J Nutr Biochem 7:4. 1996

3 활성 산소종의 생리작용과 항산화 물질의 과량 섭취의 문제점

활성 산소종(ROS)은 미토콘드리아의 전자전달계에서 일어나는 정상적인 에너지 대사에서 부수적으로 생성된다. 그러나 ROS가 과량으로 생성되거나 지속적으로 생성되면 이는 암, 당뇨병, 동맥경화증, 신경질환, 관절염 등의 질

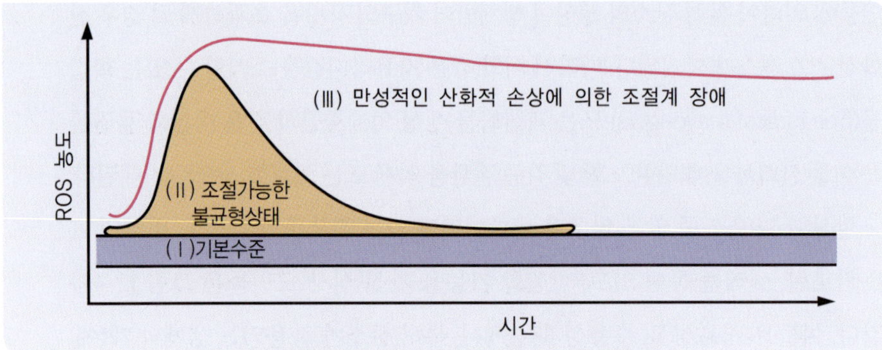

그림 12-5 활성 산소종(ROS)의 조절기전과 질병상태
자료: Droge W. Physiol Rev 82:52. 2002

병 유발과 관련된다.

이와는 대조적으로 정상적인 상태에서 적정 수준의 ROS(예: NO, superoxide anion)는 체내에서 신호전달과정을 조절하는 매개체의 역할을 한다. ROS가 매개하는 많은 반응들은 실제로 산화적 스트레스로부터 세포를 보호하고 산화-환원의 균형 상태를 유지시켜준다. 정상적인 상태에서는 ROS의 농도가 기본 수준을 유지하고 있으며(Ⅰ), 이들이 필요한 임무를 수행하면서 증가하더라도 곧 정상 수준으로 되돌아와 균형을 이루도록 조절된다(Ⅱ). 그러나 나이가 들거나 체내·외적으로 스트레스가 쌓여 만성적인 산화적 스트레스가 적정선을 넘어 과량 축적되면 조절계가 깨져 질병상태(Ⅲ)로 갈 수 있다(그림 12-5). 항산화 영양소나 항산화 물질이 좋다고 해서 지나치게 섭취하면 정상수준(Ⅰ, Ⅱ)에서 필요한 ROS의 역할까지 저해할 가능성이 있다. 따라서 식품이 아닌 건강식품이나 약제를 통한 항산화 영양소나 항산화 물질의 과량 섭취는 과도한 산소화합물에 의한 세포손상 못지않게 세포의 정상적인 대사에 좋지 않은 영향을 줄 수 있다.

4 항산화 영양소

4.1 항산화 비타민

비타민은 주로 활성 산소를 제거하는 차원에서 항산화 영양소로서의 기능을 담당한다. 즉, 비타민은 반응성이 크고 유해한 활성 산소 등의 자유라디칼과 먼저 반응하여 다른 중요한 화합물이 자유라디칼이 되는 연쇄 반응을 막아주고 자기 자신은 안정성이 있는 자유라디칼로 된다. 생체에서는 예방적 항산화체계, 예를 들면 SOD와 같은 효소의 작용에 의해 활성 산소와의 반응은 어느 정도 억제되지만, 여전히 생체 내에서는 소량의 활성 산소가 생성되며 외부 요인(대기오염, 담배연기 등)에 의해서도 영향을 받을 수 있다. 항산화 기능을 갖는 비타민에는 비타민 E, 비타민 C, 카로티노이드가 있다.

1) 비타민 E

비타민 E는 신체의 기본단위인 세포를 이루고 있는 모든 생체막을 구성하고 있는 PUFA의 산화를 억제하는 데 매우 효율적이며 지질과산화 방지에 가장 중요한 작용을 한다. 즉, 비타민 E는 세포막에 존재하면서 산소 또는 산소를 함유하고 있는 산화촉진물질에 의해 산화되기 쉬운 PUFA를 대신하여 먼저 산화되어 생체막을 온전하게 보호하는 지용성 항산화 물질이다(그림 12-6). 뿐만 아니라 혈액, 세포벽 및 세포 내부에서 지질의 산화를 막는 강력한 항산화 영양소이다.

동물에서 비타민 E 결핍은 과산화 지질의 증가, 생체막의 손상, 간의 지방축적 등을 초래하며, 비타민 E를 투여하면 이러한 증상들이 개선된다. 그러나 허혈성 병변이나 노화에 대한 비타민 E의 유효성은 아직 논란의 여지가 남아있다. 비타민 E는 산소 농도가 낮은 조직에서 작용하는 β-카로틴과는 달리 산소 농도가 높은 조직에서 자유라디칼의 공격을 막으며, β-카로틴이 자유라디칼에 의해 공격받는 것을 막는다. 또한 비타민 E는 셀레늄을 도와 자유라디칼로부터 조직을 지키며, 세포 내 항산화 효소인 SOD의 작용을 돕는다.

2) 비타민 C

비타민 C는 대표적인 수용성 항산화 영양소로서 그 작용기전은 수용성 환경에서의 항산화 역할과 산화된 비타민 E를 환원시키는 두 가지로 요약할 수 있다.

첫째, 비타민 C는 세포질, 혈장 및 세포외액과 같은 신체의 수용성 부분에

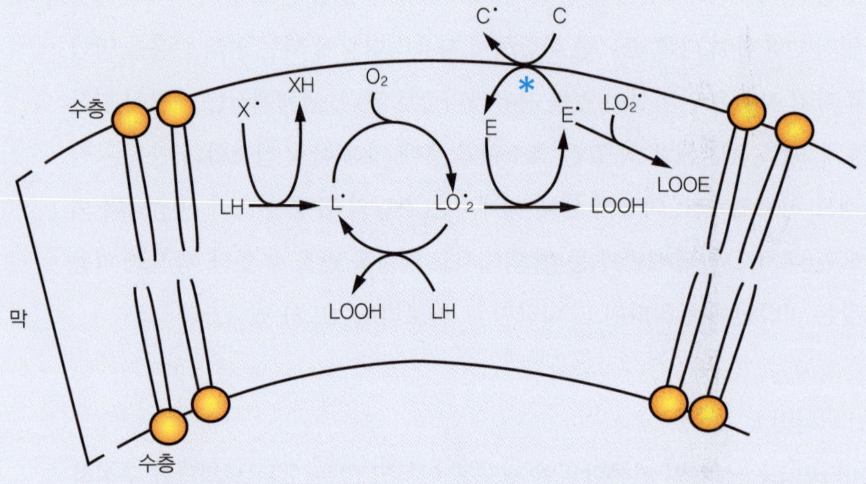

E: α–토코페롤, E˙: α–토코페롤자유라디칼, C: 비타민C, C˙: 비타민C 자유라디칼,
X˙: 연쇄반응을개시하는라디칼 , LH: 지질 라디칼, LO_2˙: 지질과산화라디칼,
LOOH: 지질과산화물

그림 12-6 막의 지질과산화에서 비타민 C와 비타민 E의 상승적 항산화작용

서 활성 산소와 반응하여 이를 불활성화시키며, 수용액 상에서 주로 Fe^{3+}을 Fe^{2+}로 환원시켜 지방질을 산화시키는 효소인 리폭시지나아제(lipoxygenase) 활성을 저하시킨다. 일반적으로 비타민 C는 수정체와 혈장에서 중요한 항산화 작용을 담당하는 것으로 여겨지고 있다.

둘째, 비타민 C는 지질과산화를 매우 효과적으로 막아주는 비타민 E의 산화된 형태를 환원형으로 재생시켜 주는 기능을 가지고 있다(그림 12-6의 *).

이 외에 비타민 C는 다른 항산화 물질과 마찬가지로 활성 산소에 의해 손상된 DNA를 회복시키므로 항암기능도 갖고 있다. 그러나 비타민 C와 같은 친수성 항산화 영양소는 수용성 자유라디칼은 효과적으로 제거하지만 지용성 환경인 세포막 내에서는 활성 산소를 제거하지 못하므로 연쇄 반응을 억제하는 항산화 영양소로서의 구실을 할 수 없다.

3) 카로티노이드

혈액에 있는 대표적인 카로티노이드(carotenoids)는 β-카로틴, 라이코펜(lycopene), α-카로틴, 크립토잔틴(cryptoxanthin), 루테인(lutein) 등이다.

한 연구에서 흡연자에게 β-카로틴을 주었을 때 오히려 암이 촉진되는 결과가 나타났는데, β-카로틴은 예방에 중요한 인자이지 이미 심하게 손상된 조직에서는 오히려 산화를 촉진시키는 요인으로 작용할 수도 있기 때문이라고 하였다. 이러한 β-카로틴의 산화촉진작용이 비타민 E에 의해 완화될 수 있으므로, 여러 항산화 요소들이 종합적으로 작용했을 때 최대의 항산화 효과가 나타나며 충분한 채소와 과일을 포함한 균형식 섭취와 적절한 운동을 함께 시행하면 질병 예방 효과가 높아진다.

4.2 항산화 무기질

체 내에서 항산화 효과를 나타내는 무기질들의 작용기전을 보면 그림 12-7, 8과 같다.

1) 셀레늄

글루타티온 과산화효소는 산화촉진 물질인 과산화수소를 물과 산소로 분해시키며, 인지질 글루타티온 과산화효소는 인지질-PUFA의 과산화과정에서 생성된 과산화 지방산을 독성이 없는 물질로 분해시키는 항산화 효소이다. 셀레늄(Se)은 이들 효소의 구성분으로 작용하므로 수용성 과산화물질을 제거할 뿐 아니라 세포막 내 인지질의 지방산 과산화를 막아주고 세포막을 보호해 주는 역할을 한다(그림 12-7, 그림 12-8).

2) 구리와 아연

항산화체계에 관여하는 효소 중 구리(Cu)를 함유하는 효소는 현재까지 세 가지 정도가 알려져 있는데, SOD, 세룰로플라즈민(ceruloplasmin), 구리 티오닌(copper thioneins)이다. 구리는 아연(Zn)과 함께 Cu/Zn SOD의 구성성분으로 작용하므로 결핍 시 이 효소의 활성이 저하되고, 생성된 자유라디칼의 제거가 어려워진다. 또한 아연은 생체막의 구성성분으로 생체막 구조를 안정화시키는 데 관여한다.

구리 운반단백질로 알려진 세룰로플라즈민은 세포막의 표면에 붙어 있으

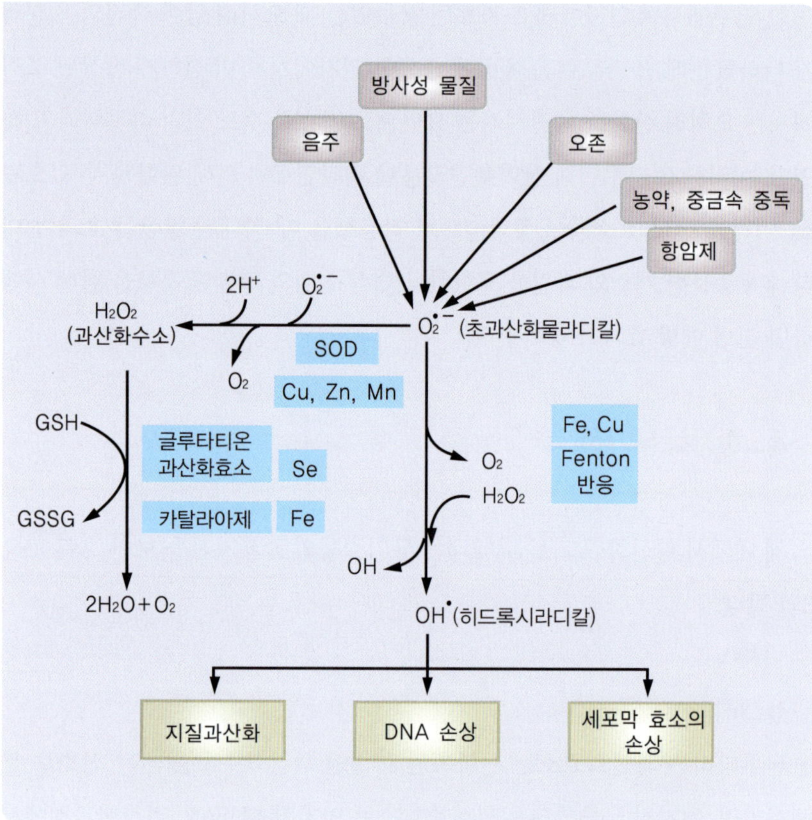

그림 12-7 생체 내에서 항산화 효과를 나타내는 무기질들의 작용기전
자료: 이양자 등. 항산화 영양소와 건강. 연세대학교 식품영양과학연구소. 1988

면서 세포외액에서 다양한 자유라디칼을 제거하는 기능을 담당하며, 구리 저장단백질인 구리 티오닌도 자유라디칼을 제거한다.

그러나 구리를 과잉 섭취할 경우 유리상태에서 Cu^{2+}와 Cu^{1+} 상태를 오가면서 자유라디칼을 히드록시 라디칼(OH.)로 전환시켜 주는 Fenton 반응을 촉매하므로, 오히려 산화를 촉진시키게 되는 양면성을 지니고 있다(그림 12-7).

3) 망간

망간(Mn)은 Mn-SOD의 구성성분으로 작용하여 아연 및 구리와 함께 산소 자유라디칼을 제거하는 항산화 무기질이다. 알코올, 오존 및 종양 괴사인자-α(TNF-α) 등과 같은 다양한 스트레스에 노출될 경우 세포 내 자유라디칼의 농도가 증가하는 것과 아울러 조직의 Mn-SOD 활성도 유의적으로 증가하

종양 괴사인자-α(tumor necrosis factor-α)
대식세포(macrophage)에서 생성되는 단백질

는데, 망간이 결핍된 쥐에서는 Mn-SOD 활성이 증가되지 않는다.

4) 철

과산화수소 분해효소(catalase)는 과산화수소를 독성이 없는 물과 산소로 분해시키는 과정을 촉매하는데, 철(Fe)을 함유하므로 철이 결핍되면 효소 활성이 저해되어 과산화수소의 제거가 어려워진다. 사람과 쥐에서 철이 결핍되면 적혈구 막의 지질과산화가 촉진되어 적혈구가 쉽게 파괴된다고 보고된 바 있다.

철은 이와 같이 체내에서 항산화 기능을 담당하지만, 구리와 마찬가지로 자유라디칼 생성을 촉진시키는 역할도 하므로 각별한 주의가 필요하다. 즉, 철을 과잉 섭취하여 혈액에서 철 운반단백질인 트랜스페린(transferrin)이 포화되거나 단백질 섭취 부족으로 혈액에 트랜스페린 농도가 낮은 경우 유리 상태의 철이 Fe^{3+}와 Fe^{2+} 상태를 오가면서 Fenton 반응을 촉매하여 산소 자유라디칼로부터 독성이 강한 히드록시 라디칼(OH •)을 형성하므로 오히려 지질과산화를 촉진시킨다(그림 12-8). 그러나 운반단백질과 결합된 철은 이와 같은 자유라디칼 형성을 촉매하여 증가시키지 않는다.

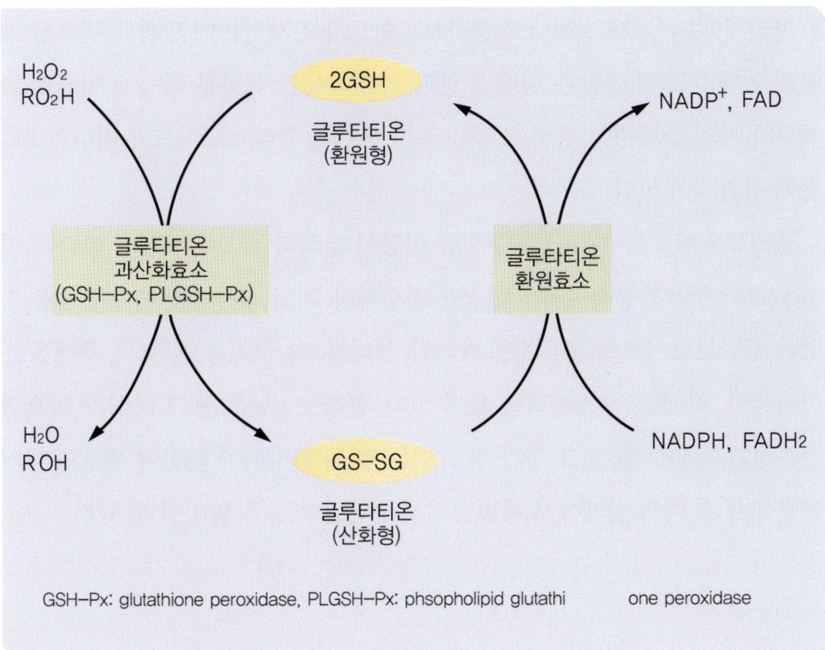

그림 12-8 생체 내에서 글루타티온의 산화-환원반응

Fenton 반응

펜톤 산화반응에 의해 유기물이 산화 분해될 때 철 이온은 Fe^{2+}와 Fe^{3+} 사이를 순환한다. Fe^{2+}는 과산화수소에 촉매작용을 하여 과산화수소로부터 히드록시 라디칼(OH˙)을 발생시키고 Fe^{3+}으로 산화된다. 이 때 발생된 OH˙는 유기물을 분해하여 유기물 라디칼(R˙)을 만들며 이 유기물 라디칼은 Fe^{3+}를 다시 Fe^{2+}로 환원시키면서 산화 분해된다.

4.3 기타 황산화 영양소

1) 플라보노이드

플라보노이드(flavonoids)는 생체에서 활성 산소를 제거해 주는 비효소계 항산화 물질 중의 하나이며 비영양소로 분류된다. 이들은 카로티노이드와 더불어 식물의 적색, 청색 및 황색을 나타내는 주요 성분으로 특히 과일(사과, 레몬, 오렌지), 채소(토마토, 양배추, 감자, 양파), 음료(차, 포도주), 식물의 줄기나 뿌리의 껍질, 화분 등에 널리 분포되어 있으며 이들 식품의 색과 향에 중요한 영향을 주는 수용성 화학물질이다. 이들 물질의 화학구조상 공통점은 페놀 화합물이라는 점이다.

자연계에는 두 가지 형태로 플라보노이드가 존재하는데 당류와 결합된 배당체 형태와 그렇지 않은 형태가 있다. 자연계에는 대부분 배당체 형태로 존재하나 지질을 다량 함유하고 있는 종자 등에는 플라보노이드가 비타민 E와 함께 결합되어 있다.

플라보노이드는 현재 3,000여 종 이상이 분리되었으며, 종류에 따라 차이가 있으나 항산화물질로서의 기능은 비슷하다. 차와 식사를 통해 공급받을 수 있는 플라보노이드의 종류에는 카테킨, 켐페롤, 쿼세틴, 루틴, 모린, 루테올린, 미리세틴, 피세틴, 헤스페리딘 등이 있다. 플라보노이드는 그 종류가 많으며 수용성과 지용성 또는 그 중간 정도 되는 것 등 다양하기 때문에 세포의 여러 부분에서 또 여러 단계에서 광범위하게 항산화 기능을 발휘할 수 있다.

2) 타우린

타우린(taurine)은 황을 함유하는 아미노산의 일종으로 아미노기가 분자구

타우린의 산화적 손상 방어기전

산화적 손상을 방어하는 타우린의 작용기전에 관해서 다음과 같은 의견들이 대두되고 있다.

첫째, 조직이 손상될 때 생성이 증가된 HOCl(차아염소산)은 체내에서 일차아민과 반응하여 독성이 있는 클로라민을 형성하는데, 타우린이 HOCl과 반응하여 독성이 강한 HOCl을 일차적으로 제거한다.

둘째, 타우린과 타우린클로라민은 염증이 있을 때 과다하게 분비되는 염증매개 물질인 자유 산소라디칼, NO 및 TNF-α의 생성을 억제함으로써 이차적인 조직 손상으로부터 보호해 준다.

셋째, 타우린은 세포막의 지질과산화를 억제하여 세포막을 안정화시키는 효과가 있다.

넷째, 타우린 뿐 아니라 타우린의 전구체인 cysteamine과 hypotaurine도 강력한 항산화 능력을 가졌으며, HOCl과 히드록시 라디칼을 제거하는 기능을 한다.

조의 β-탄소에 붙어 있는 β-아미노산이며, 단백질 합성에 사용되지 않고, 대부분의 동물 조직과 체액에서 주요 유리 아미노산으로 존재한다. 화학물질, 농약, 오존, NO_2 등과 산화 촉진제들에 신체가 노출되면 조직 손상과 함께 염증반응을 일으키게 되는데 타우린은 이와 같은 조직의 산화적 손상에 대해 보호효과를 나타낸다.

5 질병과 항산화 영양소

5.1 암

비타민 A는 암세포의 성장을 억제하며, 비타민 E와 협동하여 암 유전자의 활동을 둔하게 한다. 특별히 혈중 비타민 A 농도가 낮은 사람은 폐암, 유방암, 위암, 대장암, 방광암, 두부경부암, 피부암의 발생 빈도가 높고, 비타민 E가 낮은 사람은 유방암, 폐암, 직장암, 결장암 발생률이 높은 것으로 알려지고 있다. 카로티노이드 중에서 항암 효과가 있는 것으로 밝혀진 물질은 β-카로틴과 라이코펜이다.

이미 언급하였지만, 한두 가지 영양소로 암의 예방이나 치료가 완성된다고는 볼 수 없으며 여러 가지 항산화 영양소들이 복합적으로 작용하므로 채소와 과일류의 섭취를 비롯한 균형식과 운동의 생활화가 함께 이루어지는 것이 중요하며, 치료보다는 예방에 힘써야 한다(표 12-3).

표 12-3 음식과 암 발생과의 관계

	암 발생을 감소시키는 식품 및 영양소	암 발생을 증가시키는 식품 및 영양소
위암	채소, 과일, 비타민 E, 비타민 C, β-카로틴	소금에 절인 채소, 소금에 절인 고기나 생선, 훈제식품, 탄 음식, 삼겹살, 베이컨, 소시지, 육류 통조림
대장암 직장암	채소, 과일, 등푸른 생선, 섬유소, 비타민 E, 비타민 D, β-카로틴, 칼슘, 셀레늄	고칼로리 음식, 동물성 지방, 쇠고기, 돼지고기, 알코올 과음

5.2 심혈관질환

급성 심근경색증과 관상동맥죽상경화증으로 대표되는 허혈성 심장질환(ischemic heart disease)의 경우는 산화적 스트레스와 밀접한 관련이 있는 것으로 알려졌다. 급성 심근경색증의 경우 심장 근육 내로 산소 공급이 원활하지 못하므로 치료 시 조직의 손상을 최소화하기 위하여 농축된 산소를 투입하게 되는데, 이 과정에서 불가피하게 생성된 유해 산소로 인해 조직의 산화적 손상이 초래될 수 있다.

또한 혈중 LDL 콜레스테롤 농도가 높은 것은 심혈관질환의 주요 위험 요인 중의 하나로 잘 알려져 있지만 산화형 LDL과 동맥경화와의 관계가 밝혀지면서 이 분야의 연구가 매우 활발하여졌다. 혈중 LDL의 농도가 높아지면서 자연히 혈관 내막의 LDL 농도도 증가되고 LDL 분자 내의 PUFA의 산화가 촉진될 수 있다. 이렇게 생성된 산화형 LDL은 구조적, 물리화학적 성질이 본래의 LDL과는 달라서 정상 LDL 수용체에 의해 제거되지 못한다. 산화된 LDL은 순환하는 단핵세포(monocyte)를 동맥혈관 내피세포 내부로 끌어들이고, 이는 대식세포에 특이하게 존재하는 scavenger 수용체에 의해서 받아들여져 포말세포(foam cell)를 형성하게 되고, 결국 지방 축적(fatty streak)을 유발시켜 동맥경화과정이 진행되는 것이다.

항산화 비타민과 무기질 이외에도 마늘, 적포도주, 콩 등에 함유되어 있는 여러 플라보노이드들은 LDL 산화를 억제함으로써 심혈관질환을 예방하는 것으로 알려져 있다.

5.3 당뇨병

장기적으로 계속되는 고혈당은 당뇨병 합병증의 주된 원인이다. 즉, 만성적인 고혈당 상태에서 포도당이 단백질과 결합하여 당화단백질을 형성하는데, 당화단백질의 생성은 단백질의 구조와 기능을 변화시켜 당뇨병의 합병증 발병과 진행에 직접적으로 관여하는 것으로 여겨지고 있다. 특히 당뇨병 환자에서 LDL의 apo B 단백과 포도당의 결합이 증가하는데 이처럼 당화된 LDL은 수용체 결합능력이 감소되어 혈장에서 빠져나가는 속도가 느려지고 따라서 동맥경화증의 발병 위험이 증가하게 된다. 또한 당뇨병 환자에서는 당화단백질을 형성하는 과정에서 자유라디칼의 생성이 촉진되고 LDL이 산화에 보다 민감한 형태로 존재하는 반면, 혈장과 조직 내에서 항산화 효소인 SOD, 과산화수소 분해효소, 환원형의 글루타티온, 비타민 C 및 비타민 E의 농도가 정상인에 비하여 낮게 나타났다.

따라서 당뇨병 환자에서는 포도당 자동산화 및 비효소적 당화 반응으로 인한 산화적 스트레스의 증가와 함께 항산화 방어기전의 감소로 인해 지질 과산화물 형성과 활성 산소의 증가를 초래하여 혈관 내피세포의 손상이 일어날 가능성이 높아지게 된다.

심혈관질환과 제2형 당뇨병 환자에서 내장지방이 많을수록 β-카로틴, 라이코펜 및 크립토잔틴의 혈청 농도가 낮아, 만성질환에서 내장지방 축적에 의한 비만과 항산화 영양소와의 복합적 관련성이 지적되기도 하였다.

요약

1 안정한 분자상태인 산소가 각종 물리적·화학적·환경적 요인 등에 의하여 ROS로 전환되면, 세포의 구성 성분을 파괴하여 노화를 비롯한 암, 뇌혈관 및 심장질환, 염증, 류마티스, 자가면역질환 등의 각종 질병을 일으킨다.

2 ROS는 신호전달과정의 중요한 매개자로도 작용하므로 정상 수준의 ROS가 생성되지 않으면 세포의 정상적인 분화와 면역반응 등을 억제한다.

3 체내에는 생체막기능을 정상으로 유지하고 세포 대사물을 처리할 수 있도록 여러 가지 항산화작용체계가 효율적으로 구성되어 있다.

4 비타민 E, 비타민 C, 카로티노이드는 항산화 비타민으로 비타민 E는 생체막에서 산화를 막으며 비타민 C는 수용성 환경에서 활성 산소를 제거하고 산화된 비타민 E를 환원시킨다.

5 셀레늄, 구리, 망간, 철과 같은 항산화 무기질은 체내에서 산화촉진물질을 제거하여 산화로부터 세포를 보호한다. 그러나 구리와 철을 과량 섭취하면 Fenton 반응을 촉매하므로 오히려 산화를 촉진하게 된다.

6 플라보노이드는 일중항산소, 초과산화물 등 다양한 산소화합물들을 제거하며, 타우린은 독성이 강한 HOCl을 제거하여 세포막의 지질 과산화를 억제한다.

7 항산화 영양소는 산화적 스트레스를 감소시켜 암, 심혈관계 질환, 당뇨병 등 여러 질환의 발병을 예방한다.

참고문헌

- 김종평, 유익동. 한국의 노화연구: 노화억제를 위한 항산화 연구. 생명공학동향 6(2), 1998
- 이양자. Antioxidant vitamins in age-related diseases. 대한영양의학회 춘계학술대회, 2003
- 이양자, 이종호, 박태선, 김미경, 김수연, 윤지영, 정은정. 항산화영양소와 건강. 연세대학교 식품영양과학연구소, 신광출판사, 1998
- 이양자, 정은정, 황진아, 김미경, 이종호, 박태선, 김선태, 박경수. 한국 정상성인의 항산화 관련 무기질 농도에 관한 연구. 한국영양학회지 31(3):324-332, 1998
- 이영진. 몸 안의 활성산소를 제거하라. KBS 문화사업단, pp. 71-94, 1998
- 장양수, 이홍식, 이은, 조홍근, 이종호, 김오연, 박원하. 노화예방을 위한 건강관리. 연세대학교 노화과학연구소 노화과학특성화사업단, 한의학, 2002
- Droge W. Free radicals in the physiological control of cell function. Physiol Rev 82(1):47-95, 2002
- Finkel T, Holbrook NJ. Oxidants, oxidative stress and the biology of aging. Nature 408: 239-247, 2000
- Huh KB, Yun YS, Lee JH. Clinical significance of vesceral obesity in Koreans. Presented at Intern'l Seminar held by the Korea Food & Nutr Foundation and ILSI-Korea, Seoul, Dec 9, 2000
- Lee-Kim YC, Kim MK. Serum cocentrations of α-tocopherol, carotenoids and retinol of normal Koreans. Nutr Sci 1(1):61-69, 1998
- Stryker WS, Kaplan LA, Stein EA, Stampfer MJ, Sober A, Willet WC. The relation of diet, cigarette smoking, and alcohol consumption to plasma β-carotene and α-tocopherol levels. Am J Epidemol 127:283-296, 1998
- Van der Vliet A. Cagarette, cancer and carotenoids: A continuing, unsolved antioxidant paradox. Am J Clin Nutr 72:1421-1423, 2000
- Wiseman H. Dietary influences on membrane function: Importance in protection against oxidative damage and disease. J Nutr Biochem 7:2-15, 1996

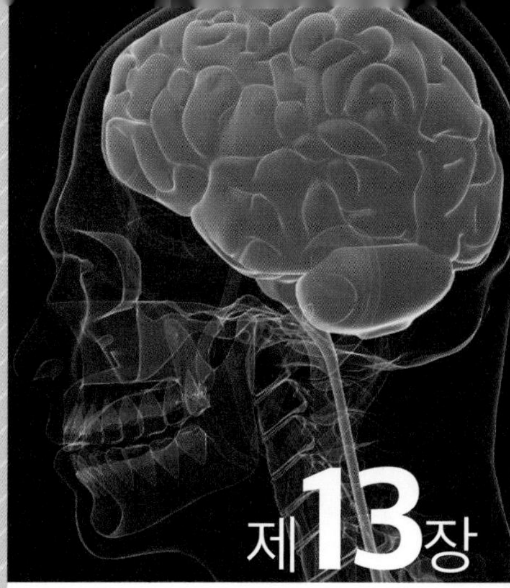

제13장 뇌와 영양

제13장 뇌와 영양

사람의 몸과 마음의 중심이 되는 뇌는 '소우주'라 부를 만큼 그 구조와 기능이 매우 복잡하다. 20세기에 많은 심리학자나 뇌를 연구하는 학자들에 의해 사람의 뇌에 관한 연구가 이루어졌으나, 사고와 감정, 언어와 인식 등을 담당하는 뇌의 상당부분은 아직도 미지의 세계로 남아 있다.

20세기 전반까지만 해도 뇌는 발육과정 중 환경적 요인으로부터 안전하게 보호되는 것으로 생각되어 왔으나, 그 후 많은 실험결과, 뇌의 성장발육 과정 중의 영양결핍은 뇌에 치명적인 영향을 준다는 것이 밝혀졌다.

1 뇌세포의 특수성

뇌의 무게는 몸무게의 2%에 해당되지만 뇌에서 소비하는 산소 소모량이나 혈류량은 우리 신체에서 소비되는 총량의 20%나 차지한다. 이는 뇌세포가 적절한 기능 유지를 위해 많은 에너지를 사용하고 있음을 의미한다.

1.1 뇌세포의 종류와 구조

뇌의 신경조직은 신경세포인 뉴런(neuron)과 신경교세포(neuroglial cell)로 크게 나뉘며, 이들은 서로 밀접하게 연결되어 있다.

뉴런은 뇌를 구성하는 주세포이며, 생각, 언어, 감정, 운동, 감각 기능, 그리고 신경 및 내분비작용과 자율신경계에 의해 중재되는 모든 기능을 조절한다. 뉴런은 세포체(cell body), 수상돌기(dendrites) 및 축삭(axon)으로 구성되어

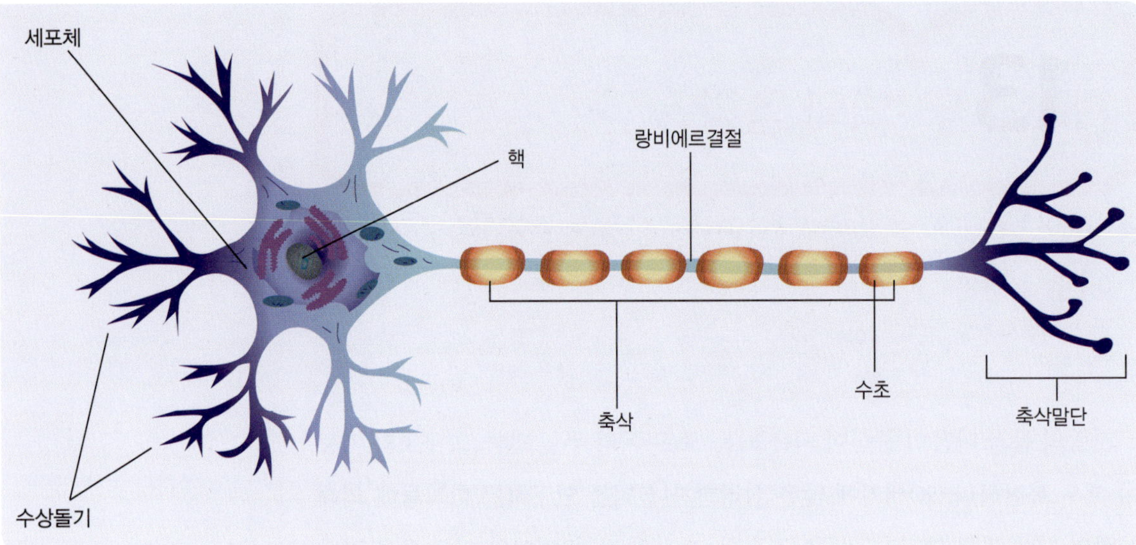

그림 13-1 뉴런의 구조

있다. 세포체는 핵, 세포질과 여러 소기관, 세포막으로 구성되어 있고, 뉴런이 살아가는 데 필요한 분자들과 효소들을 합성하는 능력을 가졌다. 수상돌기는 세포체에서 나무의 가지들처럼 뻗어 나와, 많은 정보를 받아들일 수 있는 표면적을 제공한다(그림 13-1). 축삭은 세포체로부터 뇌의 다른 부분이나 또는 신경계로 신호를 전달하며, 그 길이는 다양하여 100 μm보다 짧은 것도 있고 1 m 정도 되는 것도 있다. 자극 전달속도는 길이보다는 직경과 직접 관계가 있으며 보통 굵은 섬유가 가는 섬유보다 전도속도가 빠르다. 슈반 세포(Schwann cell)에서 만들어지는 수초(myelin sheath)는 축삭을 싸고 있는 특유한 지방체로 된 20~200겹의 피막이며 비교적 많은 지질성분이 들어 있으므로 유백색을 하고 있다. 수초와 수초 사이의 공간을 랑비에르 결절(Ranvier nodes)이라고 하며 수초는 축삭에 대한 전기적 절연체로써 신경흥분의 전도를 촉진시킨다.

수초
뉴런의 축삭을 둘러싸고 있는 지지세포(Schwann 세포)로 절연체 역할을 하여 신경전달속도를 빠르게 함

뇌에는 뉴런 이외에 산소와 영양소를 제공하는 혈관구조가 밀집되어 있고, 특히 뇌 표면에는 결합조직이 존재한다. 이 조직은 중추신경계(central nervous system, CNS)에서 가장 많이 존재하는 세포인 신경교세포로 뉴런 사이의 공간을 채우고 있으며, 지지작용, 식작용, 영양공급 및 노폐물 제거 등을 통해 뉴런의 구조적, 대사적 기능을 도와준다.

뇌는 태아기와 영·유아기에 걸친 짧은 기간에만 국한되어 발달하므로, 일단 뉴런이 형성된 후 뇌세포가 상해를 입거나 죽으면 다른 새 세포로 대치될 수 없다. 이처럼 뉴런은 다른 세포들처럼 재생될 수 없고, 태아기에 이미 세포분열과정의 대부분이 끝나기 때문에 우리가 갖고 있는 뉴런의 나이는 실제 우리 나이와 같다고 할 수 있다. 이처럼 위험하고 중요한 태아기와 영·유아기에 영양 상태가 불량하면 뇌세포 수가 정상보다 적게 되어 불완전한 상태로 평생을 보내야 하는 불운을 겪을 수 있다.

1.2 시냅스

시냅스(synapse, 연접, 신경세포 접합부)는 한 신경세포에서 다른 신경세포로 정보를 전달하기 위해 세포와 세포 사이에 존재하는 특수화된 기능적 연결 부위이며, 중추신경계에서 활동전위가 축삭말단에 도달하면 이를 통해 다른 세포를 자극하거나 억제한다. 즉, 신경계의 활동은 시냅스전 뉴런(presynaptic neuron)의 축삭과 시냅스후 뉴런(postsynaptic neuron)의 수상돌기 또는 세포체 사이에서 흥분이 전달 또는 억제됨으로써 이루어진다. 한 개의 시냅스는 다른 신경세포의 어떤 부위와도 접촉이 가능하다. 한 개의 뉴런은 일반적으로 1,000~10,000개의 시냅스를 가지며, 1,000여 개의 다른 뉴런으로부터 정보를 받을 수 있다. 이 부위는 여러 종류의 신경전달물질들을 합성하고 저장, 방출하여 정보를 전달하는 중요한 장소이며, 에너지 소모도 매우 크다. 사람의 경우, 뉴런의 수보다는 뉴런과 뉴런을 이어주는 시냅스의 연결 상태, 즉 뉴런의 가지(돌기)치기 정도에 따라 뇌기능이 향상된다.

신경전달물질 (neurotransmitter)
뇌세포 사이에서 정보를 교환·전달해 주는 물질

1.3 혈액-뇌 장벽

정상적인 환경에서 뇌는 다른 조직과 달리 포도당만을 유일한 연료로 사용하므로, 특정한 물질 이외의 다른 물질이 뇌세포로 유입되는 것을 막는 혈액-뇌 장벽(blood brain barrier, BBB)이 존재한다. 즉, 혈액-뇌 장벽은 유해한 환경으로부터 뇌라는 예민하고 특수한 조직과 환경을 유지하고 보호하기 위해 존재한다. 혈액 내의 유해한 독성물질 뿐만 아니라 정상적인 혈액 내 물질이라도 뇌기능에 좋지 않은 영향을 주는 물질들은 혈액-뇌 장벽에 의해 뇌 조직으로 유입이 차단된다. 뇌 보호장치인 혈액-뇌 장벽은 뉴런과 신경교세포가 접해 있는 부분에 존재하며, 치밀한 내피세포로 이루어진 모세혈관으로 혈액 내의 물질을 특수한 운반체계를 이용하여 선택적으로 통과시킨다. 따라서 뇌세포 내의 영양소 함량은 혈액 내 영양소의 농도와 혈액-뇌 장벽에서의 조절에 의해 달라진다. 특히 혈액-뇌 장벽에 접해있는 뇌세포의 표면적은 매우 넓기 때문에 혈액-뇌 장벽에서의 조절작용이 매우 효과적으로 이루어진다. 예를 들면 포도당, 알코올, 니코틴, 카페인, 일부 마취제 등은 혈액-뇌 장벽을 쉽게 통과하지만 아미노산, 지방산, 중금속, 약물, 암모니아 등은 통과하지 못한다(그림 13-2).

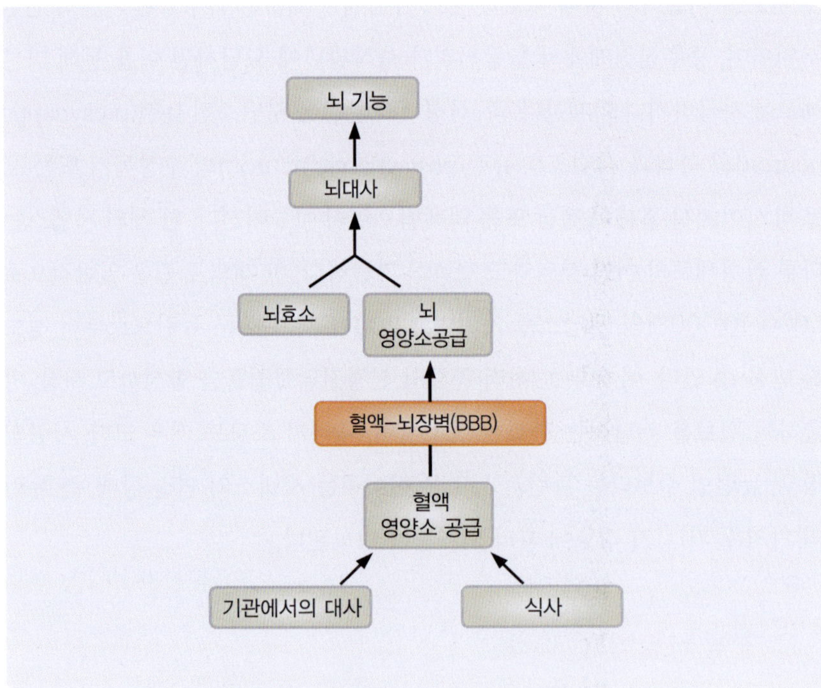

그림 13-2 식사, 혈액-뇌 장벽 및 뇌 기능과의 관계

2 뇌세포의 성장발달 단계

뇌세포의 최대 발달 시기는 동물의 종류마다 다르다. 사람의 뇌는 태아기와 영아기에 가장 왕성하게 발달하며(그림 13-3), 우리 몸의 다른 어느 부위보다 그 성장 속도가 가장 빠른 특성을 갖고 있다.

사람 뇌세포 수의 증식기는 2단계로 나뉘는데, 첫째 기간은 태아기 15~20주까지로, 뉴런의 세포분열이 왕성하여 영양을 비롯한 여러 환경요인이 더 크게 영향을 미치는 중요한 시기이다. 둘째 기간은 태아기 25주부터 출생 후 2년까지로, 질적인 발달과 함께 양적인 성장발달이 함께 일어나는 시기이다. 출생 후 단계에서는 주로 신경교세포의 증식이 일어나고, 수초 및 뉴런의 수상돌기가 더욱 발달되어 뇌 전체가 완성된다.

사람의 경우, 출생 후 6개월 정도면 뇌의 DNA 총량이 거의 일정하게 유지되지만, 세포의 크기가 증가함에 따라 세포질의 내용이 증가하므로 뇌의 무게나 단백질 및 RNA의 양은 계속적으로 증가하여 DNA 증가 패턴과 대조적인 양상을 보인다(그림 13-4). 세포마다 DNA의 양은 일정하므로 DNA 양이 일정한 수준에 도달하여 그 수준을 유지하는 것은 세포분열이 거의 완성되어 일정한 세포 수에 도달하였음을 뜻한다.

세포의 크기가 증가하는(hypertrophic) 양적인 성장기의 영양실조는 성장기 이후에 부족했던 영양소를 보완해 줌으로써 정상 수준으로 회복될 수 있으나, 세포 수가 증가하는(hyperplastic) 질적인 성장기의 영양실조는 그 이후의 영양보충으로도 회복되지 않아 영구적인 결함을 초래한다. 따라서 태아기부터 출생 직후까지의 영양 상태는 뇌신경계의 형성에 매우 중요하다.

세포 수와 DNA 양과의 관계

한 개체에서 세포는 그 종류마다 갖고 있는 DNA 양이 일정하다. 따라서 어떤 조직 내의 DNA양의 많고 적음은 그 조직 중의 세포 수의 많고 적음을 의미한다.

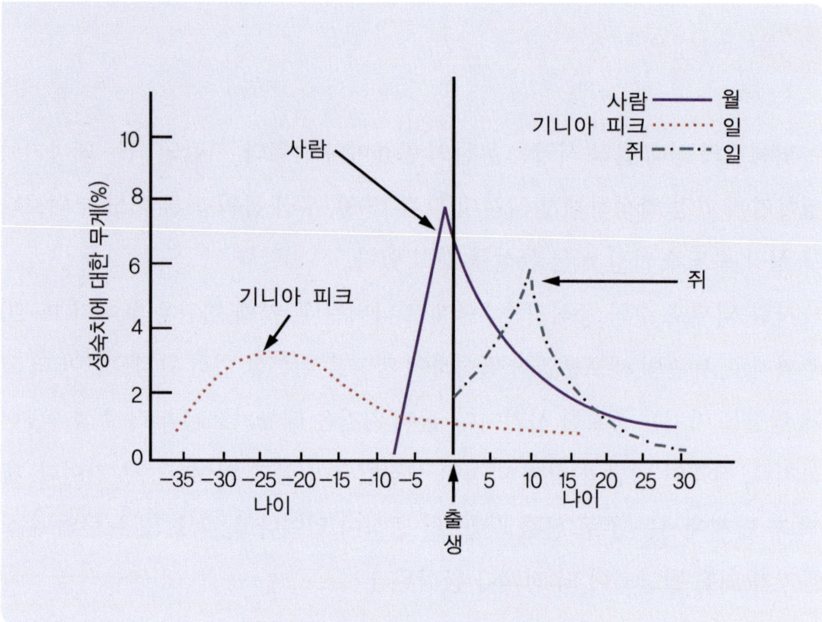

그림 13-3 동물에 따른 뇌 성장률 곡선
자료: Dubbing J. In Malnutrition, Learning an behavior. 1967

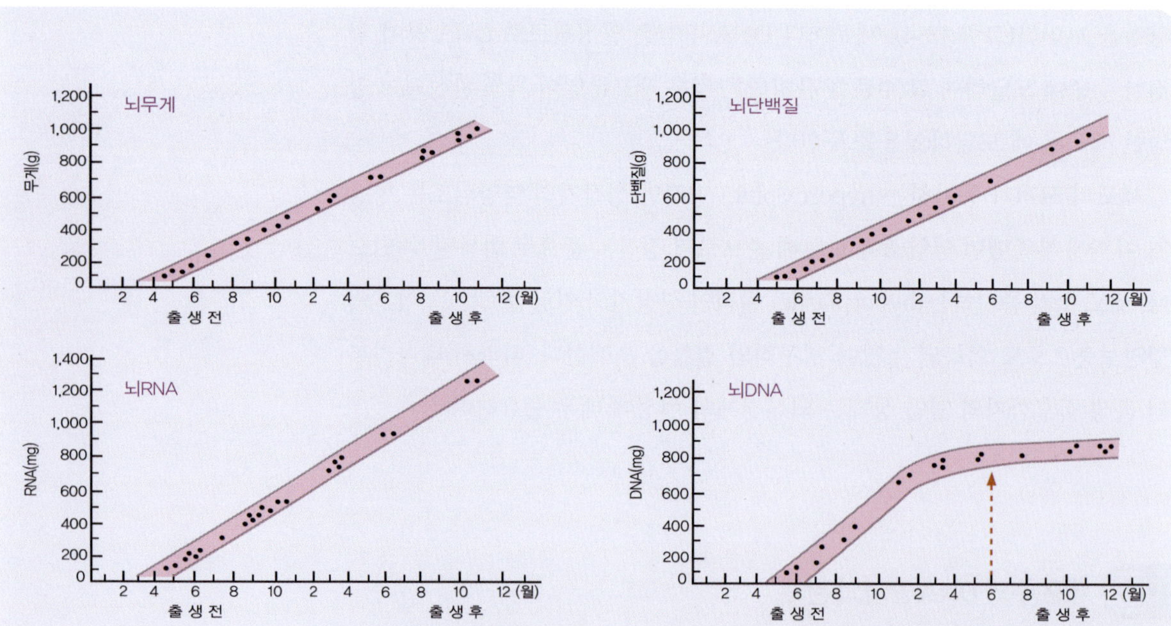

그림 13-4 태아의 출생 전후의 뇌 무게, 단백질, RNA 및 DNA의 변화
자료: Winick M. Pediat Res 2:352-355, 1968

3 뇌 발달과 영양

모체의 영양 상태가 불량하면 태아의 지적 수행능력이 감소된다. 그러나 현재로서는 뇌기능에 영향을 미치는 다양한 환경 인자들 중에서 영양적 요인만을 따로 분리하기 힘들고, 영양불량 시에 모체와 태아의 상호관계, 지적 수행을 담당하는 뇌의 구조적·기능적 작용기전 등에 대한 정보가 충분하지 않아, 이에 대한 더 많은 연구가 필요한 실정이다.

3.1 영양불량

모체의 영양불량은 태아의 뇌세포 수를 영구히 감소시켜 지적 능력에 치명적인 영향을 준다. 동물실험에서 뇌의 최대 성장시기에 단백질이 결핍되면 뇌세포 수가 감소되는 결과가 보고되었다. 그림 13-5에서와 같이 뇌의 성장발육기에 영양 상태는 정상이었으나 사고로 사망한 어린이(●)는 정상적으로 DNA 양이 증가된 반면, 심각한 영양실조인 마라스무스로 인해 사망한 어린이의 경우(▲)에는 이와는 대조적으로 DNA 양, 즉 뇌세포 수가 정상보다 적었다. 또한 임신부를 대상으로 한 실험에서 영양보충군과 영양보충을 하지 않은 군에서 태어난 아동들의 심리검사 결과, 영양보충군 아동들의 뇌 기능이 더 효율적이라는 연구결과도있다.

마라스무스
단백질 뿐 아니라 열량까지 매우 부족한 영양실조의 형태

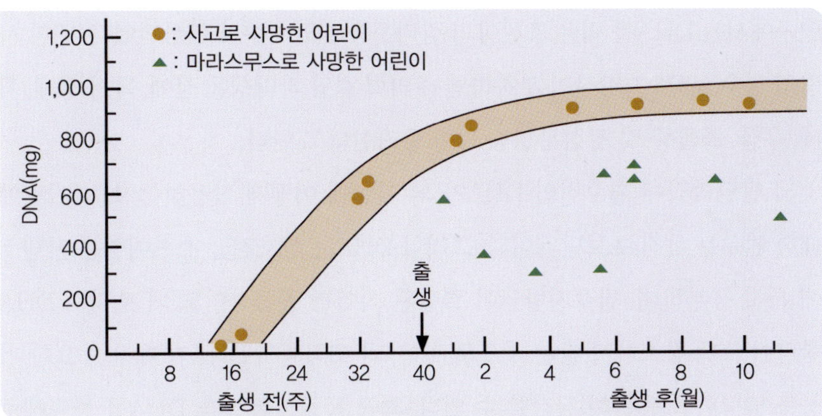

그림 13-5 만 1세 이전에 사망한 영아의 두뇌 DNA 함량
자료: Winick M. In Fetal Growth and Development, 1970

3.2 지방산

뇌 조직은 체내에서 지방조직 다음으로 지방 함량(뇌 고형성분의 51~54%나 차지)이 많은 조직이다. 또한 불포화지방산 중에서도 특히 탄소 수 20개 이상의 장사슬 지방산인 도코사헥사에노산(docosahexaenoic acid, DHA, C22:6 ω3)과 아라키돈산(arachidonic acid, C20:4 ω6)이 고농도로 존재한다. 뇌 조직이 완성되는 동안 필수지방산을 함유하고 있는 인지질 함량이 뇌 조직 내에 급격히 증가하므로(제4장 지질 영양 참조), 정상적인 뇌 발달을 위해 DHA와 아라키돈산과 같은 필수지방산이 반드시 공급되어야 한다.

1) Docosahexaenoic acid

DHA는 뇌와 망막에, 특히 시냅스와 망막 내 광수용체에 많이 존재한다. 임신 삼삼분기(third trimester)에 사람의 대뇌와 소뇌에서는 DHA(ω3)와 아라키돈산(ω6)의 양이 3~5배나 증가되는 것으로 보아, DHA의 절반 이상이 출생 이전에 축적되며, 출생 후에도 얼마 동안은 빠른 속도로 축적된다. 그러므로 뇌 발달이 가장 급속히 이루어지는 태아기에 영양 공급을 제대로 받지 못한 미숙아는 뇌에 DHA와 아라키돈산의 축적이 제대로 이루어지지 않으므로 뇌와 신경계의 발달에 좋지 않은 영향을 받을 수 있다.

DHA를 포함한 ω3계 지방산으로 사육한 실험동물은 시각 구분능력이나 학습능력을 측정한 실험에서 더 좋은 성적을 나타내었으며, 사람을 대상으로 한 연구에서는 DHA를 먹은 조산아의 심리운동 발달지수가 향상되었다. 또한 사람의 경우, ω3계 지방산이 부족하면 주의력 결핍 과다행동 장애, 독서 장애, 치매, 우울, 조울증 및 정신분열증 등이 증가한다고 한다.

뇌 발달과정에 필수적인 DHA가 뇌 기능에 어떻게 작용하는지 그 기전에 대한 연구는 아직 초보단계이다. 그러나 DHA는 신호전달에 관여하는 시냅스에 특히 풍부하며, 필수지방산이 결핍된 식이를 공급하여도 뇌 조직의 DHA 함량이 크게 감소하지 않는 것으로 보아, 뇌 조직에서 DHA가 매우 중요한 기능을 담당함을 충분히 짐작할 수 있다. 최근 동물실험결과, DHA를 보충해주면 해마의 뇌 유리신경성장 인자(brain derived neurotrophic factor, BDNF)

조울증
기분이 들뜬 조증과 가라앉은 울증이 번갈아 나타나는 신경질환

뇌 유리 신경성장 인자
뉴런에 작용하여 뉴런의 생존 또는 새로운 뉴런과 시냅스로의 분화를 도와주는 물질

수준을 향상시키고, 시냅스에서의 메시지 전달, 막의 유동성 및 포도당 이용을 증가시켜 인지기능을 향상시킨다고 한다.

2) 뇌 조직 내 DHA의 급원

뇌 발달에 필수적인 DHA는 임신 전부터 모체 지방조직에 저장해 두었던 ω3계 지방산이 태반이나 모유를 통해 태아나 영아에게 전달될 수 있다. 또한 뇌의 DHA는 태아의 뇌와 간에서 합성 또는 재이용되는 등 여러 가지 급원으로부터 공급되어진다. 임신한 동물의 생체 내에서는 모체의 혈액에서 태아의 뇌에 이르기까지 DHA 농도가 점차적으로 증가하는 biomagnification(모체의 적혈구 < 제대혈 < 태아의 간 < 태아의 뇌)이라는 기전(그림 13-6)이 존재하며 이는 태아의 뇌 조직으로 DHA가 우선적으로 공급됨을 의미한다.

영국에서 실시된 미숙아 연구에 의하면, 모유를 먹은 미숙아는 우유를 먹은 미숙아보다 전반적인 발육 상태 뿐 아니라 이들이 7~8세가 되었을 때 조사한 IQ 결과도 더 우수하였다. 즉 모유에는 뇌의 정상적인 성장발달에 필요한 DHA가 충분히 함유되어 있으나 우유에는 매우 소량 함유되어 있다. 따라서 미숙아로 태어나도 모유를 먹이면 유아의 DHA 요구량을 충족시킬 수 있지만 우유를 먹이는 경우에는 그렇지 못하다.

미숙아
일반적으로 임신 28주 이전에 태어난 체중이 매우 적은 영아

3) DHA와 아라키돈산의 균형

뇌에는 DHA 이외에도 아라키돈산 함량이 매우 높은데, 아라키돈산은 신호

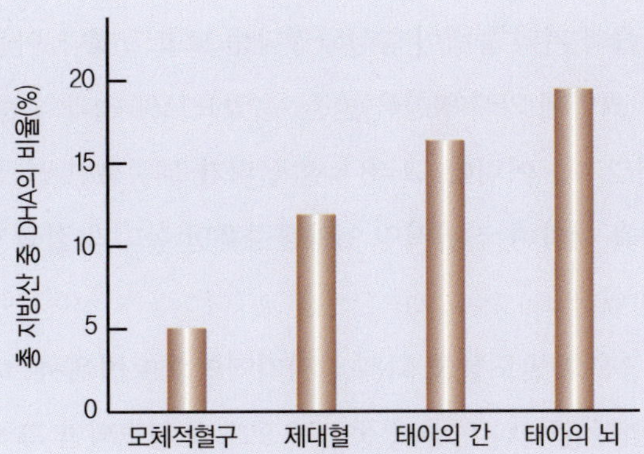

그림 13-6 DHA의 biomagnification

의 활성화와 신호를 받아들이는 과정에 관여한다. 사람을 대상으로 한 연구에서 DHA 급원으로 생선기름을 기본으로 한 조제분유를 먹은 아이의 심리운동 발달지수가 모유를 먹은 아이보다 저조하였다. 그 이유는 생선기름에는 또 다른 ω3계 지방산인 아이코사펜타에노산(eicosapentaenoic acid, EPA, 20:5 ω3)이 모유보다 매우 많은 양이 함유되어 있고, EPA는 아라키돈산과 그 구조가 비슷하여 서로 경쟁하므로 아라키돈산의 역할(예: 아이코사노이드)에 방해하기 때문이다(제4장 지질 영양 참조).

ω3계와 ω6계 지방산의 균형이 중요

정상적인 뇌 발달을 위해서는 뇌 조직 내 ω3계 지방산인 DHA의 절대량 확보도 중요하지만 신호전달과정에 중요한 역할을 담당하는 것으로 알려진 포스파티딜이노시톨의 구성 성분인 아라키돈산의 확보도 함께 고려되어야 한다. 즉 정상적인 뇌 발달을 위해서는 ω3계인 DHA와 ω6계인 아라키돈산의 균형된 공급이 중요하다.

3.3 무기질과 비타민

1) 무기질

철은 신경전달물질의 합성과 그 작용에 관여한다. 철은 주로 뇌의 백질에 존재하며 뇌 성장이 최대로 일어나는 시기에 뇌 조직 내의 철 축적 역시 최대로 일어난다.

임상 연구에서 철은 인지기능 및 행동(감성과 affective behavior)에 유의한 영향을 미치며(그림 13-7), 철이 부족하기 쉬운 청소년기 여학생들에게 철을 보충한 결과 학습과 기억 능력이 향상되었다는 보고도 있다. 아동의 신경발달은 매우 다양한 요인에 의해 영향을 받을 수 있으므로 철과의 관계에 대한 확실한 결론을 내리기는 어렵다. 그러나 철 섭취가 부족하면 면역과 근육 강도에도 나쁜 영향을 미치며, 전반적인 영양불량뿐만 아니라 결국 학습능력에도 영향을 미칠 수 있다.

요오드 결핍증은 개발도상국, 특히 산간지역의 풍토병에서 그 예를 찾아 볼 수 있다. 특히 임신 전이나 임신기 동안 요오드가 결핍되면 그 어머니로부터 태어난 어린이는 정신지체의 증상을 나타내는 크레틴증(cretinism)에 걸리게

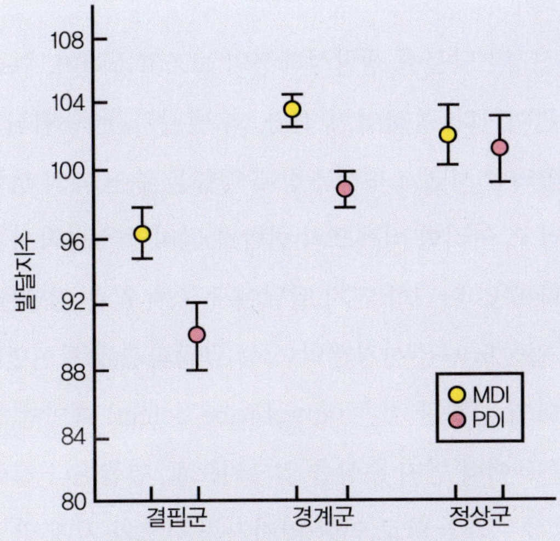

그림 13-7 철 영양상태와 인지기능
자료: Guesry P. Prev. Med 27(2):189-194, 1988

된다. WHO에서는 이 질병의 가장 손쉬운 예방법으로 임신기 동안 충분한 양의 요오드 섭취를 권장한다. 심한 요오드 결핍은 갑상선호르몬 분비 저하를 초래함과 동시에 뉴런 및 시냅스의 작용을 방해하고 뇌의 형태학적 변화를 일으켜 뇌기능 및 지적 수행능력의 장애를 유발한다. 특히 태아의 갑상선은 임신 일삼분기(firsttrimester)가 지나야 그 기능을 하므로, 태아 초기에는 모체의 갑상선호르몬인 티록신(thyroxine, T4)에 의존하고 있다. 따라서 태아를 위해 임신부는 요오드 급원식품을 적절하게 섭취하여야 한다.

아연 역시 뇌기능에 중요한 역할을 하는 영양소로 임신기 동안 아연이 부족한 모체에서 태어난 실험동물에서 학습 및 인지기능 발달이 지연되었다는 연구가 있다. 그러나 철, 아연 등의 미량 영양소가 뇌 발달에 필수적이지만 과량이면 오히려 해가 될 수 있다는 점을 잊어서는 안 된다.

크레틴증

태아기 또는 영아기에 심한 요오드 결핍은 뇌 발달 장애를 초래하며, 크레틴증은 유아기 및 그 이후의 신체의 성장과 정신적 발달이 지연되는 질병이다. 그 증상은 뇌 발달 및 언어장애, 난청, 사시(crossed eye), 시각의 정확성 감소, 정신박약, 왜소증 등이다.

2) 비타민

비타민 B_6는 신경전달물질 생합성과정의 보조효소이며, 수초 형성과 아미노산 대사에도 관여한다. 동물실험 결과, 뇌 발달기간 즉 임신과 수유기간에 비타민 B_6가 결핍되면 시냅스 형성과정에 영향을 주어 뇌의 생화학적, 형태학적 이상을 초래하고, 이러한 뇌세포의 변화로 말미암아 발작성 간질과 운동장애 등의 행동변화 뿐만 아니라 인지 발달에도 좋지 않은 영향을 줄 수 있다.

비타민 B_{12}와 엽산도 중추신경계의 정상 발달과정에 관여한다. 즉 임신 중 엽산 보충은 태아의 신경관 결손(neural tube defect) 예방에 필수적이며 엽산이 부족하면 우울이나 인지 손상을 일으키므로, 엽산이나 엽산을 포함한 비타민 B군을 보충해주면 노화로 인한 인지기능 감소와 치매 및 우울증을 예방할 수 있다. 장기간의 비타민 B_{12} 결핍은 초조, 신경성 거식증, 뇌 발달 지연, 인지기능 저하 등을 유발할 수 있다.

비타민 B 복합체 중의 하나인 콜린은 신경전달물질인 아세틸콜린(acetylcholine)의 주요 성분이며, 신경세포막의 인지질 형성에 필수적인 요소이다. 동물실험에 의하면 임신 말기에 콜린을 보강하면 제2세대의 기억력 향상에 매우 큰 영향을 미치는 것으로 나타났다.

이 외에도 에너지 대사에 관여하는 비타민 B_1, B_2, 니아신과 아세틸콜린 합성에 관여하는 판토텐산 등의 비타민 B군의 결핍은 뇌의 병적인 변화를 일으킬 수 있다. 또한 비타민 C는 신경전달물질인 노르에피네프린(norepinephrine)과 에피네프린(epinephrine) 합성에 필수적이다.

4 뇌 기능과 영양

식사가 행동에 영향을 미칠 것이라는 생각은 수천 년간 계속되어 왔으나, 이를 과학적으로 연구한 역사는 비교적 짧다. 식사의 내용이 특정 행동에 대해 단기적으로 영향을 줄 수 있음이 제시되고 있는데 즉, 저혈당증, 특정 비타민과 무기질의 결핍 또는 과잉, 식품첨가물, 식품 알레르기, 정제된 설탕 또는 카페인의 과량 섭취가 범죄 행동과 어린이의 과행동증에 영향을 미칠 수 있다는 것이다. 뇌의 대사는 매일의 식사변화에 예민하게 반응하므로 뇌 조직의 계속적인 원활한 활동을 위해 필수 영양소의 공급이 꾸준히 이루어져야 한다.

식사와 행동과의 관련성을 연구하는 데에는 신중한 접근과 설명이 필요하다. 그 이유는 첫째, 뇌의 대사과정과 행동에 대해서는 아직 잘 알려져 있지 않고, 둘째, 행동의 표현은 여러 요인의 복합적인 결과로 나타나므로 행동의 변화를 정량적으로 측정하기가 매우 어렵기 때문이다. 특히 어떤 특정 영양소와 특정 행동을 연결시키려는 연구는 신중히 이루어져야 한다. 특정 영양소와의 관련도 중요하지만 균형식을 하는 어린이일수록 인지와 행동 면에서 더 좋은 발달 상태를 보였다는 연구결과는 매우 의미가 있다.

4.1 아침 식사의 중요성

1) 아침 식사의 의미

아침 식사(breakfast)는 break(중단하다) + fast(굶는 것)의 합성어로 '굶는 것을 중단함'을 의미한다. 혈당은 보통 80~100 mg/dL 내외에서 유지되나 식사 후 시간이 경과함에 따라 약간 저하되며, 가장 크게 저하되는 때는 아침 식사 전이다. 즉, 뇌는 정상 상태에서 포도당을 에너지원으로 이용하며, 수면 중에도 많은 양의 에너지가 필요하므로, 수면 후 아침에는 간에 저장되어 있던 글리코겐의 상당량이 소비되어 혈당이 최저로 저하된다.

2) 아침 식사와 뇌 기능

1960년대부터 이루어진 많은 연구에서 아침 식사와 학습 능력 간에 밀접한 양의 상관관계가 있음이 밝혀졌다. 아침을 거른 아동은 약 18시간 동안 공복 상태로 있게 되는데 이런 단기간의 공복 상태는 체내 대사에 영향을 주어 집중력이 떨어지고 이로 인해 학습능력 및 일의 수행능력이 저하된다. 오랫동안 결식이 지속되면 만성적인 영양불량을 초래할 뿐만 아니라 이와 함께 필수아미노산, 무기질, 특히 철이 결핍되어 학습능력에 역효과를 미친다.

아침 식사와 학습능력과의 관련성을 연구한 한 연구에서는 아침식사군의 학습과 관련된 다양한 능력이 아침결식군보다 전반적으로 우수하였으며, 특히 작업의 정확성과 창조적 사고력에서 더 확실한 차이를 보였다. 또 다른 연구에서는, 아침 식사로 단순히 포도당을 섭취하여 혈당을 높이는 경우보다 다양한 종류의 음식을 섭취할 때 복잡한 기억능력이 크게 향상되었는데, 이는 포도당이 대사되기 위해서 다양하고 균형된 영양섭취가 필요하기 때문이다.

한편, 아침 식사는 인간의 감정 변화에도 중요한 역할을 하여, 사회성, 유쾌함, 호기심 등에 긍정적인 영향을 미친다고 보고되어, 아침 식사가 다양한 뇌 활동을 원활하게 해주는 필수 요인임이 확인되었다.

4.2 신경전달물질

신경전달물질(neurotransmitter)이란 뇌세포와 뇌세포 사이 즉 시냅스에서 정보를 교환·전달해 주는 물질로서 기억, 움직임, 감정, 정신기능 등을 통합하여 정상적인 행동을 하도록 해준다. 뇌 활동의 중요한 매개체로서 뇌세포 사이의 간격이 좁은 경우에는 전기적 현상에 의해 메시지가 전달되기도 하나, 대부분의 경우 시냅스전(前) 뉴런으로부터 신경전달물질이 방출되어 시냅스후(後) 뉴런으로 메시지가 전달된다.

1) 종류

신경계에서는 다양한 신경전달물질이 분비되는데 뉴런에 따라 방출되는 신경전달물질의 종류는 다르다. 지금까지 알려진 신경전달물질은 30~40가지 정도로 그 종류가 다양하지만, 구조에 따라 크게 저분자량의 아민류와 아미노산과 폴리펩티드로 구성된 신경전달물질로 구분된다.

신경전달물질의 또 다른 분류는 각 시냅스에서 분비되는 신경전달물질과 수용체의 결합으로 인해 일어나는 반응에 따라 흥분성 또는 억제성 신경전달물질로 구분된다. 흥분성 신경전달물질로는 아세틸콜린, 노르에피네프린, 세로토닌(serotonin), 도파민(dopamine) 등이 있으며, 대표적인 억제성 신경전달물질에는 감마-아미노부티르산(ɣ-aminobutyric acid, GABA), 글리신(glycine) 등이 있다. 아세틸콜린은 콜린에서, 세로토닌은 아미노산인 트립토판으로부터, 도파민과 노르에피네프린은 티로신으로부터 합성된다.

2) 주요 기능

각각의 신경전달물질은 뇌 조직의 특정 부위에서 특수한 기능을 담당한다. 아세틸콜린은 대뇌피질과 소뇌에 주로 존재하며 부교감신경계의 신경전달물질이다. 인식, 기억, 운동조절, 감각기능, 양심 및 뇌하수체기능 등에 관여한다. 세로토닌은 뇌의 여러 곳에 두루 존재하는데 체온 및 수면조절, 포만감, 감정의 조절, 통각(痛覺) 등의 감각기능의 반복적 자극 전달, 뇌하수체 호르몬의 유리과정 등에 관여한다. 노르에피네프린은 교감신경계의 신경전달물질로 소뇌의 운동기능, 체온 및 수면 조절, 감정의 조절, 학습능력 등에 관여한다.

도파민은 시상하부에서는 호르몬 분비에, 변연계에서는 감정 조절, 그 밖의 기억 및 학습능력에도 관여한다. 선조체(striatum)의 도파민은 미세한 운동기능을 조절하므로 도파민이 부족하면 운동기능이 현저히 감소하여 파킨슨병이 되며, 도파민 수준이 너무 높으면 무도병(舞蹈病, chorea)으로 진행된다. 특히 도파민은 대뇌피질에서 정신과 지식을 총괄하므로 도파민 신경계를 '인간의 정신'이라고 일컫기도 한다.

무도병
도파민의 과다 분비로 얼굴, 손, 발 등 신체 여러 부위의 근육이 불수의적으로 움직이는 증세를 나타내는 신경질환

기억과 학습의 담당 부위: 해마(hippocampus)

인간을 비롯한 모든 포유동물에서 학습과 기억 능력을 담당하는 부위는 해마이다. 심한 간질을 앓고 있는 남자 환자가 발작을 치료하기 위하여 수술을 받았는데, 간질치료는 성공적이었지만 기억능력 손상이라는 심한 부작용이 생겼다. 수술 후 IQ 수준은 평균 이상이고 성격도 정상이고 일상적인 대화도 잘 하지만 한 가지 문제는, 뇌수술로 인해 해마가 손상되어 수술 후의 경험을 '장기 기억'에 저장할 수 없었다. 그는 수술 받기 이전의 기억이나 약 20초 정도 지속되는 단기 기억은 정상이었으나, 수술 후에 발생한 새로운 일들을 기억하지 못하였다. 즉 해마는 새로운 기억을 저장시키는 데 결정적인 역할을 담당하고 있는 것이다.

요약

1. 뇌는 산소와 에너지 소모량이 매우 큰 조직으로 뉴런과 신경교세포로 구성되어 있으며, 시냅스와 혈액-뇌 장벽도 뇌의 특수한 구조 중의 하나이다.

2. 사람의 뇌는 태아기와 영아기에 가장 왕성하게 발달하므로 이 시기에 적절한 영양공급이 매우 중요하다.

3. DHA(C22:6 ω3)와 아라키돈산(C20:4 ω6)의 균형된 섭취는 정상적인 뇌 발달에 필수적이다. 모유에는 DHA가 충분하나 우유에는 소량 함유되어, 유아를 위한 조제분유에는 DHA가 반드시 강화되어야 한다.

4. 철은 수초 형성과 신경전달물질 합성 및 그 작용에 관여하며, 인지기능 및 행동과 양의 상관관계가 있다. 요오드, 아연 역시 뇌 기능에 중요한 역할을 하지만 철, 아연 등의 미량 영양소의 과량 섭취는 오히려 뇌 발달에 유해할 수 있다.

5. 비타민 B_6, 비타민 B_{12}, 엽산 및 콜린 등은 신경전달물질의 합성, 수초 형성, 신경관 생성 등을 통해 뇌 발달에 관여하므로 임신, 수유부는 이들 영양소를 충분히 섭취해야 한다.

6. 행동이란 여러 요인의 복합적인 결과로 나타나므로, 특정 영양소와 특정 행동을 연결시키려는 연구는 신중히 이루어져야 한다.

7. 아침을 거르면 뇌의 주요 에너지원인 포도당을 비롯한 다양한 영양소를 섭취하기 어려우므로 학습능력 및 일의 수행도가 저하된다.

8. 신경전달물질이란 시냅스에서 정보를 교환·전달해 주는 물질로, 기억, 움직임, 감정, 정신기능 등을 통합하여 정상적인 행동을 하도록 해준다. 세로토닌, 도파민, 노르에피네프린, 아세틸콜린, GABA 등이 대표적인 예이다.

참고문헌

- 김선희. 태아와 영아의 영양과 성장발달. 한국영양학회지 24(3):243-250, 1991
- 양일선. 아침식사 프로그램과 학교급식 서비스 확대 방안, 대한영양사회 학술지 3(2):223-238, 1997
- 이양자. 뇌발달의 특수성, 제 15차 한국아동학회 추계 워크샵, Nov. 1993
- 정은정, 엄영숙, 김경환, 김진수, 이양자. 식이성 ω3 /ω6계 지방산 조성이 흰쥐의 행동발달에 미치는 영향 : 신경전달물질과의 관계에서. 대한신경과학회지 15(5):952-963, 1997
- 황혜진, 정은정, 이종호, 지규만, 이양자. ω3계 및 ω6계 지방산 식이가 흰쥐의 모유와 혈청의 지방산 성분 및 비타민 E 수준에 미치는 영향. 한국영양학회지 27(2):141-151, 1994
- Helga Gerster. 뇌 발달에 미치는 비타민 B_6의 역할, VITAMINS, 한국비타민정보센터 여름호, 1997
- Beard JL, Connor JR, Jones BC. Iron in the brain. Nutr Rev 51(6):157-170, 1993.
- Chung HY, Choi YJ, Lee JH, Lee-Kim YC. Effect of n-3/n-6 polyunsaturated fatty acid diets on fatty acid composition of mesenteric and subcutaneous fat lactating rat. The 6th Asian Congress of Nutrition, Malaysia, Abstract, p.390, 1991
- Connor WE, Neuringer M, Reisbick S. Essential fatty acids: the importance of ω3 fatty acids in the retina and brain. Nutr Rev 50:21-29, 1992
- Diet and behavior. Dairy Council Digest, 56, 1985
- Dobbing J. Effects of experimental undernutrition on development of the nervous system. in Malnutrition, Learning and Behavior, Scrimshaw NS, Gordon JE. eds., The MIT Press, 1967
- Gómez-Pinilla F. Brain foods: the effects of nutrients on brain function. Nat Rev Neurosci 9(7):568-578, 2008
- Graham SM, Arvela OM, Wise GA. Long-term neurologic consequences of nutritional vitamin B_{12} deficiency in infants. J Pediatr 121(5 Pt 1):710-714, 1992
- Guesry P. The role of nutrition in brain development. Prev Med 27(2):189-194, 1998
- Guilarte TR. Vitamin B_6 and cognitive development: recent research findings from human and animal studies. Nutr Rev 51(7):193-198, 1993

- Koleetzko B. Dietary essential fatty acids for premature infants in lipids, learning and brain: Fats in infant formulas. Report of the 103rd Ross Conference on Ped. Res. Ross Laboratories, pp.164-187, 1993
- Kretchmer N, Beard JL, Carlson S. The role of nutrition in the development of normal cognition. Am J Clin Nutr 63(6):997S-1001S, 1996
- Lin DS, Connor WE. Are the n-3 fatty acids from dietary fish oil deposited in the triglyceride stores of adipose tissue? Am J Clin Nutr 51:535-539, 1990
- Lucas A, Morley R, Cole TJ, Lister G, Leeson-Payne C. Breast milk and subsequent intelligence quotient in children born premature. Lancet 339:261-264, 1992
- Pardridge WM. Blood brain barrier transport of nutrients. in diet and behavior. Nutr Rev 44(S):15-25, 1986
- Sethi V, Kapil U. Iodine deficiency and development of brain. Indian J Pediatr. 71(4): 325-329, 2004
- Stewart RJC, Platt BS. Nervous system damage in experimental protein calorie deficiency. in Malnutrition, Learning and Behavior. Scrimshaw NS. Gordon JE. eds., The MIT Press, 1967
- Winick M. Cellular growth of the fetus and placenta. In Fetal Growth and Development. Waisman HA, Kerr G. eds., McGraw-Hill Book Co., 1970
- Winick M. Changes in nucleic acid and protein content of the human brain during growth. Ped Res 2:352-355, 1968
- Youdim MBH. Nutrient deprivation and brain function: Iron. Nutrition 16(7/8):504-508, 2000

제14장 알코올과 영양

1. 알코올 대사
2. 알코올이 영양소 대사에 미치는 영향
3. 알코올이 신체기관에 미치는 영향
4. 태아 알코올 증후군
5. 한국인의 알코올 섭취실태

제14장 알코올과 영양

알코올은 식품 또는 약품으로 간주되며 적당한 음주는 신체의 피로감을 줄여주고, 긴장을 해소시키며, 좋은 기분을 갖게 해주는 등 사회활동에 윤활유 역할을 한다. 그러나 과음을 하게 되면 두통과 간질환을 비롯한 여러 신체기능의 약화와 함께 자신을 통제할 수 없는 알코올 중독의 위험이 높아지며, 교통사고 등의 사회문제를 일으키기도 한다.

1 알코올 대사

알코올 대사는 주로 간에서 이루어지는데 만성적으로 과량의 알코올을 섭취하면 간조직에 장애를 초래할 뿐 아니라 다른 주요 기관에도 치명적인 영향을 끼친다. 알코올의 효과는 음주량, 음주기간, 음주주기 등의 요인에 따라, 그리고 개인에 따라 그 정도가 다르게 나타난다.

식품으로서 알코올은 1 g당 7 kcal의 에너지를 가지고 있으나, 알코올은 에

표 14-1 술의 영양가 분석표 (100g 중)

	열량 (kcal)	단백질 (g)	당질 (g)	칼슘 (mg)	인 (mg)	철분 (mg)	비타민A (RE)	비타민B_1 (mg)	비타민B_2 (mg)	비타민C (mg)	알코올 (%)
맥주	37	0.3	2.8	2	18	0	0	0.01	0.02	0	4
소주	141	0	0	0	0	0	0	0	0	0	25
위스키	237	0	0	0	0	0	0	0	0	0	40
청주	107	0.6	4.2	2	8	0	0	0	0	0	16
적포도주	70	0.2	4.8	7	10	0.5	0	0	0.01	0	12

자료 : 식품성분표, 제7개정판, 농촌진흥청, 2006

너지 외에 다른 영양소가 거의 포함되어 있지 않기 때문에 빈 열량(empty calorie) 식품이라고 부른다(표 14-1). 따라서 다량의 알코올을 상습적으로 마시는 사람의 경우에는 필요한 에너지를 음식으로부터 얻기보다는 알코올로부터 얻기 때문에 탄수화물, 단백질, 지질로부터의 에너지 섭취 비율이 감소되고, 알코올이 위용적을 많이 차지하여 음식물의 소화에 지장을 주므로 영양소 흡수율도 저하되어 영양 결핍이 나타날 수 있다.

알코올은 분자량이 작기 때문에 별도의 소화과정을 필요로 하지 않는다. 위와 소장에서 확산작용에 의해 빠르게 흡수되어 혈액을 통해 간, 뇌 등의 체조직으로 운반된다. 흡수된 알코올은 1분 이내에 뇌까지 도달할 수 있다. 즉, 술을 마신 후에는 즉시 혈중 알코올 농도가 상승하며, 특히 빈 속에 마시면 바로 취기를 느끼게 된다. 채소나 기름진 음식을 알코올과 함께 섭취하면 알코올 흡수가 늦어지고, 탄산음료와 함께 마시면 흡수가 촉진된다.

알코올은 위와 십이지장에서 주로 흡수된 후 혈관을 통하여 대부분 간으로 운반되고, 약 20% 내외가 근육조직으로 운반되며, 약 2% 가량은 호흡 시 폐를 통하여 배출된다. 체내에서 일어나는 알코올 대사는 지방질과 케톤체의 대

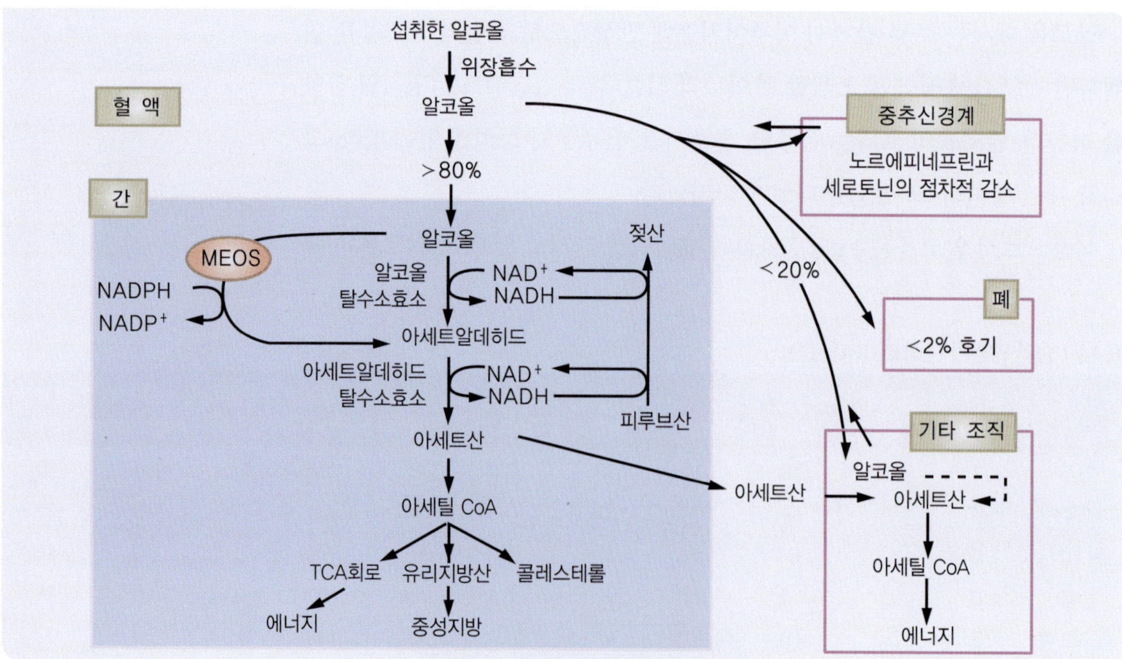

그림 14-1 알코올의 주요 대사 경로

사와 유사하다(그림 14-1).

간은 알코올 대사의 주요 기관이며, 간 이외의 다른 조직이 산화시킬 수 있는 알코올의 양은 매우 적다. 간으로 들어온 알코올은 세포질에 존재하는 알코올 탈수소효소(alcohol dehydrogenase, ADH)에 의해 산화되어 아세트알데히드로 되고, 아세트알데히드는 아세트알데히드 탈수소효소(acetaldehy dedehydrogenase, ALDH)에 의해 아세트산으로 산화된다. 대부분의 아세트산은 아세틸 CoA로 전환된 후 TCA 회로를 거쳐 에너지를 발생하고, 나머지는 지방산 합성경로를 거쳐 중성지방으로 합성되어 축적된다(그림 14-1). 많은 양의 알코올을 섭취하였을 때 간은 마이크로솜 에탄올 산화계(microsomal ethanol oxidizing system, MEOS)를 이용하여 알코올을 대사시킨다. MEOS는 약물과 이물질을 대사시킬 때 사용되는데 많은 양의 알코올을 섭취하면 간은 알코올을 이물질로 간주하여 MEOS 경로를 이용한다. 일단 MEOS가 활성화되면 알코올 대사율이 증가하고 알코올에 대한 내성도 증가하게 된다. 이로 인해 술을 마실수록 주량이 늘어나게 되는 것이다. MEOS에 의해서 알코올이 산화될 때에는 ATP를 생성할 수 있는 NADH가 생성되지 않고 NADPH가 조효소로 이용되므로 에너지를 소모하는 산화가 일어난다(그림 14-1). 그러므로 알코올 중독자는 이와 같은 대체경로를 통해 알코올을 대사하므로 열량을 낭비하게 되고, 알코올에서 얻는 열량만큼의 체중 증가가 일어나지 않는다.

아세트알데히드 탈수소효소(ALDH) 및 알코올 탈수소효소(ADH)의 유전자 다형성과 알코올 중독

아세트알데히드는 주로 ALDH1A1과 ALDH2에 의해 산화되어 아세트산을 만든다.
ALDH2 유전자는 간과 위의 미토콘드리아에서 발현되며 아세트알데히드에 대한 결합력이 높아 인간의 아세트알데히드 대사에서 제일 중요한 역할을 한다. ALDH2 유전자의 Glu504Lys 변이는 활성이 낮은 아세트알데히드 탈수소효소를 만들며, 이 다형성을 갖고 있는 사람은 아세트알데히드를 잘 대사하지 못하기 때문에 적은 양의 알코올만으로도 얼굴이 붉어지는 등 예민한 반응을 나타낸다.
Glu504Lys 변이는 특히 동양 사람에게 흔해서 30% 가량의 아시아인이 이 변이를 갖고 있는 것으로 밝혀졌다. 이런 유전적인 원인으로 아시아인은 알코올에 더 민감하게 반응하는 대신 알코올 중독은 덜 나타나는 것으로 보인다.
동양인에게는 알코올 탈수소효소 유전자인 ADHIB와 ADHIC의 변이도 흔하게 나타난다. 이들 유전자의 다형성 역시 알코올 중독 위험을 낮추는 효과가 있다.

건강한 성인의 간에서 1시간에 처리할 수 있는 알코올 양은 체중 1 kg당 100~150 mg이다. 체중이 70 kg이면 1시간에 7~10 g의 알코올을 대사할 수 있는데, 소주 1병에는 알코올이 75~90 g, 생맥주 500 ml에는 20 g이 들어 있다. 알코올의 직접적인 독성은 세포막 유동성 변화 및 세포 내 환원능 변화로 인한 세포기능의 변화이다. 한편, 아세트알데히드는 자유라디칼 생산 및 지질 과산화를 증가시키고 단백질 합성과 비타민 대사를 방해한다.

2 알코올이 영양소 대사에 미치는 영향

2.1 탄수화물

알코올은 대사과정에서 NAD^+를 조효소로 사용하며 NADH로 환원시킨다. 환원된 NADH는 다시 NAD^+로 산화되어야 알코올을 계속 산화시킬 수 있으므로, 이를 위하여 피루브산이 젖산으로, 그리고 옥살로아세트산(oxaloacetate)은 말산(malate)으로 환원되어 NAD^+를 조달한다. 그러므로 알코올을 과다하게 섭취하면 조직과 혈액에 젖산이 많이 축적되고, 이는 신장에서 요산(uric acid) 배설을 저해하여 결국 통풍(gout)을 유발시키거나 악화시킨다.

> **통풍**
> 요산대사이상으로 혈액과 조직에 요산이 축적되는 대사성 질환. 요산 결정이 관절에 침착하여 통풍성 관절염을 초래함

또한 젖산과 말산의 생성량이 증가되고 피루브산과 옥살로아세트산의 생성이 저해되므로, 포도당 신생에 필요한 포스포엔올 피루브산(phosphoenol pyruvate) 생성이 억제되어 포도당 신생과정이 저해된다. 따라서 굶은 상태에서 알코올을 섭취하면 저혈당이 되기 쉬운데 이는 인슐린의 증가 때문이 아니라 순전히 알코올 산화로 인해 간에서의 포도당 신생이 저해되기 때문이다.

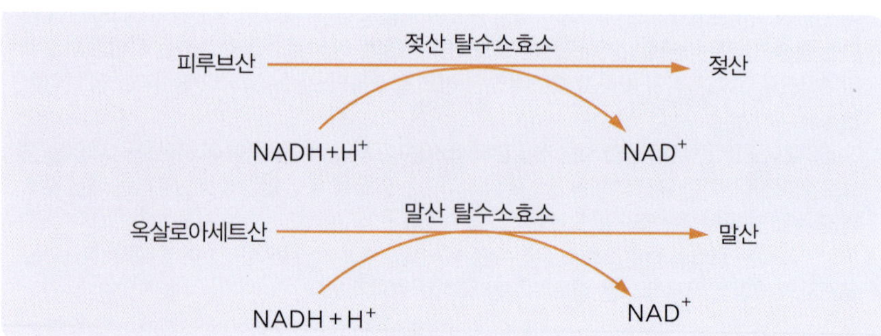

2.2 지질

지질은 아세틸 CoA로 산화되어 에너지를 생성하는 주요 에너지원이다. 알코올은 지질보다 먼저 흡수되어 아세틸 CoA로 산화되고 에너지를 생성하므로, 알코올과 함께 섭취한 지질은 완전히 산화되지 못하고 케톤체를 형성하여 케톤증(ketosis)을 유발할 수 있다. 또한 산화되지 않은 지방이 간에 그대로 축적되어 지방간이 되고 간경화증으로 발전하기도 한다.

알코올을 섭취하면 혈중 지질이 증가하는데 이는 첫째, 지방산 산화가 감소되어 지방산이 중성지방으로 에스테르화되며, 둘째, 알코올 산화로 생성된 아세틸 CoA가 지방산과 콜레스테롤 합성을 증가시켜 간에서 VLDL 분비가 증가하고 셋째, 지단백질 지방분해효소(lipoprotein lipase) 활성이 손상됨에 따라 말초조직에서 VLDL의 제거가 감소하기 때문이다. 이에 따라 심혈관계 질환의 위험이 높아질 우려가 있다.

반면, 적당량의 음주는 HDL 콜레스테롤 농도를 상승시켜 심혈관계 질환에 대한 보호효과를 나타내는데 이는 알코올에 의해 간에서 아포지단백질 생산/분비가 증가하고, 지단백질 분획 사이에 지질 교환이 촉진되어 말초에서 HDL 생산이 증가되며, 간지질분해효소(hepatic lipase) 활성이 억제되어 HDL 분해가 감소하기 때문이다. 또한 적당한 음주는 죽종 형성을 촉진하는 lipoprotein (a)를 감소시킨다.

2.3 단백질

알코올 섭취로 인해 단백질이 풍부한 식품의 섭취량이 감소되어 단백질-에너지 영양불량(protein-energy malnutrition, PEM) 증상이 나타날 수 있다. 알코올은 간에서 알부민 합성을 감소시키는데, 만성 음주자의 경우 거의 1/3로 감소한다. 이로 인해 혈장 알부민 농도가 저하되며 심하면 복수가 나타나기도 한다.

2.4 지용성 비타민

레티놀은 알코올의 일종으로서 에탄올과 체내 대사경로 일부를 공유하므로 과음하면 영향을 받기 쉽다. 비타민 A는 간에 저장량이 많으므로 약간의 음주에 의해서는 크게 영향을 받지 않는다. 그러나 만성적인 음주를 하는 사람은 혈장비타민 A 농도가 낮으며, 알코올성 간질환이 존재할 때에는 간의 비타민 A 저장량도 감소한다. 이는 알코올에 의해 마이크로솜 효소들의 합성이 유도되어 비타민 A 분해가 촉진되고 레티놀결합단백질 합성이 저하되기 때문이다.

과음을 하는 경우 비타민 D 대사와 골격대사에 미치는 알코올의 직접, 간접적인 효과로 인해 골절의 위험이 증가한다. 과음자는 비타민 D의 섭취량 및 흡수율이 낮고 활성화도 정상적으로 이루어지지 않는다.

한편, 만성적인 음주자는 체내 비타민 E 수준도 낮다. 이들에게 비타민 E를 보충했을 때 알코올에 의한 지질과산화가 저하되기는 했으나 임상적인 증상이 호전되지는 않았다고 한다.

2.5 수용성 비타민

알코올 산화과정은 에너지 대사의 보조효소인 니아신과 티아민을 소비하므로, 과음은 이들 보조효소의 부족을 초래하여 뇌의 에너지원인 포도당 이용이 감소된다. 심한 경우는 혼수상태나 사망에 이르기도 한다.

장기간의 음주자에게는 부적절한 식사와 흡수장애로 인해 티아민 결핍이 나타나며 또한 인산화를 통한 티아민의 활성화도 저하된다. 심하게 결핍된 경우에는 베르니케-코르사코프(Wernicke-Korsakoff) 증후군의 안근마비, 운동실조, 기억력 감퇴 및 알코올성 말초신경병 증상이 나타난다. 이 증상은 초기에는 티아민 보충으로 치유될 수 있으므로, 이 증후의 예방과 알코올성 다발성 신경염 및 신경성 각기 등을 예방하기 위해 티아민을 강화한 알코올 음료를 제안하기도 한다.

베르니케-코르사코프 증후군

알코올 중독성 실어증. 그 밖에 안구진탕, 운동실조, 기억상실, 정신착란 등의 증세도 나타난다.

음주자에서는 리보플라빈 결핍도 흔하게 나타난다. 이는 일단 섭취가 부족하고 소화흡수과정에서 식품 내 FAD의 흡수과정이 알코올에 의해 방해받기 때문이다. 리보플라빈은 비타민 B6와 엽산의 전환에 필수적인 조효소이므로 리보플라빈이 부족하면 다른 비타민 B군의 결핍이 동반된다.

알코올 중독자의 50~90%는 혈청 피리독살 인산(pyridoxal-5-phosphate,

PLP) 수준이 정상인에 비해 낮으며 간조직 내 농도도 낮다. 알코올을 섭취하면 간에서 비타민 B_6의 활성형인 PLP의 합성이 심하게 저하되며, 아세트알데히드는 비타민 B_6의 분해를 촉진한다. 이는 아세트알데히드가 PLP와 결합단백질의 결합을 방해하여 인산분해효소에 의한 가수분해를 촉진하고 소변으로의 배설을 촉진하기 때문이다.

알코올 중독자에게는 비타민 B_6를 보충하더라도 간에서 활성화가 제대로 이루어지지 않으므로 영양상태가 쉽게 호전되지 않는다. 또한 엽산 영양에도 영향을 주어 과한 알코올 섭취 시 간에 저장되어 있던 엽산이 혈액으로 방출된 뒤 소변으로 배설되어 엽산 부족을 초래한다. 그 결과 빈혈이 초래되는데 이는 부적절한 식사, 소장의 흡수장애, 간의 엽산저장 부족 등으로 인한 것이다.

엽산은 세포증식에 필요하므로 부족 시 장점막세포 같이 교체율이 높은 세포의 기능적 이상을 초래한다. 그 결과 설사 등의 증세가 나타나고 엽산이나 포도당 같은 수용성 영양소의 흡수불량으로 이어진다.

한편, 간기능이 저하되면 활성형 엽산으로의 전환도 저해되므로 엽산 결핍의 주요 증상인 거대적아구성 빈혈이 나타나고 부적절한 메틸화 반응으로 인해 대장암 발생도 증가한다. 또한 과량의 알코올을 섭취하면 혈장 호모시스테인 농도가 증가하는데 이는 음주로 인해 야기된 엽산, 비타민 B_6, B_{12} 부족 때문이다. 적절한 음주 시에는 이런 현상이 나타나지 않는다.

2.6 수분과 전해질

술을 마신 사람은 누구나 수 시간 이내에 이뇨감을 느끼게 된다. 이것은 혈중 알코올 수준이 증가하면 항이뇨호르몬(antidiuretic hormone) 분비가 감소하기 때문이다. 알코올이 수분과 나트륨 평형에 미치는 영향은 나트륨과 물을 동시에 섭취함으로써 조절할 수 있다.

장기간의 알코올 중독자는 신장에서 마그네슘을 재흡수하는 능력이 떨어지고 설사가 잦으므로 알코올 중독의 치료에 마그네슘 보충이 필요하다. 마그네슘이 결핍되면 저칼슘혈증이 동반되고 따라서 부갑상선호르몬의 분비가 증가하므로 뼈에서 칼슘 용출이 증가된다. 특히 심장조직의 마그네슘이 심하게 저하되는데, 이는 부정맥을 야기할 수 있다.

음주 시에는 섭취 및 흡수 불량, 배설 증가 등으로 아연 영양상태가 불량해진다. 알코올 분해과정의 속도제한효소인 ADH가 아연 금속효소이므로 아연 결핍은 알코올의 독성을 심화시킬 수 있다. 알코올 중독자에서는 아연 결핍의 임상적 증상인 맛과 냄새 감지 불능, 불임, 암적응 능력 감퇴 등이 종종 나타난다.

오랜 기간 과음하면 저인산혈증이 초래될 수 있으며, 또한 저칼륨혈증, 호흡성 알칼리증 등 여러 형태의 전해질 대사장애가 유발될 수 있다.

2.7 약물

약물은 간에서 알코올의 대사경로 중 일부를 공유하기 때문에 알코올은 약물이나 외부 화합물의 대사에도 영향을 미친다. 알코올 중독자는 MEOS 체계가 확대되어 정상인에 비해 더 많은 양의 알코올을 산화시킬 수 있다. MEOS 체계가 확대되면 약물의 분해속도 역시 빨라져 약물의 혈중 농도를 급격히 떨어뜨리고 결과적으로 약효를 낮추게 된다.

그러나 약물과 알코올을 동시에 섭취할 경우에는 이 두 가지 물질이 같은 효소체계에 대해 경쟁하므로, 약물과 알코올 모두 분해속도가 감소되어 약물의 분해속도가 느려지고 약물 과잉의 위험이 증대된다. 따라서 약물을 술과 함께 복용하는 것은 매우 위험하며 심한 경우 사망에 이를 수 있다.

3 알코올이 신체기관에 미치는 영향

3.1 간

알코올의 영향을 가장 많이 받는 장기는 간으로, 이는 섭취한 알코올의 약 80% 이상이 간에서 대사되기 때문이다. 간에서 알코올 대사가 진행되면 $NADH/NAD^+$ 비율이 증가하여 아세틸 CoA가 TCA 회로로 들어가 산화되기보다는 지방산 합성에 이용된다. 결과적으로 중성지방 합성이 증가되므로 간에 지방이 축적되어 지방간을 초래한다. 또한 단백질 분해 장애도 나타나는데 간에 단백질이 축적되면 단백질 무게의 10배가 넘는 수분을 보유하게 되므로 간이 부어오르게 된다.

음주를 계속 하면 알코올성 간염이 되고, 더욱 진전되어 간의 혈액순환이 방해받으면 영양소와 산소운반의 부족으로 간세포가 죽는 조직괴사나 간경화증(livercirrhosis)이 일어나게 된다. 간경화증 및 지방간에 의한 사망률은 알코올 소비량과 정비례하며 알코올 섭취가 40 g/일(여성의 경우 20 g/일)을 넘어서면 간질환이 급증한다.

간경화증
정상적인 간세포가 소실되고 섬유조직으로 대치되어 있는 상태. 대개 간염과 음주로 인한 간 손상이 원인이다.

지방간이나 간 비대증은 알코올 섭취를 중단하면 대부분 정상으로 회복될 수 있으며, 알코올성 간염은 음주를 중지하고 균형식을 하게 되면 어느 정도 회복될 수 있다. 그러나 만성 알코올 중독자에게 나타나는 간경화증과 간 손상은 알코올의 직접적인 독성효과와 영양불량이라는 간접적인 효과에 의해 정상조직이 파괴되면서 굳어져 가는 것이므로 균형식으로 영양불량을 수정해주어도 정상 회복은 불가능하다. 그러나 간경화증 환자도 술을 끊으면 생존율이 다소 높아질 수 있다.

3.2 위장관계

알코올은 필수영양소의 섭취를 감소시키고 흡수·저장·대사를 방해하여 영양불량을 일으킨다. 즉, 알코올은 1차적으로 식욕을 감소시켜 식품 섭취를 감소시키며, 2차적으로는 장내에서 엽산, 비타민 B_{12} 및 티아민의 흡수장애를 일으켜 영양불량을 초래한다.

알코올은 입, 식도, 위의 점막을 손상시켜 식도염, 위장염을 초래할 수 있고, 심하면 모세혈관이 파열되어 장내 출혈이 나타나며, 위산 분비를 증가시켜 위나 십이지장 궤양 및 속쓰림 등을 유발시킨다.

알코올 섭취는 인두, 식도, 간 및 대장암 발생 증가와 관련되어 있다. 알코올이 직접적인 발암효과를 나타내기 보다는 알코올과 아세트알데히드가 메틸기 대사에 미치는 영향 때문에 암 발생이 증가하는 것으로 보인다. 특히 알코올 섭취와 미량영양소 결핍이 동반되었을 때 대장암 등의 발생이 증가한다.

3.3 췌장

알코올은 췌장염을 초래하고 단백질과 지질 소화효소의 생성을 저하시킨다. 단백질 및 비타민 결핍과 같은 영양불량은 만성적 췌장장애를 일으킨다. 이러한 췌장기능의 손상은 알코올 중독자에게 흔히 나타나는 영양소 흡수불량을 초래한다.

3.4 심장혈관계

알코올은 혈압을 상승시키고 출혈성 뇌졸중의 위험을 증가시킨다. 그러나 적당량의 알코올은 특히 노인층에서 HDL-콜레스테롤을 증가시켜 관상동맥질환과 심근경색증, 허혈성 뇌졸중 등에 방어효과가 있다는 연구결과들이 있다. 알코올은 또한 혈소판의 응고를 방지하여 혈전 생성을 막아주고, 아스피린의 효과를 증대시킴으로써 관상동맥질환에 유익하다는 보고도 있다. 주목할 만한 사실은 흡연을 하는 사람들에서는 이와 같은 알코올의 보호효과가 사라진다는 것이다.

프랑스인들이 서구의 다른 나라와 유사하게 동물성 지방 섭취비율, 혈중 콜레스테롤 농도 및 흡연율이 높으나 심장질환에 의한 사망률은 낮은 현상을 일컬어 "French Paradox"라고 한다. 연구결과 이 현상은 프랑스인들이 즐겨 마시는 적포도주에 체내에서 생성된 유해 활성산소를 제거하는 항산화물질인 레스베라트롤과 같은 폴리페놀 화합물이 함유되어 있기 때문이다. 그러나 이러한 유용성에도 불구하고 과음으로 인한 건강상의 위해를 막기 위해서 일반적으로 포도주는 20~50 ml/일(반 잔 이하)를 권하고 있다.

폴리페놀
식사에서 가장 많이 섭취하는 항산화제로서 심혈관계 질환, 암, 골다공증 및 신경변성 질환 과 당뇨병을 예방한다고 알려져 있다. 과일과 과일 주스, 차, 커피, 적포도주 등에 다량 함유되어 있다.

3.5 신경계

알코올은 중추신경계와 말초신경계에 직접적으로 영향을 미칠 수 있다. 장기간의 지나친 음주는 신경세포를 파괴하여 지능 저하, 기억력 상실과 집중력 부족을 초래한다. 알코올 중독자에게 나타나는 여러 가지 신경장애는 영양 결핍, 특히 비타민 B군의 결핍 때문이다. 알코올성 다발성 신경염은 다른 종류의 말초신경병증상과 비슷하고 티아민, 피리독신, 판토텐산 및 비타민 B_{12}의 결핍과 관계가 있다.

알코올은 뇌에서 생성되는 신경전달물질인 세로토닌(serotonin)과 엔돌핀(endorphin)의 합성에도 영향을 미친다. 만성 음주자의 경우, 알코올이 두뇌로 향하는 혈류를 감소시켜 산소 공급이 저하되고 실신상태를 초래하기도 하며, 폭주가에서 알코올성 치매현상도 종종 나타난다. 다소의 영양 부족은 행동상의 이상을 나타내지만 장기간의 극심한 결핍은 대뇌에 회복 불능의 구조적인 손상을 가져온다. 그러나 적당한 음주는 노화에 따른 인지기능 저하를 늦춰준다는 보고도 있다.

3.6 면역계

만성적으로 알코올을 섭취하면 면역반응과 숙주방어에 손상을 주게 되므로, 알코올 중독자는 폐렴을 포함한 각종 질병에 감염되기 쉽다. 이는 골수의 과립백혈구 감소, 엽산과 구리 부족 때문이다. 알코올 과다 섭취로 인한 아연의 부족도 면역 결핍을 초래한다. 영양상태가 좋은 알코올 중독자에서는 면역반응이 잘 보존되나 영양보충을 받지 않는 알코올 중독자에서는 감소하는 경향이 있다. 그러나 영양상태가 좋더라도 만성적으로 알코올을 섭취하면 새로운 항원에 대한 항체반응이 손상된다.

3.7 조혈계

알코올 중독자에서 나타나는 빈혈은 여러 요인에 의한다. 즉 엽산 결핍, 헤모글로빈 합성 시 철 이용의 손상, 그리고 구리, 철 및 단백질 결핍 등이다. 골수에서는 피리독신의 결핍으로 헴(heme) 생성에 이상이 생기며, 영양 섭취가 적절할지라도 알코올은 골수에 직접적인 독성효과를 보일 수 있다.

3.8 골격계

음주량이 많은 사람은 칼슘 섭취량이 적고 소장 점막손상에 따른 흡수 저하, 비타민 D 영양불량, 소변 칼슘 배설 증가 등으로 인해 칼슘 영양상태가 나빠진다. 이들에게서는 골격의 구조적, 기능적 변화가 관찰된다.

4 태아 알코올 증후군

임신기간 중 지나친 음주는 태아 알코올 증후군(fetal alcohol syndrome, FAS)을 일으킨다. FAS 태아는 체중과 신장이 정상 이하이고 머리 둘레가 작으며, 뇌 발달이 미숙하고 신경세포가 제대로 발달이 안 되어 지능도 낮다. 얼굴 모양은 비정상적이어서 눈이 작고 눈꺼풀의 균열이 짧으며, 눈꺼풀 안쪽이 겹치고 코 길이가 짧다. 또한, 인중이 밋밋하고 윗입술이 얇으며 턱이 덜 발달되는 안면이상이 나타난다(그림 14-2).

모체의 알코올은 태반을 쉽게 통과하여 태아에게 전달되면서 산소와 영양소 운반에 장애를 초래하므로 태아의 발달을 저해한다. 보통 임신부가 하루에 30 ml 이상의 알코올을 마신 경우 선천적인 태아 알코올 증후군이 생기는데 임신 초기 3개월이 가장 문제가 된다. 왜냐하면 이 시기의 태아는 단백질 합성이 증가하고 뇌, 심장, 신장 등 각 기관이 발달하기 때문이다.

이와 같이 알코올은 태아의 두뇌 및 성장 발달에 영향을 미치고 이는 출생 후 신체적 발달, 행동, 학습능력과도 깊은 관계가 있으므로 알코올 섭취의 위험성에 주의를 기울여야 한다.

한편, 같은 양의 알코올을 섭취해도 사회경제적 수준이 낮은 산모들이 태아 알코올 증후군에 더 취약한데, 이는 그들의 불량한 영양 상태와 관련이 있다. 한 예로 산모의 항산화 영양소 섭취 불량이 알코올 섭취와 동반되었을 때 태아 알코올 증후군이 발생할 확률이 상승한다.

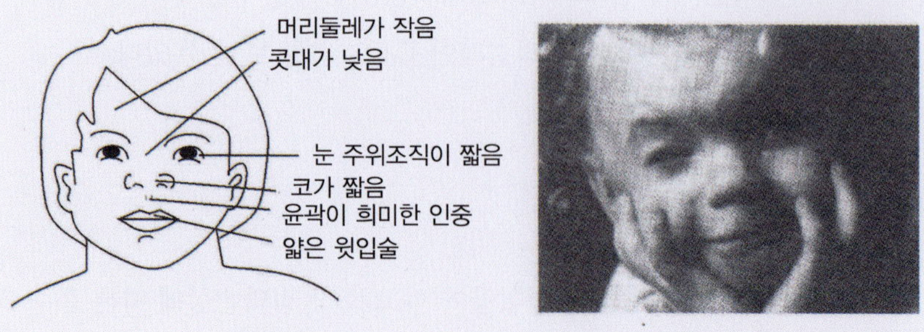

그림 14-2 태아 알코올 증후군 환아의 모습
자료: Wardlaw FM, Insel PM. Perspective in Nutrition. p. 608, 1996

5 한국인의 알코올 섭취실태

2020년 국민건강영양조사자료에 의하면 19세 이상 인구의 월간 음주율(최근 1년 동안 한 달에 1회 이상 음주한 분율)은 58.9%(남자 70.2%, 여자 47.8%)였으며, 최근 몇 년 동안 여성 음주비율의 증가세가 두드러졌다(표 14-2). 남녀 모두 20~30대에 음주비율이 가장 높았으며, 건강에 문제가 있을 수 있는 고위험음주율은 (1회 평균 음주량이 7잔<여자 5잔> 이상이며 주 2회 이상 음주하는 분율) 19세 이상 성인의 14.1% (남자 21.6%, 여자 6.3%)였다(그림 14-3).

표 14-2 19세 이상 성인의 월간 음주비율 (단위: %)

	2010년	2013년	2015년	2020년
전체	60.5	60.2	60.6	58.9
남자	77.8	75.3	75.2	70.2
여자	43.3	45.7	46.5	47.8

자료: 보건복지부, 질병관리본부, 국민건강영양조사, 2020
월간 음주율 : 최근 1년 동안 한 달에 1회 이상 음주한 사람의 분율

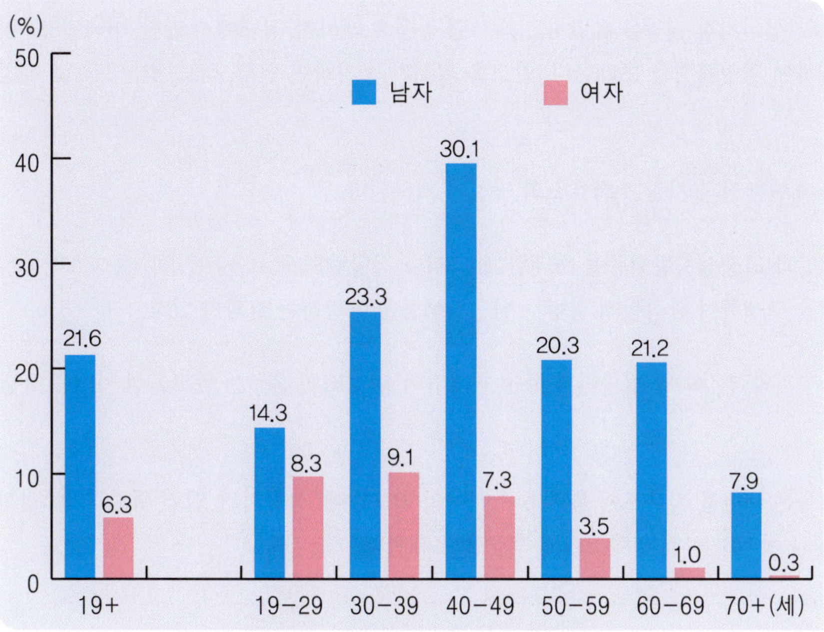

그림 14-3 성별, 연령별 고위험 음주율
자료: 보건복지부, 질병관리본부, 국민건강영양조사, 2020
- 고위험 음주율 : 1회 평균 음주량이 7잔(여자 5잔) 이상이며 주 2회 이상 음주하는 분율, 만 19세 이상
- 성별·연령별, 소득수준별 : 2020년 결과

요약

1 알코올은 1 g당 7 kcal의 높은 열량을 내지만 열량 이외의 다른 영양소는 거의 없다.

2 알코올은 간에서 주로 대사된다. 알코올은 알코올 탈수소효소에 의해 산화되어 아세트알데히드로 되고, 아세트알데히드 탈수소효소에 의해 아세트산으로 산화된다. 알코올 탈수소효소가 처리할 수 있는 양 이상의 알코올은 MEOS에 의해 대사된다.

3 알코올 대사가 진행되면 피루브산과 옥살로아세트산이 부족해져 포도당 신생이 저해되므로 저혈당이 초래될 수 있다.

4 알코올이 지방보다 먼저 산화되므로, 완전히 산화되지 못한 지방이 케톤체를 형성하여 케토성 산성증을 유발할 수 있다. 또한 중성지방 합성이 증가되어 고지혈증이 되어 혈관계 질환의 위험이 높아질 우려가 있다.

5 과량의 알코올은 엽산, 비타민 B_{12}, 피리독신 결핍으로 빈혈을 초래한다. 에너지 대사의 조효소인 니아신과 티아민 부족으로 뇌에서 포도당이 이용되지 못하여 베르니케-코르사코프 증후군을 일으키기도 한다. 심하면 혼수상태나 사망에 이르기도 한다.

6 알코올에 의해 가장 영향을 많이 받는 조직은 간이다. 중성지방 합성이 증가되어 지방간이 초래되고, 알코올 섭취가 지속되는 경우 알코올성 간염과 간경변증의 위험이 증가한다.

7 위산분비를 증가시켜 위·십이지장 궤양을 유발하고 속쓰림 등을 초래하며, 장내에서 엽산, 비타민 B_{12} 및 티아민의 흡수를 저해하여 영양불량을 초래한다. 알코올 섭취가 증가하면 인두, 식도, 간, 대장 및 유방암 발생이 증가한다.

8 췌장의 염증을 초래하여 단백질과 지질 소화효소의 생성이 저하된다.

9 과량의 알코올은 고혈압과 고중성지방혈증을 초래한다. 그러나 적당량의 알코올은 HDL-콜레스테롤을 증가시키고 혈전 생성을 억제하여 관상동맥 질병과 심근경색증을 예방하는 효과가 있다.

10 중추신경계를 약화시켜 기억력 감퇴와 집중력 부족을 초래하며, 만성적인 음주는 알코올성 치매를 유발한다.

11 임신부가 섭취한 알코올은 태반을 자유로이 통과하여 태아의 발육장애, 성장지연, 안면 형성 기형, 정신박약 등과 심하면 유산을 야기하는 태아 알코올 증후군을 초래한다.

참고문헌

- 농촌진흥청 농촌생활연구소. 식품성분표 제7개정판, 2006
- 보건복지부, 질병관리본부. 국민건강영양조사 제6기 3차년도 결과보고서, 2015
- Belleville J. The French paradox: possible involvement of ethanol in the protective effect against cardiovascular diseases. Nutrition 18(2):173-177, 2002
- Clarke ME, Gibbard WB. Overview of fetal alcohol spectrum disorders for mental health professionals. Can Child Adolesc Psychiatr Rev 12(3):57-63, 2003
- Corrao G, Rubbiati L, Bagnardi V, Zambon A, Poikolainen K. Alcohol and coronary heart disease: a meta-analysis Addiction 95(10):1505-1523, 2000
- Dancygier H. Clinical Hepatology: Principles and Practice of Hepatobiliary Diseases. pp.1120-1151, Springer Press, New York, 2009
- Doll R, Forman D, La Vecchi C, Woutersen R. Health Issues Related to Alcohol Consumption. pp.125-166, ILSI Press, Washington DC, 1993
- Eidelman RS, Vignola P, Hennekens CH. Alcohol consumption and coronary heart disease:a causal and protective factor. Semin Vasc Med 2(3):253-6, 2002
- Gaziano JM, Buring JE, Breslow JL. Moderate alcohol intake, increased levels of high-density lipoprotein and its subfraction, and decreased risk of myocardial infraction. N Engl J Med 329:1829-1834, 1993
- Halsted CH, Robles EA, Mezey E. Intestinal malabsorption in folate-deficient alcoholics. Gastroenterology 64:526-532, 1973
- Kuo PH, Kalsi G, Prescott CA, et al. Association of ADH and ALDH Genes With Alcohol Dependence in the Irish Affected Sib Pair Study of Alcohol Dependence(IASPSAD) Sample. Alcohol Clin Exp Res 32(5): 785-795, 2008
- Lieber CS. Ethanol metabolism, cirrhosis and alcoholism. Clin Chim Acta 257:59-84, 1997
- Lieber CS, Jones DP, DeCarli LM. Effects of prolonged ethanol intake: production of fatty liver despite adequate diets. J Clin Invest 6:1009-1021, 1965

- Lieber CS. Medical and Nutritional Complications of Alcoholism: mechanisms and management. p.579, Plenum press, New York, 1992
- Linder MC. Nutritional Biochemistry and Metabolism. p.48, Elsevier, 1985
- Mezey E, Kolman CJ, Diehl AM et al. Alcohol and dietary intake in the development of chronic pancreatitis and liver disease in alcoholism. Am J Clin Nutr 48:148-151, 1988
- Muth ND, Laughlin GA, von M¨uhlen D, Smith SC, Barrett-Connor E. High-density lipoprotein subclasses are a potential intermediary between alcohol intake and reduced risk of cardiovascular disease: the Rancho Bernardo Study. Br J Nutr 104(7):1034-1042, 2010
- Orland-Moret NC, Peeters PHM, et al. Alcohol and endogenous sex steroids levels in postmenopausal women: a cross-sectional study. J Clin Endocrinol Metab 90:1414-1419, 2005
- Porkka KV, Ehnholm C. Smoking, alcohol and lipoprotein metabolism. Curr Opin Lipidol 7(3):162-166, 1996
- Ridker PM, Hennekens CH. Association of moderate alcohol consumption and plasma concentration of endogenous tissue-type plasminogen activator. JAMA 272:929-933, 1994
- Savage D, Lindenbaum J. Anemia in alcoholics. Medicine 65:322-328, 1986
- Suter PM. Alcohol, nutrition and healthy maintenance: selected aspects. Proc Nutr Soc 63: 81-88, 2004
- Tolstrup JS, Grønbaek M, Nordestgaard BG. Alcohol intake, myocardial infarction, biochemical risk factors, and alcohol dehydrogenase genotypes. Circ Cardiovasc Genet 2(5):507-514, 2009
- Veitch RL, Lumeng L, Li TK. Vitamin B6 metabolism in chronic alcohol abuse: the effect of ethanol oxidation on hepatic pyridoxal-5-phosphate metabolism. J Clin Invest 55:1026-1032, 1975

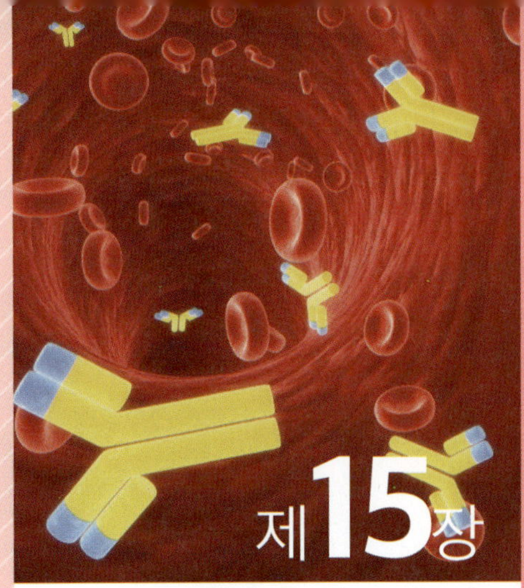

제 15 장 면역과 영양

제15장 면역과 영양

영양과 면역의 관계에 대한 연구는 영양결핍이 면역기능을 저하시킬 수 있을까 하는 의문에서 시작되었다. 많은 역학적, 임상적 연구에 의하면, 영양결핍이 면역계에 손상을 주어 면역능력을 변화시키고 감염의 위험을 증가시켜 결과적으로 사망률을 높일 수 있음이 보고되었다. 따라서 면역기능이 영양결핍을 반영하는 지표로 사용되기도 한다.

인체를 대상으로 한 면역과 영양에 대한 1930년대 이후의 모든 자료가 세계보건기구 소속의 '영양과 감염문제 전문위원회'에 의해 집대성되었으며, 1968년 Scrimshaw에 의해 발표된 '영양과 감염의 상호작용에 관한 연구'에서는 영양불량 상태에서는 감염에 의한 손상이 증가하고, 감염은 심각한 영양불량을 초래한다고 하였다. 즉, 영양불량과 감염은 독립적으로 유발되는 경우보다 서로 상호작용할 때 더욱 심각한 문제를 낳는다는 것이다.

면역과 영양의 관계를 구체적으로 밝히기 위해 많은 연구들이 진행되고 있지만, 영양소 결핍과 면역기능과의 관계는 아직 밝혀지지 않은 부분이 많으며, 특히 여러 영양소가 관여하는 경우 그 결핍 정도가 다르기 때문에 구체적 관련성을 규명하기 어렵다. 그러나 우리 몸의 면역계를 최적의 상태로 유지하기 위해서 가장 중요한 것은 균형된 영양섭취라는 점에 대해서는 의문의 여지가 없을 듯하다.

1 면역계

면역계는 흉선, 골수 등의 1차 림프기관과 림프절, 비장, 편도선, 분산림프조직(소화관, 호흡기관, 생식기관, 비뇨기관의 내벽) 등 2차 림프기관으로 이루어진다. 1차 림프기관은 림프구(lymphocyte)를 생산하고 성숙 림프구를 2차 림프기관에 공급한다. 2차 림프기관은 성숙한 면역세포가 병원균을 만나서 반응을 시작하는 곳이다. 림프구는 혈관과 림프를 통해 림프기관을 이동하면서 항원을 만나게 된다.

1.1 림프기관

1) 흉선

흉선(thymus)은 목 부위의 갑상선 아래에 있으며, T 세포를 생산하고 가공한다. T 림프구는 혈액을 통해 림프절과 다른 기관으로 이동하여 정착한 후, 항원에 의해 자극을 받으면 새로운 T 세포가 생산된다.

흉선
흉선(thymus)은 목 부위의 갑상선 아래에 있으며, T 세포를 생산하고 가공한다. T 림프구는 혈액을 통해 림프절과 다른 기관으로 이동하여 정착한 후, 항원에 의해 자극을 받으면 새로운 T 세포가 생산된다.

2) 림프절

림프절(lymph node)은 작은 강낭콩 모양으로 망상섬유와 림프액으로 채워져 있고, 전신에 퍼져있으며, 목, 팔굽 관절부, 겨드랑이, 서혜부, 귀밑, 턱밑 등에 모여 있다. 림프절에서 림프구가 항원을 만나 활성화되며, 외부 침입 미생물들이 다른 곳으로 확산되는 것을 방지한다. 림프절에는 대식세포(macrophage)와 대식세포-유사세포(macrophage-like cell)가 모여 있다.

3) 비장

비장(spleen)은 횡격막의 왼쪽 아래에 위치하며, 림프구, 대식세포, 대식세포-유사세포가 풍부하여 혈액 중의 미생물을 식균작용에 의해 제거하며 노쇠한 적혈구를 걸러서 제거하는 역할을 한다.

4) 편도

편도(tonsils)는 호흡기 입구와 소화관 주위에 있으며, 림프구, 대식세포, 대식세포-유사세포가 모여 있으므로, 침입한 미생물이 순환기로 침입하기 전에 감지하고 반응한다.

1.2 면역세포

대표적인 면역세포는 백혈구이며, 호중구(neutrophils), 호염기구(basophils), 호산구(eosinophils), 단핵구(monocyte), 림프구(lympphocytes)로 구분된다. 백혈구는 혈액을 통해 기능을 수행할 장소로 이동한다. 면역반응의 가장 중요한 주체는 림프구이다.

림프구에는 항원특이성을 나타내는 B 림프구(B lymphocyte, B 세포)와 T 림프구(T lymphocyte, T 세포), 그리고 항원특이성이 없는 림프구인 자연살세포(natural killer cell, NK cell)가 있다. 림프구는 태아기에 간과 골수에서 줄기세포로부터 분화되어 생산되며, 출생 후에 골수(bone marrow) 또는 흉선에 들어가 분화·성숙된다. 흉선에 들어간 림프구는 T 세포로 분화된 다음 다른 면역조직에 들어가 분화·성숙된다(그림 15-1). 흉선에 들어가지 않은 림프구는 골수에서 B 세포로 분화된 후 림프조직으로 옮겨가서 형질세포(plasma cell)로 전환된다. 형질세포는 항원 자극을 받으면 항체를 합성하여

호중구
백혈구의 한 종류로 감염된 조직으로 가장 먼저 이동하여 이물질을 공격

자연살세포
림프구에서 유래된 세포로 비특이적 방어기능만 수행

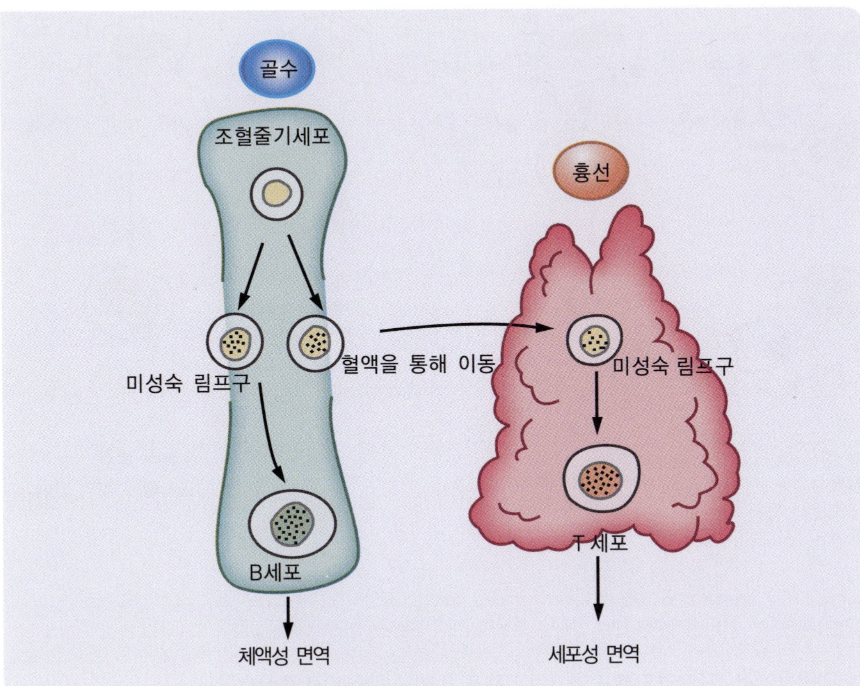

그림 15-1 B 세포와 T 세포의 형성

대식세포
혈액에 있는 단핵구가 조직으로 들어가서 크기가 커진 세포로서, 감염 후기에 대부분의 탐식작용을 담당

분비한다.

대식세포(macrophage)는 단핵구가 조직에 들어가 전환된 것으로서, 식균작용(phagocytosis)을 한다. 단핵구에서 유래하지는 않으나, 대식세포와 유사한 기능을 가진 세포들을 대식세포-유사세포라 한다.

비만세포(mast cell)는 특정 골수세포에서 유래하며 결합조직으로 이동하여 분화한다. 성숙한 비만세포는 호염기구와 유사한 기능을 하며, 히스타민

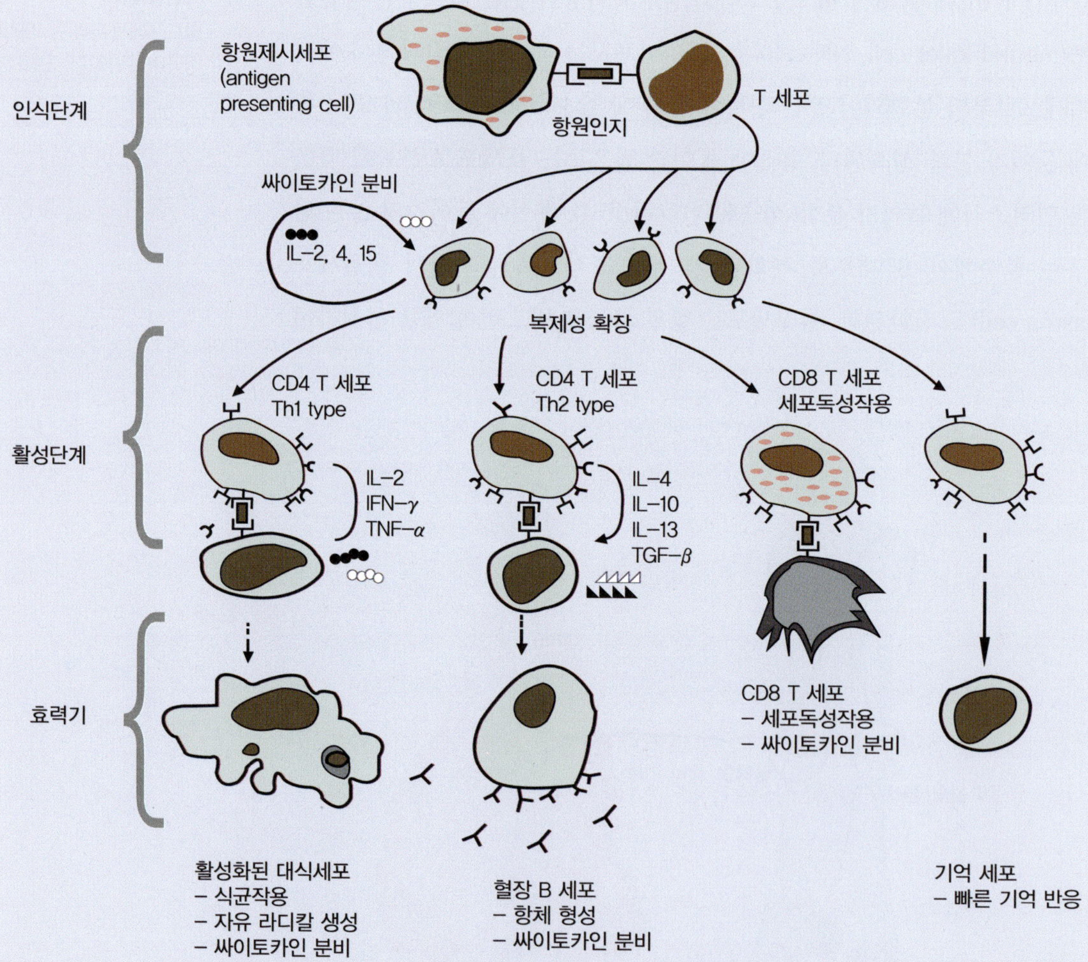

IL: interleukin, IFN-γ: interferon γ, TNF-α: tumor necrosis factor-α(종양괴사인자-α), TGF-β: transforming growth factor-β, Th1: T helper type 1(보조T 세포1), Th2: T helper type 2(보조T 세포2)

그림 15-2 면역반응에서 3단계의 T 세포 반응과 T 세포, B 세포, 대식세포의 상호작용
자료: Shankar AH. Present Knowledge in Nutrition, 9th ed. ILSI Press, pp.604-617, 2006

(histamine)과 같이 국소적으로 작용하는 화학 매개물질을 함유한 소포(vesicle)를 많이 갖고 있다.

그림 15-2는 면역반응 중 일어나는 3단계의 T 세포 반응과 T 세포, B 세포, 대식세포의 상호작용을 설명하고 있다. T 세포는 일단 말초에 도달한 후, 세포막에 있는 수용체에 의하여 병원체를 인식하게 되고(인식단계), 활성화되어 수없이 복제된다(활성단계). 이러한 현상을 복제성 확장(clonal expansion)이라고 하며 이 과정에서 상당량의 영양소를 필요로 한다. 이와 같이 활성화되고 복제된 세포들은 감염된 세포를 용해시키거나, 싸이토카인(cytokine)과 같은 면역 조절인자를 분비하거나 감염인자를 제거할 수 있는 항체를 만드는 등의 기능을 갖게 되는데 이 시기를 효력기(effector phase)라고 부른다. 이와 같은 복제성 확장과 병원체 제거과정을 거치는 동안, 많은 세포들은 주어진 임무를 마친 뒤 세포사멸과정을 통해 죽지만 일부는 기억세포로 변환되는데 나중에 같은 병원체에 반복 감염되었을 때 이 기억세포로 인해 더 빨리 대응할 수 있게 된다.

2 면역기능

면역기능은 외부의 물질 또는 유기체(생물)로부터 개체를 보호하기 위한 신체의 모든 방어수단을 의미한다. 면역계의 방어기전은 선천성 면역(innate immunity)과 후천성 면역(adaptive immunity)으로 나뉜다.

선천성 면역은 외부 침입물질의 종류를 구분하지 않고 무작위로 반응하는 비특이적 방어기전이며 감염에 대해 즉각적으로 보여주는 일차적 방어라인으로서 수 분 내지 수 시간 안에 작동을 개시한다. 피부에서 흔히 볼 수 있는 발적, 열, 부종과 염증들이 선천성 면역에 의해 일어나는 현상이다.

후천성 면역은 특정 침입물질에 대해서만 방어하는 특이적 방어기전이며 출생 시에 없던 면역이 살아가는 도중에 얻어지는 것으로, 병원균에 최초에 노출되는 경우 반응이 나타나기까지 수 일이 걸린다. 그러나 특정 병원체 또는 침입자에 대한 기억능을 가지고 있으므로, 감염이 반복될 경우 훨씬 빠른 속도로 대응할 수 있다.

2.1 선천성 면역

선천성 면역(innate immunity, 비특이적 면역)에는 1차적으로 피부와 점막이 관여한다. 피부의 가장 바깥층은 대부분의 세균이나 바이러스가 통과할 수 없는 단단한 방어층을 형성하며, 호흡기나 소화기 등과 같이 외부와 연결되어 있는 관에서는 점막이 외부 침입물질의 침투를 차단한다. 콧구멍의 털은 폐로 들어가는 공기를 걸러주고 호흡기의 점액은 먼지나 미생물을 제거하며 섬모는 점액을 호흡기 밖으로 밀어낸다. 위산은 음식물과 함께 들어온 대부분의 세균을 죽인다.

피부를 통과하거나 호흡기나 소화기를 침투해 들어온 미생물은 비특이적 방어기전에 관여하는 호중구, 단핵구, 대식세포, 자연살세포 등에 의해 처리된다. 그 외에 인터페론(interferon)과 보체(complement) 단백질들도 비특이적 방어기전에 관여한다.

인터페론
바이러스 억제인자로 바이러스로부터 숙주를 방어

보체
혈청 중에 있으며 효소와 같은 작용을 하는 20여종의 단백질로, 항원-항체 복합체나 어떤 종류의 다당류, 세포막에 의해 활성화되어 생체방어 기능을 발휘

싸이토카인은 림프구가 분비하는 물질로서, 대부분의 싸이토카인은 보조 T 세포(heper T cell)에 의해 생산된다. 싸이토카인은 조직의 국소부위에서 생산되어 세포 간의 신호전달을 매개하는 단백질로서 감염부위의 염증반응을 유도한다. 싸이토카인에는 인터루킨(interleukin), 인터페론, 종양괴사인자(tissue necrosis factor, TNF), 케모카인(chemokine) 등이 있다. 싸이토카인은 대부분 한 종류 이상의 면역세포에서 분비되며, 면역세포가 아닌 내피세포(endothelial cell)와 섬유아세포(fibroblast)에서도 분비된다. 싸이토카인은 면역세포의 증식과 성장 촉진, 면역반응 조절, 항암작용, 항바이러스 작용 등 다양한 기능을 한다. 염증반응은 주로 식균작용기능을 가진 호중구와 단핵 식세포계(mononuclear phagocyte system)에 의하여 이루어진다. 염증반응은 국소적인 방어기전으로서, 외래침입자를 파괴하거나 불활성화시켜서 조직 회복에 중요한 역할을 한다. 염증반응은 국소부종과 동시에 발적과 발열 증세를 동반하는데 이는 동맥혈이 손상된 조직으로 더 많이 이동되기 때문에 나타난다.

자연살세포(NK 세포)는 림프구로서 세포독성 T 세포의 일종이며 바이러스 감염에 대한 선천성 면역반응에 관여한다. NK 세포는 바이러스에 감염된 세

포에 의해 활성화된 후 표적세포의 막을 침투하여 구멍처럼 생긴 채널을 만드는 퍼포린(perforin)이라는 독성 분자를 분비함으로써 표적세포를 파괴한다. NK 세포는 일부 암세포를 공격하기도 한다.

보체는 혈장단백질로서, 식균작용 없이 미생물을 제거할 수 있다. 조직이 감염되면 하나의 보체 단백질(C1)이 활성화되고 이어서 두 번째 보체(C2), 그리고 세 번째 보체(C3)가 연달아 활성화되는 방식으로 여러 단계에 걸쳐 보체 활성화가 일어나게 된다. 보체계가 활성화되면 병원성 세균의 세포막을 뚫어 채널을 만들고, 채널을 통하여 물이 세균 내로 들어가면 이온균형이 깨져 세균이 죽게 된다.

2.2 후천성 면역

후천성 면역(adaptive immunity, 특이적 면역, 획득면역)은 출생 시에는 없던 면역이 출생 후 감염원에 노출됨으로써 후천적으로 얻어진 방어기전으로서, 특정 외부물질을 인식하고 그 물질에 대해서만 선택적으로 반응하는 항원특이적 반응이다. 1차 면역반응은 항원에 처음 노출되었을 때 일어나는 항체형성 반응이며, 이후 B 림프구와 T 림프구는 기억세포로 존재한다. 2차 면역반응은 동일한 항원이 다시 침입했을 때 기억세포가 활성화되어 항원에 대해 훨씬 빠르고 강하게 일어나는 면역반응이며, 예방접종(vaccination)에 이용된다. 후천성 면역에는 체액성 면역(humoral immunity)과 세포매개성 면역(cell mediatedimmunity)이 있다.

1) 체액성 면역

체액성 면역에 관여하는 B 세포는 항체(antibody)를 생산하여, 침입물질을 공격한다. 항체는 면역글로불린(immunoglobulin, Ig) 또는 감마글로불린(γ-globulin)으로 알려져 있으며, 사람에서는 IgG, IgA, IgM, IgD, IgE의 5가지 종류의 면역글로불린이 생성된다. 항체는 온몸을 순환하면서 항원과 결합하여 파괴할 대상으로 표지해 줌으로써 다른 면역세포들이 세균이나 이종세포를 공격하도록 유도한다.

IgG와 IgM는 항체의 대부분을 차지하며, 세포외액에 있는 바이러스나 세균에 대한 전반적인 특이적 면역반응을 제공한다. IgE는 기생충과 알레르기 반응에 관여한다. 비만세포의 수용체가 IgE와 항원에 결합되면 비만세포는 히스타민과 같은 화학 매개물질이 들어 있는 과립을 방출한다. IgA는 침, 눈물, 소화기와 호흡기 및 비뇨생식기의 점막, 모유에 존재하는 항체로서 이런 조직에서 IgA는 병원균이 체내에 침입하기 전에 무력화시킨다. IgD의 기능은 불분명하다.

항체는 미생물의 표면에 존재하는 항원과 결합하여 그 미생물을 직접 죽이는 것이 아니라, 호중구와 대식세포의 식균작용을 촉진하고 보체를 활성화하며 자연살세포 등과 같은 실질적인 살해기구와 미생물을 물리적으로 연결시켜 주는 역할을 한다.

2) 세포매개성 면역

세포매개성 면역에 관여하는 T 세포는 세포 내로 들어온 침입물질과 직접 싸우거나 B 세포가 항체를 만드는 일을 돕는 등의 역할을 한다. T 세포는 림프구의 약 70~80%를 차지하는 주된 림프구로서, CD8(cluster of differentiation 8) 세포와 CD4 세포로 구분된다.

CD8 세포는 세포독성(cytotoxicity)기능을 가지며, 바이러스와 같은 병원체에 의해 감염된 세포들을 인지하고 죽이는 역할을 한다. CD4 세포는 면역조절성 싸이토카인을 분비하는 기능을 가지고 있는데, 이들은 T 세포 성장촉진(IL-2, IL-15), B 세포에 의한 항체 생성 증진(IL-4, IL-13), 혹은 대식세포 기능 활성화(IFN-γ, TNF-α)에 관여하는 반면, Th2 세포는 대식세포 활성을 약화시키는 싸이토카인(IL-10, TGF-β)과 B 세포에 의한 항체 생산을 촉진하는 싸이토카인(IL-4, IL-13)을 생산한다. 그러므로 Th1과 Th2 유형 사이의 활성 균형으로 면역을 조정할 수 있다(그림 15-2). T 세포가 항원(antigen)에 노출되면 대사적 변화가 일어나고, 감지된 항원에 대한 특정 수용체를 운반하는 세포의 클론(clone)이 형성된다.

> **림포카인**
> 항원자극에 의해 활성화된 T 세포가 방출하는 단백질성 인자로 대식세포 활성인자와 화학주성인자 등이 포함됨

동일한 항원에 다시 노출될 경우, 적절한 항원 수용체를 갖는 T 세포에서 림포카인(lymphokine)이 방출되어 대식세포 등 다른 세포의 도움으로 항원

을 파괴시킨다. 세포매개성 면역은 피부과민 지연반응, 조직이식 거부반응, 세포독성 등에 관여한다.

보체계는 항원-항체 반응의 1차적인 증폭제로 작용한다. 일단 항체가 형성되면, 일종의 효소인 보체들이 활성화되어 항원으로부터 숙주를 방어하게 된다.

이와 같이 면역반응은 세포증식과 분화, 면역조절 물질의 합성과 분비, 수용체에 의한 인식과 결합, 각 세포의 특이적인 기능 발현 등의 대사과정을 포함하고 있으므로 각각의 경우에 관여되는 영양소에 문제가 생기면 면역기능이 저하된다.

3 면역반응의 영양적 조절

면역기능에 결함이 생기는 원인으로는 선천적인 것과 영양 불균형, 감염, 암 등에 의한 후천적인 것이 있는데, 후천적 결함의 가장 일반적인 원인은 영양 불균형이다.

3.1 단백질-에너지 영양불량

단백질-에너지 영양불량(protein-energy malnutrition, PEM)은 저개발국가에 만연되어 있는 문제이고, 이로 인해 면역기능이 감소됨에 따라 감염성 질환의 발병률이 증가된다. PEM 환자에서 가장 지속적이고 심한 영향을 받는 것은 세포매개성 면역으로 림프절, 편도선, 비장, 흉선 등의 림프조직이 위축되고, T 세포의 수와 기능이 저하된다. 편도선의 크기가 감소되는 현상은 영양불량에 대한 유용한 지표로 이용된다. 영양불량인 사람들은 상피조직이 잘 보존되지 못하며, 따라서 침입한 유기체에 대한 저항력이 더욱 감소한다. 영양결핍으로 초래된 면역학적 기능이상은 결핍된 영양소의 보충으로 개선되는데, 그림 15-3에서 영양결핍으로 감소된 T 세포가 영양상태가 호전됨에 따라 증가됨을 알 수 있다. 한편, PEM에서는 B 세포와 항체반응이 감소된다.

심한 마라스무스(marasmus)나 콰시오커(kwashiokor)에서의 면역기능 저

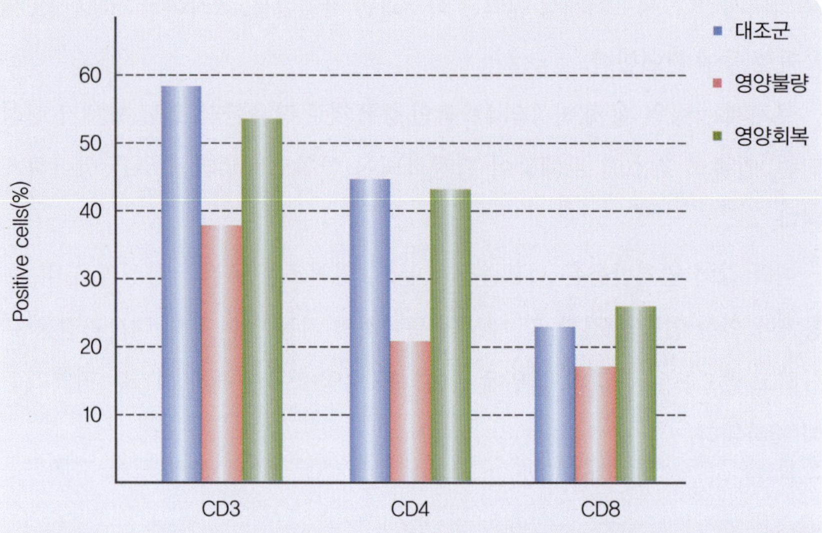

CD(cluster of differentiation)3, CD4, CD8: T 세포표면에 있는 수용체 또는 보조수용체

그림 15-3 영양결핍과 영양회복에 따른 면역기능(T 세포)의 변화

하에 대해 많은 연구가 이루어진 것과는 달리 가벼운 영양결핍에 대해서는 많이 연구되어 있지 않다. 그러나 가벼운 영양결핍 상태가 장기간 지속될 때에도 면역능력이 손상될 수 있으므로, 이에 대한 주의도 게을리 하지 말아야 한다.

면역기능의 손상 정도는 영양불량의 심각도, 감염여부, 영양결핍 개시 연령 등에 따라 다르다. 특히, 입원환자는 영양불량에 의한 면역기능의 억제가 질병의 주된 요인 중 하나이다. 그러나 영양상태가 좋아지면 면역능력이 개선되거나 감염에 대한 위험이 저하된다. 신생아와 노인은 면역반응이 저하되어 감염성 질환에 걸리기 쉽다. 이때에 영양불량이 공존하게 되면 면역기능은 더욱 저하되고 더 오래 지속된다.

3.2 과잉 영양

현대사회에서 영양불량의 가장 흔한 유형은 과잉 영양이나 비만이며, 면역기전에 영향을 미친다. 비만한 사람들은 호흡기 감염과 수술 후 패혈증 발병률이 높으며, 유전적으로 비만한 동물이나 사람의 경우 면역기능이 저하된다.

비만은 당뇨병 발현을 촉진시켜 면역상태에 변화를 준다. 고지혈증은 비만한 사람에게 가장 빈번하게 발생되는 질병으로, 림프구의 반응 저하가 일어나는 등 면역반응에 영향을 미친다. 최근에는 비만인의 간에서 선천성 면역에 중요한 자연살세포의 감소가 보고되었다.

3.3 특정 영양소의 불균형과 면역반응

사람의 경우 영양불량(결핍 또는 과잉)은 보통 복합적으로 발생되며, 개별 영양소의 불균형은 비교적 드문 편이므로, 개별 영양소와 면역의 상관관계에 관한 연구는 주로 실험동물을 통해 이루어지고 있다. 일반적인 면역기능에 있어서 특정 영양소와의 관련성이 표 15-1에 요약되어 있다.

1) 단백질

동물실험에 의하면 단백질 결핍 시 면역기능이 손상되는 것으로 나타났다. 단백질의 양적인 면과 질적인 면에서의 불량 모두 면역능력에 영향을 미친다. 사람의 경우 단백질만 결핍되는 경우는 드물지만, 가벼운 저알부민혈증 환자에서는 체액성 면역, 세포매개성 면역, 보체계 등에 결함이 생긴다. 아미노산 중에 글루타민은 면역영양소로 보고되고 있으며, 패혈증환자에서 항염증반응을 나타내었다.

표 15-1 일반적인 면역기능에서 특정 영양소와의 관련성

	체액성 면역	장벽과 상피보전	세포매개성 면역	싸이토카인 생성
단백질-에너지 영양불량	O	O	O	O
비타민 A	O	O	O	O
아연	O	O	O	O
셀레늄			O	O
다중불포화지방산			O	
비타민 E	O		O	
비타민 C			O	
비타민 B_6	O	O	O	
비타민 B_1		O		
철	O		O	

2) 지질

지질의 양과 질이 면역기능에 미치는 영향에 관한 연구는 섭취 부족보다는 주로 과잉 섭취에 중점을 두었고, 포화지방산, 다중불포화지방산, 필수지방산, 콜레스테롤, 인지질 등과의 관련성이 연구되었다.

필수지방산이 결핍될 경우, 실험동물의 림프선이 위축되고 항체 반응은 저하된다. 그러나 다중불포화지방산을 과잉 섭취할 경우, 림프선 위축, T 세포 면역반응의 저하 등 오히려 면역기능이 억제되나, 정상수준으로 감소시키면 저하된 면역기능이 회복된다. 다중불포화지방산이 면역반응을 억제하는 기전은 확실히 밝혀지지 않았으나, 부분적으로는 다중불포화지방산에서 유래된 프로스타글란딘(prostagladins, PG)에 의한다. 즉, n-6계 지방산인 아라키돈산과 리놀레산의 섭취를 증가시킬 경우 면역억제 특성을 갖는 PG 합성이 증가되어 면역이 억제된다. 동물실험에서 혈청 콜레스테롤이 증가되면 감염률이 증가하는데, 이는 세포막의 콜레스테롤 양이 증가되므로 세포막의 유동성이 감소되어 세포기능이 저하되기 때문이라고 한다. 한편, n-3계 지방산인 eicosapentaenoic acid(EA)와 docosahexaenoicacid(DHA)가 T 세포의 이동을 증가시키는 metalloproteinase-9의 활성을 감소시키는 것으로 보아 n-3계 지방산이 다발성 경화증(multiplesclerosis) 환자에게 유용하리라는 가능성이 제시되었다. 또한 n-3계 지방산이 염증에 대한 억제작용이 있으며, 아토피 피부염과 알레르기 질환이 있는 여성의 혈청과 모유에서 n-3계 지방산인 DHA 함량이 낮음이 보고되었다.

3) 비타민

(1) 비타민 A

비타민 A는 결핍 시 감염 가능성이 높아지고, 상피세포의 변화와 더불어 세포매개성 면역과 체액성 면역능력이 모두 저하된다. 이때 식이에 비타민 A를 첨가하면 T 세포와 대식세포, 자연살세포의 활성이 증가되는 등 면역능력이 회복된다. 비타민 A 결핍은 특히 림프조직과 말초혈액에서의 CD4 T 세포를 감소시키며, 혈액 내 중성구도 감소시킨다. 비타민 A는 T 세포와 B 세포의 활성에 관여한다. 또한 비타민 A 결핍은 Th1의 활성화를 도모하여 Th1-Th2 균형에 장애를 일으킨다. 비타민 A인 레티노산(retinoic acid)를 경구투여하면 HIV-1 백신의 성공률이 증가되는 것으로 보아 면역치료를 위한 백신치료에 레티노산을 사용할 수 있을 것으로 보고되었다.

(2) 비타민 D

비타민 D는 T 세포 증식을 유도하며, 대식세포와 호중구에서 침입한 미생물을 죽이는 펩티드인 항미생물펩티드(antimicrobial peptide) 생성을 돕는다. 크론병 환자에게 비타민 D를 투여한 경우, CD4 T 세포의 증식이 증가하였다. 패혈증 환자나 정상인 모두에서 혈장 비타민 D(25-hydroxyvitamin D) 농도는 항미생물펩티드인 cathelicidin(LL-37)의 혈장 농도에 비례하였는데, 이는 비타민 D가 병원미생물의 활성을 억제하는 작용이 있음을 시사한다(그림 15-4).

(3) 비타민 E

비타민 E는 면역작용을 자극하는 효과가 있어, 비타민 E 결핍 시 실험동물의 면역 글로불린 양과 피부과민 지연반응이 감소하는 등 면역반응이 손상된

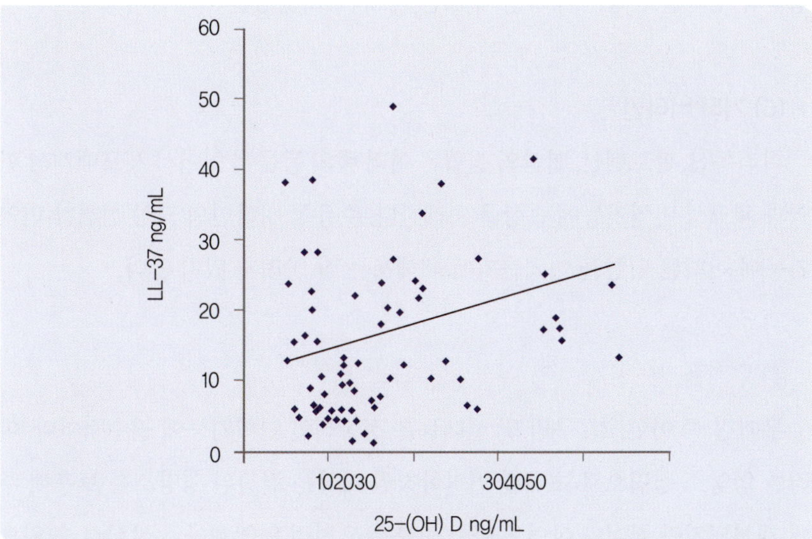

그림 15-4 혈장 비타민 D 농도와 혈중 항 미생물펩티드인 LL-37 농도의 양성적 상관관계
자료: Jeng et al. J Trans Med 2009

다. 비타민 E 결핍 동물에 비타민 E를 보충하면 보충량의 증가에 따라 면역기능이 향상되는데 비타민 E가 어떻게 면역기능을 활성화시키는가에 대한 한 가설은 다음과 같다. T 세포는 PG에 의해 활성이 저해되는데 비타민 E는 PG 합성을 감소시켜 T 세포가 정상적인 기능을 할 수 있도록 돕는다는 것이다. 결과적으로 비타민 E 결핍은 B 세포와 T 세포매개성 면역능을 손상시킨다. 비타민 E는 권장량보다 많이 섭취했을 때, 최소한 일시적일지라도 면역능을 증가시키는 영양소이다.

(4) 비타민 C

비타민 C는 주로 체액에 존재하는 수용성 항산화제로서, 비타민 E 등의 다른 항산화제의 효과를 보완하거나 상승시키는 작용을 한다. 비타민 C는 식세포작용에 중요하므로, 결핍 시 식세포작용이 손상된다. 비타민 C는 인테페론 감마 같은 Th1 싸이토카인 생성을 증가시킨다.

(5) 비타민 B_6

비타민 B_6는 아미노산 합성과 대사에 필수적으로 이용되므로, 항체와 싸이토카인 합성에 관여한다. 동물 및 인체 연구에서 비타민 B_6 결핍이 림프구의 성장과 성숙을 손상시키고 항체 생산 및 T 세포 활성을 억제한다고 한다.

(6) 기타 비타민

피리독신, 판토텐산, 엽산의 결핍은 여러 종의 동물에 있어서 세포매개성 면역과 체액성 면역기능에 손상을 초래한다. 수용성 비타민의 과잉 섭취가 면역기능에 어떠한 영향을 미치는지에 대해서는 잘 알려져 있지 않다.

4) 무기질

무기질 중 아연, 철, 구리 및 셀레늄은 정상적인 면역기능에 필수적이다. 이러한 영양소 결핍으로 초래된 면역학적인 이상은 결핍된 영양소를 보충해 주면 개선되지만 철이나 아연의 과량 보충은 오히려 면역계를 손상시킬 수 있으므로 주의해야 한다.

(1) 철

철은 숙주의 적절한 면역기능에 필수적일 뿐만 아니라, 세균의 증식과 성장에도 필요하므로 철 섭취를 지나치게 증가시키면 세균의 증식과 성장을 촉진시켜 감염을 오히려 악화시킬 수 있다.

(2) 아연

아연의 경우도 철과 마찬가지로 결핍 혹은 과잉되면 림프조직 위축증과 면역반응 저하 등이 나타난다. 특히, 아연을 함유한 DNA 합성 효소인 terminal deoxyribonucleotidyl transferase가 흉선에 존재하므로, 아연이 결핍될 경우 흉선의 DNA량이 감소되어 흉선과 관계된 세포매개성 면역능력이 저하된다. 또한 아연 결핍 시 흉선과 골수에서 T 세포와 B 세포의 전구체 세포사멸이 증가되고, 결국 T 세포와 B 세포의 생성이 감소된다. 태아기 혹은 출산 직후의 아연 결핍은 면역계의 정상적인 발달을 지연시킨다. 그러나 식이를 통해 적절한 양의 아연을 공급하면 면역기능이 정상으로 회복될 수 있다. 아연 결핍 시 싸이토카인 활성에 대한 림프구의 반응이 저하되고, 대식세포와 중성구의 탐식기능 역시 감소한다.

(3) 셀레늄

셀레늄은 세포의 항산화에 관여하는 글루타티온 과산화효소(glutathione peroxidase)의 중요한 구성 성분이므로 대식세포나 중성구와 같이 자유라디칼을 생산하거나 혹은 산화적 스트레스에 상당량 노출되는 세포들에서 중요하게 작용한다. 셀레늄 결핍은 체액성 및 세포성 면역기능 저하를 초래하며 셀레늄을 공급해 주면 면역계가 다시 활성화된다. 콕사키바이러스에 의해 유도된 심근염(coxsackievirus-induced myocarditis)을 가진 셀레늄 결핍 쥐는 감염에 의한 심근손상이 정상 쥐보다 심하며, 셀레늄 결핍 쥐로부터 분리해낸 바이러스가 더욱 악성 형태로 형질이 변환되었다.

요약

1 면역계는 흉선, 골수 등의 1차 림프기관과 림프절, 비장, 편도선, 분산림프조직(소화관, 호흡기관, 생식기관, 비뇨기관의 내벽) 등 2차 림프기관으로 이루어진다. 대표적인 면역세포는 백혈구이며, 혈액을 통해 기능을 수행할 장소로 이동한다. 면역반응의 가장 중요한 주체는 백혈구 중에서 림프구이다.

2 면역기능은 외부의 물질 또는 유기체(생물)로부터 개체를 보호하기 위한 신체의 모든 방어수단을 의미한다. 면역계의 방어기전에는 외부 침입물질의 종류를 구분하지 않고 무작위로 반응하는 비특이적 면역(선천성 면역)과 특정 침입자에 대해서만 방어하는 특이적 면역(후천성 면역)이 있다.

3 비특이적 면역은 1차적으로 피부와 점막, 2차적으로 호중구, 단핵구, 대식세포, 자연살세포, 인터페론, 보체 단백질들에 의해 이루어진다. 특이적 면역에는 B 세포가 관여하여 항체를 만드는 체액성 면역과 T 세포가 관여하는 세포매개성 면역이 있다.

4 면역기능에 결함이 생기는 원인으로는 선천적인 것과 영양 불균형, 감염, 암, 종양 등에 의한 후천적인 것이 있는데, 후천적 결함의 가장 일반적인 원인이 영양결핍이다.

5 단백질-에너지 영양불량(PEM)에서는 림프조직이 위축되고, T 세포의 수와 기능이 저하되며 과잉 영양이나 비만도 면역기능을 저하시킨다.

6 동물실험에 의하면 단백질의 양적, 질적 결핍 시 면역기능이 손상된다. 필수지방산 결핍은 실험동물의 림프선 위축과 항체 반응 저하를 가져오지만 다중불포화지방산을 과잉 섭취할 경우, 림프선 위축, T 세포 면역반응의 저하 등 오히려 면역기능이 억제된다.

7 비타민 A가 결핍되면 상피세포의 변화와 더불어 세포매개성 면역과 체액성 면역능력이 모두 저하된다. 비타민 E가 결핍된 실험동물은 면역글로불린과 피부과민 지연반응이 감소하나 비타민 E가 과량인 경우에도 면역기능이 저하된다. 비타민 D는 T 세포 증식을 유도하며, 대식세포와 호중구의 항미생물펩티드 생성을 돕는다.

8 피리독신, 판토텐산 및 엽산의 결핍은 여러 종의 동물에서 세포매개성 면역과 체액성 면역기능에 손상을 초래하며 비타민 C는 식세포작용에 중요하므로, 결핍 시 식세포작용이 손상된다.

9 아연, 철, 구리 및 셀레늄은 면역의 통합과 최적 기능에 필수적이다. 아연은 T 세포와 B 세포 생성에 관여하며 셀레늄은 항산화 효소인 글루타티온 과산화효소를 구성하므로, 자유라디칼을 생산하거나 산화적 스트레스에 상당량 노출되는 대식세포나 중성구를 보호한다. 그러나 철이나 아연의 과량 보충은 면역계를 손상시킬 수 있으므로 주의해야 한다.

참고문헌

- 민혜선, 장경자, 권오란, 이선영, 이홍미, 김현아. 인체생리학. 양서원, pp.265-286, 2011
- 한용봉, 김미라, 이재학, 황은희. 최신영양생리학. 효일, pp.305-335, 2002
- Bendix-Struve M, Bartels LE, Agnholt J, Dige A, J,rgensen SP, Dahlerup JF. Vitamin D3 treatment of Crohn's disease patients increases stimulated T cell IL-6 production and proliferation. Aliment Pharmacol Ther 32(11-12):1364-1372, 2010
- Chandra RK. Immunodeficiency in undernutrition and overnutrition. Nutr Rev 39:255-231, 1981
- Chandra. RK. Nutrition and immunology : from the clinic to cellular biology and back again. Proc Nutr Soc Aug; 58(3):681-683, 1999
- Chandra. RK. Nutrition and the immune system : an introduction. Am J Clin Nutr 66:460S-463S, 1997
- Jeong YJ, Hong SW, Kim JH, Jin DH, Kang JS, Lee WJ, Hwang YI. Vitamin C-treated murine bone marrow-derived dendritic cells preferentially drive native T cells into Th1 cells by increased IL-12 secretions. Cell Immunol 266(2):192-199, 2011
- Jeng L, Yamshchikov AV, Judd SE, Blumberg HM, Martin GS, Ziegler TR, Tangpricha V. Alterations in vitamin D status and anti-microbial peptide levels in patients in the intensive care unit with sepsis. J Trans Med 7:28, 2009
- Johanson S, Wold AE, Sandberg AS. Low breast milk levels of long-chain n-3 fatty acids in allergic women, despite frequent fish intake. Clin Exp Allergy 41(4):505-515, 2011
- Kaufman DR, De Calisto J, Simmons NL, Cruz AN, Villablanca EJ, Mora JR, Barouch DH. Vitamin A deficiency impairs vaccine-elicited gastrointestinal immunity. J Immunol 187(4):1877-1883, 2011
- Kim H. Glutamine as an immunonutrient. Yonsei Med J 52(6):892-897, 2011
- Lautenbach A, Breitmeier D, Kuhlmann S, Nave H. Human obesity reduces the number of hepatic leptin receptor(ob-R) expressing NK cells. Endocr Res 36(4):158-166, 2011
- Meydani SN and Han SN. Nutrient regulation of immune response: The case of vitamin E. In Present Knowledge in Nutrition, 9th ed, ILSI Press, pp.585-603, 2006

- Misawa Y, Baba A, Ito S, Tanaka M, Shiohara M. Vitamin D(3) induces expression of human cathelicidin antimicrobial peptide 18 in newborns. Int J Hematol 90(5):561-570, 2009
- Ross AC, Chen Q, Ma Y. Vitamin A and retinoic acid in the regulation of B-cell development and antibody production. Vitam Horm 86:103-126, 2011
- Shankar AH. Nutritional modulation of immune function and infectious disease. In Present Knowledge in Nutrition, 9th ed. ILSI Press, pp.604-617, 2006
- Shinto L, Marracci G, Bumgarner L, Yadav V. The effects of omega-3 fatty acids on matrix metalloproteinase-9 production and cell migration in human immune cells: implications for multiple sclerosis. Autoimmune Dis 2011:ID 134592, 2011
- Zhang C, Zhao L, Ma L, Lv C, Ding Y, Xia T, Wang J, Dou X. Vitamin D status and expression of vitamin D receptor and LL-37 in patients with spontaneous bacterial peritonitis. Dig Dis Sci 57:182-188, 2012

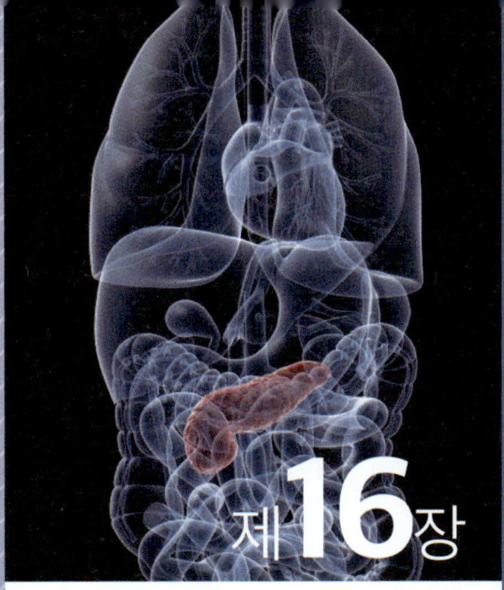

제16장 호르몬과 영양

제16장 호르몬과 영양

다세포 생물체는 생존하기 위해서 체내·외부 환경의 변화에 적응하여 항상성(homeostasis)을 유지하며 체조직 간에 정보를 통합하여 조절하는 기전이 필요한데, 이는 신경계와 내분비계를 통해 이루어진다. 내분비계의 조절작용은 다양한 내분비선(endocrine gland)에서 분비되는 호르몬에 의해서 일어난다.

항상성
생물체가 최적의 생존조건을 맞추면서 안정성을 유지하려는 조절과정

내분비선
호르몬을 만드는 샘

1 내분비선의 특징

호르몬(hormone)은 내분비선에서 합성되어 혈액을 통해 표적세포(target cell)로 이동한 후 생리작용을 나타낸다. 효소, 눈물, 침 등을 분비하는 외분비선과 달리 내분비선에는 합성된 호르몬을 운반하는 도관(duct)이 존재하지 않아서 호르몬이 직접 혈액으로 분비된다. 특정 호르몬이 특정 표적세포로 모일 수 있는 것은 표적세포에 호르몬을 인식하는 수용체(receptor)가 존재하기 때문이며, 수용체에 호르몬이 결합함으로써 호르몬의 작용이 시작된다. 인체의 내분비선은 시상하부, 뇌하수체, 갑상선, 부갑상선, 부신, 췌장, 신장, 고환, 난소 등에 널리 분포하고 있다.

표적세포(target cell)
호르몬이 작용하는 세포

2 호르몬의 화학적 분류

2.1 펩티드호르몬

자연계에 존재하는 상당수의 호르몬은 펩티드호르몬(peptide hormone)으로 펩티드의 길이는 호르몬 종류에 따라 다양하다. 호르몬 분비세포에서 합성된 프리프로호르몬(pre-prohormone)은 소포체에서 프로호르몬(prohormone)으로 전환된 후 골지체로 이동하여 이곳에서 최종 호르몬으로 전환되어 필요할 때 분비된다. 펩티드호르몬에는 항이뇨호르몬, 인슐린, 글루카곤, 성장호르몬, 부갑상선호르몬 등이 있다.

2.2 아민호르몬

아민호르몬(amine hormone)은 아미노산인 티로신의 유도체들이며 에피네프린, 노르에피네프린, 도파민 등의 카테콜라민과 갑상선호르몬이 대표적이다.

2.3 스테로이드호르몬

스테로이드호르몬(steroid hormone)은 콜레스테롤로부터 합성되며 주로 부신피질, 고환, 난소, 황체, 태반에서 합성된다. 에스트로겐, 프로게스테론, 테스토스테론, 코티솔, 알도스테론, 칼시트리올 등이 있다.

표 16-1에는 호르몬의 주요 작용과 화학적 분류가 요약되어 있다.

3 호르몬 분비조절

3.1 음성되먹임 조절

혈액 내 호르몬 수준은 다양한 항상성 유지 기전을 통해서 조절되는데, 일

표 16-1 호르몬의 주요 작용과 화학적 분류

내분비선	호르몬	화학적 분류	주요 작용
시상하부	갑상선자극호르몬-방출호르몬	펩티드	갑상선자극호르몬 분비 촉진
	부신피질자극호르몬-방출호르몬	펩티드	부신피질자극호르몬 분비 촉진
	생식선자극호르몬-방출호르몬	펩티드	여포자극호르몬과 형체형성 호르몬 분비 촉진
	성장호르몬-방출호르몬	펩티드	성장호르몬 분비 촉진
	소마토스타틴	펩티드	성장호르몬 분비 억제
	프로락틴억제호르몬	아민	프로락틴 분비 억제
뇌하수체 전엽	갑상선자극호르몬	펩티드	갑상선호르몬 분비 촉진
	여포자극호르몬	펩티드	고환에서 정자 형성 촉진
			펩티드
	황체형성호르몬	펩티드	고환에서 테스토스테론 합성 촉진
			펩티드
	부신피질자극호르몬	펩티드	부신피질 스테로이드호르몬 분비 촉진
	성장호르몬	펩티드	단백질 합성 및 성장 촉진
	프로락틴	펩티드	유즙 생성 촉진
뇌하수체 후엽	옥시토신	펩티드	유방에서 유즙 분비 및 자궁 수축 촉진
	항이뇨호르몬(바소프레신)	펩티드	신장에서 수분 재흡수 촉진, 혈관 수축
갑상선	티록신, 티로닌	아민	골격 성장, 산소 소모율, 열 발생, 탄수화물, 단백질, 지질 이용 증가, 중추신경계 발달 촉진
	칼시토닌	펩티드	혈청 칼슘 농도 감소
부갑상선	부갑상선호르몬	펩티드	혈청 칼슘 농도 증가
부신피질	코티솔	스테로이드	포도당 신생과정 촉진, 항염증 작용, 면역 억제 작용
	알도스테론	스테로이드	신장 Na^+ 재흡수, K^+ 와 H^+ 배설 촉진
	안드로겐	스테로이드	약한 남성호르몬 작용, 여성의 음모, 겨드랑이털 발달
부신수질	노르에피네프린, 에피네프린	아민	스트레스에 대한 반응, 대사율 증가, 심혈관 작용 항진
췌장	인슐린	펩티드	혈당 감소
	글루카곤	펩티드	혈당 증가
신장	레닌	펩티드	안지오텐시노겐을 안지오텐신으로 전환
	칼시트리올	스테로이드	소장 칼슘 흡수 증가, 뼈 석회화 촉진
고환	테스토스테론	스테로이드	정자 형성, 남성의 2차 성징 발현 촉진
난소	에스트라디올(E_2)	스테로이드	여성 생식기 발달, 월경주기 여포기 조절, 유방 발달, 임신 유지
	프로게스테론	스테로이드	월경주기 황체기 조절, 유방 발달
태반	사람융모성 생식선자극호르몬	펩티드	임신 초기 황체에서 에스트로겐, 프로게스테론 합성 촉진
	에스트리올(E_3)	스테로이드	난소 에스트라디올과 동일
	프로게스테론	스테로이드	난소 프로게스테론과 동일

반적으로 최종 산물(호르몬)이 앞 단계의 반응을 억제함으로써 최종 산물을 더 이상 분비하지 못하도록 통제하는 음성되먹임(negative feedback) 조절이 적용된다. 시상하부-뇌하수체-내분비선을 축으로 분비되는 갑상선호르몬, 코티솔, 성호르몬들의 경우 시상하부에서 분비되는 자극호르몬방출호르몬(또는 억제호르몬)들이 뇌하수체 전엽에서 분비하는 자극호르몬 분비를 조절하고 이는 각각 갑상선, 부신, 생식선 등에서 분비되는 최종 호르몬의 분비를 조절한다. 그러나 표적기관에서 합성된 호르몬 농도가 조절되면 음성되먹임 작용에 의해 뇌하수체 전엽호르몬(짧은 loop)이나 시상하부호르몬(긴 loop)의 합성이 저지되어 결과적으로 표적기관에서의 호르몬 분비가 감소된다. 예를 들어 갑상선호르몬은 시상하부에서 갑상선자극호르몬방출(thyrotropin releasing hormone, TRH)이 분비되면 뇌하수체 전엽에서 갑상선자극호르몬(thyroid stimulating hormone, TSH)이 분비되어 갑상선을 자극하여 갑상선호르몬(T_3, T_4) 분비를 촉진한다. 시상하부-뇌하수체 전엽-갑상선으로 연결된 자극의 축은 갑상선호르몬의 음성되먹임조절에 의해 균형을 유지하게 되는데

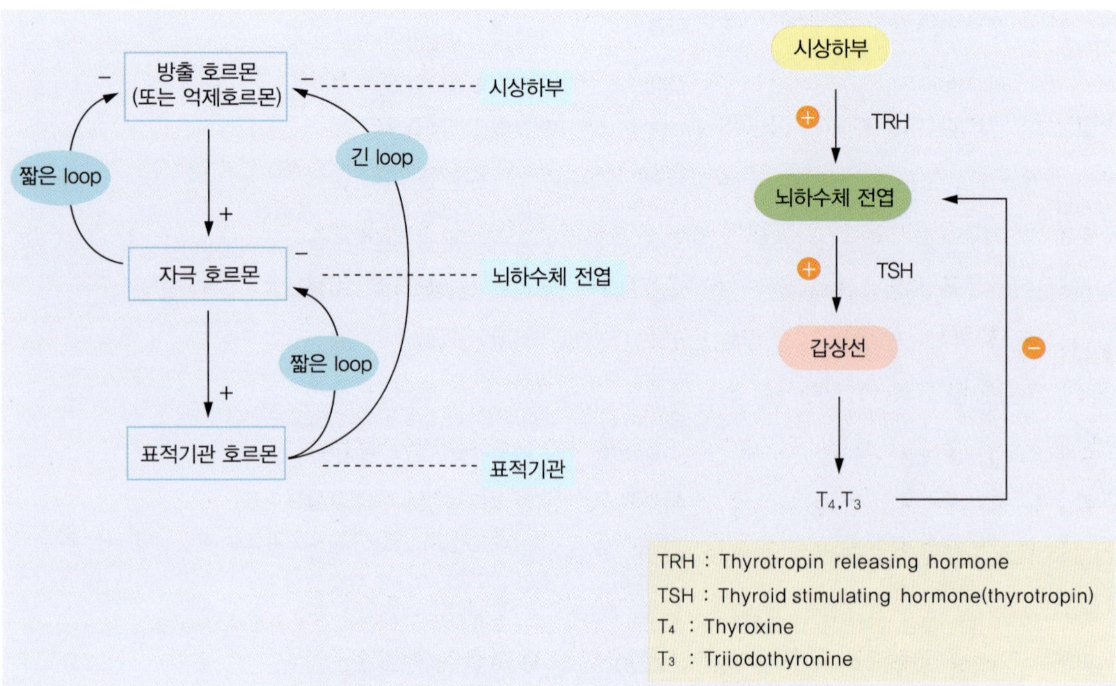

그림 16-1 호르몬의 음성되먹임 조절과 그 예 (갑상선호르몬 조절)

TRH에 대한 뇌하수체 전엽의 반응을 감소시킴으로써 갑상선호르몬 농도를 조절한다(그림 16-1).

3.2 혈액 내 영양 성분에 의한 조절

혈중 영양 성분 농도에 의해서도 호르몬 분비가 조절되는데 결과적으로는 분비된 호르몬이 혈액 영양 성분의 항상성을 유지시키는 작용을 한다. 혈당 농도에 의해서 분비가 조절되는 인슐린, 글루카곤과 혈청 칼슘 이온 농도에 의해 조절되는 부갑상선호르몬과 칼시토닌을 예로 들 수 있다.

3.3 신경세포에 의한 조절

신경세포는 내분비선의 호르몬 분비를 조절할 수 있다. 예를 들어 인체가 스트레스를 받으면 교감신경계의 영향으로 부신수질에서 에피네프린과 노르에피네프린이 분비된다. 또한 뇌하수체에서 분비되는 다양한 호르몬들이 시상하부의 신경세포의 통제를 받아 분비가 조절된다.

4 호르몬 작용 기전

혈액의 호르몬 농도는 매우 낮은 반면 구조적으로 유사한 분자들(스테롤, 단백질 등)의 농도는 수십~수천 만 배 더 높고, 호르몬의 종류가 다양함에도

표 16-2 수용체 위치에 따른 호르몬의 분류

	호르몬 수용체의 위치	
	세포 내(세포질이나 핵)	세포 표면(세포막)
종류	스테로이드호르몬, calcitriol(비타민 D_3), 갑상선호르몬	펩티드와 단백질호르몬, 카테콜아민
용해성	친유성	친수성
운반단백질	있다	없다
혈청에서의 반감기	길다(수 시간~수 일 내)	짧다(수 분 내)
매개체	수용체-호르몬 복합체	c-AMP, c-GMP, Ca^{2+}, IP_3 등

불구하고 특정 호르몬이 특정 표적세포에 작용할 수 있는 것은 각 호르몬과 특이적으로 결합하는 수용체가 표적세포에 있기 때문이다. 결합하는 호르몬의 종류에 따라 수용체 위치와 구조 및 작용 기전이 다양하다(표 16-2).

4.1 세포막 수용체

펩티드호르몬과 카테콜아민 등의 친수성 호르몬들이 표적세포 막을 통과하기 위해서는 세포막에 위치한 수용체와 결합해야 한다. 호르몬-수용체 복합체는 세포막에 위치한 G-단백질을 활성화시켜서 인접한 단백질인 아데닐릴사이클라아제(adenylyl cyclase) 또는 포스포리파아제 C(phospholipase C)로 하여금 각각 c-AMP와 이노시톨삼인산(IP_3), Ca^{2+} 등의 2차 전령(second messenger)을 생성하게 한다. 따라서 1차 전령에 해당하는 호르몬의 신호를 2차 전령인 cAMP, IP_3, Ca^{2+} 등이 받아 세포 내 생리작용을 조절한다.

4.2 세포 내 수용체

소수성인 스테로이드호르몬과 갑상선호르몬은 분비된 후 운반단백질과 결합하여 표적조직까지 운반되고, 운반단백질에서 분리되어 표적세포의 세포막을 통과하여 세포질이나 핵에 존재하는 수용체와 결합하여 그 기능을 수행한다. 스테로이드호르몬 수용체는 대부분 세포질에 있고, 갑상선호르몬 수용체는 핵 안에 있어 호르몬-수용체 복합체가 형성된 후 핵 내에서 DNA의 특정 부위에 결합하여 전사인자로서 특정 단백질 발현을 조절한다. 따라서 세포막 수용체와 결합하여 2차 전령을 통해 단시간 내에 작용을 나타내는 펩티드호르몬(수 분 내)에 비해 이들 호르몬의 작용은 서서히 일어난다(수 시간 내).

5 에너지 대사 조절 호르몬

에너지 영양소의 대사는 다양한 호르몬에 의해서 조절되며 신체의 에너지

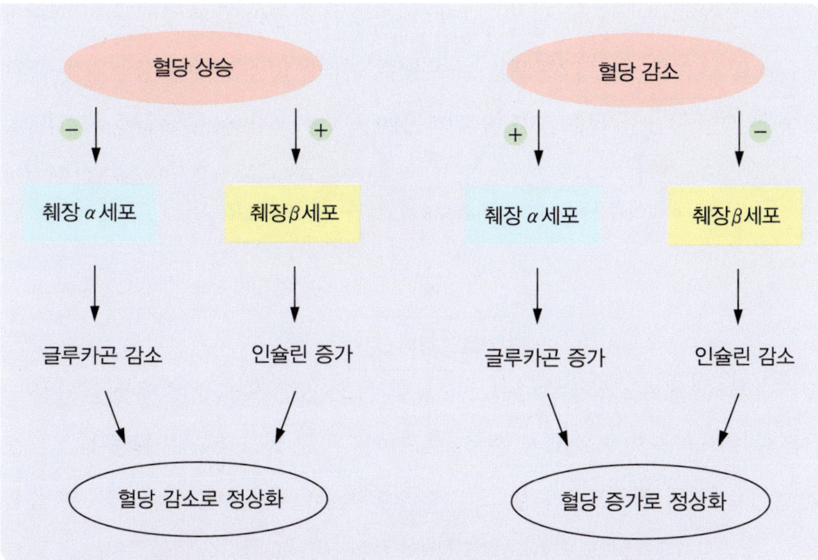

그림 16-2 혈당농도에 미치는 인슐린과 글루카곤의 상호작용

요구상태에 따라 동화작용 및 이화작용의 대사과정 사이를 오가며 조절작용을 한다. 특히 체내 에너지 대사 조절은 췌장 내분비세포인 랑게르한스섬의 β 세포에서 분비되는 인슐린과 α세포에서 분비되는 글루카곤의 역할이 지배적이다. 그림 16-2는 혈당 농도에 미치는 인슐린과 글루카곤의 상호작용을 나타낸 것이다.

5.1 인슐린

식사 직후 인슐린은 흡수된 포도당, 지방산, 아미노산이 혈액에서 조직으로 운반되도록 하여 혈액 중에서의 농도를 낮출 뿐만 아니라 이들 영양소들이 조직 내에서 각각 글리코겐, 중성지방, 단백질로 저장되도록 한다. 췌장 β세포에서 인슐린이 분비되기 위한 가장 중요한 자극은 증가된 혈당 농도이다. 이 외에도 고단백 식사 후에 증가된 혈중 아미노산 농도, 자율신경계, 소화기관 호르몬 등에 의해서 인슐린 분비는 조절된다(그림 16-3).

탄수화물, 단백질, 지질 대사에 미치는 인슐린의 작용은 다음과 같다.

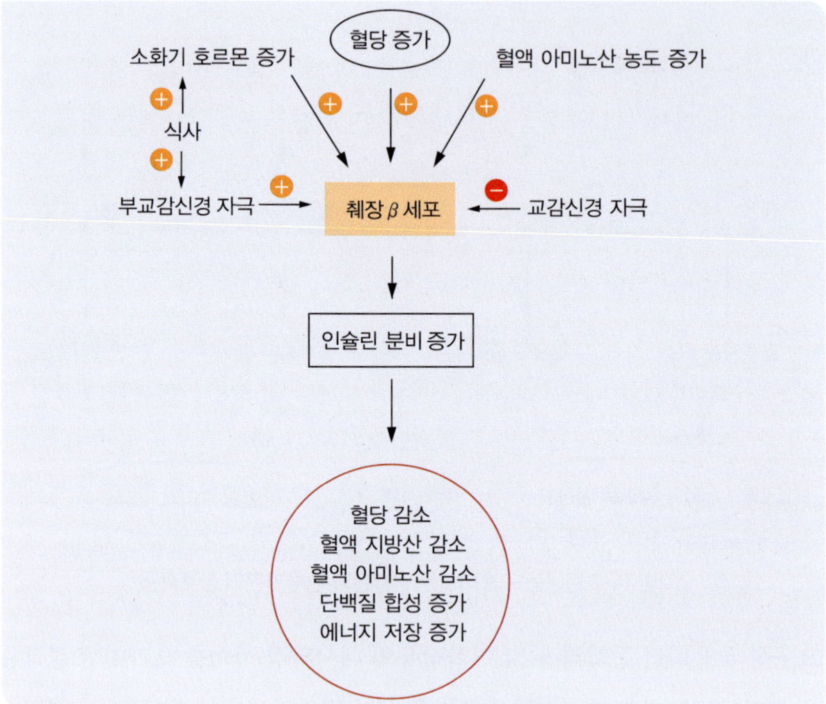

그림 16-3 인슐린의 분비조절

1) 탄수화물 대사

① 인슐린은 조직 내로의 포도당 운반을 촉진한다. 혈액과 세포 간의 포도당 운반은 세포막에 존재하는 여러 종류의 포도당 운반체(glucose transporter 1~6, GLUT1~6)에 의해서 이루어지는데 뇌, 간, 운동중인 근육 등과 같이 포도당이 항상 지속적으로 공급되어야 하는 조직을 제외한 대부분의 조직에서는 포도당이 GLUT4에 의해 운반되는데 GLUT4는 인슐린에 의해 조절받는 유일한 포도당 운반체이다.

② 인슐린은 간과 골격근에서 포도당으로부터 글리코겐 합성을 촉진하는 한편, 글리코겐의 분해를 억제하여 탄수화물의 저장을 돕는다.

③ 인슐린은 단백질 분해로 인해서 혈액 중의 아미노산이 간으로 유입되는 것을 막아 포도당신생을 억제함으로써 간에서 포도당 유출을 막아준다.

2) 지질 대사

① 인슐린은 혈액 중의 지방산이 지방세포 내로 유입되는 것을 촉진한다.

인슐린 구조와 합성

인슐린은 21개의 아미노산을 가진 A사슬과, 30개의 아미노산을 가진 B사슬이 두 개의 이황화(disulfide) 결합으로 연결되어 있다. 인슐린은 프리프로호르몬(preprohormone)으로 합성되는데 프리프로호르몬은 신호펩티드, A사슬, B사슬 및 연결펩티드(C 펩티드) 등 네 개의 펩티드로 구성되어 있다. 이 중 신호펩티드는 합성과정 초기에 분해되어 프로호르몬(prohormone) 상태로 존재한다. 프로호르몬은 소포체로 이동하여 이황화결합을 형성하고 골지체의 분비과립에서 C 펩티드가 제거되고 비로소 인슐린으로 완성된다. 프로인슐린의 95% 정도가 인슐린으로 전환된다. 췌장 β세포가 자극을 받으면 인슐린과 C 펩티드가 혈액으로 같은 비율로 분비되므로 C 펩티드는 제1형 당뇨 환자에서 β세포의 기능을 나타내는 지표로 활용된다(그림 16-4).

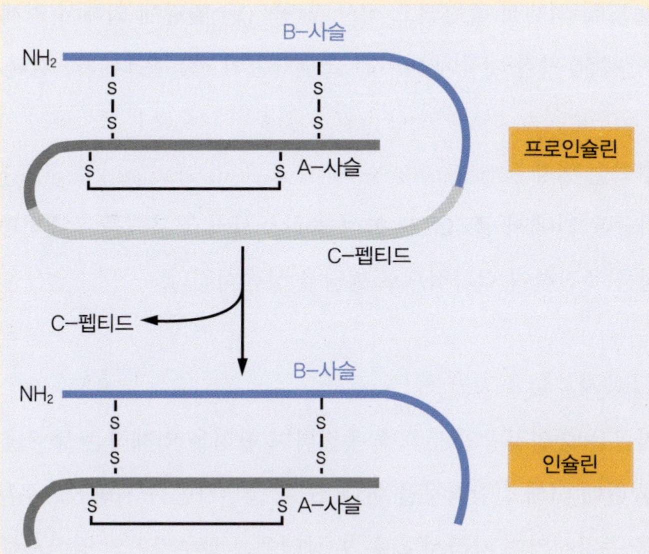

그림 16-4 인슐린의 구조

② 인슐린은 GLUT4를 조절하여 혈액 중 포도당이 지방세포로 유입되는 것을 증가시켜 중성지방으로 저장시킨다.

③ 인슐린은 중성지방의 가수분해를 억제하여 지방세포로부터 지방산이 유출되지 않도록 한다.

3) 단백질 대사

① 인슐린은 혈액 중의 아미노산이 근육과 그 밖의 조직으로 능동 수송되도록 도와서 혈중 농도를 감소시키고 세포 내에서 단백질 합성을 증가시킨다.

② 인슐린은 단백질의 합성을 촉진하는 한편, 단백질의 분해를 억제한다.

③ 인슐린에 의한 단백질동화작용의 증가는 정상적인 성장을 가능하게 해준다.

5.2 글루카곤

에너지 대사 조절에서 가장 중요한 역할을 담당하는 인슐린과 함께 글루카곤도 중요한 호르몬이다. 글루카곤은 주로 간에 작용하며 인슐린에 대해 길항작용을 나타낸다. 췌장 α세포에서 분비되는 글루카곤은 공복 시 감소된 혈중 포도당 농도에 의해서 촉진되고 식사 후 증가된 혈당에 의해서 억제된다. 탄수화물, 단백질, 지질 대사에 미치는 글루카곤의 작용은 다음과 같다.

1) 탄수화물 대사

글루카곤은 간에서 글리코겐 합성을 감소시키고 분해를 촉진하며 포도당 신생과정을 촉진하여 결과적으로 혈당을 상승시킨다.

2) 지질 대사

글루카곤은 중성지방의 분해를 촉진하며 합성을 억제하는 등 지질 대사에서도 인슐린에 대해 길항작용을 한다. 또한 글루카곤은 지방산으로부터 케톤체 합성을 증가시키며 따라서 흡수 후 상태에는 글루카곤의 영향으로 혈중 지방산과 케톤체의 농도가 증가된다.

3) 단백질 대사

글루카곤은 간에서 단백질 합성을 억제하는 반면, 단백질 분해를 촉진한다. 포도당신생을 증가시키므로 간조직의 단백질 이화작용은 증가된다. 그러나 글루카곤은 인체의 가장 큰 단백질 저장고인 근육 단백질의 분해는 초래하지 않으므로 혈중 아미노산 농도에는 크게 영향을 미치지 않는다.

5.3 에피네프린, 코티솔, 성장호르몬, 갑상선호르몬

췌장의 인슐린, 글루카곤 외에도 에너지 대사 조절에 영향을 미치는 몇 가지 호르몬들이 있다. 코티솔과 카테콜라민(에피네프린과 노르에피네프린)은 각각 부신피질과 부신수질에서 분비되며 기아상태와 같은 신체가 스트레스를 받는 상황에서 혈액의 포도당과 지방산 농도를 증가시켜 혈당을 유지하고 에너지 대사를 조절해 준다. 또한 코티솔은 단백질을 분해하여 아미노산의 유출을 증가시킴으로써 혈당조절에 관여한다.

성장호르몬도 포도당과 지방산의 혈중 농도를 증가시키지만 에너지 대사 조절에서 더욱 중요한 역할은 근육의 단백질 동화작용을 통한 성장 촉진작용이다. 특히 깊은 수면, 스트레스, 운동, 심한 저혈당증 등의 상황에서 성장호르

스트레스 호르몬
스트레스 상태에서는 코티솔의 분비가 증가하고 교감신경계 작용으로 에피네프린, 노르에피네프린 분비가 증가한다.

표 16-3 에너지 대사에 미치는 호르몬의 조절작용

호르몬	주요 대사에 미치는 호르몬의 영향			
	혈당	혈액 지방산	혈액 아미노산	근육 단백질
인슐린	↓ + 세포 내로 포도당 유입 + 글리코겐 합성 - 글리코겐 분해 - 포도당신생	↓ + 중성지방 합성 - 지방 분해	↓ + 세포 내로 아미노산 유입	↓ + 단백질 합성 - 단백질 분해
글루카곤	↑ + 글리코겐 분해 + 포도당신생 - 글리코겐 합성	↑ + 지방 분해 - 중성지방 합성	효과 없음	효과 없음
에피네프린	↑ + 글리코겐 분해 + 포도당신생 - 인슐린 분비 + 글루카곤 분비	↑ + 지방 분해	효과 없음	효과 없음
코티솔	↑ + 포도당신생 - 세포 내로 포도당 유입 (뇌세포 제외), 포도당 절약작용	↑ + 지방 분해	↑ + 단백질 분해	↓ + 단백질 분해
성장호르몬	↑ - 세포 내로 포도당 유입, 포도당 절약작용	↑ + 지방 분해	↓ + 세포 내로 아미노산 유입	↑ + 단백질 합성 - 단백질 분해

(↑ 증가, ↓ 감소)

몬의 분비가 촉진되어 세포의 지방산 이용을 증가시켜 뇌로의 포도당 공급이 원활하도록 해준다. 갑상선호르몬은 소장에서 탄수화물 흡수를 증가시키고 지방조직의 지방분해를 촉진하여 대사율을 증가시키지만 갑상선호르몬의 작용은 서서히 나타나기 때문에 혈중 영양소 변화에 빠르게 대처해야 하는 에너지 항상성 조절 면에서는 다른 호르몬에 비해 역할이 적다.

성장호르몬의 단백질 동화작용을 제외하면 에너지 대사조절에 관여하는 모든 호르몬(에피네프린, 코티솔, 성장호르몬, 글루카곤)의 작용이 혈중의 영양소 농도를 증가시키는 인슐린에 대해 길항작용을 수행하므로 당뇨병의 경우 심각한 대사적 결과가 초래된다.

표 16-3에서는 에너지 대사에 미치는 호르몬의 조절작용을 요약하였다.

단백질-에너지 영양불량과 호르몬

단백질-에너지 영양불량(protein-energy malnutrition, PEM) 상태에서는 호르몬 조절에 의해 대사 적응 현상이 일어난다. 심각한 영양불량증에 대한 적응 과정은 병리적 변화를 수반하기 때문에 건강 유지보다는 생존을 위한 과정이라 할 수 있다. 마라스무스의 경우 코티솔, 글루카곤, 에피네프린, 성장호르몬의 영향을 받아 지방조직의 분해가 증가하고, 코티솔의 영향으로 근육 단백질의 분해가 증가하여 혈중으로 지방산과 아미노산 분비가 증가된다. 그러나 간에서는 아미노산을 이용한 포도당신생이 증가하므로 지방산과 달리 혈액의 아미노산 농도는 크게 변하지는 않는다. 열량보다 단백질 결핍으로 초래되는 콰시오카의 경우에는 지질과 단백질의 분해는 마라스무스보다 적게 일어나는 반면, 물과 나트륨의 보유가 증가되고, 신장에서 분비되는 레닌의 영향으로 알도스테론이 증가되어 신장에서 나트륨 재흡수가 계속 증가하여 부종을 초래한다.

PEM의 내분비계 반응 중 흥미로운 것은 성장호르몬이 증가된다는 점이다. 일반적으로 고혈당증은 성장호르몬 농도를 감소시키고 고아미노산혈증은 성장호르몬 농도를 증가시킨다. 그런데 PEM의 경우 혈장 아미노산 농도가 낮은데도 불구하고 성장호르몬이 증가하는 이유는 혈장 필수아미노산 농도의 저하가 시상하부에서 성장호르몬 분비를 촉진시키는 가장 중요한 요소이기 때문이다. 근육조직에 대해 이화작용을 나타내는 코티솔의 작용을 막기 위해서 이들 조직에서 최대의 동화작용을 갖는 성장호르몬이 어느 정도 그 수준을 유지해야 체내의 질소량을 최대한으로 아끼고 보유할 수 있기 때문에 단백질 결핍 시에는 성장호르몬이 증가한다.

요약

1 호르몬은 내분비선에서 합성되어 혈액으로 분비되고 표적세포에서 작용한다. 표적세포에는 호르몬을 인식하는 수용체가 존재한다.

2 호르몬은 화학적 특성에 따라 펩티드호르몬, 아민호르몬, 스테로이드호르몬으로 분류된다.

3 시상하부-뇌하수체-내분비선을 축으로 분비되는 호르몬은 음성되먹임 조절 작용에 의해서 분비가 조절되고 그 밖에 혈액 내 영양 성분, 신경세포 조절 등에 의해서 분비가 조절된다.

4 친수성 호르몬(펩티드호르몬, 카테콜라민)은 세포막 수용체와 결합하여 2차 전령을 통해 작용을 나타낸다.

5 소수성 호르몬(스테로이드호르몬, 갑상선호르몬)은 수용체가 세포질이나 핵에 있어서 세포막을 통과하여 세포 내 수용체와 결합하고 핵에서 유전자 발현을 유도한다.

6 췌장 랑게르한스섬의 β세포는 동화작용을 하는 인슐린을, α세포는 이화작용을 하는 글루카곤을 분비하여 혈당을 조절한다.

7 인슐린, 글루카곤 외에 에너지 대사 조절에 관여하는 호르몬은 에피네프린, 코티솔, 성장호르몬 등이며 이 중 성장호르몬의 단백질 합성 촉진 작용을 제외하고는 모두 이화작용에 관여하여 혈중 포도당, 지방산 농도를 증가시킨다.

참고문헌

- Bell GI, Pictet RL, Rutter WJ et al. Sequence of human insulin gene. Nature pp. 284:26-32, 1980
- DeGroot LJ. Endocrinology, 3rd ed. Philadelphia, WB Sanders, 1994
- Lauralee Sherwood. Human Physiology: from cells to systems. 6th ed. Belmont, Thomson Brooks/Cole, 2007
- Linda S. Costanzo. Physiology 4th ed. Philadelphia, Sanders, 2010
- Tepperman J, Tepperman HM. Metabolic and Endocrine Physiology, 5th ed. Chicago, Year Book, 1987
- Unger RH, Dobbs RE, Orci L. Insulin, glucagon, and somatostatin secretion in the regulation of metabolism. Ann Rev Physiol 40:307-343, 1978

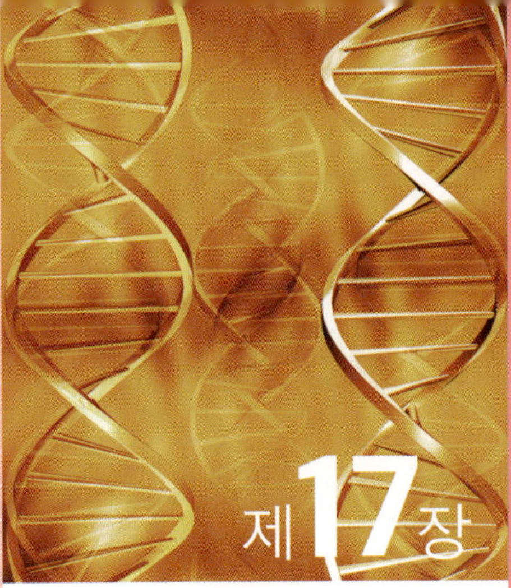

제 17 장 영양과 유전

제17장 영양과 유전

2003년 인간의 자세한 유전지도를 그린 인간 게놈 프로젝트(Human Genome Project)가 완성된 후, 영양학 분야에서도 영양소나 식사요인들과 유전자 발현 또는 유전학적 변이와의 관련성에 대한 연구가 활발히 이루어지고 있다.

미래의 영양학에서는 개개인의 유전자에 적합한 영양소를 섭취함으로써 식품을 통해서 특정 질환의 예방 및 치료에 도움을 줄 수 있는 개인별 맞춤영양의 필요성이 증가될 것이므로 영양과 유전과의 관련성 연구는 매우 중요한 연구 분야로 급부상하고 있다.

인간 게놈 프로젝트
인간 유전체(human genome, 부모로부터 물려받은 DNA의 완전한 세트)와 몇몇 생명체의 전체 유전자 서열을 규명하고자 한 국제적 연구사업으로 1990년에 시작되어 2003년에 100% 완성됨. 인간 유전체의 단지 3% 정도만이 약 25,000개의 유전자(gene)로 구성됨을 밝힘.

1 영양유전학과 영양유전체학

인간의 염색체는 약 20,000~25,000개의 유전자(genes)로 구성되어 있으며 영양(nutrition)은 유전자 발현의 기본적인 흐름을 바꿀 수는 없지만 다양한 형태로 유전자 발현에 영향을 준다. 즉, 영양과 인간 유전체 간에는 역동적인 쌍방의 상호작용이 있다. 영양소와 인간의 유전체 간의 상호작용을 통해 유전자 발현과 영양소의 대사적 반응이 정해지고, 궁극적으로 개개인의 건강상태와 질병에 대한 성향이 결정된다.

이러한 영양과 인간유전체 간의 역동적인 인과관계에 관한 연구방향은 크게 영양유전학과 영양유전체학의 두 가지로 분류된다(그림 17-1).

첫 번째로 영양유전학(nutrigenetics; 유전자→영양)에서는 유전자의 다형성(polymorphism)이 영양소 대사에 미치는 영향을 규명하기 위해 유전

진코드(GENCODE) 프로젝트
인간 게놈 프로젝트 이후 현재는 웰컴트러스트 생거연구소(Wellcome Trust Sanger Institue)가 유전자와 유전자 변형에 대한 백과사전인 '진코드(GENCODE) 프로젝트'을 통해 전체 게놈에 대한 스케일 업(scale-up)을 지속적으로 수행하고 있음. 앙상블 90(Ensembl 90) 프로젝트 버전 27(2017년 1월 기준)에 의하면 사람 유전자는 총 58,288개, 단백질 코딩 유전자는 19,836개, 단백질 코딩 전사체는 80,930개로 발표하였음.

적 변이(genetic variation)가 개인의 영양소 요구량, 질병에 대한 위험도, 대사적 반응 및 생리적 활성을 가진 식사성분과 영양요법에 대한 반응을 다룬다.

유전체
한 생명체가 가지는 유전자의 총 염기서열이며 대부분 DNA에 저장

전사체
한 생명체에서 표현된 mRNA에 대한 모든 정보

단백체
한 생명체에서 표현된 단백질에 대한 모든 정보

두 번째로 영양유전체학(nutrigenomics; 영양→유전자)은 영양소와 식품의 구성성분이 생물체의 대사조절기전에 미치는 영향을 규명하기 위해 특정 유전자의 발현을 조절하는 기전을 연구한다. 이 분야는 전사체학(transcriptomics), 단백체학(proteomics) 및 대사체학(metabolomics)의 학문들을 통해 밝혀지고 있다. 식품의 영양소와 비영양소 성분들이 유전자의 복제나 전사, 단백질 발현에 미치는 영향과 그 이후의 대사산물의 생산에 미치는 영향을 연구함으로써 식품성분이 유전체(genome), 전사체(transciptome), 단백체(proteome) 및 대사체(metabolome)에 미치는 기능적 영향과 우리 몸의 항상성과의 관계를 규명하는 학문이다.

영양유전체학적 접근을 필요로 하는 다원성 식사관련 질병들은 여러 유전적 변이들의 복합적인 결과로 일어나며, 각각의 영향은 전체적인 세포의 균형성이나 대사 및 건강에 있어서 일부분을 나타내줄 뿐이다. 따라서 앞으로 유전적 이질성과 다양한 영양 섭취, 이 두 가지를 모두 다루는 강력한 영양유전체학의 연구접근 방법을 개발하고 이들을 응용하여야 할 것이다.

최근에는 식품 영양과 유전 형질과의 관계를 대형 데이터 생산과 분석을 이용하여 연구하는 체학(오믹스, omics) 학문이 대두되고 있다. 예를 들면 한국인이 김치를 많이 먹는 것 등과 같은 영양적인 요소가 유전체적으로 어떤 상호작용이 있는지를 대형 코호트 조사를 통해 연구하는 것이다. 이는 약학유전체학과 관련이 깊으며 약을 포함한 식품 중의 모든 성분, 즉 영양소와 비영양소를 포함한다.

영양이 유전자와 단백질 발현에 미치는 영향이나 대사적 연구는 우선적으로 세포수준이나 동물을 모델로 하여 이루어진다. 따라서 영양유전체학의 최대 도전과제는 모든 기술을 통해 얻은 결과를 인간 수준의 영양으로 집결시키는 방법과 이를 통해 각 개인이 가진 유전적 특성을 고려하여 개인의 필요에 맞는 처방을 할 수 있는 맞춤영양을 실현할 수 있는 방법을 도출해 내는 것이다.

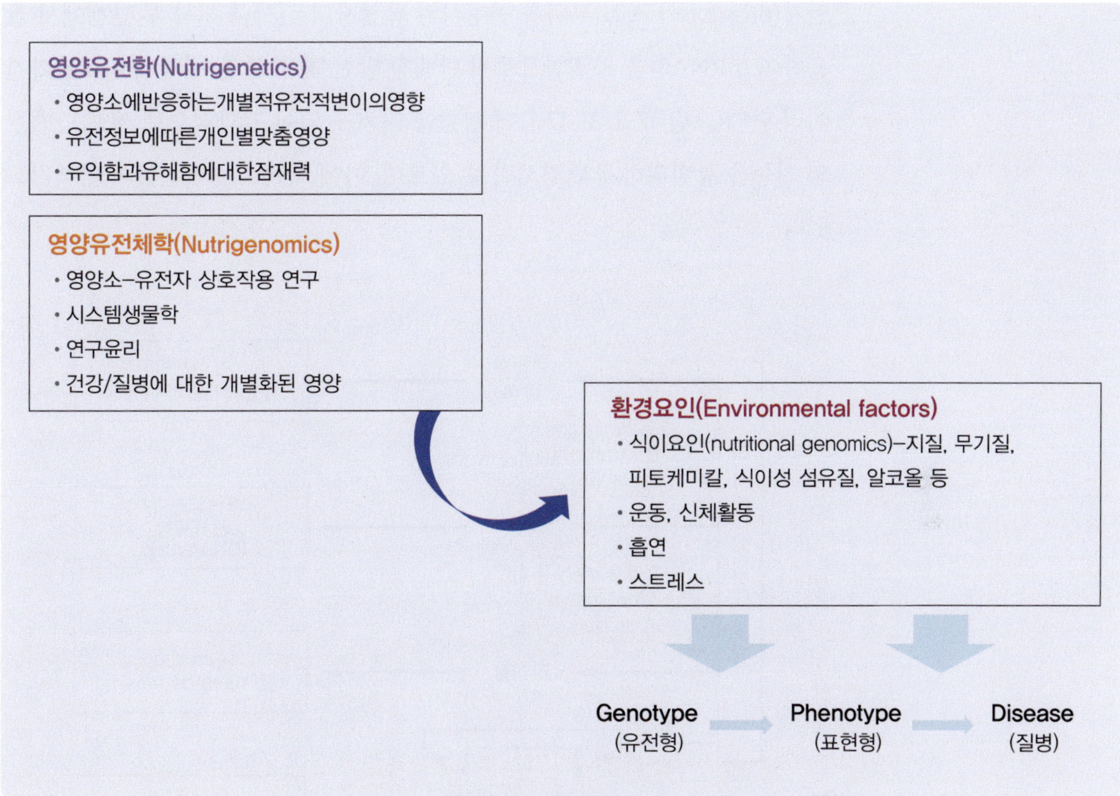

그림 17-1 영양유전학과 영양유전체학의 차이

자료: Kwak MS, Hahm KB, Joung HJ. J Korean Med Assoc 49(2):163-172, 2006

2 식사성분에 의한 유전자 발현 조절

유전자의 복제, 전사, 번역은 단백질 발현의 중심원리이며 섭취한 식품 중의 화학성분들 즉, 영양소나 비영양소(예: phytochemicals)는 직접 또는 간접적으로 유전자가 단백질로 발현하는 여러 단계에 영향을 줄 수 있다. 인간의 염색체를 구성하는 유전자는 호르몬과 같은 내부환경인자와 영양과 같은 외부환경인자에 의하여 핵이 받는 신호에 의해 발현이 촉진되기도 하고 억제되기도 하므로 이들 인자들은 청사진인 DNA 유전자를 단백질로 발현시키는 데 영향을주게 된다.

환경적 요인 중에서 우리가 섭취하는 영양소는 유전자 발현에 가장 중요한 영향을 미치는 인자로 알려져 있다. 일반적으로 영양소는 DNA에 있는 개시인자(promoter) 조절 부위를 변형시켜 유전자의 전사나 전사 후 단계에서 작용하여 mRNA양을 조절함으로써 단백질 발현 및 합성 후 변형에 이르기까지 여러 단계(그림 17-2, 표 17-1)에 영향을 미치게 되어 결과적으로 세포 단백질의 기능을 광범위하게 변경시킬 수 있으며, 이에 대한 조절기전들이 밝혀지고 있다.

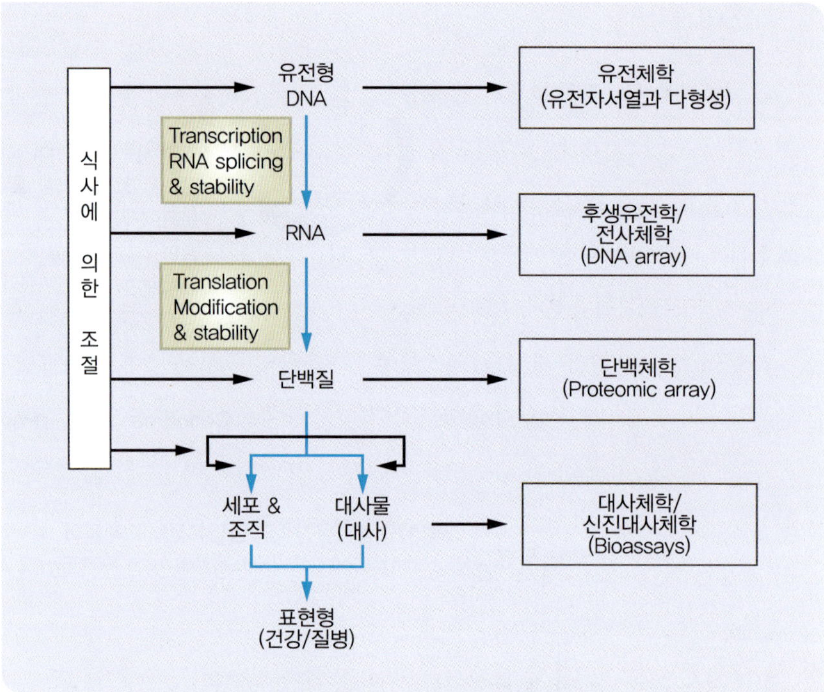

그림 17-2 유전자 발현에 영향을 주는 식사요인과 단계별 유전체학 분석기술의 예

자료: Elliott R, Ong TJ. BMJ 324:1438-1443, 2002

표 17-1 단백질 발현의 여러 단계에 영향을 미치는 영양소들의 예

표적단계(target site)	조절 영양소
유전자 전사(transcription)	지방산, 포도당, 콜레스테롤, 레티노이드, 비타민 D
mRNA의 안정성(stability)	지방산, 포도당, 셀레늄, 철
mRNA의 splicing	다중불포화지방산, 포도당
mRNA를 단백질로 번역 (translation into protein)	철, 아미노산
단백질 합성 후 변형 (post-translational modification)	비타민, 무기질

자료: Clarke SD. Human genome and nutrition. In Present Knowledge in Nutrition. 8th ed, 2001

2.1 식사성분과 유전자 전사 조절

다양한 식사성분은 직접 또는 간접적으로 유전자 발현에 영향을 줄 수 있다(그림 17-3, 표 17-2). 다시 말하면, 영양소와 결합하는 물질들(예: 세포 내 수용체)이 유전자 전사 조절인자들을 활성화시켜 직접적으로 유전자 발현을 조절하며, 간접적으로는 영양소나 그 대사산물이 세포 내의 신호전달체계를 변화시키거나 내분비계와 신경계를 통해서 유전자 발현을 조절한다.

1) 식사성분이 직접적으로 핵 수용체의 배위체(ligand)가 되는 경우

비타민 A, 비타민 D, 아연(zinc), 제니스타인(genistein) 등은 핵 수용체와 직접 결합하여 유전자 발현을 조절한다.

비타민 A는 레티놀(retinol) 형태로 직접 작용하는 것이 아니라 산화되어 생성되는 활성화된 형태의 레티노산(retinoic acid)으로 작용한다. 레티노산은 핵 수용체(retinoic acid receptor)와 결합하고 이 수용체가 직접적으로 유전자 전사조절인자로서 작용하여 다양한 단백질의 발현과 활성을 조절함으로써 배아 형성, 골격 형성, 세포의 성장과 분화 등의 역할을 담당한다. 이러한 레티노산의 수용체는 크게 RAR(retinoic acid receptor)과 RXR(retinoic X receptor)의 두 종류로 나뉜다. 이들 수용체는 다른 수용체와 이성이합체(heterodimer)를 이루어 전사인자(transcription factor) 중에서 FABP와 CRABP 등은 유도하고 KF-κB,AP-1, STAT-1 등은 억제한다.

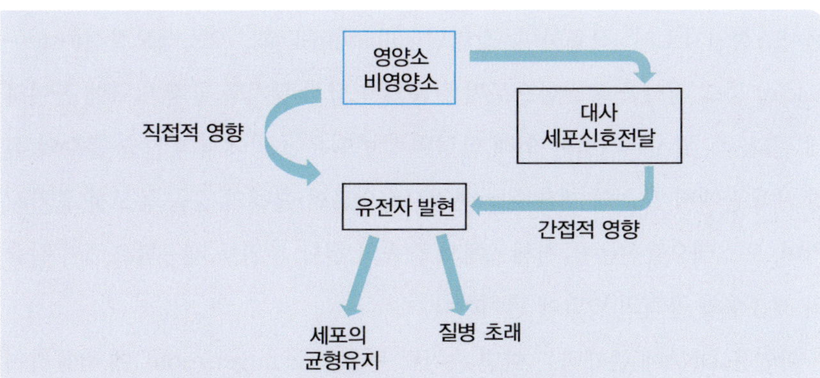

그림 17-3 유전자 발현에 대한 식사성분의 직·간접적 영향

표 17-2 유전자와 영양의 상호작용

영양소	표적단계	작용 기전
복제(Replication)		
비타민 C	DNA	DNA 산화와 염색체이상의 저해
비타민 D	DNA	염색체의 안정화, dsDNA의 분해 저해
엽산, 비타민 B_{12}	DNA	염색체 취약 부위
Se	DNA	H2O2의 저하, 세포손상의 보호
Fe	DNA	DNA 손상
Zn	DNA, 히스톤	DNA와 히스톤의 메틸화 감소(hypomethylation)
전사(Transcription)		
Zn	MTF1 gene	DNA 결합 부위를 중합효소(polymerase)에 제공
비타민 A	RAR, RXR gene	다양한 유전자 전사
비타민 D	VDR gene	칼빌딘과 오스테오칼신 전사
식이성 지질	지질이중층	지질이중층 구성변화에 의한 세포신호전달체계에 영향
올리고다당류	mRNA	피루브산 키나아제의 mRNA splicing 조절
번역(Translation)		
Fe	TfR gene	TfR mRNA의 조절
	페리틴 mRNA	페리틴 단백질 합성 조절
헴(heme)	HCR	헤모글로빈 합성에 필요한 구상단백질 조절
포도당	췌장 β세포	인슐린 생산

약자: MTF, metal-responsive transcription factor; RAR, retinoic acid receptor; RXR, retinoid X receptor; dsDNA, double-stand DNA; VDR, vitamin D receptor; TfR, transferrin receptor; HCR, hemin-controlled repressor

자료: Choi B, Kim J, Do M. J. Korean Soc Food Sci Nutr 34(10):1642-1654, 2005

비타민 D는 간이나 신장에서 호르몬으로 알려진 활성형 비타민 D인 칼시트리올[calcitriol, 1,25-dihydroxycholecalciferol, 1,25-$(OH)_2$-D_3]로 전환된다. 칼시트리올은 세포 내에서 비타민 D 수용체와 결합하고, 이 수용체가 유전자 전사조절인자로서 작용하여 칼빈딘(calbindin-D)과 오스테오칼신(osteocalcin) 등의 전사를 촉진함으로써 칼슘의 항상성 유지와 골격 발달에 관여하게 된다. 즉, 칼시트리올에 의해 합성된 칼빈딘은 소장에서의 칼슘 흡수와 신장 세뇨관에서 칼슘의 재흡수를 촉진시킴으로써 혈액의 칼슘 농도를 증가시키며, 오스테오칼신은 골격세포에서 칼슘의 결합 부위를 제공함으로써 칼슘의 재흡수와 골격의 발달에 관여한다.

아연 손가락 구조
단백질의 2차 구조인 α-helix 1개와 역평행의 β-strand 2개로 이루어진 구조로 아연 이온에 의해 뭉쳐져서 손가락 모양을 나타낸다. 이는 여러 단백 질 구조를 안정화시키는 데 기여한다.

아연은 DNA에 존재하는 아연 손가락 구조(zinc finger motif)에 작용하여 GAL4, TF3A(transcription factor 3A), 스테로이드 호르몬 수용체 등에 결합하여 RNA 중합효소(RNA polymerase)의 결합부위에 함께 작용하여 수많은 효소들의 전사조절인자로서 작용한다.

2) 식사성분이 대사되어 간접적으로 유전자 조절이나 세포 신호전달체계 (cell signaling)에 관여하는 경우

식사 중의 지방산은 세포막 인지질의 지방산 조성을 변화시킴으로써 세포막을 통한 신호전달체계에 영향을 주어 유전자 발현을 조절한다. 세포막 인지질 중의 다중불포화지방산인 아라키돈산(C20:4, ω6)은 프로스타글(prostaglandin)과 같은 아이코사노이드(eicosanoid)로 대사되어 세포의 기능에 영향을 미친다. 또한 이러한 지방산들은 지방의 합성과정에 관여하는 효소들과 포도당 수송체 등의 발현을 유전자 전사단계에서 조절한다.

지방산과 그 대사물 이외에도 쌀에 함유된 이노시톨(inositolhexaphosphate, InsP6), 녹차에 함유된 폴리페놀인 EGCG(11-epigallocatechin-3-gallate), 레스베라트롤(resveratrol), 제니스타인(genistein), 레티노이드(retinoids) 등이 유전자조절에 관여한다.

유전자 단계에서의 조절은 DNA에서 RNA로 전사될 때만 조절되는 것이 아니라 전사된 RNA가 단백질로 번역되기 전단계인 RNA 접합(splicing) 단계에서도 일어난다. 이 때 단백질로 발현될 수 있는 유전정보를 가지고 있는 엑손(exon)은 보존되며 유전정보를 가지고 있지 않는 인트론(intron)은 제거되는데 인트론 제거에 단당류인 포도당과 과당이 관여한다.

RNA 접합
DNA가 RNA로 전사된 후 유전정보를 가지고 있지 않는 인트론은 제거되고 유전정보를 가지고 있는 엑손들이 연결되는 과정. 이 과정을 통해 하나의 유전자로부터 수많은 다른 mRNA와 단백질이 생산될 수 있다.

2.2 식사성분과 유전자 번역 조절

영양소가 유전자의 번역을 조절하기 위한 방법은 크게 두 가지로 나뉜다. 첫 번째는 단백질의 전구체인 mRNA의 안정도(mRNA stability)를 조절하는 방법이며 두 번째는 해당과정에 관여하는 단백질의 인산화를 통해 발현을 조절하는 방법으로 나뉜다.

그 밖에도 영양소는 리보솜의 형성과정, tRNA의 활성화, 개시복합체 형성과정(mRNA, 리보솜, tRNA가 복합체를 형성), 펩티드 사슬의 신장(elongation)에 필요한 보조 단백질들의 활성화 및 합성 종료과정은 물론 단백질이 합성된 이후에도 단백질의 변형과정, 이동, 분비과정 및 단백질의 안정도 등에 영향을 주어단백질 합성을 조절한다(표 17-2).

1) 식사성분이 mRNA의 안정도를 조절하는 방법

어떤 미량원소들은 DNA 합성이나 복구과정에서 기질이나 보조인자(cofactor)로 작용하여 유전자의 안정성에 직·간접적으로 영향을 준다.

(1) 무기질

철의 경우에는 페리틴(ferritin, 철 저장 단백질)과 트랜스페린(transferrin, 철운반 단백질)의 합성 시에 mRNA의 UTR(untranslated region) 부분에 특정 단백질들이 결합함으로써 mRNA를 안정화시켜 단백질 합성을 지속시킨다. 이러한 단백질에 의한 mRNA 안정도는 철의 영양상태에 따라 변화됨으로써 mRNA를 단백질로 번역하는 단계를 조절한다. 또한, 마그네슘은 DNA 전사에 필요하며, 셀레늄의 경우에는 강력한 항산화제로서 체내에서 생성되는 과산화수소를 분해하여 세포의 손상을 방지함으로써 mRNA의 안정도를 높인다.

(2) 비타민

비타민 C와 비타민 E는 활성산소에 의한 DNA 산화작용이나 염색체의 이상을 막아주어 유전자의 복제와 세포의 성장을 유지시켜 주며, 비타민 D는 항산화 활성을 가지고 염색체의 구조를 안정화시키고 리보솜에서 철이온에 의한 지질 과산화를 억제함으로써 DNA의 이중가닥이 단일가닥으로 나뉘어지는 것을 방해하여 세포의 성장 억제와 분화를 유도한다. 니아신(niacin)은 DNA 메틸화(DNAmethylation)를 방해하여 암 유전자의 활성화를 억제한다.

DNA 메틸화
유전자 발현의 조절기전 중의 하나로 DNA의 염기의 탄소에 메틸기(-CH3)가 붙는 것으로 DNA의 반응성을 낮추고 안정성을 높인다. 이는 궁극적으로 DNA의 염기서열정보에는 아무런 영향을 주지 않지만 유전자 발현에는 영향을 준다.

2) 식사성분이 단백질(효소)의 인산화를 통해 발현을 조절하는 방법

(1) 헴

해당과정에 관여하는 단백질, 즉 효소들의 인산화를 통해 발현되는 단백질의 양을 조절하는 대표적인 영양소는 헴(heme)이다. 헴의 영양 상태에 따라 eIF2(eukaryotic initiation factor 2)와 글로빈(globin)을 합성하는 개시인자(promoter)의 인산화를 조절하여 이들 단백질의 합성을 조절한다.

(2) 포도당

혈중 포도당 농도가 증가하면 췌장의 β세포에서 개시인자의 활성을 조절함으로써 인슐린 단백질 합성이 유도된다. 영양소(아미노산이나 포도당)의 결핍 아미노산의 결핍은 단백질 합성에 필요한 기본 재료의 부족을 초래하며, 포도당 결핍은 단백질 합성에 필요한 ATP 부족을 초래하여 단백질 합성의 개시 단계를 저해하는 것으로 보고되었다.

3 식사성분과 유전자 다형성

모든 인간의 유전자 염기 서열은 그 구조에서 99.9%가 동일하지만 각 개인마다 0.1%의 변화로 인해 머리카락, 피부색, 키, 체중뿐만 아니라 질병에 대한 감수성 등의 표현형(phenotype)이 다르게 발현된다. 이 표현형의 변화는 유전자발현 또는 변화된 거대분자 활성의 차이에서 초래된다.

유전자를 구성하는 염기배열의 개체 간의 차이를 의미하는 유전자의 다형성은 동일 유전자 간의 약간의 차이, 즉 DNA에 존재하는 염기쌍의 차이로 염기서열이 변화되어 일어나며 이에 따라 유전자의 전사, 안정성 또는 번역 속도 등이 변화될 수 있다. 이는 DNA의 복제 및 분리 시에 정밀도의 부족으로 생기는 실수와 더불어 유전적 차원에서 환경에 적응해서 살아남기 위한 다양성을 획득하기 위한 돌연변이에 의해서 일어나기도 한다.

특히 최근에는 유전자 다형성 중에서 단 한 개의 염기 차이에서 발생하는 다형성을 단일염기 다형성(single nucleotide polymorphism, SNP)이라고 한다. 이는 DNA 염기서열에 따라 개인의 어떤 DNA 부분에서 발생한 돌연변이의 결과라고 할 수 있다. 유전자는 약 30억 염기로 되어 있고 1,000염기쌍(base pair)당 1개의 비율로 돌연변이가 발생하여 결과적으로 인간 유전자 중에서 약 3백만 개의 SNP가 나타날 수 있다. 대부분의 SNP의 경우 유전자 발

표현형
유전자로부터 유래되는 외부 특징으로 형태, 색깔, 크기, 기능 등과 같이 표면에서 관찰할 수 있는 형질로 유전자가 발현된 것

유전자형(genotype)
개체가 가지고 있는 유전자의 조합

유전자 다형성
같은 유전자 내에서도 사람마다 염기배열에서 약간의 차이를 보이는 현상

단일염기 다형성
DNA 염기서열에서 하나의 염기서열(A, T, G, C)의 차이를 보이는 유전적 변화 또는 변이를 말하며 염색체의 특정한 부위에서 일어남

현에는 직접 영향을 미치지 않으나 이 변이가 특정유전자의 결정적인 부위, 즉 단백질 구조와 기능을 많이 변화시키는 부위에서 일어나는 경우에는 단일유전자질환(single genedisorder)을 초래한다. 따라서 SNP의 차이에 따라 식이 요인에 대한 반응정도의 차이가 나타나므로 변화된 식이 요인의 요구에 대한 연구가 활발히 진행되고 있다.

식이요인과 질환관련 유전자의 다형성에 대한 상관성에 대한 연구는 그 질환에 취약한 유전적 소인을 가진 사람들을 위한 맞춤영양 관리의 기초가 될 수 있다. 페닐케톤뇨증, 갈락토스혈증과 같은 대사 장애가 유전자 자체의 이상에서 기인될 뿐만 아니라 비만과 같은 만성질환도 유전자들의 다형성에 의해 기인될 수 있다는 것이 밝혀지면서 유전자 다형성으로 인해 식이요인에 대한 반응이 다르고 이에 따른 질환 발병과 치료 가능성에 차이가 있음이 계속 밝혀지고 있다. 특정한 영양소의 섭취 조절이 필요한 유전자 다형성의 예는 다음과 같다.

1) 페닐케톤뇨증

페닐케톤뇨증(phenylketonuria)은 페닐알라닌(phenylalanine)을 티로신(tyrosine)으로 전환시키는 효소인 페닐알라닌 수산화효소(phenylalanine hydroxylase) 유전자의 돌연변이로 이 효소의 활성이 감소되어 페닐알라닌이 티로신으로 전환되지 못하므로 혈액과 소변 중에 페닐알라닌의 농도가 증가되며 페닐알라닌이 다른 경로로 대사되어 생성된 페닐케톤(페닐피루브산, 페닐락트산 등)의 소변 배설이 증가된다. 페닐케톤뇨증 환자에게 적절한 조치를 취하지 않을 경우 뇌 손상으로 인한 정신지체가 오게 된다. 출생 직후에 유전자 검사를 통해 관련 유전적 변형을 찾아낸 후 페닐알라닌 함량이 낮은 식사를 줌으로써 뇌 손상을 예방할 수 있다.

2) 비오틴 요구량

비오틴(biotin)은 카복실라아제(carboxylase)의 보조인자로서 비오틴 분해효소(biotinidase)에 의해 유리되어 재이용될 수 있으나 비오틴 분해효소 유전자의 돌연변이가 있으면 비오틴의 재활용이 불가능해지며 비오틴 요구량이 크게 증가한다.

3) 엽산 대사

엽산 대사에 필요한 효소인 MTHFR(methylene tetrahydrofolate reductase)의 유전자 다형성은 한 개의 시토신(cytosine)이 티민(thymine)으로 대체되어 결과적으로 발린(valine)이 알라닌(alanine)으로 바뀐다. MTHFR은 호모시스테인(homocysteine)을 메티오닌(methionine)으로 전환시키는데 필요한 효소인데 SNP가 발생하면 MTHFR 활성이 감소되고, 혈장 호모시스테인 농도가 증가한다. 식사에 엽산을 충분히 보충하면 호모시스테인 농도가 감소하여 고호모시스테인혈증(hyperhomocysteinemia)을 막아준다. 하지만 과도한 엽산 섭취로 엽산 대사에 필요한 메티오닌 합성효소(methionine synthase)의 보조인자 인 비타민 B_{12}가 결핍되어도 그 결핍을 인식하지 못할 수 있다. 또한 엽산의 영양상태와 대장암, 위암, 유방암 등의 발병률과의 관련성에 대한 연구가 많이 진행되고 있다. 즉, 단일탄소 운반체인 엽산이 부족하면 정상적인 핵산 대사가 이루어지지 않으므로 DNA 합성 장애로 염색체가 손상되고 유전자가 변형되어 암 발병률을 증가시키는 것으로 알려져 있다. MTHFR의 유전자 다형성으로 인해 이 효소의 활성이 감소되어 정상적인 엽산대사가 이루어지지 않는 사람이 엽산을 충분히 섭취하면 대장암의 위험이 2~3배 감소함이 밝혀졌다.

고호모시스테인혈증
혈중에 호모시스테인의 농도가 비정상적으로 높은 것으로 동맥경화의 원인이 되고 심장병, 뇌경색, 말초혈관질환의 위험인자로도 알려져 있음

4) 비타민 D

비타민 D 수용체(vitamin D receptor, VDR) 유전자의 돌연변이는 구루병(rickets)과 제1형 당뇨병과 관련이 있으며 이러한 질병과 관련된 여러 개의 다형성이 존재한다고 보고되었다. VDR의 SNP에 의해 유도되는 구루병의 경우에는 비타민 D의 활성형인 칼시트리올[1,25-$(OH)_2$-D_3]이 검출되지 않거나 VDR과 반응하지 않는다. 이는 비타민 D의 충분한 섭취로 개선될 수 있다.

5) 가족성 고콜레스테롤혈증

가족성 고콜레스테롤혈증(familial hypercholesterolemia)은 LDL 수용체

에 돌연변이가 나타난 것으로 동질접합체(homozygote)인 경우 혈중 콜레스테롤 농도가 매우 높고 어린 나이에 고콜레스테롤증이 일어나며 수명이 매우 짧아진다. LDL 수용체와 apoE 유전자 다형성은 심장동맥질환의 발생에 영향을 미칠 뿐만 아니라 지단백질의 생성, 분비, 세포 안으로의 이동 및 대사를 주관하는 단백질의 유전자 다형성의 발생에도 영향을 미친다. 또한, apoprotein A-I, A-V, B, C-III, E 유전자의 다형성에 따라 고지방 식이에 대해 서로 다른 반응을 보인다. 이러한 정보는 심장동맥질환의 위험도를 예측하여 질병의 발병을 지연시키는 식사요법을 선택하는 데 유용하게 쓰일 수 있다.

6) MHC

MHC(major histocompatibility complex)는 인간의 유전자 중에서 가장 많은 다형성을 가지고 있으며 대부분의 경우 질병에 영향을 주지 않고 개체별 면역체계에 특이성을 가지게 한다. 그 예로는 글루텐 과민성 알레르기(gluten allergy symptom), 만성소화장애증(coeliac disease), 크론병(Crohn's disease), 염증성 장질환(inflammatory bowel disease)과 같은 질병이 있다. 이 중에서 글루텐 과민성 알레르기로 인한 만성소화장애증은 유럽이나 미국에서 200~400명 중 한 명 꼴로 나타나는 유전병으로 그 치료를 위해 글루텐을 제거한 식품(gluten-free food)이 사용되고 있다. 또 다른 질병인 크론병과 염증성장질환은 MHC 부분의 다형성으로 인해 생기는 면역관련 질병으로서 주로 철의 섭취로 개선될 수 있다고 보고되었다.

7) 비만

비만(obesity)은 유전적 결함이나 SNP에 의해 초래될 수 있으며 최근 비만과 관련된 SNP는 가장 활발하게 연구되고 있는 분야이다. 이와 관련한 유전자로는 UCP(uncoupling protein, thermogenin), PPAR(peroxisome proliferator-activated receptor), 렙틴(leptin)과 렙틴 수용체(leptin receptor), 멜라노코틴 수용체(melanocortin receptor), β3-adrenergic receptor, 인슐린에 의해 조절되는 전사인자, 지질대사 관련 단백질 등이 있다.

UCP
갈색 지방조직에 있는 열생산 단백질로 체온 유지에 중요한 역할 UCP1, UCP2, UCP3의 3종류가 밝혀졌고, 이 단백질이 발현되지 않으면 비만이 될 가능성이 높음

미토콘드리아의 내막에서 일어나는 산화적 인산화(oxidativephosphorylation)의 coupling을 풀어 열생산을 증가시키는 것으로 알려진 단백질인 UCP는 비만과 관련하여 많이 연구되고 있다. UCP-2 유전자보다는 UCP-3 유전자 다형성이 비만과 관련이 더 깊은 것으로 보이며 UCP-3 유전자에 변형이 생기면 UCP 단백질 생성이 일찍 끝나게 되므로 열 생산이 감소되고 지방산의 산화가 감소되어 비만의 원인이 될 수 있다.

또 다른 비만관련 유전자 다형성은 PPARɣ유전자에서 나타나는데 PPARɣ는 스테로이드 수용체군에 속하는 전사인자이고, 지방세포의 최종 분화를 결정하는 요인으로 알려졌다. PPARɣ유전자에서 codon 12의 미스센스 돌연변이(missense mutation)로 인해 프롤린(proline, pro)이 알라닌(alanine, ala)으로 바뀌는데, pro/ala 이형접합체인 사람들에게서 비만 발생률이 더 높은 반면, ala/ala 동형접합체의 경우는 인슐린에 대한 민감도가 증가하고 비만도가 감소한다. PPAR 변형체의 대립유전자 발생빈도는 인종에 따라 다르게 나타난다. 렙틴은 지방조직으로부터 시상하부로 신호를 보내어 여러 신경펩티드(neuropeptide)의 생성을 조절하여 식욕과 에너지 소비를 조절한다. 렙틴과 렙틴 수용체의 SNP는 호르몬의 기능장애와 이와 관련한 단백질의 생산에 이상을 초래하여 심각한 비만을 유도한다.

PPAR (peroxisome proliferatoractivated receptor)
유전자 발현과 분화과정에 관여하는 핵내 전사인자형 수용체. α, β(δ), γ의 3종류가 밝혀졌고, 표적하는 세포와 기능은 각각 다르지만 일반적으로 지방세포 분화와 대사, 당질 대사에 관여

멜라노코틴 수용체의 SNP는 현재까지 규명된 유전자 중에서 단일유전자로 비만에 가장 큰 영향을 미친다고 보고되었다. 81번 위치에 발린(valine)이 없어진 멜라노코틴 수용체의 SNP는 렙틴과 인슐린 저항성으로 인한 비만을 초래하였지만 1103번 위치에 SNP를 가진 경우에는 비만에 걸릴 위험이 낮아

allele(대립유전자, 대립형질)
사람의 2배체(diploid) 세포에 있는 46개의 염색체는 23쌍으로 구성되어 있는데 하나는 난자에서, 하나는 정자에서 온 것이다. 2배체 세포에서 쌍을 이루는 두 염색체를 상동염색체라고 하며, 상동염색체는 같은 특성으로 나타나는 정보들을 가지고 있는데 상동염색체에서 같은 특성을 나타내어 하나의 형질을 나타내는 최소의 단위를 대립유전자라고 한다.

homozygote(동형접합체)와 heterozygote(이형접합체)
상동염색체의 두 대립유전자가 서로 같으면 그 개체를 그 유전자에 대하여 동형접합체, 서로 다르면 이형접합체라고 한다. 예를 들면 정자에서 온 상동염색체는 검은 눈에 대한 정보, 난자에서 온 상동염색체는 갈색 눈에 대한 정보를 가지고 있으면 눈동자의 색깔에 대한 이형접합체가 되는 것이다.

영양유전체학의 연구 분야에서 향후 고려해야 할 사항들

- 적절한 대사를 위한 적절한 영양요구량은?
- 유전자의 이질성과 식사성분의 다양성이 있는 현실에서 어떻게 개개인의 영양 섭취를 최적화할 수 있는가?
- 식사성분과 대사의 오묘한 장기적 조절을 어떻게 연결시킬 것인가?
- 분자적, 유전자적 분석기술이 있다 해도 어떻게 개인의 출생부터 사망에 이르는 기간의 영양 필요량의 변화를 평가할 수 있는가? 특히, 인종적 소집단과 가난한 사람들의 건강을 위해 영양유전체 정보들을 사회적으로 합리적인 방법으로 쓰는 것이 어떻게 가능할 수 있겠는가?
- 유전정보에 기초한 맞춤형 식사요법과 유전정보 없이 철저하게 계획된 균형식 지침 및 생활지침과의 최종결과 비교에서 과연 어떤 방법이 질병예방과 삶의 질 차원에서 더 인간적이면서 저렴하고 실용적인가?

졌다고 보고되었다.

건강한 조직에서 유전자와 단백질 발현의 변이를 규명하는 것은 비정상적 상태, 식사 중재 또는 식사관련 질병상태와 관련되는 변화를 알아내고 설명하는 데 필수적 바탕이 된다. 또한 식품은 다양한 생물학적 효과를 나타내는 여러 가지 생리활성이 있는 화합물의 복잡한 혼합물임을 잊지 말아야 한다.

영양유전체학은 영양소가 유전자의 복제, 전사, 발현되는 과정과 여러 대사에 영향을 미치며 이러한 조절과정이 영양소와 연관되는 각종 만성 질병의 개시, 진행 속도 및 정도에 미치는 영향과 각 개인이 가진 특정한 유전적 소인이 영양소 와 질병 간의 상호 관계를 어떻게 변화시키는지에 대한 이해를 더 넓혀주고 있다. 따라서 인간의 유전적 이질성과 다양한 영양소 간의 상호작용을 충분히 반영시키는 인간영양유전체학(human nutritional genomics) 연구를 발전시켜 나가는 것이 필요하다. 영양유전체학은 영양소의 대사과정에 관여하는 유전자 다형성에 의한 단백질 다형성, 유전자 다형성과 단백질의 구조·기능 간의 연관성, 그리고 이들 간의 상호작용에 대한 연구를 통하여 질병과 관련된 유전자 연구에 상당한 기여를 할 것으로 기대된다. 이를 바탕으로 가까운 장래에 신속하고 저렴한 유전자 측정방법이 개발되어 위험성을 가진 사람들을 어릴 때부터 선별하고, 각 개인의 유전적인 특성을 고려한 개인별 맞춤형 식사관리법을 개발하는 것이 질병을 예방하고 삶의 질적 개선 및 수명 연장을 달성하는 데 중요한 과업으로 제시되고 있다.

요약

1 영양소와 인간 유전체 간의 상호작용을 통해 유전자 발현과 영양소의 대사적 반응이 결정되며 영양과 유전과의 역동적인 쌍방의 상호작용은 개개인에게 적합한 맞춤형 영양섭취 권장을 통해 질병을 방지할 수 있다는 점에서 매우 중요한 연구 분야로 급부상하고 있다.

2 영양유전학(nutrigenetics)은 유전적 변이가 개인의 영양소 요구량, 질병에 대한 위험도, 대사적 반응 및 생리적 활성을 가진 식사성분과 영양요법에 대한 반응에 미치는 영향을 이해하기 위한 기전을 다루는 연구 분야(유전자→영양)이다.

3 영양유전체학(nutrigenomics)은 식사성분(영양소와 비영양소)들이 유전체, 전사체, 단백체 및 대사체에 미치는 기능적 영향을 다루는 연구분야(영양→유전자)이다.

4 환경적 요인 중 식사성분(영양소나 비영양소)은 유전자 발현에 영향을 미치는 가장 중요한 인자로서 식사성분이나 그 대사산물이 핵 수용체와 직접 결합하여 유전자 발현을 조절하거나 세포 내의 신호전달체계를 변화시키거나 내분비계와 신경계를 통해서 간접적으로 유전자 발현을 조절할 수 있다.

5 유전자를 구성하는 염기배열의 개체차를 나타내는 유전자의 다형성(polymorphism)은 DNA에 존재하는 염기쌍의 차이로 인해 염기서열이 변화되어 일어나며 이에 따라 유전자의 전사, 안정성 또는 번역 속도 등이 변화될 수 있다. 유전자 다형성 중에서 단 한 개의 염기 차이에서 발생하는 다형성을 단일염기다형성(SNP)이라고 하며, SNP의 차이에 따라 식이요인에 대한 반응정도의 차이가 나타나므로 식이요인과 질환관련 유전자의 다형성에 대한 연구는 그 질환에 취약한 유전적 소인을 가진 사람들을 위한 맞춤 영양관리의 기초가 될 수 있다.

6 영양유전체학은 영양소가 유전자의 복제, 전사, 발현되는 과정과 여러 대사에 영향을 미치며 이러한 조절 과정이 영양소와 연관되는 각종 만성 질병의 개시, 진행 속도 및 정도에 미치는 영향과 각 개인이 가진 특정한 유전적 소인이 영양소와 질병간의 상호 관계를 어떻게 변화시키는지에 대한 이해를 더 넓혀 주고 있다.

7 영양이 유전자와 단백질 발현에 미치는 영향이나 대사적 연구는 세포수준이나 동물을 모델로 하여 이루어지고 있으므로 앞으로 인간의 유전적 이질성과 다양한 영양소 간의 상호작용을 충분히 반영시키는 인간 영양유전체학 연구를 발전시켜 나가는 것이 필요하다.

참고문헌

- 곽미선, 함기백, 정효지. 영양유전체학의 임상응용. 한국의학협회지 49(2):163-172, 2006
- 김규찬. 건강, 영양 그리고 유전체 연구. 대한지역사회영양학회지 10(3):351-355, 2005
- 최봉혁, 김종배, 도명술. 영양유전체학의 최근 경향. 한국식품영양과학회지 34(10):1642-1654, 2005
- Clarke SD. Human genome and nutrition. In Present Knowledge in Nutrition, 8th ed, ILSI Press, 2001, 영양학의 최신정보, 한국영양학회 번역판, 2003
- Elliott R, Ong TJ. Nutritional genomics (Science, Medicine, and the Future). BMJ 324(7351): 1438-1442, 2002
- Fenech M, El-Sohemy A, Cahill L, Ferguson LR, French TA, Tai ES, Milner J, Koh WP, Xie L, Zucker M, Buckley M, Cosgrove L, Lockett T, Fung KY, Head R. Nutrigenetics and nutrigenomics: viewpoints on the current status and applications in nutrition research and practice. J Nutrigenet Nutrigenomics 4(2):69-89, 2011
- GENCODE project website www.gencodegenes.org
- Roche HM. Nutrigenomics-new approaches for human nutrition research. J Sci Food Agric 86:1156-1163, 2006
- The Human Genome Project website www.genome.gov/human-genome-project

제18장 한국인의 영양소 섭취 및 만성질환 추이

1. 영양소 섭취
2. 만성질환

제18장 | 한국인의 영양소 섭취 및 만성질환 추이

식습관 및 생활습관의 변화로 인해 감염성 질환에서 암, 심뇌혈관질환 등의 비감염성 질환(만성질환)으로 사망원인의 구조가 변화되었으며, 과일채소류 섭취 감소, 나트륨 섭취 과잉 등의 영양 불균형이 이에 관련된 주요한 요인이다. 2011년 「비감염성질환의 예방 및 관리에 관한 UN 정상회의」에서도 영양이 흡연, 음주, 신체활동과 더불어 비감염성 질환의 위험요인에 포함되어 건강한 식습관의 중요성이 더욱 강조되고 있다. 우리 국민의 건강증진 및 질병 예방을 위해서는 영양상태의 지속적인 모니터링 및 이와 관련된 건강문제 파악과 적절한 대처 방안을 마련하는 것이 필요하다. 이를 위해 우리나라는 1998년부터 국민건강영양조사를 매년 실시하여 우리 국민의 영양 및 건강 수준의 현황과 추이를 파악하고 있고, 이러한 근거 자료를 기반으로 영양 개선 및 건강 수준의 향상을 위해 「국민영양관리기본계획」과 「국민건강증진종합계획」을 수립하여 추진하고 있다.

1 영양소 섭취

1.1 식품 섭취

우리 국민의 1일 총 식품섭취량(1세 이상)은 2020년 기준으로 약 1,500 g이었다(표 18-1). 식품군별 섭취 현황을 보면, 식물성 식품군 중에서 섭취량이 높은 군은 곡류와 채소류였으며, 과일류 섭취량이 그 다음으로 높았다(표 18-1, 그림 18-1). 동물성 식품군 중에서는 육류 섭취량이 가장 높았고, 우유류, 어패류 섭취량이 그 다음 순서로 높았다(표 18-1, 그림 18-2). 국민건강영양조사가 실시된 1998년 이후 곡류, 채소류 섭취량은 감소한 반면, 음료류, 육류, 난류 섭취량은 증가 경향을 보이고 있다. 지난 20년간 섭취량 변화가 가장 큰 식품군은 음료류로, 1998년 45 g에서 2020년 230 g으로 약 5배 증가하였다. 두류, 감자·전분류의 섭취량은 큰 변화가 없었고, 과일류 섭취는 사계절을 모두 포함하여 국민건강영양조사를 실시한 2008년 이후부터 추이 비교 시 감소 경향이었다.

표 18-1 식품군별 1일 섭취량 추이[1] : 만1세 이상 (단위 : g)

식품군	1998	2001	2005	2007	2008	2009	2010	2011	2012	2013	2014	2015	2016	2017	2018	2019	2020
곡류	337.2	289.5	314.5	288.9	292.1	292.5	313.4	308.3	299.1	298.5	293.4	299.9	293.3	288.7	288.4	272.4	269.7
감자 · 전분류	35.5	26.7	20.2	34.3	37.1	36.8	33.5	35.0	31.6	38.1	39.2	37.1	34.9	32.7	28.0	32.6	30.7
당류	7.3	11.2	7.3	8.2	7.7	7.8	9.7	10.6	10.3	12.6	11.7	12.8	10.9	11.3	10.6	10.8	9.5
두류	31.0	31.9	38.7	37.5	36.9	35.2	35.8	38.6	36.3	35.8	34.4	33.1	32.6	32.0	31.8	31.4	30.7
종실류	3.0	2.7	4.2	2.4	2.7	2.7	4.2	4.8	4.5	5.9	7.3	6.9	5.9	6.2	5.1	4.9	4.9
채소류[2]	287.8	298.2	326.7	278.4	294.7	287.0	294.1	288.6	283.9	282.2	289.7	281.6	260.1	262.7	243.4	252.6	244.6
버섯류	4.0	4.8	4.3	3.5	4.2	4.2	5.0	5.0	4.9	5.3	6.3	5.7	6.2	5.9	6.0	6.7	6.3
과일류	197.3	208.3	87.6	177.0	165.2	169.2	192.5	173.8	172.3	169.1	185.6	192.1	169.0	150.7	129.2	135.0	120.8
해조류[2]	7.8	9.2	8.5	6.3	5.4	4.7	4.5	3.7	4.9	4.2	3.3	3.9	3.4	3.1	3.4	3.5	2.7
음료류	45.3	61.5	61.6	62.4	69.4	86.1	116.7	119.1	133.3	168.6	177.6	192.8	211.8	208.5	208.4	223.7	229.5
주류	49.0	55.0	81.1	98.2	98.6	104.8	139.0	119.7	107.6	129.3	125.1	123.0	112.6	119.9	109.5	99.7	93.5
양념류	26.0	31.8	37.5	32.6	35.3	36.5	34.2	34.2	34.4	35.7	37.3	39.8	34.9	34.7	35.4	37.7	36.3
육류[2]	67.9	92.5	89.9	88.8	84.7	87.5	107.1	108.2	113.9	104.4	106.7	109.4	112.8	114.1	116.3	124.0	124.8
난류	21.7	21.2	25.8	22.3	23.7	25.7	27.3	26.9	25.8	28.6	28.2	30.4	31.9	27.0	31.0	34.6	33.9
어패류[2]	66.5	65.2	67.9	52.8	52.6	50.2	55.9	55.3	48.8	47.0	48.4	50.7	46.4	48.2	43.6	44.6	40.8
우유류	79.6	78.6	90.0	92.1	101.5	105.8	122.7	116.4	116.4	120.6	109.4	111.4	110.3	114.9	118.3	111.6	105.8
유지류	7.6	10.1	9.2	7.4	7.9	7.7	8.6	8.8	8.1	8.7	8.8	9.0	7.4	7.3	7.0	7.2	6.9
기타	3.1	5.2	0.3	0.5	0.3	0.5	2.5	3.2	3.0	0.6	1.2	0.8	0.3	0.6	0.6	0.8	1.0
총계	1,277.7	1,303.4	1,275.1	1,293.9	1,320.1	1,345.0	1,506.7	1,460.2	1,439.2	1,544.6	1,583.5	1,612.9	1,577.6	1,561.8	1,505.6	1,519.2	1,472.7

자료 : 질병관리청. 국민건강영양조사

[1] 2005년 추계인구로 연령표준화, [2] 2013년 이후 육수외 섭취량 산출

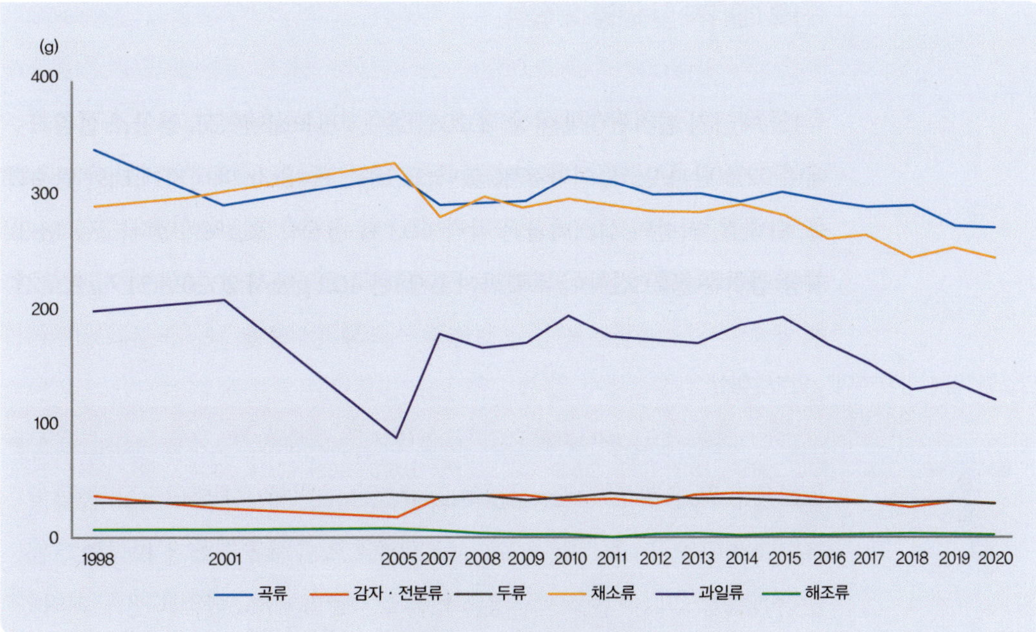

그림 18-1 식물성 식품군 1일 섭취량 추이[1] : 만1세 이상

자료: 질병관리청, 국민건강영양조사

[1] 2005년 추계인구로 연령표준화

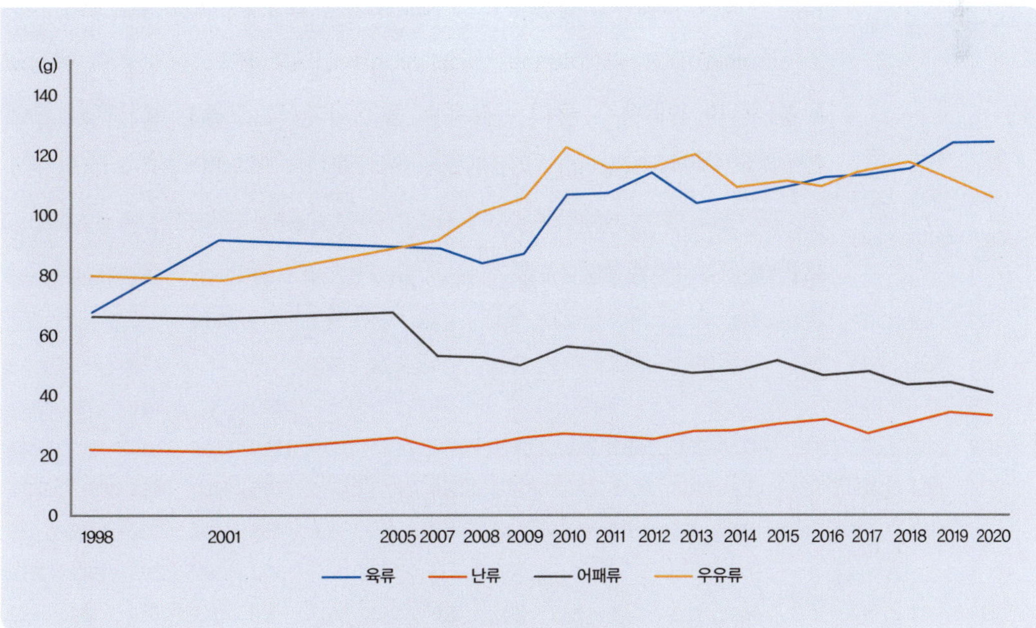

그림 18-2 동물성 식품군 1일 섭취량 추이[1] : 만1세 이상

자료: 질병관리청, 국민건강영양조사

[1] 2005년 추계인구로 연령표준화

1.2 에너지 및 영양소 섭취

1일 에너지 섭취량(1세 이상, 2020년)은 1,895 kcal이었고, 영양소 섭취기준 대비 92%(남자 96%, 여자 87%)였다(표 18-2, 표 18-3). 에너지에 대한 탄수화물, 단백질, 지방의 섭취비율은 각각 60.1%, 15.6%, 24.4%이었다(그림 18-3). 지방 섭취는 증가 경향이 뚜렷하여 1998년 40.1 g에서 2020년 51.7 g으로 20

표 18-2 영양소별 1일 섭취량 추이[1) : 만 1세 이상

영양소	1998	2001	2005	2007	2008	2009	2010	2011	2012	2013	2014	2015	2016	2017	2018	2019	2020
에너지(kcal)	1,934.3	1,897.6	1,979.9	1,830.5	1,868.4	1,884.4	2,066.8	2,034.0	2,000.5	2,069.4	2,067.6	2,103.5	2,045.5	2,013.6	1,987.7	1,943.7	1,894.8
단백질(g)	73.3	70.9	75.1	66.0	66.8	67.7	74.7	74.0	72.9	71.9	72.4	74.1	74.1	73.0	72.4	72.9	71.5
지방(g)	40.1	41.7	45.2	38.0	39.4	40.5	46.4	46.2	46.7	48.7	49.7	51.2	49.4	49.4	49.5	51.2	51.7
포화지방산(g)	-	-	-	-	-	-	-	-	-	14.8	14.8	15.4	16.5	16.5	16.6	17.1	17.0
단일불포화지방산(g)	-	-	-	-	-	-	-	-	-	15.5	15.9	16.4	15.7	15.6	16.4	16.8	17.5
다가불포화지방산(g)	-	-	-	-	-	-	-	-	-	11.5	11.9	12.1	12.2	12.2	12.1	12.4	12.3
n-3 지방산(g)	-	-	-	-	-	-	-	-	-	1.6	1.6	1.7	1.8	1.8	1.8	1.8	1.7
n-6 지방산(g)	-	-	-	-	-	-	-	-	-	10.0	10.4	10.6	10.4	10.4	10.3	10.6	10.6
콜레스테롤(mg)	-	-	-	-	-	-	-	-	-	263.7	265.4	285.6	266.4	248.8	260.4	279.8	273.7
탄수화물(g)	315.6	297.0	301.1	292.8	297.8	298.9	321.0	316.7	309.5	308.6	306.6	310.7	299.6	293.0	287.9	274.6	264.9
식이섬유(g)	-	-	-	-	-	-	-	-	-	21.4	22.2	21.9	23.6	22.9	21.9	21.6	21.7
당(g)	-	-	-	-	-	-	-	-	-	-	-	-	67.9	64.8	60.2	62.4	58.4
칼슘(mg)	500.7	495.7	552.6	469.1	488.7	492.1	525.6	518.2	503.2	498.5	490.2	499.4	519.7	522.6	516.2	500.4	485.9
인(mg)	1,061.2	1,143.5	1,229.9	1,080.7	1,117.2	1,125.0	1,207.9	1,186.3	1,159.4	1,085.5	1,087.9	1,096.9	1,083.7	1,073.1	1,050.8	1,042.1	1,023.5
나트륨(mg)	4,585.6	4,971.0	5,264.1	4,456.9	4,611.3	4,621.9	4,789.2	4,756.7	4,549.4	3,847.8	3,744.2	3,874.2	3,337.6	3,330.6	3,255.0	3,286.7	3,189.3
칼륨(mg)	2,524.4	2,833.9	2,776.2	2,705.9	2,832.1	2,834.8	2,979.8	2,920.7	2,893.2	2,874.7	2,932.4	2,936.8	2,757.6	2,715.4	2,572.5	2,619.8	2,596.5
철(mg)	12.5	12.3	13.8	13.1	13.3	13.4	14.5	14.4	14.3	16.9	16.9	16.7	11.8	11.7	11.4	11.2	10.6
비타민A(㎍RE)	610.1	629.5	782.3	735.3	771.4	766.8	795.5	812.9	856.8	707.0	762.4	717.0	-	-	-	-	-
비타민A(㎍RAE)[2)	-	-	-	-	-	-	-	-	-	-	-	-	391.3	377.5	374.6	372.1	381.7
티아민(㎍)	1,334.9	1,281.9	1,308.7	1,240.8	1,242.2	1,264.1	1,401.3	1,368.0	1,367.6	2,007.6	2,012.2	2,017.0	1,371.0	1,335.0	1,333.3	1,328.0	1,244.7
리보플라빈(㎍)	1,078.4	1,150.4	1,212.8	1,073.1	1,163.9	1,199.0	1,304.5	1,292.8	1,299.1	1,384.6	1,405.1	1,428.0	1,617.5	1,615.7	1,639.6	1,660.3	1,713.2
나이아신(mg)	15.6	16.8	17.0	14.7	15.1	15.5	17.1	17.1	16.9	15.8	16.5	16.6	13.6	13.6	13.2	12.9	12.5
엽산(㎍DFE)	-	-	-	-	-	-	-	-	-	-	-	-	307.2	301.1	292.5	294.9	283.6
비타민C(mg)	123.8	134.7	99.2	93.1	99.8	100.3	104.8	103.5	104.2	89.0	95.3	93.7	61.3	62.2	60.6	65.7	63.0

자료 : 질병관리청. 국민건강영양조사

1) 2005년 추계인구로 연령표준화

2) 2016년 이후 레티놀활성당량(Retinol Activity Equivalents, RAE)으로 산출

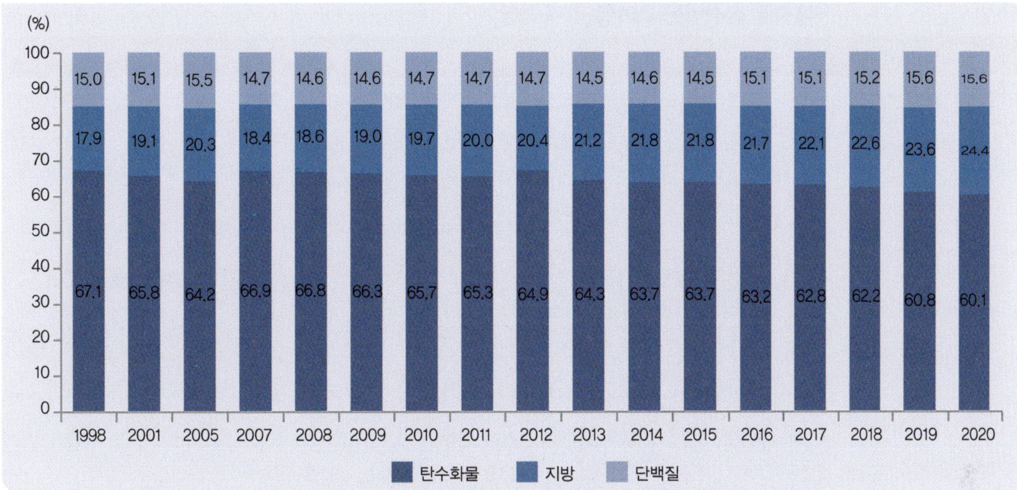

그림 18-3 에너지 급원별 섭취분율[1] : 만1세 이상

자료: 질병관리청. 국민건강영양조사

[1] 2005년 추계인구로 연령표준화

여년 간 10 g 정도 증가하였으며 이에 따라 에너지에 대한 지방 섭취분율도 1998년 17.9%에서 점차 증가하여 2020년에는 24.4%이었다. 탄수화물 섭취분율은 1998년 67.1%에서 2012년에는 65% 미만으로 감소하였고 이후에도 이러한 경향을 지속하여 2020년에는 60.1%이었다. 에너지에 대한 단백질 섭취분율은 1998년 이후 큰 변화 없이 15% 수준을 유지하였다. 미국의 경우 에너지 섭취량(2세 이상, 2017~2018년)은 2,093 kcal(남자 2,378 kcal, 여자 1,821 kcal)이었고, 에너지에 대한 탄수화물과 지방의 섭취분율은 각각 48%, 36%이었다. 우리나라의 에너지 섭취량(1세 이상, 남자 2,180 kcal, 여자 1,596 kcal)을 미국과 비교시 남, 여 모두 200 kcal 정도 적었다. 에너지에 대한 섭취분율로 비교 시 탄수화물 섭취분율은 우리나라가 미국에 비해 10%p 정도 높은 반면, 지방의 섭취분율은 10%p 정도 낮았다. 일본의 에너지 섭취량(1세 이상, 2019년)은 약 1,900 kcal, 에너지에 대한 지방의 섭취분율은 28.6%로, 에너지 섭취량은 큰 차이가 없었으나 지방의 섭취분율은 우리나라가 4%p 정도 낮았다.

질병관리청은 자체로 구축한 영양소 성분 데이터베이스를 이용하여 2013년부터 지방산, 콜레스테롤, 식이섬유 섭취량을, 2016년부터 당 섭취량을 산출하고 있다. 이에 따르면 2020년의 지방산 섭취 수준은 포화지방산 17.0 g, 다가불포화

표 18-3 영양소별 영양소 섭취기준[1]에 대한 섭취비율 추이[2]: 만1세 이상 (단위 : %)

영양소	1998	2001	2005	2007	2008	2009	2010	2011	2012	2013	2014	2015	2016	2017	2018	2019	2020
에너지	91.4	90.1	96.5	88.5	90.5	91.1	99.9	98.5	96.6	100.3	100.1	101.6	98.3	97.1	95.8	93.6	91.5
단백질	114.8	122.6	166.9	145.3	147.6	148.9	163.5	163.0	159.5	158.8	159.3	162.5	146.8	145.6	144.2	145.2	143.0
콜레스테롤[3]	-	-	-	-	-	-	-	-	-	87.7	89.1	96.1	90.7	83.3	88.5	95.2	93.6
식이섬유	-	-	-	-	-	-	-	-	-	98.4	102.3	101.0	107.7	105.0	100.2	98.7	98.9
칼슘	71.2	70.2	75.9	64.3	67.0	67.5	73.4	72.5	70.3	70.0	68.4	69.8	69.0	69.3	68.4	66.4	64.4
인	149.9	161.1	172.4	151.4	156.6	157.6	169.4	166.9	162.9	152.9	152.7	154.2	149.5	147.9	144.6	143.5	141.4
나트륨[3]	-[4]	-	276.8	235.7	243.2	244.5	253.7	251.9	241.0	203.1	197.4	204.4	175.6	175.2	171.5	172.7	166.8
칼륨	-[4]	-	60.7	59.1	61.9	61.9	87.9	86.3	85.3	85.0	86.7	86.8	81.6	80.4	76.2	77.6	76.9
철	91.8	95.2	127.7	121.3	122.9	123.7	139.9	139.6	137.7	164.0	164.0	160.9	114.3	113.0	110.8	108.9	103.4
비타민A(RE)[5]	92.1	94.6	121.7	112.6	119.7	118.7	122.7	126.0	132.5	110.8	119.2	112.5	-	-	-	-	-
비타민A(RAE)	-	-	-	-	-	-	-	-	-	-	-	-	60.7	59.0	58.3	57.8	59.1
티아민	123.8	117.9	122.8	115.6	115.9	117.5	129.9	127.3	126.2	186.4	186.5	186.6	127.2	124.4	123.8	123.1	116.0
리보플라빈	84.3	90.0	96.8	84.7	92.3	94.9	103.3	103.1	103.1	109.9	110.7	112.7	128.5	128.9	130.4	132.0	136.1
나이아신	108.9	118.1	120.6	103.6	106.7	108.7	120.3	120.2	118.4	111.9	116.1	116.8	95.9	95.6	93.1	90.7	88.7
엽산	-	-	-	-	-	-	-	-	-	-	-	-	83.2	82.0	79.3	80.0	77.0
비타민C	233.0	197.4	107.7	100.3	108.3	108.5	114.1	112.6	113.1	96.8	104.6	102.3	68.9	70.1	68.0	73.9	70.8

자료 : 질병관리청. 국민건강영양조사

[1] 영양소 섭취기준
- 제1기(1998) : 한국인 영양권장량 제6차 개정(한국영양학회, 1995)
- 제2기(2001) : 한국인 영양권장량 제7차 개정(한국영양학회, 2000)
- 제3, 4기(2005, 2007-2009) : 한국인 영양섭취기준(한국영양학회, 2005)
- 제5, 6기(2010-2015) : 2010 한국인 영양섭취기준 개정판(한국영양학회, 2010)
- 제7기(2016-2018), 제8기 1,2차년도(2019, 2020) : 2015 한국인 영양섭취기준 개정판(보건복지부, 2015)

[2] 2005년 추계인구로 연령표준화

[3] 콜레스테롤과 나트륨은 영양소 섭취기준 설정 연령을 고려하여 각각 만19세이상, 만9세이상 산출

[4] '-' : 한국인 영양권장량 제6차 및 제7차 개정에는 나트륨과 칼륨에 대한 영양권장량 미비

[5] 2016년 이후 레티놀활성당량(Retinol Activity Equivalents, RAE)으로 산출

지방산 12.3 g이었고, n-6계 지방산과 n-3계 지방산의 섭취량은 각각 10.6 g, 1.7g 이었다. 또한, 콜레스테롤 섭취량은 274 mg, 식이섬유 21.7 g, 당 58.4 g이었다.

비타민과 무기질 섭취에서 가장 뚜렷한 특징은 나트륨과 비타민 C 섭취 감소, 리보플라빈 섭취 증가이다(표 18-2, 표 18-3). 나트륨의 섭취는 1998년 4,586 mg에서 2020년 3,189 mg으로 20여년간 30% 정도 크게 감소하였다. 그럼에도 영양소 섭취기준 대비 1.7배 정도 과잉으로 섭취하고 있으며 이러한 과잉 섭취는 남여 모두에서 같은 결과를 보이고 있다. 비타민 C 섭취는 감소 경향으로 2020년은 섭취기준 대비 71%인 반면, 리보플라빈 섭취는 지속적으로 증가하여 섭취기준 대비 1.4배 수준이었다. 칼슘의 경우 20여년 간 섭취 수

표 18-4 영양소별 영양소 섭취기준[1] 미만 섭취자 분율 추이[2] : 만1세 이상 (단위 : %)

영양소	1998	2001	2005	2007	2008	2009	2010	2011	2012	2013	2014	2015	2016	2017	2018	2019	2020
에너지	35.8	37.4	29.5	37.6	35.2	34.9	26.7	27.5	30.9	27.8	28.5	27.7	30.0	31.1	30.9	34.3	35.6
단백질	28.4	22.7	10.7	16.1	14.6	15.3	12.4	13.1	13.7	13.9	14.6	13.8	18.8	18.4	19.4	19.5	20.3
지방	-[3]	-	30.6	37.6	37.5	36.5	33.3	31.9	30.6	27.3	26.4	24.7	25.2	24.9	22.5	18.6	17.4
칼슘	64.7	65.3	63.3	73.5	70.8	70.2	66.2	65.9	69.9	70.1	71.2	70.1	68.8	66.2	67.4	69.1	70.7
인	11.0	7.6	8.2	13.3	10.7	11.1	8.9	10.1	10.2	14.0	13.8	13.8	17.4	17.6	17.9	19.6	21.3
철	48.5	47.0	31.4	38.6	35.2	34.9	27.3	27.8	28.9	18.5	18.6	18.7	33.4	34.7	36.1	37.3	41.8
비타민A(RE)[4]	55.7	52.2	35.2	43.3	39.3	40.3	38.1	37.8	37.8	44.3	43.3	44.5	-	-	-	-	-
비타민A(RAE)	-	-	-	-	-	-	-	-	-	-	-	-	74.3	74.0	74.6	73.2	73.8
티아민	25.2	27.8	33.2	35.8	34.8	34.5	28.7	28.8	29.6	8.6	8.8	9.1	28.1	29.3	29.8	30.8	35.7
리보플라빈	50.7	44.5	49.7	57.6	52.7	50.3	43.8	44.6	45.9	40.6	39.1	38.3	29.3	29.8	28.8	28.1	27.7
나이아신	33.7	28.5	26.6	35.4	33.5	31.7	26.4	27.2	27.1	31.5	29.3	30.1	41.6	42.6	43.5	46.6	50.3
엽산	-	-	-	-	-	-	-	-	-	-	-	-	55.6	57.0	59.4	58.4	60.9
비타민 C	17.3	22.0	46.4	49.9	46.4	46.6	44.4	44.2	46.5	59.5	57.5	58.2	71.3	71.1	72.7	69.2	73.7

자료 : 질병관리청. 국민건강영양조사

[1] 영양소 섭취기준
- 제1기(1998) : 한국인 영양권장량 제6차 개정(한국영양학회, 1995)
- 제2기(2001) : 한국인 영양권장량 제7차 개정(한국영양학회, 2000)
- 제3, 4기(2005, 2007-2009) : 한국인 영양섭취기준(한국영양학회, 2005)
- 제5, 6기(2010-2015) : 2010 한국인 영양섭취기준 개정판(한국영양학회, 2010)
- 제7기(2016-2018), 제8기 1,2차년도(2019, 2020) : 2015 한국인 영양섭취기준 개정판(보건복지부, 2015)
- 에너지, 필요추정량(또는 영양권장량)의 75%; 지방, 지방에너지적정비율의 하한선; 그 외 영양소, 평균필요량(또는 영양권장량의 75%)

[2] 2005년 추계인구로 연령표준화

[3] '-' : 한국인 영양권장량 제6차 및 제7차 개정에는 지방에 대한 영양권장량 미비

[4] 2016년 이후 레티놀활성당량(Retinol Activity Equivalents, RAE)으로 산출

준이 개선되지 않은 영양소로, 2020년 섭취기준 대비 섭취비율이 64%였다. 엽산 섭취도 부족한 수준(77%)인 반면 철의 섭취는 대체로 양호하였다.

영양소별 평균필요량 미만 섭취자 분율은 칼슘, 비타민 A, 비타민 C가 약

표 18-5 영양소별 영양소 섭취기준[1] 이상 섭취자 분율 추이[2] : 만1세 이상 (단위 : %)

영양소	1998	2001	2005	2007	2008	2009	2010	2011	2012	2013	2014	2015	2016	2017	2018	2019	2020
에너지	15.4	14.2	19.0	12.5	14.1	14.4	21.2	20.4	18.9	21.2	21.5	23.6	21.4	19.7	18.5	17.5	15.9
지방	-	-	22.6	17.0	17.2	19.2	21.6	22.4	23.6	27.3	29.6	29.8	17.2	18.9	19.6	22.0	25.5
나트륨[3]	-	-	93.0	87.7	88.2	87.1	89.1	87.7	87.1	80.0	79.7	80.6	75.5	75.6	75.7	74.9	74.5

자료 : 질병관리청. 국민건강영양조사

[1] 영양소 섭취기준
- 제1기(1998) : 한국인 영양권장량 제6차 개정(한국영양학회, 1995)
- 제2기(2001) : 한국인 영양권장량 제7차 개정(한국영양학회, 2000)
- 제3, 4기(2005, 2007-2009) : 한국인 영양섭취기준(한국영양학회, 2005)
- 제5, 6기(2010-2015) : 2010 한국인 영양섭취기준 개정판(한국영양학회, 2010)
- 제7기(2016-2018), 제8기 1,2차년도(2019, 2020) : 2015 한국인 영양섭취기준 개정판(보건복지부, 2015)
- 에너지, 필요추정량(또는 영양권장량)의 125%; 지방, 지방에너지적정비율의 상한선; 나트륨, 목표섭취량

[2] 2005년 추계인구로 연령표준화

[3] 9세이상 산출

70%로 높았다(표 18-4). 반면, 나트륨의 경우 WHO 목표섭취량인 2,000 mg 이상 섭취자 분율(9세 이상)이 75% 정도였고, 지방, 에너지의 경우도 섭취기준 이상 섭취자 분율이 각각 약 25%, 15%였다(표 18-5). 국민건강영양조사는 당해년도 영양상태 현황 파악이 주요한 목적이므로 결과 산출 시 가용한 최신의 식품별 영양성분 자료와 영양소 섭취기준 자료를 적용하고 있어 추이 비교 시 적용된 자료의 영향을 고려하여 해석할 필요가 있다.

2 만성질환

우리 국민의 기대수명은 2000년 76.0세에서 5년마다 약 2세씩 증가하여 2020년 83.5세(남자 80.5세, 여자 86.5세)이며 남녀의 차이가 6세였다. 건강수명(Healthy Life Expectancy, 기대수명에서 질병이나 부상으로 활동하지 못한 기간을 뺀 기간으로, '단순히 얼마나 오래 사는가'에 중점을 둔 지표가 아니라 '얼마나 건강하게 오래 사는가'에 중점을 두고 산출한 지표)은 2018년 70.4세(남자 68.3세, 여자 72.4세)로 기대수명과는 10세 이상의 큰 차이가 있었다. 제4차 국민건강증진종합계획(Health Plan 2030, 2021-2030) 건강수명의 목표는 73.3세(남자 71.4세, 여자 75.0세)로 설정하였으며, 건강수명 2.9세 연장을 위해 건강생활 실천, 비감염성질환 예방 관리 중점과제별로 사업을 계획, 추진하고 있다.

2.1 만성질환 유병

만성질환 중 특히 영양과 관련이 있는 비만, 고혈압, 당뇨병, 고콜레스테롤혈증의 유병 수준(19세 이상)을 그림 18-4에 제시하였다. 비만과 고혈압의 유병률은 각각 38.3%(남자 48.0%, 여자 27.7%), 22.9%(남자 28.6%, 여자 16.8%)로 유병 수준이 높은 만성질환이다. 이러한 만성질환의 유병 수준은 성별에 따라 차이가 있어, 비만, 고혈압, 당뇨병 유병 수준은 남자가 여자에 비해 높은 반면 고콜레스테롤혈증 유병 수준은 성별에 따른 차이가 크지 않았다.

추이를 비교하면, 남자의 비만 유병률은 지속적인 증가 경향으로 1998년

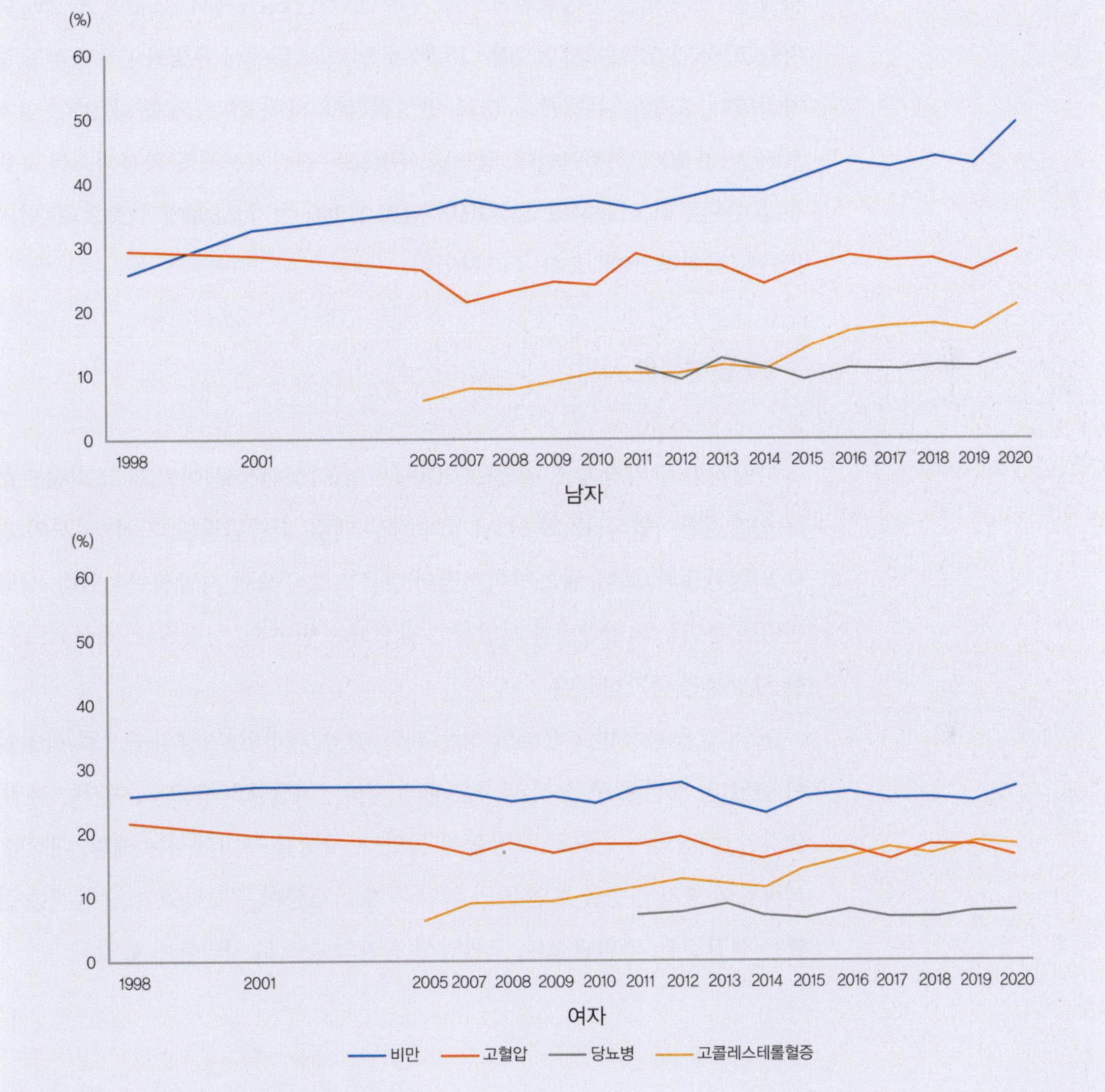

그림 18-4 주요 만성질환 유병률 추이[1] : 성별, 만19세 이상

자료 : 질병관리청. 국민건강영양조사

※ 비만 : 체질량지수 25 kg/m^2 이상

당뇨병 : 공복혈당이 126 mg/dL 이상이거나 의사진단을 받았거나 혈당강하제복용 또는 인슐린 주사를 사용하거나, 당화혈색소 6.5% 이상인 분율

고혈압 : 수축기혈압이 140 mmHg 이상이거나 이완기 혈압이 90mmHg 이상 또는 혈압강하제를 복용한 분율

고콜레스테롤혈증 : 총콜레스테롤이 240 mg/dL 이상이거나 콜레스테롤강하제를 복용한 분율

[1] 2005년 추계인구로 연령표준화

25.1%에서 2020년 48.0%로 약 2배 정도 증가하였고, 여자는 2020년 27.7%로, 남자에 비해 1998년 이후 큰 변화는 없었다. 고콜레스테롤혈증 유병률은 가장 증가 폭이 큰 만성질환으로 남자는 2005년 6.1%에서 2020년 20.2%, 여자는 2005년 6.8%에서 2020년 18.8%로 남녀 모두에서 유병률이 3배 정도 증가하였다. 고혈압 유병률은 다른 만성질환에 비해 큰 폭의 변화 없이 남자 30%, 여자 20% 수준이었다. 당뇨병 유병률은 진단기준에 당화혈색소를 포함한 2011년부터 비교하였고, 2011년 남자 11.1%, 여자 7.3%에서 2020년 남자 13.0%, 여자 8.2%로 소폭 증가하였다.

2.2 만성질환 사망

사망원인 중 가장 주요 원인(2020년)은 암(악성신생물)이었고, 그 다음으로는 심장질환이었다(표 18-6). 남자의 경우 폐렴, 뇌혈관질환, 자살, 여자의 경우 뇌혈관질환, 폐렴, 알츠하이머병이 다음으로 주요한 사망원인이었다. 사망원인별 추이는 뇌혈관질환 사망률은 감소하는 반면 암, 심장질환, 폐렴으로 인한 사망률은 증가하였다.

또한, 암을 종류별로 분류할 경우 폐암, 간암, 대장암, 위암의 순으로 사망률이 높았다. 성별로 구분 시 남자는 폐암, 간암, 대장암의 순으로, 여자는 폐암, 대장암, 췌장암의 순으로 사망률이 높았다. 사망률 추이에서는 폐암, 대장암, 췌장암이 증가 경향을 보인 반면 위암은 감소 경향이 뚜렷하였다. 순환계통 질환은 심장질환, 뇌혈관질환, 고혈압성 질환의 순으로 사망률이 높았다.

표 18-6 사망원인 추이 (단위 : 인구 10만명당 명)

순위	1998년						2010년					
	전체		남자		여자		전체		남자		여자	
1	암(악성신생물)	109.5	암(악성신생물)	139.6	암(악성신생물)	79.1	암(악성신생물)	144.4	암(악성신생물)	181.0	암(악성신생물)	107.8
2	뇌혈관질환	74.1	뇌혈관질환	70.9	뇌혈관질환	77.4	뇌혈관질환	53.2	뇌혈관질환	51.5	뇌혈관질환	54.8
3	심장질환	38.9	심장질환	41.6	심장질환	36.1	심장질환	46.9	심장질환	46.4	심장질환	47.4
4	운수사고	25.8	간질환	39.8	당뇨병	20.8	고의적자해(자살)	31.2	고의적자해(자살)	41.4	고의적자해(자살)	21.0
5	간질환	24.8	운수사고	38.6	운수사고	13.0	당뇨병	20.7	간질환	21.7	당뇨병	20.5
6	당뇨병	21.2	고의적자해(자살)	26.7	만성하기도질환	11.5	폐렴	14.9	당뇨병	21.0	폐렴	14.5
7	고의적자해(자살)	18.6	당뇨병	21.5	고의적자해(자살)	10.4	만성하기도질환	14.2	운수사고	20.1	고혈압성질환	13.1
8	만성하기도질환	12.7	만성하기도질환	14.0	고혈압성 질환	9.8	간질환	13.8	만성하기도질환	17.9	만성하기도질환	10.5
9	고혈압성 질환	8.5	호흡기결핵	10.5	간질환	9.8	운수사고	13.7	폐렴	15.3	운수사고	7.3
10	호흡기결핵	7.2	고혈압성 질환	7.1	호흡기결핵	3.8	고혈압성질환	9.6	추락사고	6.5	간질환	5.9

순위	2015년						2020년					
	전체		남자		여자		전체		남자		여자	
1	암(악성신생물)	150.8	암(악성신생물)	187.3	암(악성신생물)	114.4	암(악성신생물)	160.1	암(악성신생물)	198.5	암(악성신생물)	121.9
2	심장질환	55.6	심장질환	55.0	심장질환	56.2	심장질환	63.0	심장질환	62.3	심장질환	63.7
3	뇌혈관질환	48.0	뇌혈관질환	46.3	뇌혈관질환	49.7	폐렴	43.3	폐렴	47.2	뇌혈관질환	43.6
4	폐렴	28.9	고의적자해(자살)	37.5	폐렴	28.0	뇌혈관질환	42.6	뇌혈관질환	41.5	폐렴	39.5
5	고의적자해(자살)	26.5	폐렴	29.8	당뇨병	20.8	고의적자해(자살)	25.7	고의적자해(자살)	35.5	알츠하이머병	20.5
6	당뇨병	20.7	당뇨병	20.6	고의적자해(자살)	15.5	당뇨병	16.5	간질환	20.3	당뇨병	16.1
7	만성하기도질환	14.8	간질환	20.4	알츠하이머병	14.3	알츠하이머병	14.7	당뇨병	16.9	고혈압성질환	15.9
8	간질환	13.4	만성하기도 질환	18.5	고혈압성질환	13.9	간질환	13.6	만성하기도질환	14.4	고의적자해(자살)	15.9
9	운수사고	10.9	운수사고	15.9	만성하기도질환	11.1	고혈압성질환	11.9	운수사고	11.5	패혈증	13.7
10	고혈압성질환	9.9	추락	6.7	패혈증	6.8	패혈증	11.9	패혈증	10.0	만성하기도질환	7.7

자료: 통계청. 사망원인통계

요약

1 곡류, 채소류, 과일류의 섭취량은 감소하는 반면 음료류, 육류 섭취량은 지속적으로 증가하고 있다.

2 탄수화물의 섭취는 감소하는 반면, 지방의 섭취는 증가하여 탄수화물, 단백질, 지방의 에너지에 대한 섭취분율(2020년)은 각각 60.1%, 15.6%, 24.4%이었다.

3 영양소 섭취기준 대비 부족하게 섭취하는 영양소는 칼슘, 과잉으로 섭취하는 영양소는 나트륨이었고 이러한 영양문제는 남여, 모든 연령군에서 지속되고 있다.

4 비만, 고콜레스테롤혈증, 당뇨병의 유병률은 증가하는 경향이었고, 사망원인 중 가장 큰 비중을 차지하고 있는 질환(2020년)은 암이며, 그 다음으로는 심장질환, 폐렴, 뇌혈관질환의 순이었다.

참고문헌

- 보건복지부, 한국건강증진개발원. 제5차 국민건강증진종합계획(Health Plan 2030, 2021 -2030). 2020
- 보건복지부. 제3차 국민영양관리기본계획(2022-2026). 2022
- 질병관리청. 2020 국민건강통계: 국민건강영양조사 제8기 2차년도(2020). 2021
- Oh K, Kim Y, Kweon S, Kim S, Yun S, Park S, Lee YK, Kim Y, Park O, Jeong EK. Korea National Health and Nutrition Examination Survey, 20th anniversary: accomplishments and future directions. Epidemiol Health 2021;43:e2021025
- Kweon S, Park JY, Park M, Kim Y, Yeon SY, Yoon L, Yun S, Park S, Yang JE, Kim Y, Park O, Oh K. Trends in food and nutrient intake over 20 years: findings from the 1998-2018 Korea National Health and Nutrition Examination Survey. Epidemiol Health 2021;43:e2021027
- Kim Y, Nho SJ, Woo G, Kim H, Park S, Kim Y, Park O, Oh K. Trends in the prevalence and management of major metabolic risk factors for chronic disease over 20 years: findings from the 1998-2018 Korea National Health and Nutrition Examination Survey. Epidemiol Health 2021;43:e2021028
- 보건복지부, 한국영양학회. 2020 한국인 영양소 섭취기준. 2020
- 통계청. 2020년 사망원인통계연보. 2021
- 통계청. 생명표. 2021
- U.S. Department of Agriculture. What we eat in America, NHANES 2017-2018, individuals 2 years and over(excluding breast-fed children), day 1. Available:www.ars. usda.gov/nea/bhnrc/fsrg.
- National Institute of Health and Nutrition of Japan. National Health and Nutrition Survey. Available:www.nibiohn.go.jp/eiken/kenkounippon21/en/eiyouchousa/kekka_eiyou_chousa.html.

부록

부록1. 해당작용

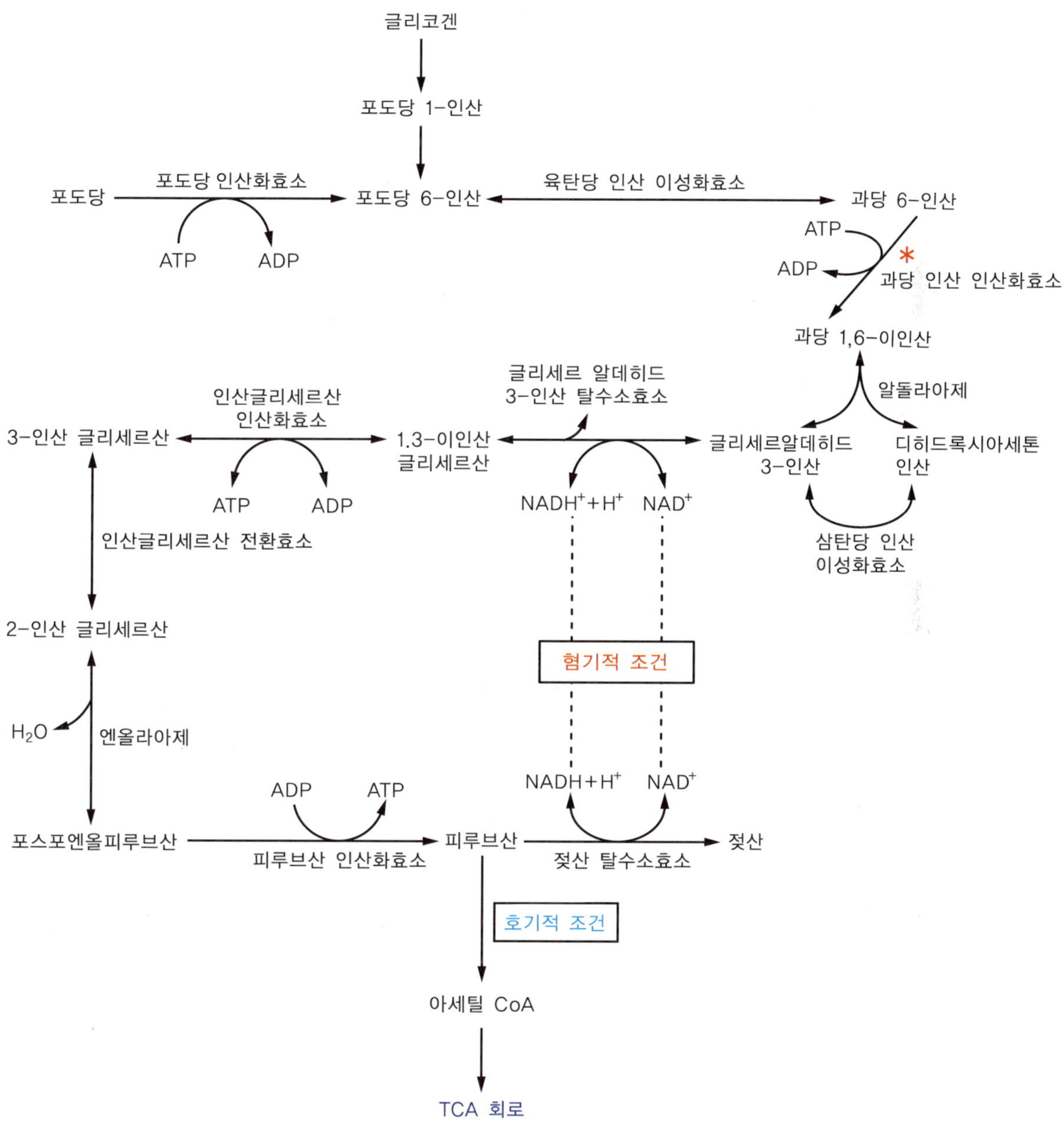

* 해당작용의주요속도조절단계(효소)

부록2. TCA 회로

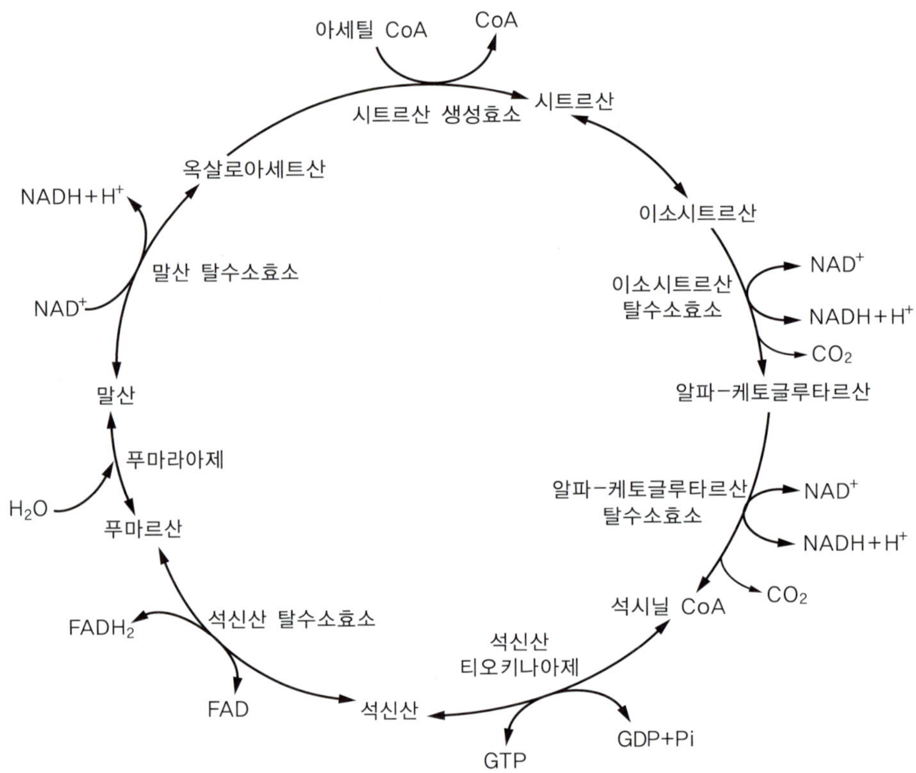
아세틸 CoA
CoA
시트르산 생성효소
시트르산
옥살로아세트산
이소시트르산
NADH+H+
말산 탈수소효소
NAD+
이소시트르산
탈수소효소
NAD+
NADH+H+
CO2
말산
알파-케토글루타르산
푸마라아제
H2O
푸마르산
알파-케토글루타르산
탈수소효소
NAD+
NADH+H+
CO2
석시닐 CoA
FADH2
석신산 탈수소효소
석신산
티오키나아제
FAD
석신산
GTP
GDP+Pi

부록3. 오탄당인산경로

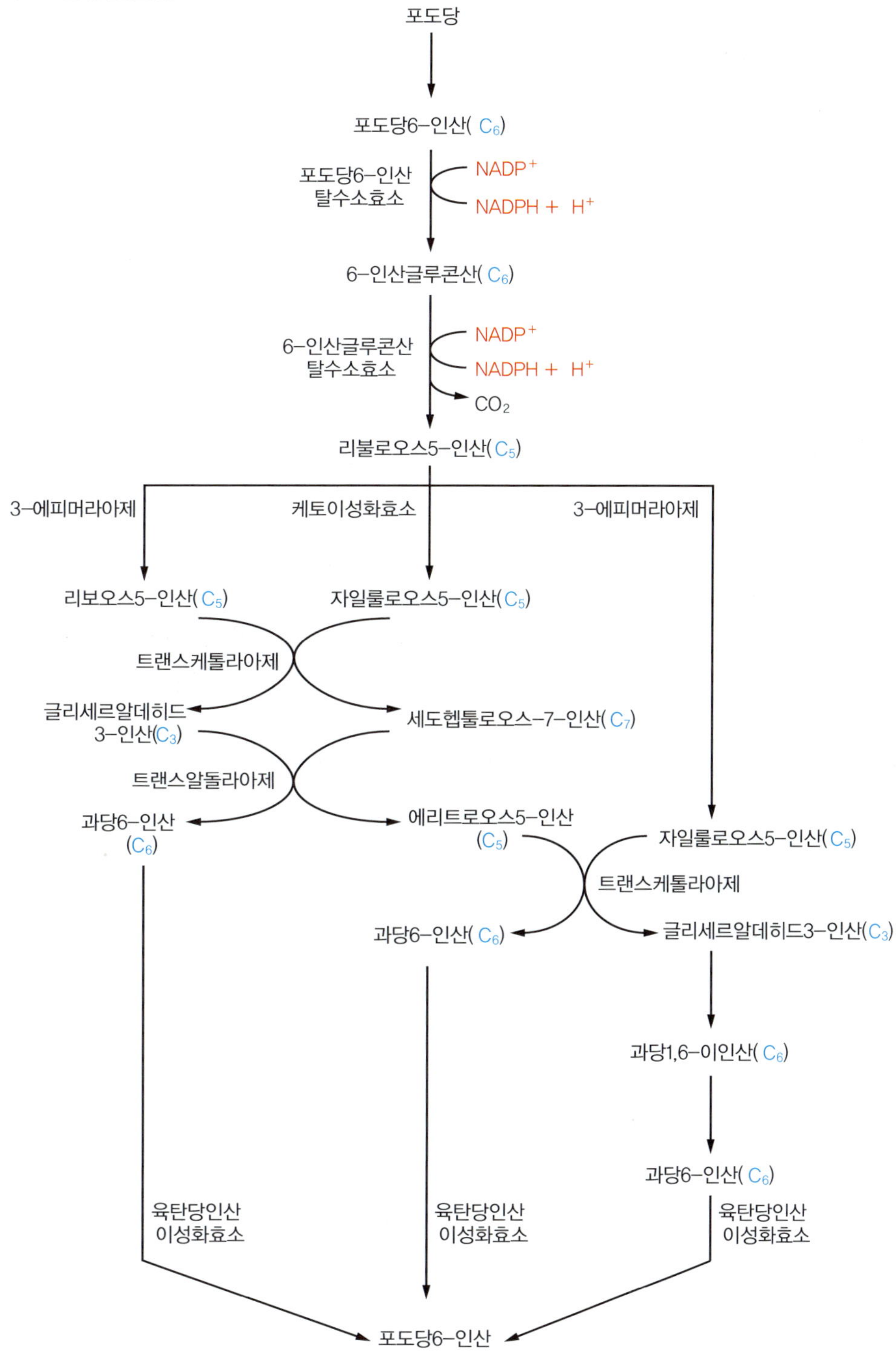
포도당
포도당6-인산(C6)
포도당6-인산 탈수소효소
NADP+
NADPH + H+
6-인산글루콘산(C6)
6-인산글루콘산 탈수소효소
NADP+
NADPH + H+
CO2
리불로오스5-인산(C5)
3-에피머라아제
케토이성화효소
3-에피머라아제
리보오스5-인산(C5)
자일룰로오스5-인산(C5)
트랜스케톨라아제
글리세르알데히드 3-인산(C3)
세도헵툴로오스-7-인산(C7)
트랜스알돌라아제
과당6-인산 (C6)
에리트로오스5-인산 (C5)
자일룰로오스5-인산(C5)
트랜스케톨라아제
과당6-인산(C6)
글리세르알데히드3-인산(C3)
과당1,6-이인산(C6)
과당6-인산(C6)
육탄당인산 이성화효소
육탄당인산 이성화효소
육탄당인산 이성화효소
포도당6-인산

부록4. 식품구성자전거

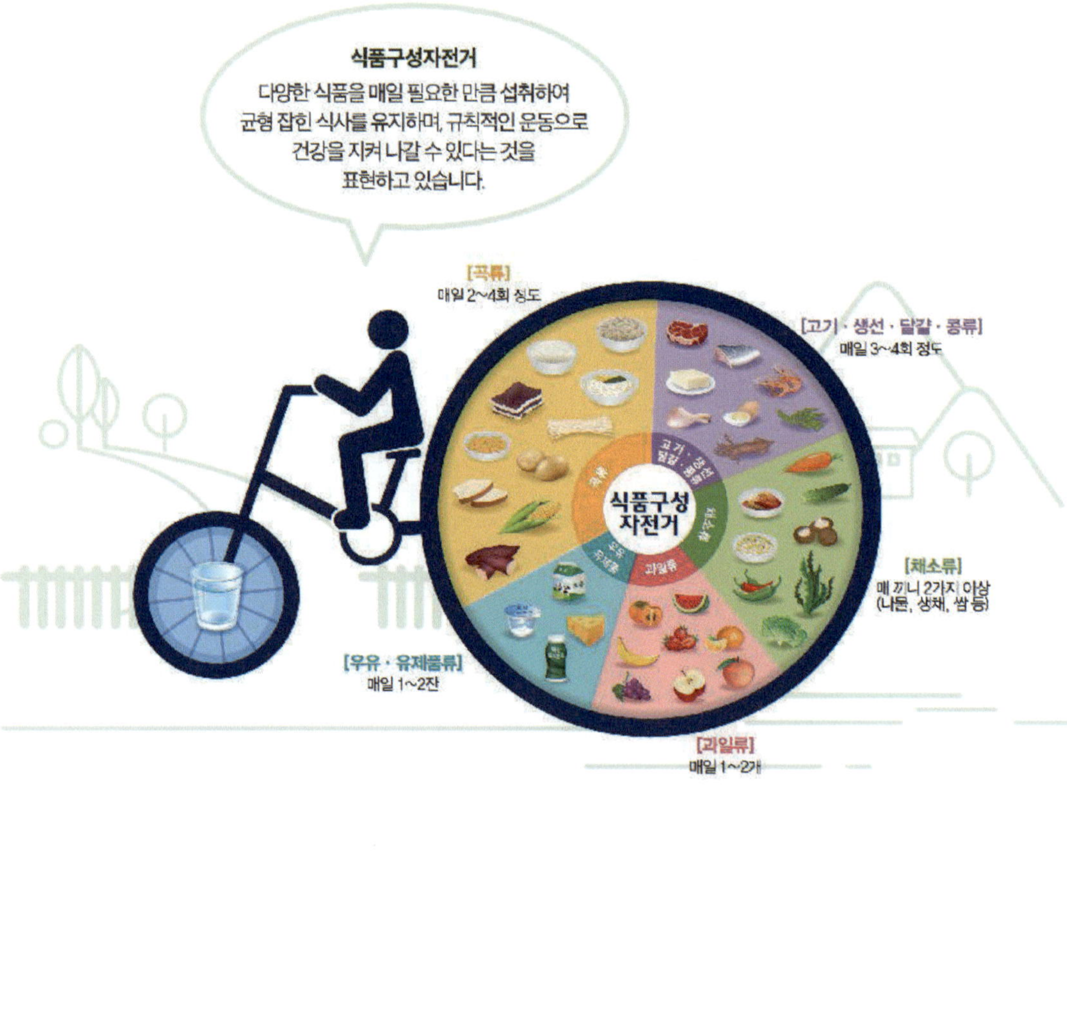
식품구성자전거
다양한 식품을 매일 필요한 만큼 섭취하여
균형 잡힌 식사를 유지하며, 규칙적인 운동으로
건강을 지켜 나갈 수 있다는 것을
표현하고 있습니다.
[곡류]
매일 2~4회 정도
[고기 · 생선 · 달걀 · 콩류]
매일 3~4회 정도
[채소류]
매 끼니 2가지 이상
(나물, 생채, 쌈 등)
[과일류]
매일 1~2개
[우유 · 유제품류]
매일 1~2잔
식품구성
자전거
곡류
고기 · 생선 · 달걀 · 콩류
채소류
과일류
우유 · 유제품

부록5. 2020 한국인 영양섭취기준

• 에너지적정비율

보건복지부, 2020

성별	연령	에너지적정비율(%)				
		탄수화물	단백질	지질[1]		
				지방	포화지방산	트랜스지방산
영아	0-5(개월)	-	-	-	-	-
	6-11	-	-	-	-	-
유아	1-2(세)	55-65	7-20	20-35	-	-
	3-5	55-65	7-20	15-30	8 미만	1 미만
남자	6-8(세)	55-65	7-20	15-30	8 미만	1 미만
	9-11	55-65	7-20	15-30	8 미만	1 미만
	12-14	55-65	7-20	15-30	8 미만	1 미만
	15-18	55-65	7-20	15-30	8 미만	1 미만
	19-29	55-65	7-20	15-30	7 미만	1 미만
	30-49	55-65	7-20	15-30	7 미만	1 미만
	50-64	55-65	7-20	15-30	7 미만	1 미만
	64-74	55-65	7-20	15-30	7 미만	1 미만
	75이상	55-65	7-20	15-30	8 미만	1 미만
여자	6-8(세)	55-65	7-20	15-30	8 미만	1 미만
	9-11	55-65	7-20	15-30	8 미만	1 미만
	12-14	55-65	7-20	15-30	8 미만	1 미만
	15-18	55-65	7-20	15-30	7 미만	1 미만
	19-29	55-65	7-20	15-30	7 미만	1 미만
	30-49	55-65	7-20	15-30	7 미만	1 미만
	50-64	55-65	7-20	15-30	7 미만	1 미만
	64-74	55-65	7-20	15-30	7 미만	1 미만
	75이상	55-65	7-20	15-30	7 미만	1 미만
임산부		55-65	7-20	15-30		
수유부		55-65	7-20	15-30		

[1] 콜레스테롤: 19세 이상 300 mg/일 미만 권고

• 당류

보건복지부, 2020

총당류 섭취량을 총 에너지섭취량의 10-20%로 제한하고, 특히 식품의 조리 및 가공 시 첨가되는 첨가당은 총 에너지 섭취량의 10% 이내로 섭취하도록 한다. 첨가당의 주요 급원으로는 설탕, 액상과당, 물엿, 당밀, 꿀, 시럽, 농축과일주스 등이 있다.

• 에너지와 다량영양소 보건복지부, 2020

성별	연령	에너지(kcal/일)				탄수화물(g/일)				식이섬유(g/일)			
		필요추정량	권장섭취량	충분섭취량	상한섭취량	평균필요량	권장섭취량	충분섭취량	상한섭취량	평균필요량	권장섭취량	충분섭취량	상한섭취량
영아	0-5(개월)	500						60					
	6-11	600						90					
유아	1-2(세)	900				100	130					15	
	3-5	1,400				100	130					20	
남자	6-8(세)	1,700				100	130					25	
	9-11	2,000				100	130					25	
	12-14	2,500				100	130					30	
	15-18	2,700				100	130					30	
	19-29	2,600				100	130					30	
	30-49	2,500				100	130					30	
	50-64	2,200				100	130					30	
	65-74	2,000				100	130					25	
	75 이상	1,900				100	130					25	
여자	6-8(세)	1,500				100	130					20	
	9-11	1,800				100	130					25	
	12-14	2,000				100	130					25	
	15-18	2,000				100	130					25	
	19-29	2,000				100	130					20	
	30-49	1,900				100	130					20	
	50-64	1,700				100	130					20	
	65-74	1,600				100	130					20	
	75 이상	1,500				100	130					20	
임신부[1]		+0 +340 +450				+35	+45					+5	
수유부		+340				+60	+80					+5	

성별	연령	지방(g/일)				리놀레산(g/일)				알파-리놀렌산(g/일)				EPA+DHA(mg/일)			
		평균필요량	권장섭취량	충분섭취량	상한섭취량	평균필요량	권장섭취량	충분섭취량	상한섭취량	평균필요량	권장섭취량	충분섭취량	상한섭취량	평균필요량	권장섭취량	충분섭취량	상한섭취량
영아	0-5(개월)			25				5.0				0.6				200[2]	
	6-11			25				7.0				0.8				300[2]	
유아	1-2(세)							4.5				0.8					
	3-5							7.0				0.9					
남자	6-8(세)							9.0				1.1				200	
	9-11							9.5				1.3				220	
	12-14							12.0				1.5				230	
	15-18							14.0				1.7				230	
	19-29							13.0				1.6				210	
	30-49							11.5				1.4				400	
	50-64							9.0				1.4				500	
	65-74							7.0				1.2				310	
	75 이상							5.0				0.9				280	
여자	6-8(세)							7.0				0.8				200	
	9-11							9.0				1.1				150	
	12-14							9.0				1.2				210	
	15-18							10.0				1.1				100	
	19-29							10.0				1.2				150	
	30-49							8.5				1.2				260	
	50-64							7.0				1.2				240	
	65-74							4.5				1.0				150	
	75 이상							3.0				0.4				140	
임신부								+0				+0				+0	
수유부								+0				+0				+0	

[1] 1,2,3 분기별 부가량
[2] DHA

보건복지부, 2020

성별	연령	단백질(g/일)				메티오닌(g/일)				류신(g/일)			
		평균필요량	권장섭취량	충분섭취량	상한섭취량	평균필요량	권장섭취량	충분섭취량	상한섭취량	평균필요량	권장섭취량	충분섭취량	상한섭취량
영아	0-5(개월)			10				0.4				1.0	
	6-11	12	15			0.3	0.4			0.6	0.8		
유아	1-2(세)	15	20			0.3	0.4			0.6	0.8		
	3-5	20	25			0.3	0.4			0.7	1.0		
남자	6-8(세)	30	35			0.5	0.6			1.1	1.3		
	9-11	40	50			0.7	0.8			1.5	1.9		
	12-14	50	60			1.0	1.2			2.2	2.7		
	15-18	55	65			1.2	1.4			2.6	3.2		
	19-29	50	65			1.0	1.4			2.4	3.1		
	30-49	50	65			1.1	1.3			2.4	3.1		
	50-64	50	60			1.1	1.3			2.3	2.8		
	65-74	50	60			1.0	1.3			2.2	2.8		
	75 이상	50	60			0.9	1.1			2.1	2.7		
여자	6-8(세)	30	35			0.5	0.6			1.0	1.3		
	9-11	40	45			0.6	0.7			1.5	1.8		
	12-14	45	55			0.8	1.0			1.9	2.4		
	15-18	45	55			0.8	1.1			2.0	2.4		
	19-29	45	55			0.8	1.0			2.0	2.5		
	30-49	40	50			0.8	1.0			1.9	2.4		
	50-64	40	50			0.8	1.1			1.9	2.3		
	65-74	40	50			0.7	0.9			1.8	2.2		
	75 이상	40	50			0.7	0.9			1.7	2.1		
임신부[1]		+12 +25	+15 +30			1.1	1.4			2.5	3.1		
수유부		+20	+25			1.1	1.5			2.8	3.5		

성별	연령	이소류신(g/일)				발린(g/일)				라이신(g/일)			
		평균필요량	권장섭취량	충분섭취량	상한섭취량	평균필요량	권장섭취량	충분섭취량	상한섭취량	평균필요량	권장섭취량	충분섭취량	상한섭취량
영아	0-5(개월)			0.6				0.6				0.7	
	6-11	0.3	0.4			0.3	0.5			0.6	0.8		
유아	1-2(세)	0.3	0.4			0.4	0.5			0.6	0.7		
	3-5	0.3	0.4			0.4	0.5			0.6	0.8		
남자	6-8(세)	0.5	0.6			0.6	0.7			1.0	1.2		
	9-11	0.7	0.8			0.9	1.1			1.4	1.8		
	12-14	1.0	1.2			1.2	1.6			2.1	2.5		
	15-18	1.2	1.4			1.5	1.8			2.3	2.9		
	19-29	1.0	1.4			1.4	1.7			2.5	3.1		
	30-49	1.1	1.4			1.4	1.7			2.4	3.1		
	50-64	1.1	1.3			1.3	1.6			2.3	2.9		
	65-74	1.0	1.3			1.3	1.6			2.2	2.9		
	75 이상	0.9	1.1			1.1	1.5			2.2	2.7		
여자	6-8(세)	0.5	0.6			0.6	0.7			0.9	1.3		
	9-11	0.6	0.7			0.9	1.1			1.3	1.6		
	12-14	0.8	1.0			1.2	1.4			1.8	2.2		
	15-18	0.8	1.1			1.2	1.4			1.8	2.2		
	19-29	0.8	1.1			1.1	1.3			2.1	2.6		
	30-49	0.8	1.0			1.0	1.4			2.0	2.5		
	50-64	0.8	1.1			1.1	1.3			1.9	2.4		
	65-74	0.7	0.9			0.9	1.3			1.8	2.3		
	75 이상	0.7	0.9			0.9	1.1			1.7	2.1		
임신부		1.1	1.4			1.4	1.7			2.3	2.9		
수유부		1.3	1.7			1.6	1.9			2.5	3.1		

[1] 2,3 분기별 부가량

보건복지부, 2020

성별	연령	페닐알라닌+티로신(g/일)				트레오닌(g/일)				트립토판(g/일)			
		평균 필요량	권장 섭취량	충분 섭취량	상한 섭취량	평균 필요량	권장 섭취량	충분 섭취량	상한 섭취량	평균 필요량	권장 섭취량	충분 섭취량	상한 섭취량
영아	0-5(개월)			0.9				0.5				0.2	
	6-11	0.5	0.7			0.3	0.4			0.1	0.1		
유아	1-2(세)	0.5	0.7			0.3	0.4			0.1	0.1		
	3-5	0.6	0.7			0.3	0.4			0.1	0.1		
남자	6-8(세)	0.9	1.0			0.5	0.6			0.1	0.2		
	9-11	1.3	1.6			0.7	0.9			0.2	0.2		
	12-14	1.8	2.3			1.0	1.3			0.3	0.3		
	15-18	2.1	2.6			1.2	1.5			0.3	0.4		
	19-29	2.8	3.6			1.1	1.5			0.3	0.3		
	30-49	2.9	3.5			1.2	1.5			0.3	03		
	50-64	2.7	3.4			1.1	1.4			0.3	0.3		
	65-74	2.5	3.3			1.1	1.3			0.2	0.3		
	75 이상	2.5	3.1			1.0	1.3			0.2	0.3		
여자	6-8(세)	0.8	1.0			0.5	0.6			0.1	0.2		
	9-11	1.2	1.5			0.6	0.9			0.2	0.2		
	12-14	1.6	1.9			0.9	1.2			0.2	0.3		
	15-18	1.6	2.0			0.9	1.2			0.2	0.3		
	19-29	2.3	2.9			0.9	1.1			0.2	0.3		
	30-49	2.3	2.8			0.9	1.2			0.2	0.3		
	50-64	2.2	2.7			0.8	1.1			0.2	0.3		
	65-74	2.1	2.6			0.8	1.0			0.2	0.2		
	75 이상	2.0	2.4			0.7	0.9			0.2	0.2		
임신부		0.8	1.0			3.0	3.8			0.3	0.4		
수유부		0.8	1.1			3.7	4.7			0.4	0.5		

성별	연령	히스티딘(g/일)				수분(mL/일)					
		평균 필요량	권장 섭취량	충분 섭취량	상한 섭취량	음식	물	음료	충분섭취량		상한 섭취량
									액체	총수분	
영아	0-5(개월)			0.1					700	700	
	6-11	0.2	0.3			300			500	800	
유아	1-2(세)	0.2	0.3			300	362	0	700	1,000	
	3-5	0.2	0.3			400	491	0	1,100	1,500	
남자	6-8(세)	0.3	0.4			900	589	0	800	1,700	
	9-11	0.5	0.6			1,100	686	1.2	900	2,000	
	12-14	0.7	0.9			1,300	911	1.9	1,100	2,400	
	15-18	0.9	1.0			1,400	920	6.4	1,200	2,600	
	19-29	0.8	1.0			1,400	981	262	1,200	2,600	
	30-49	0.7	1.0			1,300	957	289	1,200	2,500	
	50-64	0.7	0.9			1,200	940	75	1,000	2,200	
	65-74	0.7	1.0			1,100	904	20	1,000	2,100	
	75 이상	0.7	0.8			1,000	662	12	1,100	2,100	
여자	6-8(세)	0.3	0.4			800	514	0	800	1,600	
	9-11	0.4	0.5			1,000	643	0	900	1,900	
	12-14	0.6	0.7			1,100	610	0	900	2,000	
	15-18	0.6	0.7			1,100	659	7.3	900	2,000	
	19-29	0.6	0.8			1,100	709	126	1,000	2,100	
	30-49	0.6	0.8			1,000	772	124	1,000	2,000	
	50-64	0.6	0.7			900	784	27	1,000	1,900	
	65-74	0.5	0.7			900	624	9	900	1,800	
	75 이상	0.5	0.7			800	552	5	1,000	1,800	
임신부		1.2	1.5							+200	
수유부		1.3	1.7						+500	+700	

• **지용성비타민**

보건복지부, 2020

성별	연령	비타민 A(μg RAE/일)				비타민 D(μg/일)			
		평균 필요량	권장 섭취량	충분 섭취량	상한 섭취량	평균 필요량	권장 섭취량	충분 섭취량	상한 섭취량
영아	0-5(개월)			350	600			5	25
	6-11			450	600			5	25
유아	1-2(세)	190	250		600			5	30
	3-5	230	300		750			5	35
남자	6-8(세)	310	450		1,100			5	40
	9-11	410	600		1,600			5	60
	12-14	530	750		2,300			10	100
	15-18	620	850		2,800			10	100
	19-29	570	800		3,000			10	100
	30-49	560	800		3,000			10	100
	50-64	530	750		3,000			10	100
	65-74	510	700		3,000			15	100
	75 이상	500	700		3,000			15	100
여자	6-8(세)	290	400		1,100			5	40
	9-11	390	550		1,600			5	60
	12-14	480	650		2,300			10	100
	15-18	450	650		2,800			10	100
	19-29	460	650		3,000			10	100
	30-49	450	650		3,000			10	100
	50-64	430	600		3,000			10	100
	65-74	410	600		3,000			15	100
	75 이상	410	600		3,000			15	100
임신부		+50	+70		3,000			+0	100
수유부		+350	+490		3,000			+0	100

성별	연령	비타민 E(mg α-TE/일)				비타민 K(μg/일)			
		평균 필요량	권장 섭취량	충분 섭취량	상한 섭취량	평균 필요량	권장 섭취량	충분 섭취량	상한 섭취량
영아	0-5(개월)			3				4	
	6-11			4				6	
유아	1-2(세)			5	100			25	
	3-5			6	150			30	
남자	6-8(세)			7	200			40	
	9-11			9	300			55	
	12-14			11	400			70	
	15-18			12	500			80	
	19-29			12	540			75	
	30-49			12	540			75	
	50-64			12	540			75	
	65-74			12	540			75	
	75 이상			12	540			75	
여자	6-8(세)			7	200			40	
	9-11			9	300			55	
	12-14			11	400			65	
	15-18			12	500			65	
	19-29			12	540			65	
	30-49			12	540			65	
	50-64			12	540			65	
	65-74			12	540			65	
	75 이상			12	540			65	
임신부				+0	540			+0	
수유부				+3	540			+0	

• 수용성비타민

보건복지부, 2020

성별	연령	비타민 C(mg/일) 평균 필요량	권장 섭취량	충분 섭취량	상한 섭취량	티아민(mg/일) 평균 필요량	권장 섭취량	충분 섭취량	상한 섭취량
영아	0-5(개월)			40				0.2	
	6-11			55				0.3	
유아	1-2(세)	30	40		340	0.4	0.4		
	3-5	35	45		510	0.4	0.5		
남자	6-8(세)	40	50		750	0.5	0.7		
	9-11	55	70		1,100	0.7	0.9		
	12-14	70	90		1,400	0.9	1.1		
	15-18	80	100		1,600	1.1	.13		
	19-29	75	100		2,000	1.0	1.2		
	30-49	75	100		2,000	1.0	1.2		
	50-64	75	100		2,000	1.0	1.2		
	65-74	75	100		2,000	0.9	1.1		
	75 이상	75	100		2,000	0.9	1.1		
여자	6-8(세)	40	50		750	0.6	0.7		
	9-11	55	70		1,100	0.8	0.9		
	12-14	70	90		1,400	0.9	1.1		
	15-18	80	100		1,600	0.9	1.1		
	19-29	75	100		2,000	0.9	1.1		
	30-49	75	100		2,000	0.9	1.1		
	50-64	75	100		2,000	0.9	1.1		
	65-74	75	100		2,000	0.8	1.0		
	75 이상	75	100		2,000	0.7	0.8		
임신부		+10	+10		2,000	+0.4	+0.4		
수유부		+35	+40		2,000	+0.3	+0.4		

성별	연령	리보플라빈(mg/일) 평균 필요량	권장 섭취량	충분 섭취량	상한 섭취량	니아신(mg NE/일)[1] 평균 필요량	권장 섭취량	충분 섭취량	상한 섭취량 니코틴산/니코틴아미드
영아	0-5(개월)			0.3				2	
	6-11			0.4				3	
유아	1-2(세)	0.4	0.5			4	6		10/180
	3-5	0.5	0.6			5	7		10/250
남자	6-8(세)	0.7	0.9			7	9		15/350
	9-11	0.9	1.1			9	11		20/500
	12-14	1.2	1.5			11	15		25/700
	15-18	1.4	1.7			13	17		30/800
	19-29	1.3	1.5			12	16		35/1000
	30-49	1.3	1.5			12	16		35/1000
	50-64	1.3	1.5			12	16		35/1000
	65-74	1.2	1.4			11	14		35/1000
	75 이상	1.1	1.3			10	13		35/1000
여자	6-8(세)	0.6	0.8			7	9		15/350
	9-11	0.8	1.0			9	12		20/500
	12-14	1.0	1.2			11	15		25/700
	15-18	1.0	1.2			11	14		30/800
	19-29	1.0	1.2			11	14		35/1000
	30-49	1.0	1.2			11	14		35/1000
	50-64	1.0	1.2			11	14		35/1000
	65-74	0.9	1.1			10	13		35/1000
	75 이상	0.8	1.0			9	12		35/1000
임신부		+0.3	+0.4			+3	+4		35/1000
수유부		+0.4	+0.5			+2	+3		35/1000

[1] 1 mg NE(니아신 당량)=1 mg 니아신=60 mg 트립토판

보건복지부, 2020

성별	연령	비타민 B_6(mg/일)				엽산(μg DFE/일)[1]			
		평균 필요량	권장 섭취량	충분 섭취량	상한 섭취량	평균 필요량	권장 섭취량	충분 섭취량	상한 섭취량[2]
영아	0-5(개월)			0.1				65	
	6-11			0.3				90	
유아	1-2(세)	0.5	0.6		20	120	150		300
	3-5	0.6	0.7		30	150	180		400
남자	6-8(세)	0.7	0.9		45	180	220		500
	9-11	0.9	1.1		60	250	300		600
	12-14	1.3	1.5		80	300	360		800
	15-18	1.3	1.5		95	330	400		900
	19-29	1.3	1.5		100	320	400		1,000
	30-49	1.3	1.5		100	320	400		1,000
	50-64	1.3	1.5		100	320	400		1,000
	65-74	1.3	1.5		100	320	400		1,000
	75 이상	1.3	1.5		100	320	400		1,000
여자	6-8(세)	0.7	0.9		45	180	220		500
	9-11	0.9	1.1		60	250	300		600
	12-14	1.2	1.4		80	300	360		800
	15-18	1.2	1.4		95	330	400		900
	19-29	1.2	1.4		100	320	400		1,000
	30-49	1.2	1.4		100	320	400		1,000
	50-64	1.2	1.4		100	320	400		1,000
	65-74	1.2	1.4		100	320	400		1,000
	75 이상	1.2	1.4		100	320	400		1,000
임신부		+0.7	+0.8		100	+200	+220		1,000
수유부		+0.7	+0.8		100	+130	+150		1,000

성별	연령	비타민 B_{12}(μg/일)				판토텐산(mg/일)				비오틴(μg/일)			
		평균 필요량	권장 섭취량	충분 섭취량	상한 섭취량	평균 필요량	권장 섭취량	충분 섭취량	상한 섭취량	평균 필요량	권장 섭취량	충분 섭취량	상한 섭취량
영아	0-5(개월)			0.3				1.7				5	
	6-11			0.5				1.9				7	
유아	1-2(세)	0.8	0.9					2				9	
	3-5	0.9	1.1					2				12	
남자	6-8(세)	1.1	1.3					3				15	
	9-11	1.5	1.7					4				20	
	12-14	1.9	2.3					5				25	
	15-18	2.0	2.4					5				30	
	19-29	2.0	2.4					5				30	
	30-49	2.0	2.4					5				30	
	50-64	2.0	2.4					5				30	
	65-74	2.0	2.4					5				30	
	75 이상	2.0	2.4					5				30	
여자	6-8(세)	1.1	1.3					3				15	
	9-11	1.5	1.7					4				20	
	12-14	1.9	2.3					5				25	
	15-18	2.0	2.4					5				30	
	19-29	2.0	2.4					5				30	
	30-49	2.0	2.4					5				30	
	50-64	2.0	2.4					5				30	
	65-74	2.0	2.4					5				30	
	75 이상	2.0	2.4					5				30	
임신부		+0.2	+0.2					+1.0				+0	
수유부		+0.3	+0.4					+2.0				+5	

[1] Dietary Folate Equivalents, 가임기 여성의 경우 400 μg/일의 엽산보충제 섭취를 권장함
[2] 엽산의 상한섭취량은 보충제 또는 강화식품의 형태로 섭취한 μg/일에 해당됨.

· **다량무기질**

보건복지부, 2020

성별	연령	칼슘(mg/일)				인(mg/일)				나트륨(mg/일)			
		평균 필요량	권장 섭취량	충분 섭취량	상한 섭취량	평균 필요량	권장 섭취량	충분 섭취량	상한 섭취량	평균 필요량	권장 섭취량	충분 섭취량	만성질환위험 감소섭취량
영아	0-5(개월)			250	1,000			100				110	
	6-11			300	1,500			300				370	
유아	1-2(세)	400	500		2,500	380	450		3,000			810	1,200
	3-5	500	600		2,500	480	550		3,000			1,000	1,600
남자	6-8(세)	600	700		2,500	500	600		3,000			1,200	1,900
	9-11	650	800		3,000	1,000	1,200		3,500			1,500	2,300
	12-14	800	1,000		3,000	1,000	1,200		3,500			1,500	2,300
	15-18	750	900		3,000	1,000	1,200		3,500			1,500	2,300
	19-29	650	800		2,500	580	700		3,500			1,500	2,300
	30-49	650	800		2,500	580	700		3,500			1,500	2,300
	50-64	600	750		2,000	580	700		3,500			1,500	2,300
	65-74	600	700		2,000	580	700		3,500			1,300	2,100
	75 이상	600	700		2,000	580	700		3,000			1,100	1,700
여자	6-8(세)	600	700		2,500	400	550		3,000			1,200	1,900
	9-11	650	800		3,000	1,000	1,200		3,500			1,500	2,300
	12-14	750	900		3,000	1,000	1,200		3,500			1,500	2,300
	15-18	700	800		3,000	1,000	1,200		3,500			1,500	2,300
	19-29	550	700		2,500	580	700		3,500			1,500	2,300
	30-49	550	700		2,500	580	700		3,500			1,500	2,300
	50-64	600	800		2,000	580	700		3,500			1,500	2,300
	65-74	600	800		2,000	580	700		3,500			1,300	2,100
	75 이상	600	800		2,000	580	700		3,000			1,100	1,700
임신부		+0	+0		2,500	+0	+0		3,000			1,500	2,300
수유부		+0	+0		2,500	+0	+0		3,500			1,500	2,300

성별	연령	염소(mg/일)				칼륨(mg/일)				마그네슘(mg/일)			
		평균 필요량	권장 섭취량	충분 섭취량	상한 섭취량	평균 필요량	권장 섭취량	충분 섭취량	상한 섭취량	평균 필요량	권장 섭취량	충분 섭취량	상한 섭취량[1]
영아	0-5(개월)			170				400				25	
	6-11			560				700				55	
유아	1-2(세)			1,200				1,900		60	70		60
	3-5			1,600				2,400		90	110		90
남자	6-8(세)			1,900				2,900		130	150		130
	9-11			2,300				3,400		190	220		190
	12-14			2,300				3,500		260	320		270
	15-18			2,300				3,500		340	410		350
	19-29			2,300				3,500		300	360		350
	30-49			2,300				3,500		310	370		350
	50-64			2,300				3,500		310	370		350
	65-74			2,100				3,500		310	370		350
	75 이상			1,700				3,500		310	370		350
여자	6-8(세)			1,900				2,900		130	150		130
	9-11			2,300				3,400		180	220		190
	12-14			2,300				3,500		240	290		270
	15-18			2,300				3,500		290	340		350
	19-29			2,300				3,500		230	280		350
	30-49			2,300				3,500		240	280		350
	50-64			2,300				3,500		240	280		350
	65-74			2,100				3,500		240	280		350
	75 이상			1,700				3,500		240	280		350
임신부				2,300				+0		+30	+40		350
수유부				2,300				+400		+0	+0		350

[1] 식품외 급원의 마그네슘에만 해당

• 미량무기질

보건복지부, 2020

성별	연령	철(mg/일)				아연(mg/일)				구리(μg/일)			
		평균 필요량	권장 섭취량	충분 섭취량	상한 섭취량	평균 필요량	권장 섭취량	충분 섭취량	상한 섭취량	평균 필요량	권장 섭취량	충분 섭취량	상한 섭취량
영아	0-5(개월)			0.3	40			2				240	
	6-11	4	6		40	2	3					330	
유아	1-2(세)	4.5	6		40	2	3		6	220	290		1,700
	3-5	5	7		40	3	4		9	270	350		2,600
남자	6-8(세)	7	9		40	5	5		13	360	470		3,700
	9-11	8	11		40	7	8		19	470	600		5,500
	12-14	11	14		40	7	8		27	600	800		7,500
	15-18	11	14		45	8	10		33	700	900		9,500
	19-29	8	10		45	9	10		35	650	850		10,000
	30-49	8	10		45	8	10		35	650	850		10,000
	50-64	8	10		45	8	10		35	650	850		10,000
	65-74	7	9		45	8	9		35	600	800		10,000
	75 이상	7	9		45	7	9		35	600	800		10,000
여자	6-8(세)	7	9		40	4	5		13	310	400		3,700
	9-11	8	10		40	7	8		19	420	550		5,500
	12-14	12	16		40	6	8		27	550	650		7,500
	15-18	11	14		45	7	9		33	500	700		9,500
	19-29	11	14		45	7	8		35	500	650		10,000
	30-49	11	14		45	7	8		35	500	650		10,000
	50-64	6	8		45	6	8		35	500	650		10,000
	65-74	6	8		45	6	7		35	460	600		10,000
	75 이상	5	7		45	6	7		35	460	600		10,000
임신부		+8	+10		45	+2.0	+2.5		35	+100	+130		10,000
수유부		+0	+0		45	+4.0	+5.0		35	+370	+480		10,000

성별	연령	불소(mg/일)				망간(mg/일)				요오드(μg/일)			
		평균 필요량	권장 섭취량	충분 섭취량	상한 섭취량	평균 필요량	권장 섭취량	충분 섭취량	상한 섭취량	평균 필요량	권장 섭취량	충분 섭취량	상한 섭취량1)
영아	0-5(개월)			0.01	0.6			0.01				130	250
	6-11			0.4	0.8			0.8				180	250
유아	1-2(세)			0.6	1.2			1.5	2.0	55	80		300
	3-5			0.9	1.8			2.0	3.0	65	90		300
남자	6-8(세)			1.3	2.6			2.5	4.0	75	100		500
	9-11			1.9	10.0			3.0	6.0	85	110		500
	12-14			2.6	10.0			4.0	8.0	90	130		1,900
	15-18			3.2	10.0			4.0	10.0	95	130		2,200
	19-29			3.4	10.0			4.0	11.0	95	150		2,400
	30-49			3.4	10.0			4.0	11.0	95	150		2,400
	50-64			3.2	10.0			4.0	11.0	95	150		2,400
	65-74			3.1	10.0			4.0	11.0	95	150		2,400
	75 이상			3.0	10.0			4.0	11.0	95	150		2,400
여자	6-8(세)			1.3	2.5			2.5	4.0	75	100		500
	9-11			1.8	10.0			3.0	6.0	80	110		500
	12-14			2.4	10.0			3.5	8.0	90	130		1,900
	15-18			2.7	10.0			3.5	10.0	95	130		2,200
	19-29			2.8	10.0			3.5	11.0	95	150		2,400
	30-49			2.7	10.0			3.5	11.0	95	150		2,400
	50-64			2.6	10.0			3.5	11.0	95	150		2,400
	65-74			2.5	10.0			3.5	11.0	95	150		2,400
	75 이상			2.3	10.0			3.5	11.0	95	150		2,400
임신부				+0	10.0			+0	11.0	+65	+90		
수유부				+0	10.0			+0	11.0	+130	+190		

보건복지부, 2020

성별	연령	셀레늄(μg/일) 평균필요량	셀레늄 권장섭취량	셀레늄 충분섭취량	셀레늄 상한섭취량	몰리브덴(μg/일) 평균필요량	몰리브덴 권장섭취량	몰리브덴 충분섭취량	몰리브덴 상한섭취량	크롬(μg/일) 평균필요량	크롬 권장섭취량	크롬 충분섭취량	크롬 상한섭취량
영아	0-5(개월)			9	40							0.2	
	6-11			12	65							4.0	
유아	1-2(세)	19	23		70	8	10		100			10	
	3-5	22	25		100	10	12		150			10	
남자	6-8(세)	30	35		150	15	18		200			15	
	9-11	40	45		200	15	18		300			20	
	12-14	50	60		300	25	30		450			30	
	15-18	55	65		300	25	30		550			35	
	19-29	50	60		400	25	30		600			30	
	30-49	50	60		400	25	30		600			30	
	50-64	50	60		400	25	30		550			30	
	65-74	50	60		400	23	28		550			25	
	75 이상	50	60		400	23	28		550			25	
여자	6-8(세)	30	35		150	15	18		200			15	
	9-11	40	45		200	15	18		300			20	
	12-14	50	60		300	20	25		400			20	
	15-18	55	65		300	20	25		500			20	
	19-29	50	60		400	20	25		500			20	
	30-49	50	60		400	20	25		500			20	
	50-64	50	60		400	20	25		450			20	
	65-74	50	60		400	18	22		450			20	
	75 이상	50	60		400	18	22		450			20	
임신부		+3	+4		400	+0	+0		500			+5	
수유부		+9	+10		400	+3	+3		500			+20	

찾아보기

찾아보기

R

S

T

U

W

X

Z

저자약력

대표저자

이양자
- 미국 MIT, Ph.D.
- 연세대학교 식품영양학과 명예교수

공동저자

김수연
- 연세대학교 대학원 식품영양학과 이학박사
- 심바이오틱라이프텍연구원 전문연구원

김은경
- 연세대학교 대학원 식품영양학과 이학박사
- 강릉원주대학교 식품영양학과 교수

김혜경
- 미국 Michigan State Univ., Ph.D.
- 한서대학교 식품생물공학과 교수

김혜영
- 미국 Univ. of Rhode Island, Ph.D.
- 연세대학교 식품영양학과 교수
- 연세대학교 의과대학 약리학교실 겸직교수

박영심
- 연세대학교 대학원 식품영양학과 이학박사
- 신한대학교 식품조리과학부 식품영양전공 교수

박태선
- 미국 Univ. of California, Davis, Ph.D.
- 연세대학교 식품영양학과 교수

안홍석
- 프랑스 Louis-Pasteur 대학 이학박사
- 전) 성신여자대학교 식품영양학과 교수

염경진
- 연세대학교 대학원 식품영양학과 이학박사
- 건국대학교 식품생명과학부 교수
- Scientist I, Jean Mayer USDA-Human Nutrition Res. Ct on Aging, Associate Professor, Friedman School of Nutrition Science and Policy, Tufts Univ., USA

오경원
- 연세대학교 대학원 식품영양학과 이학박사
- 질병관리청 건강영양조사분석과 과장

이기완
- 연세대학교 대학원 식품영양학과 이학박사
- 가천대학교 식품영양학과 명예교수

이종호
- 미국 Oregon State Univ., Ph.D.
- 연세대학교 식품영양학과 명예교수

정은정
- 연세대학교 대학원 식품영양학과 이학박사
- 강남대학교 교양학부 교수

정혜연
- 연세대학교 대학원 식품영양학과 이학박사
- 숭의여자대학교 식품영양과 교수

황진아
- 미국 Univ. of Georgia, Ph.D.
- 명지대학교 식품영양학과 부교수

황혜진
- 연세대학교 대학원 식품영양학과 이학박사
- 동의대학교 식품영양학과 교수

고급영양학

발행일 2012년 8월 25일 1판 1쇄
2017년 2월 20일 2판 1쇄
2022년 8월 20일 3판 1쇄

저　자 이양자 · 김수연 · 김은경 · 김혜경 · 김혜영 · 박영심
박태선 · 안홍석 · 염경진 · 오경원 · 이기완 · 이종호
정은정 · 정혜연 · 황진아 · 황혜진

발행인 이용하
발행처 신광출판사
주소/서울특별시 성북구 보문로 13마길 3
전화/925-5051~3　FAX/925-5054
홈페이지/www.신광출판사.kr
e-mail/shkpub7@naver.com
등록: 1972년 12월 1일 No. 1-260

ISBN 978-89-6451-292-0 93590　<값 30,000원>